光电子材料与器件

(第2版)

侯宏录　主编

北京航空航天大学出版社

内 容 简 介

本书是为适应光电子学科新的发展形势和教学要求而编写的一本专业教材。

本书从光电子系统信息传输与处理各环节所采用器件的基本原理、基本特性入手，系统全面地介绍光电子系统中常用的半导体发光、固体激光、光纤、非线性光学、光调制、光电探测以及光电显示方面的相关材料及典型器件。另外，还适当加入了一些相关领域近年来的最新研究进展和应用成果，主要包括光子晶体、超材料、表面等离子体激元等新型微纳光电子材料与器件。

本书可作为高等院校电子科学与技术、光电信息科学与工程、测控技术与仪器、通信工程、控制科学与工程和应用物理学等专业的高年级本科生及研究生的教材或教学参考书，也可作为其他专业学生及相关专业科技人员的参考用书。

图书在版编目(CIP)数据

光电子材料与器件 / 侯宏录主编. -- 2 版. -- 北京 ：北京航空航天大学出版社，2018.4

ISBN 978-7-5124-2697-9

Ⅰ. ①光… Ⅱ. ①侯… Ⅲ. ①光电材料—教材②光电器件—教材 Ⅳ. ①TN204②TN15

中国版本图书馆 CIP 数据核字(2018)第 073200 号

光电子材料与器件(第 2 版)

主　编　侯宏录

责任编辑　蔡　喆　李丽嘉

*

北京航空航天大学出版社出版发行

北京市海淀区学院路 37 号(邮编 100191)　http://www.buaapress.com.cn

发行部电话：(010)82317024　传真：(010)82328026

读者信箱：goodtextbook@126.com　邮购电话：(010)82316936

保定市中画美凯印刷有限公司印装　各地书店经销

*

开本：787×1 092　1/16　印张：14.75　字数：378 千字

2018 年 8 月第 2 版　2024 年 8 月第 4 次印刷　印数：7 501-8 500 册

ISBN 978-7-5124-2697-9　定价：39.00 元

第2版前言

《光电子材料与器件》自2012年出版发行以来，累计印刷10 000册，受到国内众多高校、科研院所师生和科研人员的广泛关注。国内有多所大学将本书作为电子科学与技术、测控技术与仪器、光电信息科学与工程、通信工程、物联网工程、控制科学与工程和应用物理学等专业的高年级本科生及研究生的教材或教学参考书，部分企业、公司将其作为员工培训教材。令作者欣慰的是，经常接到兄弟院校相关专业老师的来电或索取教材课件的邮件，作者乐于与各位同仁分享，你们的支持和厚爱是我们做好教材编写的动力源泉。本教材于2015年获得"陕西省高等学校优秀教材一等奖"。

《光电子材料与器件》第2版在保留第1版章节内容的基础上做了以下修改：

1. 补充了第2章的课后习题与思考题，增加了第6、7、8章的课后习题与思考题，供读者练习和复习使用。

2. 对书中出现的错误、语句和用词等做了全面修订，力求语言流畅、用词准确、可读性强。

本书第2版由侯宏录主编，由侯宏录、陈海滨、刘蓉和张雄星编著。全书由侯宏录和陈海滨统稿。编著者的研究生翟云、汤红、唐瑞、李媛、王秀、李光耀、郭宏伟和赵博萍在插图和编排中做了许多工作。承蒙北京航空航天大学出版社理工图书分社的编辑老师对本书修订给予了热情指导和支持，并做了细致严谨的编校工作，在此一并表示衷心感谢！

由于本书涉及内容广泛，加之作者水平有限，书中难免出现专业术语、公式、用词和文字表述等方面的不足和错误，敬请读者批评指正。

编　者

2017年9月

第1版前言

自1960年世界上第一台红宝石激光器问世以来，光电子技术与器件呈现出勃勃生机，得到了长足发展。在短短的50年间，光电子材料与器件经历了从红宝石激光器的发明到半导体激光器、CCD器件及低损耗光纤的相继问世；从大功率量子阱阵列激光器的出现到光纤传感器、光纤放大器和光纤激光器的诞生；从各种光无源器件、光调制器件、探测与显示器件的小规模应用到系统级集成制造实用化阶段。光电子技术已在信息技术领域取得了令人瞩目的成就，在国防、安保、光纤通信、医学、遥感遥测、工业在线检测和精密测量等众多领域得到广泛应用，同时，光电子材料与器件作为朝阳产业正在并将不断深刻影响着人类社会的方方面面。在实际应用需求的牵引下，各种新型光电子材料与器件不断涌现，性能不断提高。尤其是近年来，随着微米及纳米级加工技术的成熟，新型的微纳光电子材料与器件的研究非常活跃，日新月异。纳米光电材料、光子晶体、超材料、等离子体激元等领域的研究极富成果，并将对未来光电子器件的微型化、集成化发展奠定坚实的基础。

人类社会已进入信息化时代，作为信息技术的两大支柱之一的光电子材料与器件是发达国家重点发展的领域之一。我国政府也将光电子材料与器件列入国家战略性产业结构调整的重点领域。光通信、物联网、传感网的兴起，促进了光电子材料与器件的研究开发热潮。由此引起了国内许多高校、研究所及企业对光电子技术的极大关注，相关专业纷纷开设光电子材料与器件课程，或者作为本科高年级及研究生的选修课程。由于光电子材料与器件涉及的种类繁多，新器件不断出现，而各高校的专业定位与研究方向不同，已出版的相关教材侧重点亦不同，大多围绕光纤通信或光电探测与光电传感器件为主。而能够系统反映信息光电子系统中光电子材料与器件基本特性、基本原理及最新发展的教材非常稀缺。鉴于此，编者以本课程多年来的教学书稿为基础，参阅了大量相关教材与专著编写而成。本书不仅包含编者对光电子材料与器件的理解，更包含了大量同行的智慧。本书编写中力求知识体系的完整性和系统性,注重基本概念清晰、基本内容深入浅出,便于读者理解。希望在有限的篇幅里让读者对光电子材料的基本特性、主要材料体系及应用,光电子器件的原理、结构、特性及应用有所了解和掌握。

全书共8章。第1章介绍半导体发光材料及器件。第2章介绍固体激光材料及典型固体激光器。第3章介绍光纤材料及光纤器件,包括光纤无源与有源器件。第4章介绍非线性光学材料,包括非线性光学晶体。第5章介绍各种光调制器件。第6章介绍各种光电探测材料及器件。第7章介绍光电显示材料及器件。第8章介绍新型微纳光电材料及器件,并略述相关领域内最新的研究进展。每章自成体系,从基本原理入手,系统介绍基本概念、基本知识,材料与器件的组成、结构、特性的阐述和必要的分析,典型应用以及国内外研究现状。每章后附有习题与思考题供练习选用。

本书可作为高等院校电子科学与技术、光电信息科学与工程、测控技术与仪器、通信工程、控制科学与工程和应用物理学等专业的高年级本科生及硕士研究生的教材或教学参考书。编者也希望本书能对光电子技术感兴趣的科研及工程技术人员提供有益的帮助。

本书由侯宏录主编,由侯宏录、陈海滨、刘蓉和张雄星编著。其中,侯宏录编写了第3、5章;陈海滨编写了第1、8章;刘蓉编写了第2、4章;张雄星编写了第6、7章。全书由侯宏录、陈海滨统稿。陈海滨、刘蓉在编排、校稿过程中做了大量辛苦的工作,编者的研究生李宁鸟、陈杰、刘迪、张文芳等在插图、制表和资料汇总中做了许多工作;在编写过程中还得到了西安工业大学光电学院教务处的热情鼓励与支持,并承蒙曲岩编辑为本书的出版所做的具体指导和细致的编辑工作,编者在此一并表示衷心的感谢!

由于本书涉及内容广泛,加之编者水平有限,在内容取材、体系安排、文字表述等方面难免有所疏漏,敬请读者批评指正。

编 者

2011年10月

目　录

第 1 章　半导体发光材料及器件

半导体发光二极管和半导体激光器是最典型的两种半导体发光器件。半导体发光二极管诞生于 1927 年，由前苏联科学家 Oleg Losev 独立发明。1955 年，美国无线电公司（RCA）的 Rubin Braunstein 在低温 77K 条件下观察到了 GaAs 及其他半导体材料二极管结构产生的红外辐射。直到 1962 年，Nick Holonyak Jr. 开发出了世界上第一个实用的红光发光二极管。也正是在这一年，美国 4 个实验室几乎同时宣布成功研制 GaAs 同质结半导体激光器。之后，无论是半导体发光二极管，还是半导体激光器，发展均极为迅速，并很快在生产和日常生活中得到广泛应用。目前，半导体发光器件已广泛应用于信息显示、光纤通信、固态照明、计算机和国防等领域，并形成了巨大的产业规模。

半导体发光材料决定了半导体发光器件的基本性能。半导体发光器件快速发展的历史，同时也是半导体发光材料不断发展和完善的历史。如果没有对 Si、Ge、GaAs、InSb 等半导体材料的深入研究及逐步发展成熟的制备工艺，就没有今天人类在半导体发光器件领域内所取得的巨大成就。

尽管已经历经近百年的发展，目前半导体发光材料与器件仍然是国内外科学及工程研究中的活跃领域。有鉴于此，有必要对半导体发光材料及器件有基本的了解。

本章首先对半导体材料的基本性质及发光原理做简要介绍，然后概述典型半导体发光材料的基本性质。1.3 节和 1.4 节分别介绍了半导体发光二极管和半导体激光器的基本原理、结构及基本特性。

1.1　半导体及半导体发光基础

1.1.1　半导体物理基础

本小节简述半导体的基本物理性质，介绍了半导体的一些基本概念，包括能带、直接带隙、间接带隙、pn 结等，这是理解半导体材料基本光学性质及半导体发光器件工作原理的基础。

1. 能　带

在半导体中，电子的能带结构决定了电子允许和被禁止的能量范围，并决定了半导体材料的电学及光学性质。因此有必要首先对半导体能带的形成机制及基本性质做一简单介绍。

孤立原子的电子占据一定的原子轨道，形成一系列分立的能级。如果一定数量的原子相互结合形成分子，则原子的轨道发生分裂，形成的分子轨道数正比于组成分子的原子数。在包括半导体在内的固体中，大量原子紧密结合在一起，轨道数变得非常巨大，轨道能量之差变得非常小，与孤立原子中的分立能级相比，这些原子轨道可被视为能量是近似连续分布的。这种能级近似连续分布的能量范围即为能带。在能带与能带之间可能不允许任何电子态的存在，这种能量范围即为禁带或称带隙。

半导体的能带可以用图 1－1 表示。在绝对零度下，可以被电子填满的最高能带形成价带。在价带中,电子仍被各个原子束缚。而在价带之上,电子可以摆脱单个原子的束缚,并在整个半导体材料中自由移动的能带,则为导带。对半导体而言,价带与导带之间由禁带相隔。禁带宽度用 E_g 表示,并且有

$$E_g = E_c - E_v \tag{1-1}$$

式中:E_c 为导带底;E_v 为价带顶。

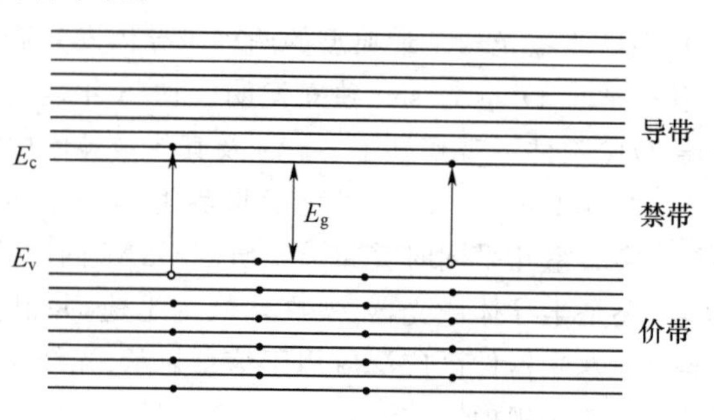

图1-1 半导体的能带结构简图

半导体的导电性介于金属和绝缘体之间。电子倾向于首先填充低能态。在绝对零度下,电子完全占据价带,而导带没有电子存在,即不存在可自由移动的电子,这样半导体相当于绝缘体。而在一定温度条件下,通过热激发,会有部分电子被激发到导带,成为导带电子,从而可以在整个半导体中自由移动。如果有外部电场作用,导带电子就会沿电场方向运动,这样半导体会具有一定的导电性。另外,电子被激发到导带以后,价带中会留下一定的空位,这种空位称为空穴。空穴在外部电场的作用下,同样会沿电场方向移动,从而增加半导体的导电能力。由于导带电子和价带的空穴同样具备导电性,它们被统称为载流子。电子和空穴不仅和半导体的导电性有关,其产生、复合及在能带中的分布,还直接与半导体的光学性质有关,这将在下一小节中介绍。

2. 本征及非本征半导体

本征半导体是纯净而不含任何杂质的理想半导体材料。由于晶体中原子的热振动,价带中的一些电子被激发到导带,同时在价带中留下空穴,形成电子—空穴对。因此,本征半导体中的电子浓度 n 与空穴浓度 p 相等。

本征半导体内引入一定数量的杂质,可以有效改变半导体的导电性质,这种掺有一定数量杂质的半导体称为非本征半导体。杂质原子的引入,改变了热平衡条件下电子和空穴的浓度,不过,一种载流子的浓度增加,另一种载流子的浓度就会减少。无论是本征半导体还是非本征半导体,热平衡条件下均满足浓度作用定律,即

$$pn = n_i^2 = N_c N_v \exp\left(-\frac{E_g}{k_B T}\right) \tag{1-2}$$

式中:n_i 为本征载流子浓度;$N_c = 2[2\pi m_e^* k_B T/h^2]^{3/2}$;$N_v = 2[2\pi m_h^* k_B T/h^2]^{3/2}$,$m_e^*$ 和 m_h^* 分别为电子和空穴的有效质量,k_B 为玻尔兹曼常数,T 为温度,h 为普朗克常量。

由式(1-2)可知,对于本征半导体有 $p=n=n_i$,而对于非本征半导体而言,由于杂质的引入,或者使空穴浓度高于电子浓度,或者电子浓度高于空穴浓度。浓度高的载流子称为多数载流子,浓度低的载流子称为少数载流子。如果多数载流子是电子,这样的非本征半导体材料即为n型半导体。如果多数载流子是空穴,这样的非本征半导体材料即为p型半导体。图1-2给出了

本征半导体、n 型半导体及 p 型半导体的能带图，费米能级的位置直接决定了载流子的浓度。

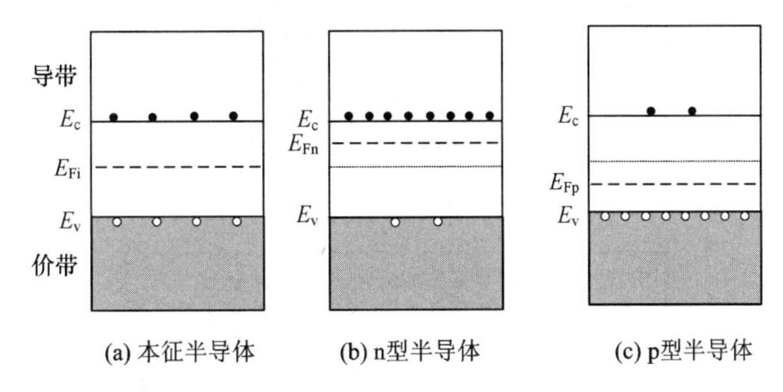

图 1－2　半导体能带图

图中 E_{Fi}、E_{Fn} 和 E_{Fp} 分别对应 3 种半导体材料的费米能级。

根据对半导体导电类型的影响，掺杂杂质有施主杂质及受主杂质之分。施主杂质向导带贡献电子，因此掺入施主杂质的半导体电子浓度高于空穴浓度，成为 n 型半导体。受主杂质则向价带贡献空穴，因此掺入受主杂质的半导体空穴浓度高于电子浓度，成为 p 型半导体。对于Ⅳ族半导体，如 Si 和 Ge，通常使用Ⅴ族元素作为施主杂质，Ⅲ族元素作为受主杂质。对于Ⅲ-Ⅴ族半导体，如 GaAs，通常使用Ⅵ族元素作为施主杂质，Ⅱ族元素作为受主杂质。也可以使用Ⅳ族原子作为施主或者受主杂质。如果Ⅳ族原子替代了Ⅲ族元素，则Ⅳ族原子即为施主，如果Ⅳ族原子替代了Ⅴ族元素，则Ⅳ族原子作为受主。因此，Ⅳ族原子用于掺杂，也被称为两性杂质。

非本征半导体是制造很多半导体电子及光电子器件的基本材料，如二极管、三极管、场效应管等电子元器件，以及发光二极管、半导体激光器、光电二极管、太阳能电池等半导体光电子器件。

3. pn 结

通过适当的工艺，使半导体单晶材料不同区域的导电类型分别为 n 型及 p 型，二者的交界位置便形成 pn 结。形成 pn 结后，由于 n 区和 p 区载流子浓度的差异，n 区的多数载流子电子、p 区的多数载流子空穴分别向对方区域扩散并与其多数载流子复合。这就造成 pn 结 n 区一侧附近电子浓度降低，留下不能移动的施主离子，产生局域的正电荷区域；pn 结 p 区一侧附近空穴浓度降低，留下不能移动的受主离子，产生局域的负电荷区域。由于局域正负电荷区的存在，pn 结附近会产生一个由 n 区指向 p 区的内建电场。电场阻碍 n 区的电子继续向 p 区扩散，同时使 n 区的少数载流子空穴向 p 区漂移，同样，电场阻碍 p 区的空穴继续向 n 区扩散，同时使 p 区的少数载流子电子向 n 区漂移。随着扩散的减弱、漂移的增强，最终实现载流子的动态平衡。pn 结附近载流子被耗尽的区域，称为空间电荷区或者耗尽区。空间电荷区整体呈电中性。

pn 结在外加电压条件下处于非平衡态。将 pn 结 p 区接电源正极，n 区接电源负极，pn 结处于正向偏置状态，此时外加电压在空间电荷区产生的电场与自建电场相反，载流子的扩散运动被加强，由于是多数载流子在参与扩散运动，因此会形成较大的正向电流。如果 p 区接电源负极，n 区接电源正极，外加电压在空间电荷区产生电场与自建电场相同，扩散运动被削弱，耗尽区内少数载流子的漂移运动被加强，由于是少数载流子，形成的反向电流较小，可以认为 pn 结处于截止状态。

大部分的半导体电子器件及光电子器件，其核心部分都是 pn 结，因此要理解这些器件的工作原理，必须首先掌握 pn 结的基本结构和性质，如图 1－3 所示。

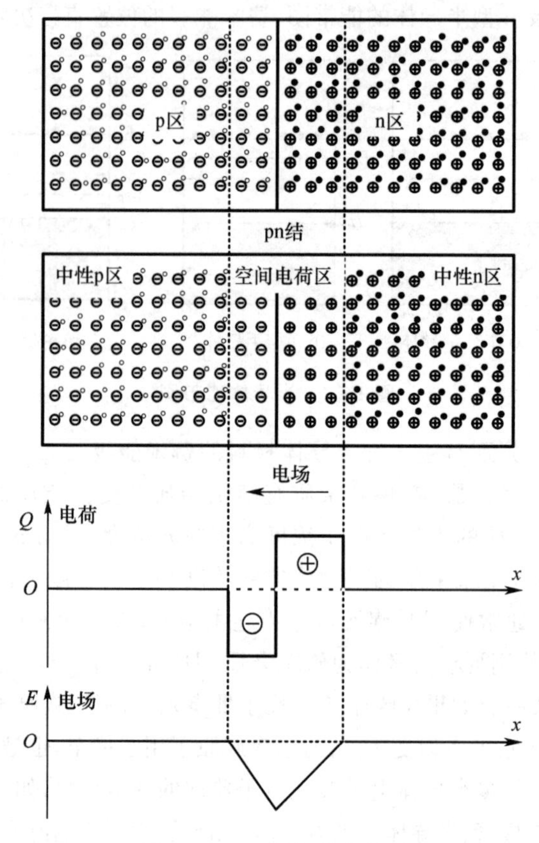

图 1-3　pn 结的基本性质

4. 直接带隙和间接带隙半导体

半导体晶体的能带结构用 $E(\boldsymbol{k})$ 与 $\boldsymbol{k}$ 的关系表示。由于晶体结构的各向异性，能带结构与晶向有关。按照导带底和价带顶对应 $\boldsymbol{k}$ 位置之间的关系，有两种能带结构：直接带隙和间接带隙。如图 1-4 和图 1-5 所示，如果导带底与价带顶的位置相同，即对应相同的 $\boldsymbol{k}$，则相应的带隙为直接带隙。如果导带底与价带顶的位置不同，即对应不同的 $\boldsymbol{k}$，则相应的带隙为间接带隙。相应地，半导体也分为直接带隙半导体和间接带隙半导体两种，它们在电学和光学性质上均表现出较大的差异。通常直接带隙半导体材料被用来制作发光器件，间接带隙半导体材料则主要用于光电探测器。

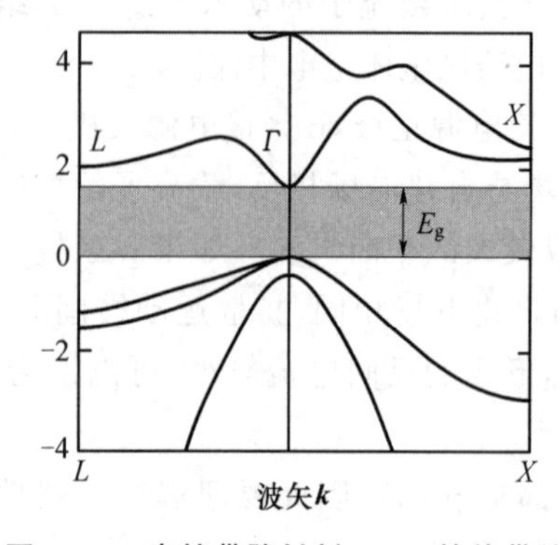

图 1-4　直接带隙材料 GaAs 的能带结构

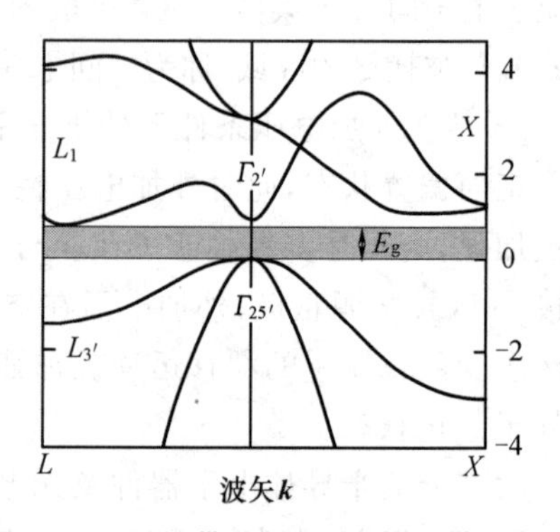

图 1-5　间接带隙材料 Ge 的能带结构

1.1.2　半导体发光

半导体材料中的电子由高能态向低能态跃迁的同时，会以光子的形式释放多余的能量，这称为辐射跃迁，辐射跃迁的过程也就是半导体材料的发光过程。根据激励方式的不同，半导体材料的发光机制有光致发光和电致发光之分。光致发光，即半导体材料吸收更高能量的光子后光的再发射过程。电致发光，是在半导体材料中通过电流激发引起的光发射过程。无论是光致发光还是电致发光，辐射跃迁产生光子的过程均如图 1-6 所示。

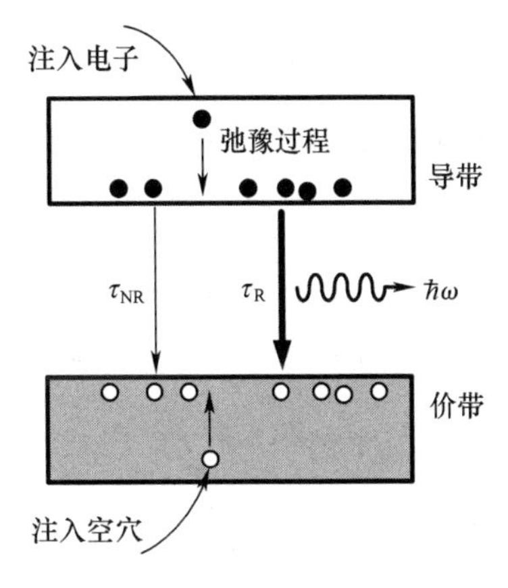

图 1-6　半导体材料发光的基本过程

电子由高能态（导带）向低能态（价带）跃迁时，产生相应能量间隔的光子。电子的跃迁，要求价带有价带电子，同时导带有相应的空穴，即在导带、价带中存在电子—空穴对。通过电子—空穴对的复合，半导体可以发射光子，这是辐射复合，另外还有不发射光子的非辐射复合。辐射复合主要有受激辐射复合与具有随机性的自发辐射复合，两者分别对应于半导体激光器和半导体发光二极管的发光机制。因为辐射复合的电子及空穴分别主要位于导带底和价带顶附近，可以推算出辐射产生的光子波长为

$$\lambda \approx \frac{1.240}{E_g} \quad \mu\text{m} \tag{1-3}$$

式中：E_g 的单位是 eV。

假定高能态电子数为 N，则可以用式(1-4)描述自发辐射复合过程，即

$$\left(\frac{\mathrm{d}N}{\mathrm{d}t}\right)_{\text{radiative}} = -AN \tag{1-4}$$

显然，自发辐射速率由爱因斯坦 A 系数决定。给定时间内发射光子数正比于高能态电子数，即

$$N(t) = N(0)\exp(-At) = N(0)\exp(-t/\tau_R) \tag{1-5}$$

式中：$\tau_R = A^{-1}$，即为高能态辐射寿命。

除了辐射跃迁之外，还要考虑非辐射跃迁。如果非辐射跃迁过程比辐射跃迁过程快，则只有少量光被发射出来。当同时考虑辐射跃迁过程和非辐射跃迁过程时，则有

$$\left(\frac{\mathrm{d}N}{\mathrm{d}t}\right)_{\text{total}} = -\frac{N}{\tau_R} - \frac{N}{\tau_{NR}} = -N\left(\frac{1}{\tau_R} + \frac{1}{\tau_{NR}}\right) \tag{1-6}$$

考虑发光效率，有

$$\eta_R = \frac{N/\tau_R}{N(1/\tau_R + 1/\tau_{NR})} = \frac{1}{1+\tau_R/\tau_{NR}} \tag{1-7}$$

如果 $\tau_R \ll \tau_{NR}$，则 η_R 接近于 1，发射的光接近于最大；如果 $\tau_R \gg \tau_{NR}$，则 η_R 变得非常小，发光效率很低。因此高效率的发光器件需要辐射寿命远小于非辐射寿命。

半导体的发光过程较为复杂，它与半导体中能量的迟豫机制有关，发射谱形状同时受到带内电子及空穴的热分布影响。

1. 直接带隙半导体材料发光过程

导带底的电子跃迁至价带顶,与空穴相复合。复合过程满足能量及动量守恒。因此带隙能量 E_g 即为光子能量。对于半导体的复合过程而言,辐射光子的动量远小于电子的动量,因此在复合过程中,光子动量可以忽略不计,认为电子在直接跃迁中动量不发生变化,即 $\boldsymbol{k}$ 不变,如图 1-7 所示。

2. 间接带隙半导体材料发光过程

对于间接复合而言,同样需要满足能量及动量守恒定律。由于导带底与价带顶对应不同的 $\boldsymbol{k}$,因此在复合过程中需要声子的参与。假定声子能量为 E_p,则光子能量即为$\hbar\omega=E_g\pm E_p$,"+"表示吸收一个声子,"−"表示发射一个声子。假定声子动量为$\hbar\boldsymbol{q}$,则$\hbar\boldsymbol{k}'=\hbar\boldsymbol{k}\pm\hbar\boldsymbol{q}$。"±"表示在复合过程中吸收或者发射一个声子,如图 1-8 所示。

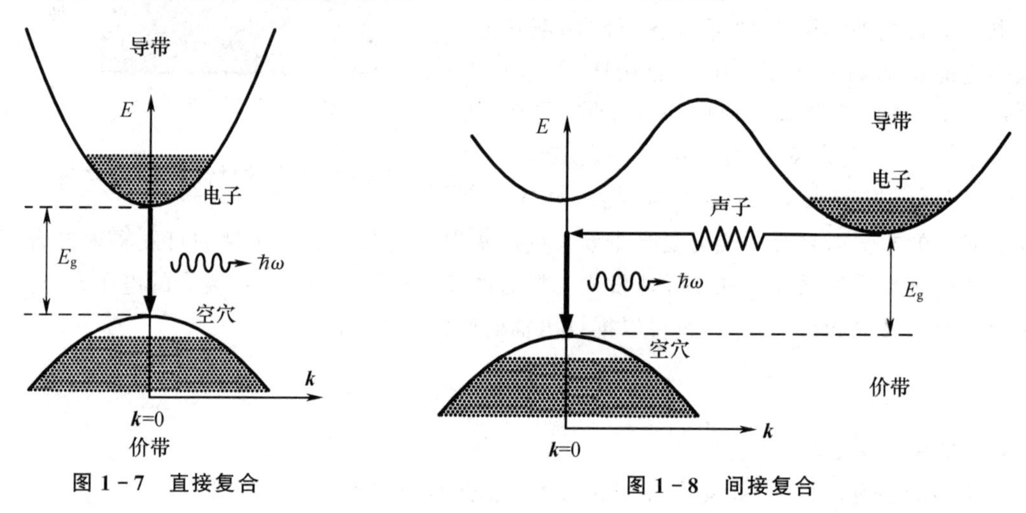

图 1-7 直接复合　　图 1-8 间接复合

1.2 半导体发光材料

半导体发光材料是半导体发光器件的基础。无论是发光二极管还是半导体激光器,其本身的发展、性能的改进都离不开半导体材料的研究和发展。

由于与间接带隙半导体材料比较,直接带隙半导体材料具有很高的发光效率,因此主要的半导体发光材料为直接带隙的Ⅲ-Ⅴ族半导体材料,以及由它们组成的三元、四元固溶体。常见的半导体发光材料有 GaAs(砷化镓)、GaP(磷化镓)、GaN(氮化镓)、InGaN(铟镓氮)、GaAsP(磷砷化镓)、GaAlAs(镓铝砷)等。另外,还有 ZnS(硫化锌)、ZnSe(硒化锌)等Ⅱ-Ⅵ族半导体化合物,以及面向光电子集成而发展起来的硅基半导体发光材料等。本节主要介绍典型的Ⅲ-Ⅴ族半导体发光材料,如图 1-9 所示。

半导体材料的发光波长与材料的禁带宽度有关。图 1-9 给出了典型的Ⅲ-Ⅴ族化合物及其三元、四元固溶体的发光波长,这些半导体发光材料的发光范围覆盖了紫外、可见光到红外的很宽范围的光谱,因此半导体发光材料具有广泛的应用。在具体应用中,为了获得特定波长范围的自发或受激辐射光波,需选择合适的半导体发光材料。

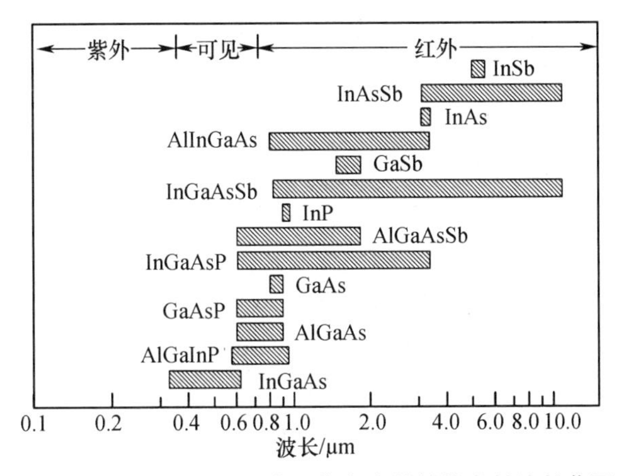

图 1-9　室温下Ⅲ-Ⅴ族半导体发光材料的发射波长范围

1.2.1　典型半导体发光材料

1. GaAs

GaAs 是一种重要的Ⅲ-Ⅴ族化合物半导体，是典型的直接跃迁型发光材料。直接跃迁发射的光子能量在 1.42 eV 左右，相应波长在 873 nm 附近，属于近红外波段。砷化镓材料可用于很多重要的微波器件、半导体激光器、红外发光二极管、太阳能电池等。同时砷化镓也是很多发光器件的基础材料和众多半导体发光材料外延生长选用的衬底。

砷化镓属于闪锌矿结构，由极性共价键结合，离子性为 0.31。砷化镓的自然解理面是(110)。砷化镓的载流子迁移率随载流子浓度的增大而降低，室温条件下，当载流子浓度为 $10^{18}/cm^3$ 时，电子和空穴的迁移率分别为 2 000 cm^2/Vs 和 150 cm^2/Vs，这样的 p 型材料中电子寿命为 10^{-9} s，载流子扩散长度为 2 μm。

GaAs 中掺入两性杂质 Si 后，Si 占据 Ga 位或 As 位，分别成为施主和受主。在 Ga 溶液中通过液相外延生长的方法制备 GaAs 时，高温下掺入 Si，Si 为施主，形成 n 型 GaAs，低温下掺入 Si，Si 为受主，形成 p 型 GaAs。在 n 型 GaAs 上进行掺 Si 液相外延生长，可以形成 pn 结，用于发光二极管。

GaAs 发光二极管主要是在 p 区发光，原因在于注入电子的迁移率远高于空穴的迁移率。

2. GaP

GaP 为闪锌矿结构，其间接带隙宽度 2.26 eV，离子性为 0.374，是一种典型的间接半导体发光材料。在 GaP 中通过掺入杂质，产生等电子陷阱，俘获激子，通过激子复合实现发光。虽然没有直接带隙，但相比较而言，其在半导体发光材料中具有较高的发光效率，并且通过掺入不同的发光中心，可以直接输出红、绿、黄灯等各种不同颜色的光。液相外延法在 GaP 衬底上生长 pn 结，以 Zn-O 对等电子中心为发光中心，可以形成 GaP:ZnO 红光发光二极管。其发光效率最高可达 15%，是目前广泛使用的红光发光二极管。采用气相外延加扩散法和液相外延法，在 GaP 材料中掺入 N 得到等电子陷阱，可以得到波长为 565 nm 的绿光发光二极管。

3. GaN

GaN 为直接跃迁型半导体材料，具有带隙宽、热导率高、化学性能稳定的特点。室温条件下，带隙宽度 E_g=3.39 eV，晶体结构为纤锌矿型，可在蓝宝石或者 SiC 上外延生长 GaN 单晶。不掺杂的氮化镓通常呈 n 型，载流子浓度为 $10^{16}/cm^3$～$10^{18}/cm^3$。通过掺 Zn 或者 Mg 可

获得p型GaN半导体。GaN主要用于蓝光发光器件。GaN与Ⅲ族氮化物半导体InN及AlN的性质接近,均为直接跃迁型半导体材料,它们构成的三元固溶体的带隙可以从1.9 eV连续变化到6.2 eV。GaN是性能优良的短波长半导体发光材料,可用于蓝光及紫光发光器件。近年来,基于GaN材料的发光二极管、半导体激光器一直是相当活跃的研究领域,并且GaN基的近紫外、蓝光及绿光发光二极管已经产业化。

4. InGaN

InGaN为$In_xGa_{1-x}N$、GaN和InN组成的二元固溶体,是直接带隙半导体材料。调节In和Ga的比例,可以调节禁带宽度1.95 eV(636.6 nm)~3.4 eV(365 nm)。通常In/Ga的比例介于0.02/0.98与0.3/0.7之间。InGaN用作蓝光、绿光及紫外发光器件。SONY公司的第三代蓝光存储技术即采用基于InGaN材料的半导体激光器。

5. GaAsP

GaAsP是应用较为广泛的半导体发光材料。$GaAs_{1-x}P_x$是闪锌矿结构,是由直接带隙的GaAs和GaP组成的固溶体。室温下,$x<0.45$时为直接跃迁型,$x=0.40$时,发红光,在波长为650 nm时发光效率最高;$x>0.45$时成为间接带隙材料,辐射效率大为降低(见图1-10)。但是,如果利用GaP作为衬底,在外延层中掺入氮,氮等电子陷阱的作用可极大地提高发光效率。这使得$GaAs_{0.35}P_{0.65}$:N/GaP、$GaAs_{0.25}P_{0.75}$:N/GaP和$GaAs_{0.15}P_{0.85}$:N/GaP成为发光效率相当高的橙红、橙色和黄色发光材料。

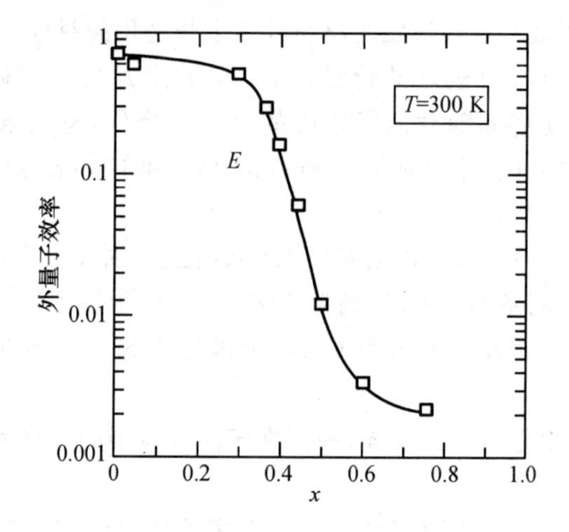

图1-10 外量子效率与组分参数x的关系

1) $GaAs_{0.60}P_{0.40}$/GaAs

$GaAs_{1-x}P_x$发光的外部量子效率与组分参数x的关系如图1-10所示。$x>0.38$以后,外部量子效率明显下降,这与材料开始由直接带隙型向间接带隙型转变相对应。随着组分参数x的增大,发光波长不断增大,其关系式为

$$\frac{1.24}{\lambda}\times 10^3 = 1.43 + 1.23x \tag{1-8}$$

但对于不同波长,人眼的敏感程度不同。随着组分参数x的增大,外部量子效率降低,但随着波长变短,人眼对光的敏感度增大,因而亮度增大。其中有一个最佳组分参数x,使亮度最大,该值为$x\approx 0.40$。此时,发光波长为650~660 nm。

2) $GaAs_{1-x}P_x$:N/GaP($x>0.50$)

掺入 N 后,$GaAs_{1-x}P_x$ 的发光效率增加,强度相应增大,这一结果使半导体发光向多色发展,增加了橙红、橙、黄等颜色的发光器件。图 1-11 给出了不同 x 值的 $GaAs_{1-x}P_x$:N/GaP 的峰值波长。

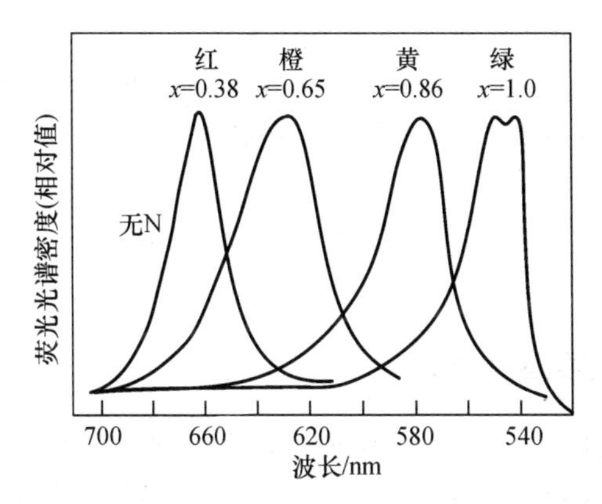

图 1-11　不同 x 值的 $GaAs_{1-x}P_x$:N/GaP 的峰值波长

6. GaAlAs

$Ga_{1-x}Al_xAs$ 是 GaAs 和 AlAs 的固溶体。随着 x 的增大,材料的禁带宽度可在 1.42 eV(GaAs)~2.16 eV(AlAs)之间变化。$x<0.35$ 时,GaAlAs 材料为直接带隙半导体,$x>0.35$ 时则转变为间接带隙半导体。由于 GaAs 和 AlAs 晶格常数非常接近,分别为 0.566 35 nm 和 0.566 22 nm,因此晶格失配度非常小,在 GaAs 上直接外沿生长时,不需要过渡层。GaAlAs 是制备高辐射度红外发光二极管和半导体激光器的优质材料。可采用液相外延、分子束外延和金属有机物化学气相沉积等方法制造。

7. InGaP

铟镓磷,也称镓铟磷。$In_{1-x}Ga_xP$ 是 InP 和 GaP 的固溶体。禁带宽度宽至 2.2 eV,仍为直接跃迁半导体材料,有希望获得从红外至绿光的直接跃迁型发光器件。主要存在的问题是 GaP 和 InP 晶格常数相差很大,晶格失配比较严重。$In_{0.5}Ga_{0.5}P$ 与 GaAs 晶格匹配度较高。与$(Al_xGa_{1-x})_{0.5}In_{0.5}$ 一起可以生长量子阱,用于红光半导体激光器或者谐振腔发光二极管。

8. InGaAsP

$In_{1-x}Ga_xAs_{1-y}P_y$ 为四元固溶体。通过组分 x 和 y 的调节,覆盖波长范围从 870 nm(GaAs)~3.5 μm(InAs),该范围包含了光纤通信波长 1.3 μm 和 1.55 μm。光纤通信所用 1.3 μm 和 1.55 μm 半导体光源即主要采用 InGaAsP 材料。

1.2.2　其他非Ⅲ-Ⅴ族半导体发光材料

1. SiC

SiC 为 IV 族半导体材料,Si 及 C 按 1∶1 的原子比形成的化合物,是最早被观察到电致发光的半导体材料。SiC 非常独特,它几乎有无限多个晶型,已经发现的有 200 多种。根据晶格结构的不同,带隙宽度在 2~3 eV 之间。SiC 属于间接跃迁型半导体材料,是目前发展最为成熟的宽带隙半导体材料。SiC 独有的力学、电学、光学及热力学属性,使其在许多技术领域得到了广泛应用。SiC 可通过掺入发光中心实现发光,根据晶型及掺入杂质的不同,SiC 发光可以覆盖整个可见光及近紫外的光谱范围,SiC 蓝光 LED 已成功实现了商品化。

2. ZnS

Ⅱ-Ⅵ族半导体化合物是Ⅱ族元素 Zn、Cd、Hg 与Ⅵ族元素 S、Se 组成的化合物。其中最为典型的是 ZnS。ZnS 的带隙宽度为 3.6 eV。使用 ZnS 粉末,用 Cu 作为激活剂,Al、Ga、In、Cl 等作为共激活剂,可以在交流驱动下,实现场致发光。以 ZnS 为基质的粉末,其场致发光光谱可覆盖整个可见光波段。ZnS 也是应用最为广泛的薄膜场致发光材料。ZnS 也可通过掺杂成为 n 型或者 p 型半导体材料,用于制作发光二极管。

1.3 发光二极管

1.3.1 基本原理及基本结构

发光二极管的核心部分是 pn 结。pn 结的 p 区和 n 区均重掺杂,以形成 p 区空穴与 n 区电子的简并分布。在未加偏置电压的条件下,由于载流子的扩散运动,p 区与 n 区之间的 pn 结附近会形成没有电子和空穴分布的耗尽区。在 pn 结附近,由于没有电子和空穴,无法通过电子—空穴对的复合产生光辐射。如果对发光二极管施加大小为 $U_0 \sim E_g/e$ 的正向偏置电压,驱动电流通过器件时,耗尽层消失,p 区空穴向 n 区扩散,n 区电子向 p 区扩散,在 pn 结附近形成电子和空穴同时存在的区域。电子和空穴在该区域通过辐射复合,并辐射能量约为 E_g 的光子,如图 1-12 所示。复合掉的电子和空穴由外电路驱动产生的电流补充。当然,也可能发生非辐射复合,能量以热的形式耗散。

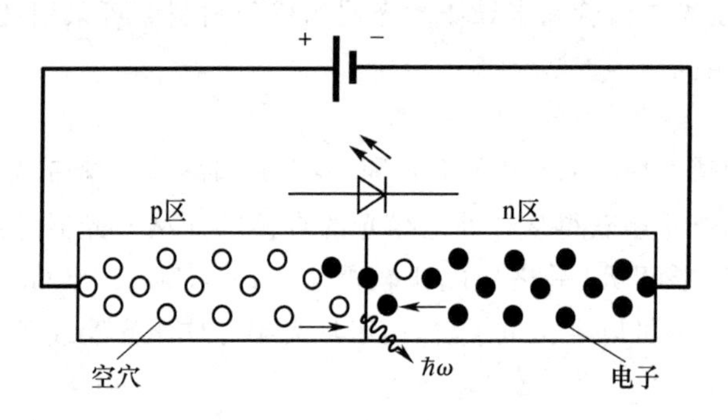

图 1-12 pn 结发光

电子和空穴复合过程,产生光子。发射光子的能量近似等于禁带宽度,即满足 $h\nu \approx E_g$。辐射光的波长不是单一值,而是一个较窄的频谱,如图 1-13 所示。

因为发光二极管光辐射的过程是自发辐射,复合产生的光子方向是任意的。因此,在设计发光二极管时,其结构应保证发射的光子尽可能逃逸出器件,而不至于再次被半导体吸收。

1. 同质结发光二极管

最简单的半导体发光二极管可以通过在适当的基底(如 GaAs、GaP 等)上外延生长掺杂半导体层制作。如图 1-14 所示,在基底上依次生长一层 n 型层和一层 p 型层。p 型层相对较薄,以减少半导体材料的再吸收,利于辐射复合产生光子的逃逸。n 型层重掺杂,以使辐射

复合主要发生在 p 型层内。使用间断电极有助于光辐射在半导体空气界面的反射。也可以在 n^+ 型层内通过扩散掺杂形成 p 型层，这样可以形成扩散结平面发光二极管，如图 1-14(b) 所示。

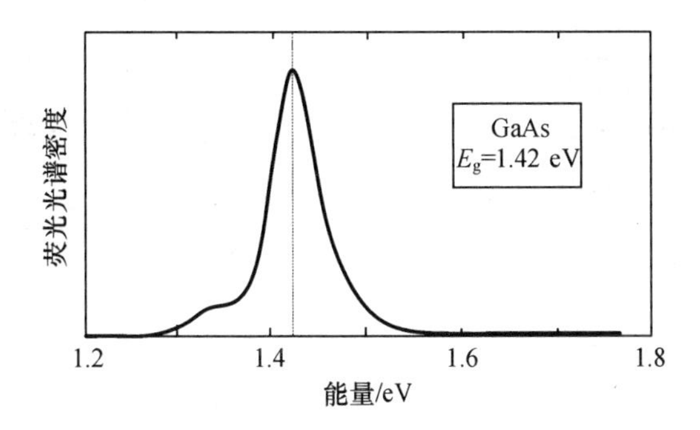

图 1-13　室温下 GaAs 发光二极管的发射光谱

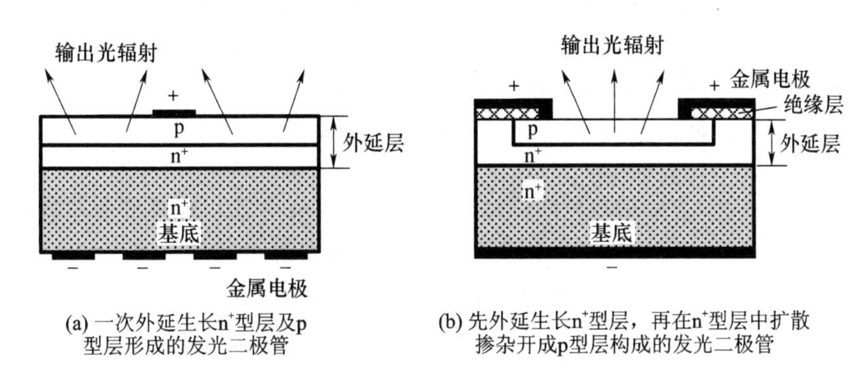

图 1-14　同质结半导体发光二极管的典型结构

不过只有部分光能够到达半导体—空气界面并从该界面逃逸出去。因为半导体材料相对于空气为光密介质，并且折射率通常较高，只有小于全反射临界角的光才能通过部分透射大部分离开发光二极管形成有效的光辐射。例如，GaAs—空气界面的临界角只有 16°，这样大部分光都受到全反射的影响，无法脱离半导体材料形成有效光辐射，这造成该结构发光二极管的发光效率极低，如图 1-15(a) 所示。

全内反射导致只有极少部分的发射光透射输出。因此可以通过改进结构设计来提高发光二极管的光取出效率：制作圆顶或者半球形的半导体表面，但增加了制作的困难；采用透明的塑料圆顶或者半球，可以在获得高取出效率的同时，降低成本。很多发光二极管都采用这种结构。另外，亦可通过最新的光子晶体结构改进发光二极管的取出效率，见第 8.2 节光子晶体发光二极管部分。

2. 双异质结发光二极管

前述发光二极管属于同质结结构，即在相同半导体材料上通过不同掺杂形成的 pn 结结构。同质结半导体发光二极管的主要缺点是：为了减少光辐射的再吸收以利于光辐射的逃逸，需要使用尽可能薄的 p 型层，但太薄的 p 型层不利于电子与空穴的辐射复合，使部分注入电子到达 p 型层表面时与表面附近的晶体缺陷复合，这种非辐射复合降低了输出光的辐射效率。另外，如果 p

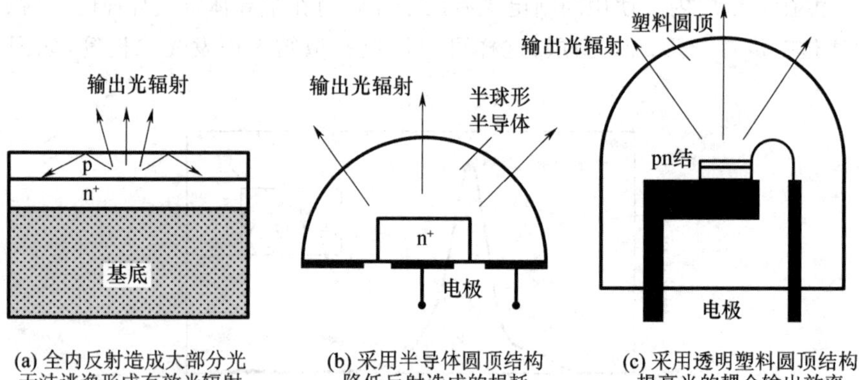

图 1-15　同质结发光二极管

型层过厚,则辐射光子的再吸收的概率将大大增加,同样不利于提高光辐射输出效率。

对于发光二极管而言,可以使用性能更为优异的异质结结构。所谓异质结是指由不同带隙宽度的半导体材料构成的 pn 结。半导体材料的折射率与带隙宽度有关,半导体材料的带隙越宽其折射率相对越低。因此可以利用这种性质,通过异质结形成介质波导,将辐射复合产生的光辐射导出。

为了提高发射光强,常采用双异质结结构。图 1-16 给出了一种典型的双异质结发光二极管的结构简图。两个 AlGaAs 层中间夹有一个 GaAs 薄层。其中,AlGaAs 带隙宽度约为 2 eV,GaAs 带隙宽度约为 1.4 eV,重掺杂的 n^+ 型 AlGaAs 与 p 型 GaAs 形成一个异质结,p 型 GaAs 与 n 型 AlGaAs 形成另一个异质结,因此为双异质结结构。

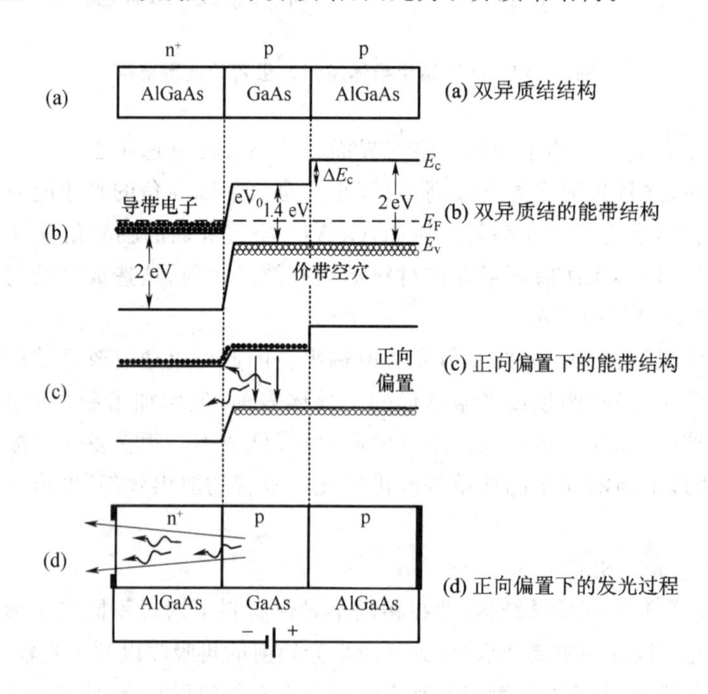

图 1-16　双异质结发光二极管

在没有外部偏置电压的条件下，整个结构中的费米能级 E_F 均一致，n^+ 型 AlGaAs 与 p 型 GaAs 的导带之间存在一个大小为 eV_0 的势垒，该势垒阻止 n^+ 型 AlGaAs 层中的电子扩散进入 p 型 GaAs 层。p 型 GaAs 与 p 型 AlGaAs 也存在一个 ΔE_c 的势垒，它阻止 p 型 GaAs 层中的电子扩散进入 p 型 AlGaAs 层。当器件上有正向偏置电压存在时，大部分电压都加在 n^+ 型 AlGaAs 层及 p 型 GaAs 层上，因此降低了势垒 eV_0，这使得 n^+ 型 AlGaAs 层中的电子扩散进入 p 型 GaAs 层。由于 p 型 GaAs 层与 p 型 AlGaAs 层导带间势垒 ΔE_c 的限制，这些电子无法进入 p 型 AlGaAs 层，从而限定在 p 型 GaAs 层内，与 p 型 GaAs 层内价带的空穴相复合，通过辐射复合形成自发辐射光子。

由于 AlGaAs 带隙宽于 GaAs，在 GaAs 中发射的光子不被 AlGaAs 吸收，因此产生的光子很容易到达器件表面，并离开器件，形成有效的光辐射，提高了光输出效率。另外，AlGaAs 与 GaAs 之间晶格失配极小，由于晶格失配造成的缺陷可以被忽略。双异质结发光二极管的发光效率远高于普通同质结发光二极管。

1.3.2　发光二极管的主要光学特性

1. 发光二极管的效率

效率是表征发光二极管基本特性的重要参数。发光二极管的效率由内部量子效率、取出效率、外部量子效率及发光效率等几个不同的参数表征。

假定发光二极管在理想条件下，有源区每注入一个电子，便产生一个光子，则该发光二极管的量子效率为 1。发光二极管的内部量子效率定义为：单位时间内有源区产生光子数与电子—空穴对复合数之比，即

$$\eta_{\text{int}} = \frac{P_{\text{int}}/hf}{I/e} \tag{1-9}$$

式中：P_{int} 为有源区的光发射功率；I 为注入电流。

我们期望发光二极管有源区发射的光子能够完全从发光二极管芯片中逃逸到空气中，形成有效的光辐射。而事实上，由于发光二极管半导体材料与空气界面上存在全反射，以及半导体材料的再吸收，只有一部分光能够从发光二极管芯片中逃逸。一般用取出效率描述该现象，取出效率定义为单位时间内发射到自由空间中的光子数与单位时间内有源区发射光子数之比，其表达式为

$$\eta_{\text{extra}} = \frac{P/hf}{P_{\text{int}}/hf} \tag{1-10}$$

式中：P 为发射到自由空间中的光功率。取出效率的提高对于发光二极管而言是一个极大的挑战，除非通过复杂且代价高昂的处理，一般情况下，发光二极管的取出效率很难达到 50%以上。

外部量子效率(external quantum efficiency)定义为单位时间内发射到自由空间中的光子数与单位时间内注入到发光二极管的电子数之比，因此，外部量子效率等于内部量子效率与取出效率的乘积，即

$$\eta_{\text{ext}} = \frac{P/hf}{I/e} = \eta_{\text{int}}\eta_{\text{extra}} \tag{1-11}$$

发光效率为出射到自由空间中的光功率与加载到发光二极管的电功率之比，即

$$\eta_{\text{power}} = \frac{P}{IU} \tag{1-12}$$

2. 光谱分布

由于电子在导带、空穴在价带的能量有一定分布,这使得最终产生的光子能量并不简单等于禁带宽度,因此,发光二极管发射波长在禁带能量对应波长附近有一定分布。另外,发光的中心波长也不位于禁带宽度对应的波长,而是相对禁带宽度有一定偏移。最大发射强度对应的波长为

$$\lambda = \frac{E_g + \frac{1}{2}kT}{hc} \tag{1-13}$$

式中:k 为玻耳兹曼常数;c 为真空光速。

发射光光谱的半高全宽(FWHM)为

$$\Delta\lambda = \frac{1.8kT\lambda^2}{hc} \tag{1-14}$$

例如,室温条件下,GaAs 发光二极管发射光的中心波长为 870 nm,光谱宽度为 28 nm。

3. 光强分布

发光二极管由于半导体材料与空气之间的折射率差及表面形状的影响,其发射光的光强是非均匀的,并按一定规律分布。如果发光二极管发光材料与空气界面为平面,则发射光满足朗伯分布,即

$$I_{air} = \frac{P_{source}}{4\pi r^2} \frac{\bar{n}_{air}^2}{\bar{n}_s^2} \cos\phi \tag{1-15}$$

式中:P_{source} 为发光二极管总的发光功率;ϕ 为光发射方向(与界面法向间的夹角)。

半球形发光二极管,如果发光区域位于球心,则发光光强是各向同性的。抛物线形表面的发光二极管具有很好的方向性。不过半球形及抛物线形表面的发光二极管都很难制造。根据表面形状的不同,发光二极管发射光的光强分布也不同。图 1-17 给出了几种不同形状界面的发光二极管的光强分布。

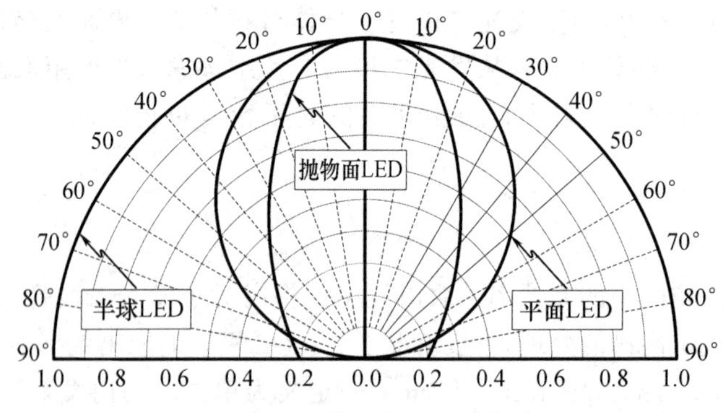

图 1-17 几种不同表面形态发光二极管的光场远场分布

4. 温度特性

发光二极管的发光强度随着温度的升高而降低。发光强度降低的主要原因与温度有关,其中包括深能级的非辐射复合、表面复合及异质结势垒位置的载流子损失。在室温附近,发光二极管发光强度对温度的依赖关系通常用下面的经验公式表示,即

$$I = I\big|_{300\,K} e^{-\frac{T-300\,K}{T_c}} \tag{1-16}$$

式中：T_c 为特征温度。特征温度越高，发光二极管发光强度对温度的依赖性也就越弱。

1.3.3　发光二极管的典型应用

根据尺寸、结构、发光波长及发光强度的不同，发光二极管有着极为广泛的应用。例如铁路及公路的交通信号灯、各种仪器的状态指示器、各种电视及家电遥控的红外发射器、各种户内及户外的阵列式显示屏、各种灯饰及固态照明、光纤及自由空间光通信的通信光源及机器视觉系统等。这里仅介绍发光二极管在固态照明、光纤通信及机器视觉中的应用。

1. 固态照明

发光二极管可以替代白炽灯及荧光灯这样的传统光源，用于各种户内外的照明系统，由于发光二极管所采用的材料均为固态材料，因此发光二极管照明亦被称为固态照明。由于直接将电能转化为光能，发光二极管具有较高的工作效率，商业固态照明器件平均输出为 23 lm/W，而采用某些新技术可使发光二极管照明达到 135 lm/W。另外，发光二极管还具有寿命长、灵活性好的特点，这些使得固态照明极具吸引力。

照明一般使用白光，固态照明使用发光二极管作为光源，意味着要有白光发光二极管。由于白光是一种混合光，由不同颜色的光组成，而发光二极管发光波长一般较窄，带有特定的颜色，因此可使用红、绿、蓝三色发光二极管混合产生白光。不过由于 3 种颜色的发光二极管量子效率不同，由于温度及驱动电流的变化，会造成颜色不稳定，需要反馈电路补偿，因此电路复杂，并会损失一定的发光效率。另外，可以在发光二极管的半导体芯片上涂覆荧光粉（磷光剂或者染料），通过发光二极管发光激发荧光粉发出可见光，并组合成白光。例如，可以使用蓝光发光二极管激发黄色荧光材料发射黄光，两者组合形成白光，也可使用紫外发光二极管激发荧光粉，产生红、绿、蓝三基色光，从而形成白光。图 1 - 18 给出了一种基于荧光材料的白光发光二极管的典型结构，它采用 GaInN 蓝光发光二极管作为发光光源，发出蓝光，并激发外部黄色磷光体产生黄光，两色互补混合形成白光。目前，市场上的主流是荧光转换型白光发光二极管。

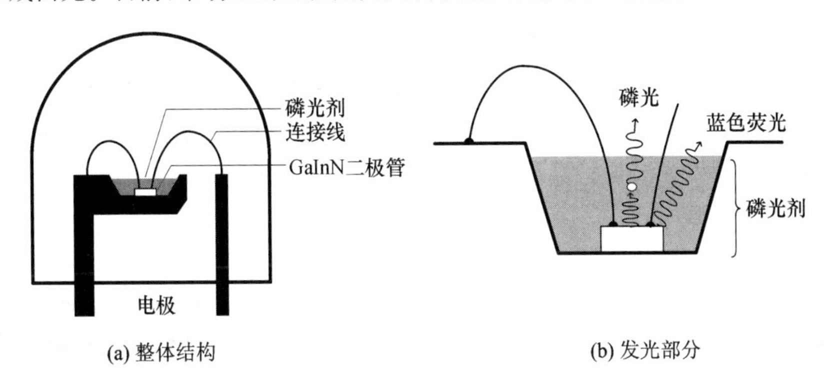

图 1 - 18　基于 GaInN 蓝光发光二极管的白光发光二极管

应用白光发光二极管的固态照明技术具有极大的经济效益和社会效益，随着该技术的进一步成熟和成本的逐步降低，采用发光二极管的固态照明技术必将取代传统的照明方式，成为照明技术的主流，并进入到人们的日常生活中。

2. 光纤通信

光纤通信主要采用发光二极管和半导体激光器作为通信光源。尽管发光二极管发射光谱比半导体激光器要宽很多,但因其价格便宜、易于驱动、寿命长,对于短距离通信,发光二极管比半导体激光器更适合作为通信光源。

通信用发光二极管主要采用镓砷磷(GaAsP)及砷化镓(GaAs)材料制造。GaAsP发光二极管的工作波长为1.3 μm,而GaAs发光二极管的工作波长为0.81～0.87 μm。发光二极管的宽频谱使得在光纤中的传播存在大的色散,因此数据的传输速率受到很大限制。发光二极管非常适合于传输速率在10～100 Mb/s,传输距离在几公里之内的局域网。

对于光纤通信而言,要解决发光二极管与光纤的耦合问题。根据发光方向与有源层之间的关系,发光二极管可分为两种类型,边发射型发光二极管和表面发射型发光二极管。如图1-19所示,如果光发射的方向平行于有源层,则为边发射发光二极管。如果光发射的方向与有源层相垂直,则为表面发射发光二极管。

表面发射发光二极管的耦合,最简单的方法是在发光二极管结构上刻蚀出一个深阱,使光纤端面在其中尽可能接近有源区。如图1-20(a)所示,利用环氧树脂固定光纤并实现玻璃光纤和发光二极管材料之间的匹配。另一种方法是使用微透镜将光聚焦到光纤中,如图1-20(b)所示。透镜通过折射率匹配的胶合剂粘结在发光二极管上。另外,光纤也可以使用类似的胶合剂同透镜粘合在一起。

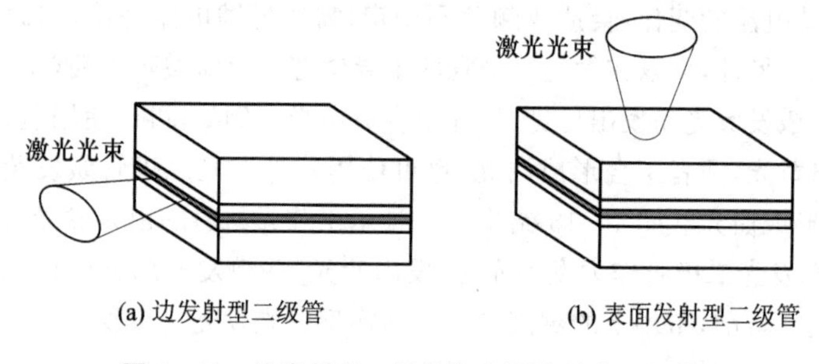

图1-19　边发射光二极管和表面发射光二极管

一些透镜系统可以很方便地实现边发射发光二极管与光纤之间的耦合。例如,半球透镜附于光纤端面,以使边发射发光二极管发射的激光准直进入光纤中,如图1-20(c)所示。格林透镜可以将边发射发光二极管发射的光聚焦到光纤中,如图1-20(d)所示,这种耦合对于单模光纤的耦合尤为有用。

3. 机器视觉

机器视觉是一种基于图像的用于工业生产及机器控制的自动检测技术,它可以替代人眼作出测量和判断。照明是影响机器视觉系统的重要因素,它直接影响输入数据的质量和系统的整体性能。机器视觉系统通常需要高亮度和高均匀性的照明,以利于图像特征的提取。发光二极管可以满足这样的要求,是机器视觉系统的理想光源。与其他光源相比其主要优势如下:

(1) 发光二极管元件尺寸小,可以在平板或一定形状的基板上高密度安装,因此形成均匀高亮度的光源,并易于控制。发光二极管照明光源可以做到非常小巧,易于与智能相机及视觉传感器集成。

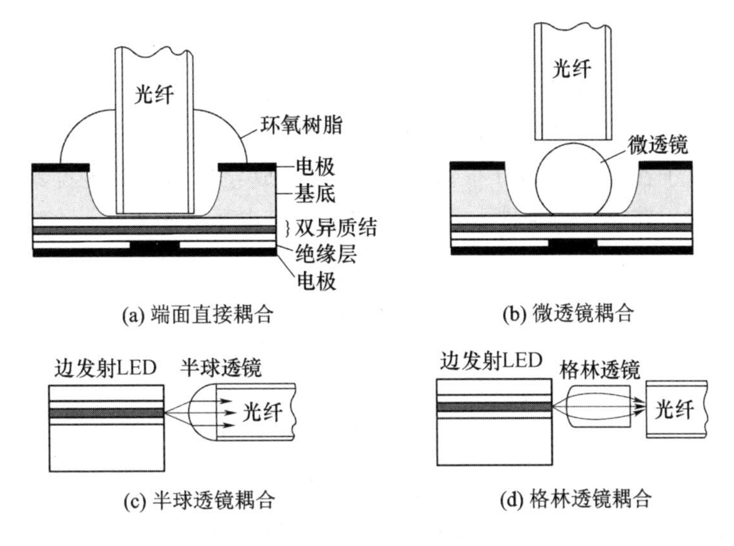

(a) 端面直接耦合　(b) 微透镜耦合

(c) 半球透镜耦合　(d) 格林透镜耦合

图 1-20　表面发射 LED 及边发射 LED 与光纤之间的耦合

(2) 发光二极管易于实现闪光及同步,其光强允许在极短的光脉冲照射条件下得到较为明亮的图像,这可用于实现对快速运动物体的拍摄。

(3) 发光二极管可以有多种不同颜色和波长,可以根据需求选择最佳波长,以更好地提取感兴趣的视觉特征。发光二极管的光谱特征使得可以使用滤波器降低背景光的干扰。

(4) 发光二极管通常工作于相对较低的温度,这有利于简化温控系统,因此可以使用塑料透镜滤波器等。防水系统易于实现,并可在潮湿环境下使用。

(5) 发光二极管光源极为灵活,可以满足各种照明方式的需要。可以形成几种主要的光源形式:点光源,用于反射式照明;环形光源,用于同轴照明;背光,用于轮廓照明;线阵列,平面及其他形状的面式光源;穹顶光源,用于各向同性的均匀照明。

1.4　半导体激光器

半导体激光器与发光二极管类似,同样包括一个具有有源区的 pn 结,并通过电子和空穴在有源区的复合发射光。与发光二极管的不同之处在于,它包含一个光学谐振腔提供光反馈以形成受激辐射。在性能上,半导体激光器具有更好的单色性、相干性、方向性及更高的亮度。

半导体激光器具有极广泛的应用,如可用于光纤通信系统、各种光电测量仪器、条码读取器、激光打印机、图像扫描器等。可见光波段的半导体激光器可用作激光笔,红外及红光激光二极管被用于 CD、CD-ROM 及 DVD 读取头,高功率半导体激光器常被用于固体激光器的泵浦源。可见,半导体激光器对人类社会现代生产和生活具有重要的价值。

1.4.1　半导体激光器的基本原理及主要特性

与其他类型的激光器一样,要得到激光输出,首先需要激光介质能够实现粒子数反转。粒子数反转意味着处于高能态的粒子数多于处于低能态的粒子数,只有实现粒子数反转,工作物质才具有增益。这是实现激光振荡的必要条件。

在热平衡条件下,半导体中的电子服从费米—狄拉克统计规律。

$$f(E)=\frac{1}{1+\exp\left(\frac{E-F}{k_{B}T}\right)} \tag{1-17}$$

式中:F 为费米能级;$f(E)$给出了电子关于能量 E 对应量子态的概率。通过电注入或者光激发的方式,可以使电子在能带中的分布偏离平衡态,造成导带和价带各自具备自己的费米能级,称为准费米能级。在非平衡条件下,对于价带和导带电子分别有

$$f_{v}(E)=\frac{1}{1+\exp\left(\frac{E-F_{v}}{k_{B}T}\right)} \tag{1-18}$$

$$f_{c}(E)=\frac{1}{1+\exp\left(\frac{E-F_{c}}{k_{B}T}\right)} \tag{1-19}$$

式中:F_{v} 和 F_{c} 分别为价带和导带对应的准费米能级。

能量为$\hbar\omega$,能量密度为 $u(\hbar\omega)$的光子作用于非平衡半导体(见图 1-21),使电子在 E_{2} 与 E_{1} 对应量子态之间跃迁,并满足$\hbar\omega=E_{2}-E_{1}$。电子由价带向导带跃迁的受激吸收速率为

$$r_{12}=B_{12}f_{v}(E_{1})\rho_{v}(E_{v}-E_{1})\rho_{c}(E_{2}-E_{c})(1-f_{c}(E_{2}))u(\hbar\omega) \tag{1-20}$$

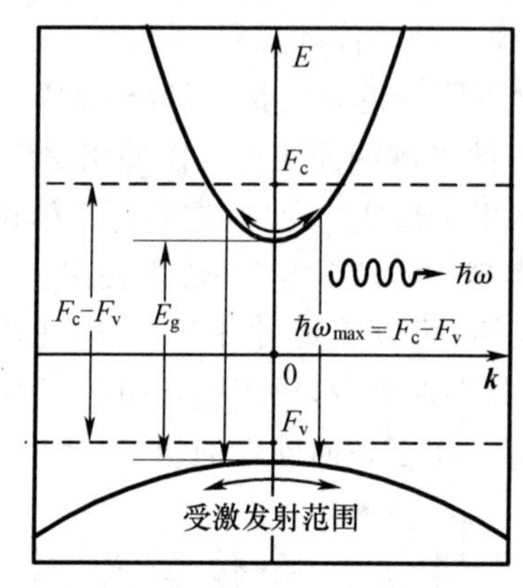

图 1-21　非平衡态跃迁示意图

电子由导带向价带跃迁的受激发射速率为

$$r_{21}=B_{21}f_{c}(E_{2})\rho_{c}(E_{2}-E_{c})\rho_{v}(E_{v}-E_{1})(1-f_{v}(E_{1}))u(\hbar\omega) \tag{1-21}$$

对于自发辐射有

$$r_{sp}=A_{21}f_{c}(E_{2})\rho_{c}(E_{2}-E_{c})\rho_{v}(E_{v}-E_{1})(1-f_{v}(E_{1})) \tag{1-22}$$

式中:爱因斯坦系数 $B_{12}=B_{21}$;$\rho_{c}(E_{2}-E_{c})$和 $\rho_{v}(E_{v}-E_{1})$分别为 E_{2} 和 E_{1} 对应的电子密度和空穴密度。忽略较弱的自发辐射过程,为了实现光的净增益,受激发射速率必须高于吸收速率,即

$$r_{21}>r_{12} \tag{1-23}$$

由此可以得到

$$f_{c}(E_{2})>f_{v}(E_{1}) \tag{1-24}$$

即需要电子在导带的占据概率大于在价带的占据概率。代入公式(1-18)和式(1-19)可以得到

$$F_c - F_v > h\nu \geqslant E_g \tag{1-25}$$

这就是半导体材料中实现光放大的粒子数反转条件。它表明，在半导体中实现粒子数反转，需要导带与价带的准费米能级之差不小于禁带宽度。对于同质 pn 结，需要通过重掺杂使 F_c 进入半导体有源介质层的导带，或者使 F_c 和 F_v 分别进入导带和价带。1962 年研究成功的最早的半导体激光器就是依照这样的思路。对于双异质结激光器，利用异质结势垒可以很好地将注入载流子限制在有源区，得到很高的非平衡载流子浓度，实现粒子数反转条件，而无需重掺杂。

仅满足粒子数反转条件，并不足以产生激光，另外还需要满足阈值条件。

激光谐振腔反馈示意图如图 1－22 所示。假定有源区长度为 L，初始功率为 P_0 的光在谐振腔内一个往返之后的功率为

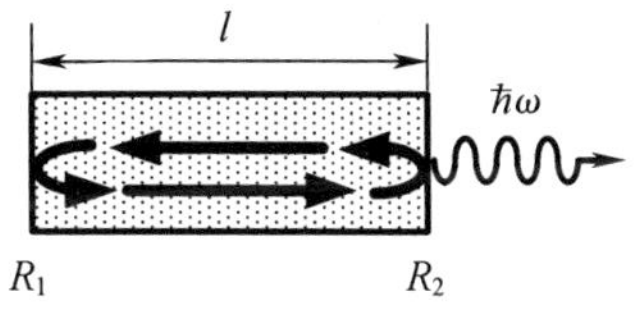

$$P = P_0 R_1 R_2 \exp[2(g - \alpha_i)L] \tag{1-26}$$

l　$\hbar\omega$　R_1　R_2

图 1－22　激光谐振腔反馈示意图

半导体由于粒子数反转而产生的增益需要能够补偿工作物质的吸收、散射造成的损耗，以及谐振腔两个反射面上的透射、衍射等原因产生的损耗。

因此，欲实现光放大，需要

$$R_1 R_2 \exp[2(g - \alpha_i)L] \geqslant 1 \tag{1-27}$$

这样，有

$$g \geqslant g_{th} = \alpha_i + \frac{1}{2L}\ln\left[\frac{1}{R_1 R_2}\right] \tag{1-28}$$

当增益为 g_{th} 时，正好抵消损耗，形成激光振荡，这就是半导体激光器的阈值条件。半导体通过注入电流的方式被激发，g_{th} 对应的电流 I_{th} 称为阈值电流，它是评价半导体激光器的一个主要指标。事实上，当电流超过阈值电流 I_{th}，粒子数反转由于激光振荡而被抑制，增益 g 便被钳制在阈值增益上，如图 1－23(b)所示。另外，图 1－23(a)还给出了一般条件下，输出激光功率与注入电流的关系，输出功率与电流呈线性关系。

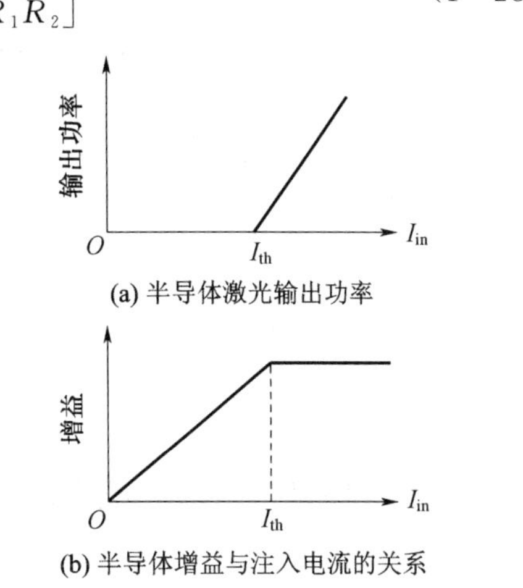

(a) 半导体激光输出功率

(b) 半导体增益与注入电流的关系

图 1－23　增益、输出功率与注入电流的关系

另外，形成稳定的激光振荡，还需要像其他所有激光器一样，满足一定的相位条件。激光输出的波长(或者频率)必须是谐振腔的谐振纵模，在谐振腔内满足驻波条件为

$$2\eta L = m\lambda \tag{1-29}$$

式中：η 为半导体材料的折射率；m 为一整数。

半导体激光器的一个重要且非常有用的参数是斜效率。半导体激光器的斜效率由式(1.30)定义，即

$$\eta = \frac{P_0}{I - I_{th}} \tag{1-30}$$

其单位为 W/A 或者 mW/A。

半导体激光器的斜效率与其结构及封装均有关系。通常半导体激光器的斜效率都小于 1 W/A。

与发光二极管一样,半导体激光器的核心结构单元仍然是 pn 结。最简单的半导体激光器采用同质结,即结两边的半导体材料只是掺杂类型不同,因此具有相同的禁带宽度。同质结半导体激光器同时采用半导体晶体本身的自然解理面形成谐振器。1962 年,最早发明的半导体激光器是基于同质结的。图 1-24 给出了 GaAs 同质结半导体激光器的结构示意图。

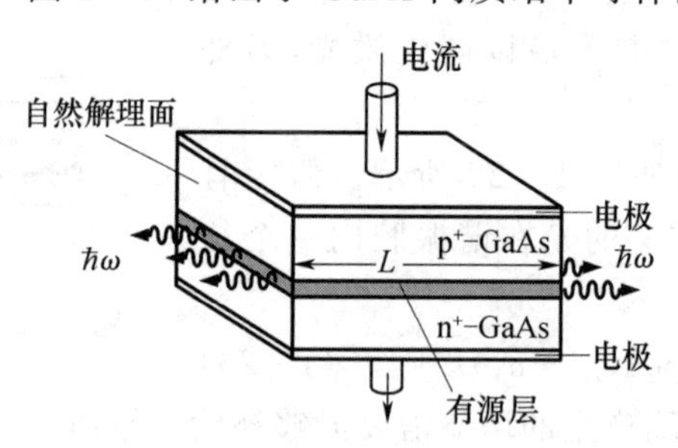

图 1-24　GaAs 同质结半导体激光器结构示意图

通过掺杂使 p 区和 n 区的费米能级 E_{Fp} 和 E_{Fn} 分别进入该区的价带和导带,如图 1-25(a)所示。在未加偏压的条件下,有 $E_{Fp}=E_{Fn}$。存在内建势垒 U_0 阻止 n 区电子及 p 区空穴向对方区域的扩散,使 pn 结正向偏置,且使偏置电压 U 满足 $eU>E_g$,如图 1-25(b)所示,这样有 $E_{Fn}-E_{Fp}=eU>E_g$。此时,由于 pn 结上的内建势垒在外加电场作用下减小并接近于零。n 区电子及 p 区空穴分别向对方扩散,并成为对方区域的非平衡少数载流子。辐射复合发生在 p 区一个电子扩散长度 L^- 内及 n 区的一个空穴扩散长度 L^+ 内。由于 $L^-\gg L^+$,对于同质结而言有源区厚度约等于 L^-。在该区域内粒子数发生反转,产生增益。半导体激光器的两个端面(自然解理面)形成谐振腔并提供反馈。当注入电流达到或者超过阈值电流 I_{th} 时,便产生激光振荡。

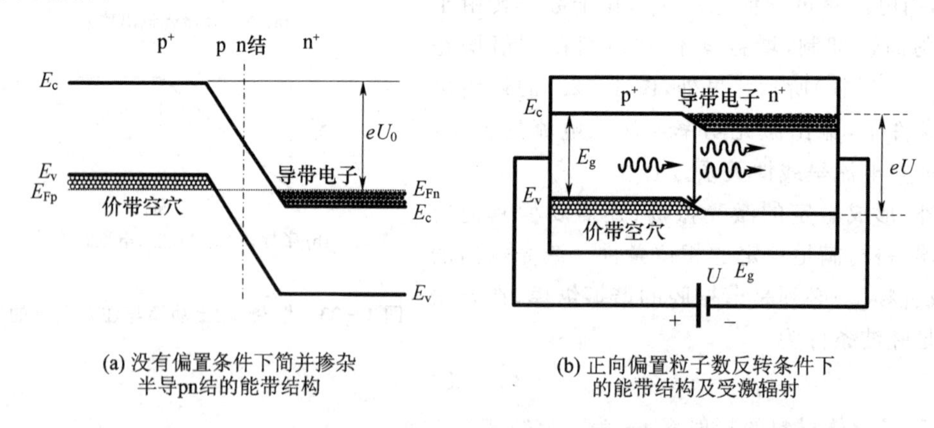

图 1-25　有、无偏置对能带结构的影响

同质结半导体激光器的主要缺点是,阈值电流密度 J_{th} 非常高。例如,77 K 温度条件下,$J_{th}\approx 1\ 000\ A/cm^2$,而在室温 300 K 条件下,$J_{th}>100\ 000\ A/cm^2$。这造成同质结半导体激光器只能在低温或者脉冲模式下工作,实际应用受到很大限制。使用异质结半导体激光器可以有效

降低阈值电流密度几个数量级，下一小节将详细介绍双异质结半导体激光器的主要结构和特性。

1.4.2 双异质结半导体激光器

为了有效降低阈值电流，一方面要对载流子进行限制，即将注入的载流子限制在结附近的极小区域内，这样可以以较小的注入电流实现粒子数反转所需要的载流子浓度；另一方面，也需要一定的波导结构将光子限定在有源区附近，这可以增加光子密度，提高受激辐射的概率。利用双异质结结构的半导体激光器可以同时实现对载流子和光子的限制。半导体双异质结是窄带隙的半导体有源层夹在宽带隙的半导体材料之间形成的结构。由于宽带隙的半导体材料比窄带隙的半导体材料具有更低的折射率，这就使得该结构相当于二维层状介质波导，因此可以在垂直于结平面方向上同时有效地限制载流子和光子。

图 1-26(a)给出了 GaAlAs/GaAs 双异质结半导体激光器的基本结构。其中，GaAlAs 带隙宽度 $E_g \approx 2$ eV，GaAs 带隙宽度 $E_g \approx 1.4$ eV。有源区 p-GaAs 为厚度 0.1～0.2 μm 的薄层。p-GaAs 和 p-GaAlAs 均为 p 型重掺杂，并具有相同的进入价带的费米能级。当有足够的正向偏置时，如图 1-26(b)所示，n-GaAlAs 的导带底 E_c 移到有源层 p-GaAs 导带底 E_c 之上，从而向有源层注入大量导带电子，同时空穴由 p-GaAlAs 注入有源层。由于 p-p 异质结和 p-n 异质结对注入有源层的电子和空穴分别存在势垒，阻止电子和空穴的继续漂移，电子和空穴因此在有源层大量聚集，形成粒子数反转。另外，GaAs 与 GaAlAs 相比具有更高的折射率，因此形成二维介质波导将光子约束在有源层中[见图 1-26(d)]，从而降低了光子的损耗，提高了光子密度。由于在垂直于异质结方向上对注入载流子和光子的双重约束作用，这种半导体激光器的阈值电流与同质结半导体激光器相比有显著降低。1970 年，利用这种双异质结结构首次实现了 890 nm 半导体激光器在室温下连续工作，由此推动了半导体激光器的实用化进程。

类似于图 1-26(a)所示的双异质结半导体激光器只是解决了垂直于结平面方向对载流子的限制问题，而在结平面侧向，载流子和光子仍可自由运动。为了进一步改善半导体激光器的特性，需要在结平面侧向进一步对载流子及光子进行限制，即采用所谓的条形结构，如图 1-27 所示。

按照对光子限制方式的不同，主要分为两种方式，一种是增益引导型，另一种是折射率引导型。增益引导型条形激光器的基本结构如图 1-27 所示。借助条形电极，注入载流子在有源层的载流子浓度的分布不再是均匀的，而是中间高，随着向两侧(1 和 3)的扩展，载流子浓度逐渐降低，而载流子浓度则与光增益直接相关，只有在一定范围内才能有足够的增益产生激光振荡，形成有源区域。在有源区域内，电流密度最高之处也是光学增益最高之处。采用这种条形结构，由于载流子更为集中，阈值电流得到明显降低，其典型值约为几十毫安。另外，由于激光发射区域的减小，与光纤的耦合也更为容易。

事实上，增益引导型激光器在结平面的侧向对光子并没有限制，只是使光子在一定范围内发射而已。对光子在结平面侧向的限制，可以采用折射率引导型的结构。例如，在结平面的侧向，在有源区两侧也采用宽带隙的半导体材料，即可实现对光子的限制。如图 1-28 所示，p-GaAs 构成的有源区被宽带隙的 AlGaAs 包围，有源区相当于矩形光波导，有效地将光子限制在矩形的有源区内。这样的结构被称为隐埋式双异质结半导体激光器。如果合理选择异质结的尺寸，可以实现单模输出。

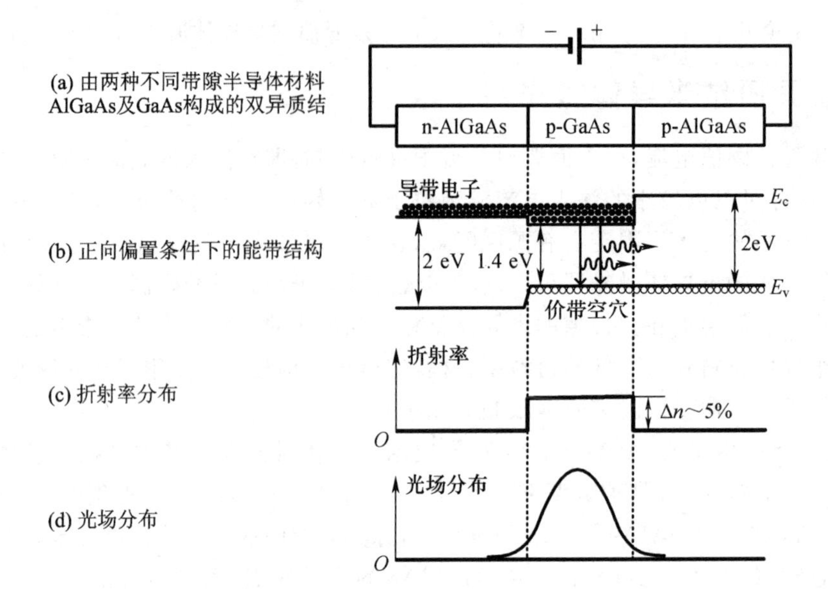

图 1-26　AlGaAs/GaAs/AlGaAs 双异质结半导体激光器结构及能带简图

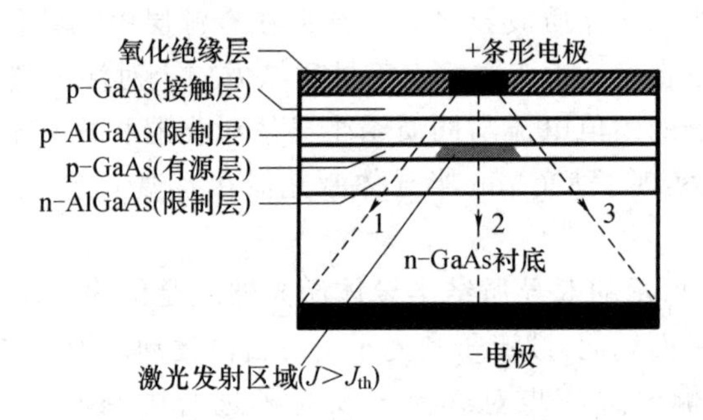

图 1-27　增益限制型双异质结半导体激光器(其中,1、2、3 代表电流通过的路径及方向)

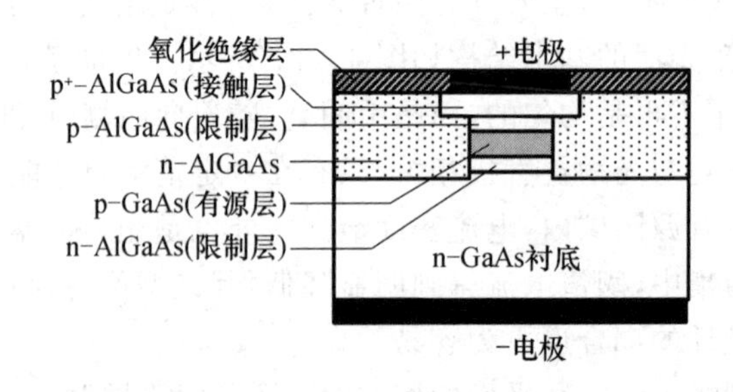

图 1-28　折射率限制型双异质结半导体激光器

基于 AlGaAs/GaAs 的双异质结半导体激光器适用于 900 nm 附近的激光发射。如果需要 1.3 μm 及 1.55 μm 的激光,则可采用 InGaAsP/ InP 材料。

1.4.3　分布反馈半导体激光器及分布布拉格反射半导体激光器

利用半导体晶体自然解理面作为端面实现光反馈的半导体激光器，即所谓 FP 腔半导体激光器。这种激光器通常输出多纵模，即使可以实现单纵模输出，高速调制也会引起光谱展宽。为了满足光纤通信系统对带宽的要求，需要半导体激光器在高速调制条件下也能保持单模工作，即实现动态单模激光。如图 1 - 29 所示，分布反馈半导体激光器(DFB - LD)及分布布拉格反射半导体激光器(DBR - LD)可以满足这样的要求。

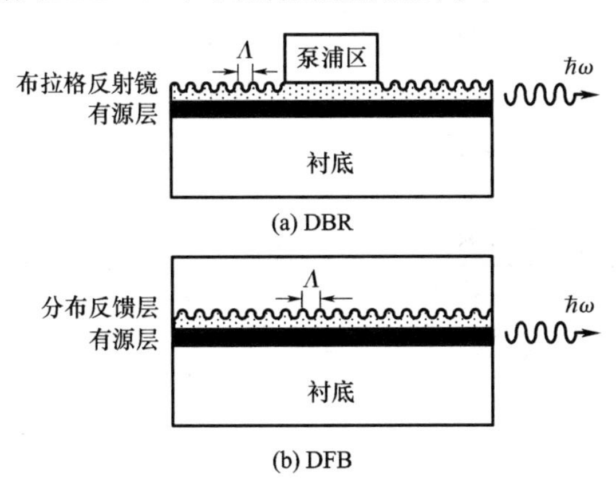

图 1 - 29　DBR 及 DFB 半导体激光器的基本结构

分布布拉格反射半导体激光器利用分布布拉格反射镜替代半导体晶体的自然解理面提供反馈，其结构如图 1 - 29(a)所示。对于满足公式(1 - 31)的波长 λ_B，布拉格反射镜强烈反射，而波长偏离 λ_B，则反射很弱。并且由于布拉格光栅周期 Λ 非常小，谐振腔中只有接近于 λ_B 的模式振荡形成激光，而其他模式被抑制，即

$$q\lambda_B = 2\eta\Lambda \tag{1-31}$$

分布反馈半导体激光器结构如图 1 - 29(b)所示，它在有源层旁有一个纹波层，称为导波层，导波层具有光栅结构，并分布在整个谐振腔中。光辐射由有源层扩展至导波层，该层周期性的光栅结构对光的辐射形成部分反射，从而提供光反馈机制，这种反馈分布在整个谐振腔中，因而是分布式的。分布反馈半导体激光器允许输出激光的波长为

$$\lambda_m = \lambda_B \pm \frac{\lambda_B^2}{2nL}(m+1) \quad m = 0,1,2,3,\cdots \tag{1-32}$$

式中：λ_B 为导波层周期性光栅结构对应的布拉格波长。

由于高阶模式输出需要满足的阈值条件过高，因此通常只有 $m=0$ 对应的两个模式输出，分布反馈式半导体激光器的谐振腔本身具有模式选择的能力。对称结构在 λ_B 附近输出两个波长，在实际制作工艺中，通过引入非对称的结构可以产生单模输出。市场上常见的 1.55 μm 单模分布反馈半导体激光器线宽在 0.1 nm 左右。

1.4.4　量子阱半导体激光器

一般而言，半导体材料的光学性质与其尺寸无关，但只在材料尺寸足够大的条件下才成立。如果半导体材料的尺寸足够小，则其光学性质表现出对材料尺寸的依赖性。这来源于材

料中电子的量子约束效应。当半导体的尺寸接近于电子的德布罗意波长(约为 10 nm)时,电子的波动性质便表现出来,并导致其光学性质的改变。对量子限制结构及相关应用的研究是目前国际上一大热点。量子限制结构按照电子的自由度可以分为量子阱(二维)、量子线(一维)和量子点(0 维)。这里主要讨论一维的量子限制结构,即量子阱。

Esaki 和 Tsu 于 1970 年最早提出了量子阱的概念。在量子阱方向,电子受到有效限制,而在平行于量子阱壁的方向,电子可以自由移动,这样的量子系统也称为二维电子气。由于量子阱的限制作用,导带和价带发生分裂,形成子带。电子态密度呈现阶梯状分布,子带带边陡直,同一子带内态密度为常数。另外,重空穴与轻空穴带发生分裂(见图 1-30)。

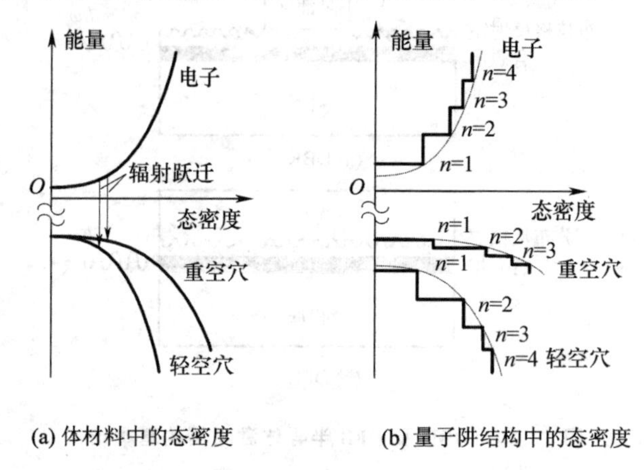

(a) 体材料中的态密度　　(b) 量子阱结构中的态密度

图 1-30　体材料与量子阱结构中能量与态密度之间的关系

量子阱中的发光过程与块状半导体材料本质上没有区别。注入的电子空穴很快迟豫跃迁至各自的带底。在量子阱中,最低能级对应于量子数 $n=1$ 的限制态。对于发射光子有

$$\hbar\omega = E_g + E_{hh1} + E_{e1} \tag{1-33}$$

式中:E_{hh1} 为价带重空穴能级的基态;E_{e1} 为导带电子能级的基态。所以发射波长表示为

$$\lambda = \frac{1.24}{E_g + E_{hh1} + E_{e1}} \quad (\mu m) \tag{1-34}$$

图 1-31(a)、(b)分别给出了由 GaAs 和 AlGaAs 材料组成的单量子阱(SQW)和多量子阱结构(MQW)。图 1-31(a)所示的单量子阱,厚度为 d 的 GaAs 薄层夹在很厚的 AlGaAs 材料之中,由于 AlGaAs 的能带宽度高于 GaAs,这样就形成了一个可以把电子限制在 GaAs 超薄层中的量子阱。图 1-31(b)所示的多量子阱结构由一系列交替生长的厚度分别为 b 的 AlGaAs 和 d 的 GaAs 构成。

将量子阱作为有源层,可形成量子阱半导体激光器。有源层可以是单量子阱结构,也可以是多量子阱结构。对于单量子阱结构的半导体激光器而言,由于相比于光波长,量子阱有源层的厚度太薄,光波限制减弱,器件有效增益较小,不能实现高性能的激光器。为了改善增益,可以使用多量子阱结构。在多量子阱结构中,窄带隙的薄层构成有源层并限制载流子,激光辐射就发生在这些窄带隙的薄层中。多量子阱结构的主要缺点是,存在多个异质结面,不易获得高的载流子效率。量子阱的厚度薄,也会产生载流子的泄漏的问题,造成载流子注入效率的降低。为了解决这些问题,也提出了一些改良的结构。

与块状有源层的半导体激光器相比,量子阱半导体激光器有几个明显的优势。首先,产生

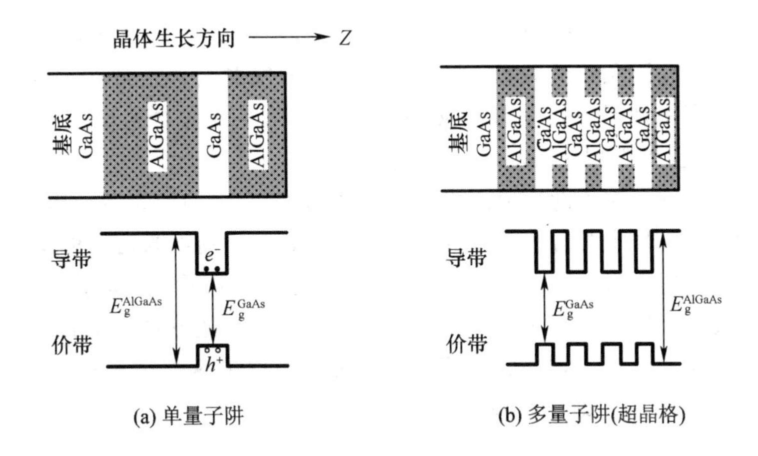

图 1-31　GaAs/AlGaAs 量子阱结构

激光振荡的阈值电流显著降低。例如，对于典型的单量子阱半导体激光器，其阈值电流通常在 0.5～1 mA 范围内。而对于双异质结半导体激光器，阈值电流则在 10～50 mA 之间。其次，由于发射波长对量子阱尺寸的依赖性，可以通过结构尺寸上的设计在一定范围内实现特定波长的半导体激光器。就线宽而言，量子阱半导体激光器也有很大改善。由于量子阱半导体激光器的优异性能，其已经商业化并获得广泛应用。

1.4.5　垂直腔表面发射激光器(VCSEL)

与边发射半导体激光器不同，垂直腔表面发射激光器的光学谐振腔垂直于半导体衬底，并与注入电流同向。由于激光出射方向垂直于衬底平面，有源层的厚度即为谐振腔的长度。与边发射半导体激光器相比，谐振腔长度，即有源区长度非常短，为了获得低阈值激光振荡，需要谐振腔具有高反射率。分布布拉格反射镜(DBR)可以满足这种要求。

激光垂直腔表面发射半导体激光器的基本结构如图 1-32 所示。其主要由两部分组成，中心部分是有源区，它可以是单量子阱，但通常为了降低阈值电流采用多量子阱结构；在有源区两侧是不同介质材料交替生长形成的分布布拉格反射镜。两种折射率分别为 n_1 和 n_2 的介

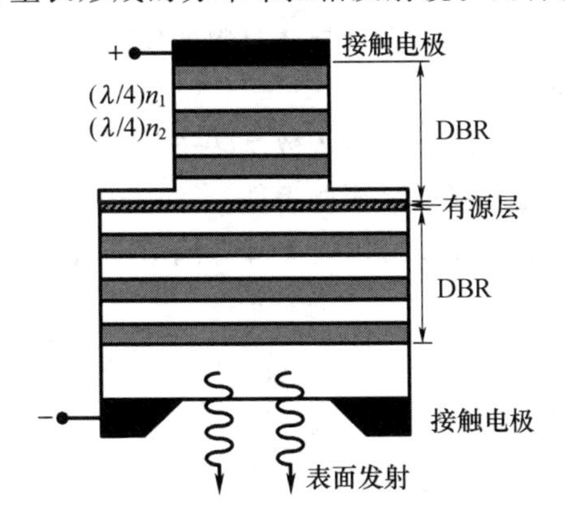

图 1-32　垂直腔表面发射半导体激光器结构示意图

质材料,以厚度 d_1 和 d_2 交替分布形成的光栅结构,形成分布布拉格反射镜,它对满足式(1-35)的波长 λ_0 具有极高的反射率。对于垂直腔表面发射激光器而言,需要 λ_0 与有源区的光学增益相匹配。利用外延生长的方法交替生长不同的半导体材料形成的分布布拉格反射镜,其反射率可以高达 99%以上。

图 1-32 所示为垂直腔表面发射激光器的简化结构,实际的激光器结构形式各异,通常采用 MOCVD 或者 MBE 技术结合一定的刻蚀工艺生长在对发射波长透明的基底上。分布布拉格反射镜会不可避免地引入一系列势垒,增大了器件的工作电压和串联电阻,不过可以通过一定的技术处理解决该问题。为了使发射光束的光斑呈圆形,通常的垂直腔具备圆形横截面。腔的长度一般只有几个微米,因此纵模间隔很大,可以实现单纵模运转。另外,通过横向尺寸的控制,一般直径小于 8 μm 即可实现单横模。

$$n_1 d_1 + n_2 d_2 = \lambda_0 / 2 \tag{1-35}$$

垂直腔表面发射半导体激光器的主要优点如下:

(1) 阈值电流低,可以达到亚毫安级。

(2) 由于谐振腔是由单片生长的多层介质膜构成,不依赖半导体的解理面,因此避免了解理本身的机械损伤、表面氧化、沾污等引起的激光性能退化,还可以具有较高的光损伤阈值。

(3) 由于是单片外延生长,谐振腔方向垂直于基底,可以制备高密度的二维阵列激光器。1 cm^2 面积可以集成百万个激光单元。

(4) 成本低,易于实现模块化和封装。

(5) 由于谐振腔较短、纵模间隔很大,易于实现动态单纵模工作。

(6) 垂直腔表面发射半导体激光器的发射光束是对称没有像散的高斯光束,因此通过耦合透镜很容易实现与光纤的高效率耦合。

由于这些优异特性,垂直腔表面发射半导体激光器在光纤通信、光传感、光互连、光计算等领域有很多重要的应用及潜在应用价值。

习题与思考题

1. pn 结的空间电荷区具有什么特点?它是如何形成的?
2. 简述直接带隙半导体及间接带隙半导体材料的发光过程。两者有何不同?
3. 发光二极管的发光原理是什么?
4. 理解半导体材料中实现光放大的粒子数反转条件。
5. 半导体激光器产生激光需要满足哪些条件?
6. 双异质结半导体激光器为什么可以显著降低阈值电流?

第 2 章　固体激光材料及典型固体激光器

自 1958 年肖洛(A. Schalow)和汤斯(C. Townes)首先描述光频下产生激光作用条件的论文，到 1960 年美国物理学家梅曼(Maiman)研制成功世界上第一台以红宝石($Cr:Al_2O_3$)为工作物质的固体激光器，宣告了激光器的诞生。随后，各种类型的激光器，如气体激光器、半导体激光器、光纤激光器等相继问世，极大地推动了激光科学和技术的蓬勃发展。进入 20 世纪 80 年代后期，随着半导体激光器等技术的重大突破，使半导体激光器泵浦的固体激光器(DPSSL、DPL)取得了重大进展。这是一种结构紧凑、效率高、寿命长、光束质量高的新型激光器件，在空间通信、材料加工、医疗、光纤通信、光纤特性检测、光学图像处理、激光打印、大气研究、军事和国防等领域有着广泛的应用，且已成为目前固体激光器的主要研究与发展方向。

本章首先讨论固体激光材料的主要特性，以及激光晶体、激光玻璃和激光陶瓷这 3 类重要的固体激光工作物质的性质、特点及其应用，然后介绍几种典型的固体激光器，并以新型激光晶体 $Nd:GdVO_4$ 为例，重点讨论其热效应问题，以及半导体激光器(LD)泵浦 $Nd:GdVO_4$ 全固态激光器的结构设计、工作原理及其最新研究进展。

2.1　固体激光材料

2.1.1　固体激光材料的主要特性

固体激光材料由基质材料和激活离子两部分组成，其中基质材料决定了工作物质的各种物理化学性质，而激活离子主要决定了工作物质的光谱性质。因此，对固体激光材料的要求主要归结为以下几点：

(1) 为充分利用泵浦光能量，要求激光材料在泵浦光的辐射区有较大的吸收截面。

(2) 为获得较低的阈值和尽可能高的激光输出功率，掺入的激活离子必须具有有效的激励光谱和较大的受激发射截面。

(3) 要求有害杂质、气泡、条纹、光学不均匀性等缺陷尽可能少，内应力小，在材料中不产生入射光的波面畸变和偏振态的变化。

(4) 具有高的荧光量子效率。

(5) 具有良好的物理、化学和力学性能，特别是要求具有良好的热学稳定性，热导率高，热膨胀系数小，热效应不显著。

(6) 容易生长出大尺寸材料，且制备工艺简单，易于光学加工，成本低廉。

1. 激活离子

激活离子是发光中心，其光谱特性，包括吸收光谱、荧光光谱、激光光谱等均与其自身未被填满能级的电子发生能级跃迁有关。目前可用作激活离子的元素约有 19 种，大致分为以下 4 类：

(1) 过渡族金属离子，如铬(Cr^{3+})、镍(Ni^{3+})、钴(Co^{2+})等。

(2) 3 价稀土金属离子，如钕(Nd^{3+})、镨(Pr^{3+})、钐(Sm^{3+})、铕(Eu^{3+})、镝(Dy^{3+})、钬

(Ho^{3+})、铒(Er^{3+})、镱(Y^{3+})等。

(3) 2价稀土金属离子,如钐(Sn^{2+})、镝(Dy^{2+})、铥(Tm^{2+})、铒(Er^{2+})等。

(4) 锕系离子,多为人工放射元素,不易制备。

2. 基质材料

工作物质的基质材料应能为激活离子提供合适的配位场,并具有优良的机械、热学性能和光学质量。常用的基质材料有玻璃、晶体和陶瓷3大类。下面结合作者实际科研工作,具体展开讨论。

2.1.2 激光晶体

自从红宝石激光器出现以来,科研人员已经研究过大量的晶体基质材料。激光晶体材料的优点主要表现在热导率高、荧光谱线窄、硬度较大。主要的基质晶体有以下几种:

(1) 氧化物晶体,如蓝宝石 Al_2O_3、钇铝石榴石 $Y_3Al_5O_{12}$(YAG)、钇镓石榴石 $Y_3Ga_5O_{12}$(YGG)、钆镓石榴石 $Gd_3Ga_5O_{12}$(GGG)和氧化钇 Y_2O_3 等。而掺入钕离子的钇铝石榴石(Nd:YAG)更是获得了固体激光材料的垄断地位,成为目前效率最高、平均功率激光最大的增益介质之一。

(2) 磷酸盐、硅酸盐、铝酸盐、钨酸盐、钼酸盐、钒酸盐、铍酸盐晶体,如氟磷酸钙 $Ca_5(PO_4)_3F$、五磷酸钕 NdP_5O_{14}、铝酸钇 $YAlO_3$(YAP)、铝酸镁镧 $LaMgAl_{11}O_{19}$(LMA)、钨酸钙 $CaWO_4$、钼酸钙 $CaMoO_4$、钒酸钆 $GdVO_4$、钒酸钇 YVO_4、铍酸镧 $La_2Be_2O_5$ 等,特别是掺有钕离子的钒酸钆晶体(Nd:$GdVO_4$),由于其具有较大的吸收截面和发射截面、较高的热导率而成为LD泵浦激光器和高功率激光器的新型激光工作物质。另外,掺有钕离子的钒酸钇晶体(Nd:YVO_4)由于吸收截面积大,更适用于薄片状端泵中小功率激光器。

(3) 氟化物晶体,如掺有钕离子的氟化钇锂晶体(Nd:YLF),由于其降低了热透镜和双折射效应,增大了储能而成为重要的激光材料之一。

下面对几种掺 Nd^{3+} 激光晶体特性进行比较。

Nd^{3+} 是最早用于激光器中的3价稀土离子,目前,它仍是该族中最重要的元素。现在,至少已经在100种不同的掺有这种离子的基质材料中获得了受激发射,并从 Nd^{3+} 激光器中获得的功率要高于其他任何四能级材料,因而成为目前的研究热点。下面将重点介绍几种掺入 Nd^{3+} 的激光晶体。

掺 Nd^{3+} 激光晶体在中心波长为0.9 μm、1.06 μm、1.35 μm的3种跃迁中,可获得若干频率不同的受激发射,这些波长的辐射分别来自于 $^4F_{3/2}\rightarrow{}^4I_{9/2}$、$^4F_{3/2}\rightarrow{}^4I_{11/2}$、$^4F_{3/2}\rightarrow{}^4I_{13/2}$ 跃迁。其主要基质材料是YAG、YVO_4、$GdVO_4$ 等。

1. Nd:YAG 激光晶体

Nd:YAG属于立方结构晶体,其激活粒子为3价钕离子 Nd^{3+},基质为钇铝石榴石(YAG)晶体。YAG的基质硬度高,光学质量好,而且机械强度高,导热性好,激光波长范围内晶体透过率高,荧光谱线窄,使激光器能够高增益和低阈值工作,是目前广泛应用于LD泵浦的成熟的激光材料,占整个固体激光器份额的90%左右。当含 Nd^{3+} 量为1.0 at.%(即每100个 Y^{3+} 中有一个被 Nd^{3+} 取代),Nd^{3+} 浓度为 $1.38\times10^{20}/cm^3$。根据需要可选用不同的掺杂浓度来改善Nd:YAG的某些性能,例如,为了获得高储能,掺杂浓度一般较高(接近1.2 at.%);而为了获得优良的光学质量,掺杂浓度一般较低(0.5 at.%~0.8 at.%)。使用LD泵浦时,既可用作小型、低功率器件,也可用作高功率输出器件;既适合连续输出,也适合于脉冲工作;既可输出多纵模、宽谱线,也适用于单纵模、窄线宽,因此仍是目前高效率、高平均功率激光器的增

益介质之一。Nd:YAG 晶体的能级结构如图 2-1 所示。

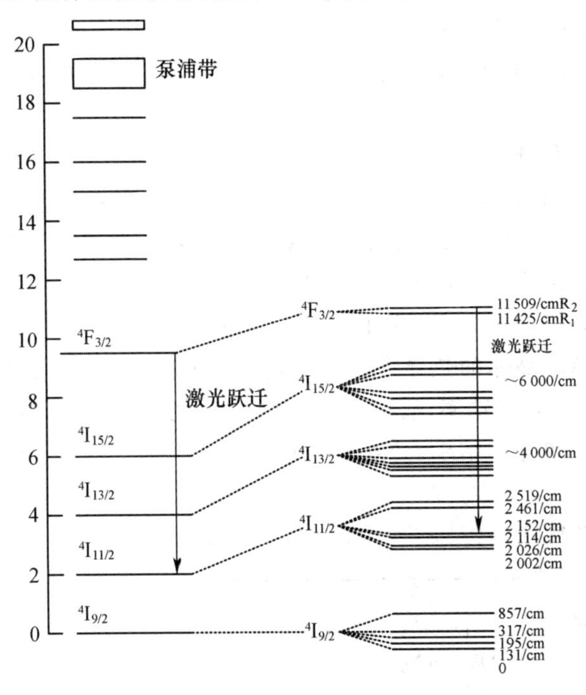

图 2-1　Nd:YAG 晶体的能级结构

对激光产生有贡献的主要吸收带有 5 条，其中心波长和所对应的能级跃迁分别为：

~ 0.53 μm $^4I_{9/2} \rightarrow {}^4G_{7/2} + {}^2G_{9/2}$

~ 0.58 μm $^4I_{9/2} \rightarrow {}^4G_{5/2} + {}^2G_{7/2}$

~ 0.75 μm $^4I_{9/2} \rightarrow {}^4F_{7/2} + {}^4S_{3/2}$

~ 0.81 μm $^4I_{9/2} \rightarrow {}^4F_{5/2} + {}^2H_{9/2}$

~ 0.87 μm $^4I_{9/2} \rightarrow {}^4F_{3/2}$

各吸收带带宽约为 300Å(300×10^{-10} m)，其中以 0.75 μm 和 0.81 μm 为中心波长的两个吸收带的吸收最强。在光泵浦下，Nd^{3+} 由基态跃迁到各吸收能级后，很快通过无辐射弛豫跃迁到亚稳态$^4F_{3/2}$，由$^4F_{3/2}$ 向下能级自发辐射产生荧光。室温下 Nd:YAG 在近红外区有 3 条明显的荧光谱线，其中心波长和所对应的能级跃迁为：

~0.946 μm $^4F_{3/2} \rightarrow {}^4I_{9/2}$

~1.064 μm $^4F_{3/2} \rightarrow {}^4I_{11/2}$

~1.320 μm $^4F_{3/2} \rightarrow {}^4I_{13/2}$

这 3 条荧光谱线的荧光分支比(每条谱线的强度和总荧光强度之比)分别为 0.25、0.60、0.14。其中 1.064 μm 的荧光最强，这也是目前最常用的谱线。1.320 μm 谱线也属于四能级，可采用选频技术使其振荡。而 0.946 μm 谱线属$^4F_{3/2} \rightarrow {}^4I_{9/2}$ 跃迁，是三能级结构，阈值很高，很难在室温下运转。

2. Nd:YVO$_4$ 激光晶体

Nd:YVO$_4$ 是四方晶体，属锆英石型结构。YVO$_4$ 基质对 Nd 离子有敏化作用，提高了它的吸收能力，有利于缩短晶体长度，便于泵浦光和激光模式的高效耦合，减小损耗，提高转换效率;同时 Nd:YVO_4 在 1.06 μm 处有较大的受激发射截面,大约是 Nd:YAG 的 5 倍,发射截面较高可获得低的激光阈值,所以 Nd:YVO_4 晶体适用于薄片状端面泵浦的中、小功率激光器;但由于其热导率小,不适合于灯泵,大功率时,输出效率不高[1];此外,它的荧光寿命短,不宜用于脉冲激光器。

3. Nd:$GdVO_4$ 激光晶体

Nd:$GdVO_4$ 晶体有着和 Nd:YVO_4 晶体一样的空间点群,在 808 nm 处具有宽而强的吸收带,吸收截面($\sigma_a=5.2\times10^{-19}\ cm^2$)是 Nd:YAG 的 7 倍多,是 Nd:$YVO_4$ 的近 2 倍;发射截面也很大,在 1.06 μm 处的发射截面比 Nd:YAG 要大,与 Nd:YVO_4 相当。更重要的是,Nd:$GdVO_4$ 晶体具有较高的热导率,沿〈110〉方向的热导率为 11.7W/(m·K),为 Nd:YVO_4 晶体的两倍,与 Nd:YAG 晶体的热导率相当。它比 Nd:YAG 具有更高的斜率效率,比 Nd:YVO_4 有更好的热导率和输出功率,故在高功率 DPSSL 场合,使用 Nd:$GdVO_4$ 可能会得到比 Nd:YAG 和 Nd:YVO_4 更好的结果。Nd:$GdVO_4$ 以上种种优点使它成为 LD 泵浦高功率激光器的理想工作物质。

Nd:$GdVO_4$ 晶体的能级结构如图 2-2 所示。

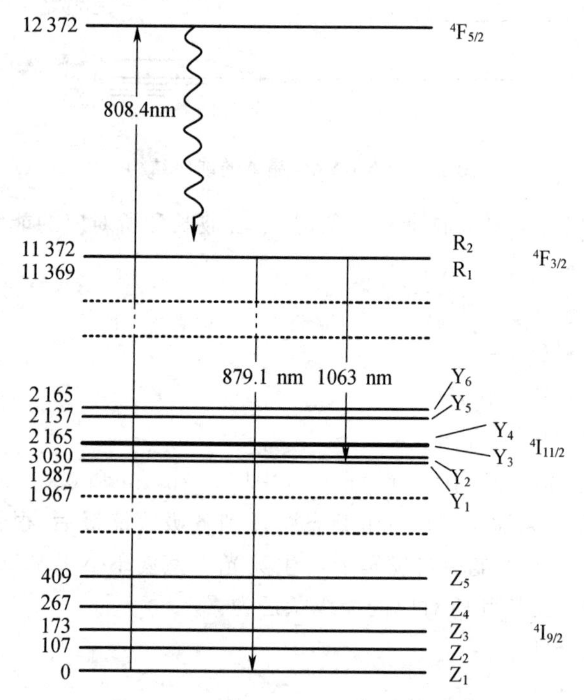

图 2-2 Nd:$GdVO_4$ 晶体的能级结构

几种掺 Nd^{3+} 离子激光晶体的物理特性和激光特性如表 2-1 和表 2-2 所列。

表 2-1 几种掺 Nd^{3+} 离子激光晶体的物理特性

项　目	YVO_4	YAG	YLF	YAP	$GdVO_4$
结构	四方单轴	立方结构	四方单轴	斜方双轴	四方单轴
熔点/℃	1 810	1 950	819	1 870	1 800
硬度(莫氏)	4～5	8.3	4～5	8.5	
热导率/(W/m·K)	//c:5.2.3⊥c:5.1	13	6	11	11.7<110>

续表 2-1

项　目	YVO_4	YAG	YLF	YAP	$GdVO_4$
折射率 $\lambda=1.064\ \mu m$	n_0:1.958 n_e:2.168	1.830	n_0:1.448 n_e:1470	n_a:1.926 n_b:1.913 n_c:1.935	n_0:1.972 n_e:2.192
热光系数 /($\times10^{-6}$/K)	dn_0/dt:8.5 dn_0/dt:2.9	7.3	−2～4.3		
热膨胀系数 /($\times10^{-6}$/K)	α_a:4.4 α_c:11.4	7.5	α_a:13 α_b:8	α_a:4.2 α_b:11.7 α_c:5.1	α_a:1.5 α_c:7.3

作为 LD 泵浦的激光晶体，必须考虑激活离子的荧光寿命(τ)、跃迁截面(σ)及吸收带宽 $\Delta\lambda$。激活离子的荧光寿命 τ 随掺杂浓度的不同而变化，荧光寿命长的晶体在亚稳态能级上能积累更多的粒子，有利于储能，提高器件的输出功率；σ 和 τ 大的晶体易于实现激光振荡。

表 2-2　激光二极管泵浦掺 Nd^{3+} 激光晶体的激光特性

激光晶体		$\tau/\mu s$	$\sigma/10^{-20}cm^2$	λ_p/nm	λ_{ext}/nm	$\Delta\lambda_{abs}$/nm
Nd:YAG		230	48	807	1 064	3.0
Nd:YLF	σ	520	21	806	1 053	2.0
	π	520	37	792	1 047	2.0
Nd:GGG		240	20	806	1 061	8.0
Nd:YVO_4		98	250	808	1 064	20.0
Nd:$GdVO_4$		100	76	808	1 063	4.0
Nd:LNA		260	4			22.0
Nd:FAP		250	50		1 063	
Nd:$YAlO_3$				799～804	1.079 5	5.0

注：τ 为荧光寿命；σ 为跃迁截面；λ_p 为吸收峰；λ_{ext} 为输出波长；$\Delta\lambda_{abs}$ 为吸收带宽。

2.1.3　激光玻璃

玻璃基质是激光重要材料之一，与其他的固体激光基质材料相比，它的优点主要包括以下几个：

(1) 易于制备。用制备一般光学玻璃的工艺并加以改进，可以获得具有高透光性、光学均匀的激光玻璃，易于获得大尺寸的激光工作物质，成本较低，是大功率和高能量激光的主要材料之一。

(2) 玻璃是光学各向同性介质，能够非常均匀地掺入浓度很高的各种激活离子。

(3) 易于成型和加工。可制成大小不同的各种形状，如棒状、板条状、片状与丝状，适应于各种器件结构。

玻璃基质与晶体基质材料相比有两个重要的差别：其一，玻璃的热导率远低于绝大多数晶体基质材料；其二，玻璃中激活离子的固有发射谱线比晶体中的宽，线宽加宽增大了激光阈值。

然而,这种加宽的线宽又提供了获得较短激光脉冲的可能,并能够在增益介质中存储更多的能量。因此,玻璃基质与晶体基质材料彼此互为补充。

钕玻璃就是玻璃激光材料的典型代表,是以玻璃为基质,掺入适量的氧化钕(Nd_2O_3)而制成的固体激光工作物质。Nd^{3+}在玻璃中和在晶体中的能级结构基本相同,仅能级高度和宽度略有差别。因此,钕玻璃的光谱特性与Nd:YAG相似,但带宽增加,有利于激活吸收,而且精细结构较少,如图2-3、图2-4所示。对应于$^4F_{3/2}$向$^4I_{9/2}$、$^4I_{11/2}$和$^4I_{13/2}$的跃迁有3条荧光谱线,中心波长分别为0.92 μm、1.06 μm和1.37 μm。但在室温下,通常只产生1.06 μm的激光振荡,由于基质不相同,荧光谱线宽度比晶体中大得多。线宽增加将增加激光阈值,但又有利于激光介质中储存更多的能量。钕玻璃在1.06 μm处线宽约为250/cm,荧光寿命为0.6～0.9 ms,比Nd:YAG长;量子效率为0.3～0.7,比Nd:YAG低,受激辐射截面为3×10^{-20} cm^2,比Nd:YAG低。

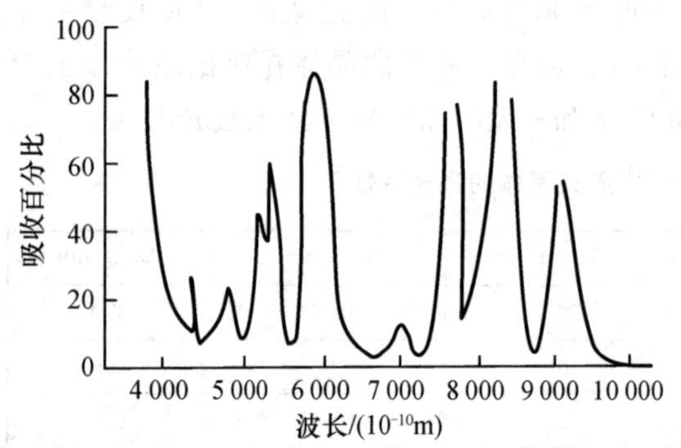

图2-3 钕离子在玻璃中的吸收光谱

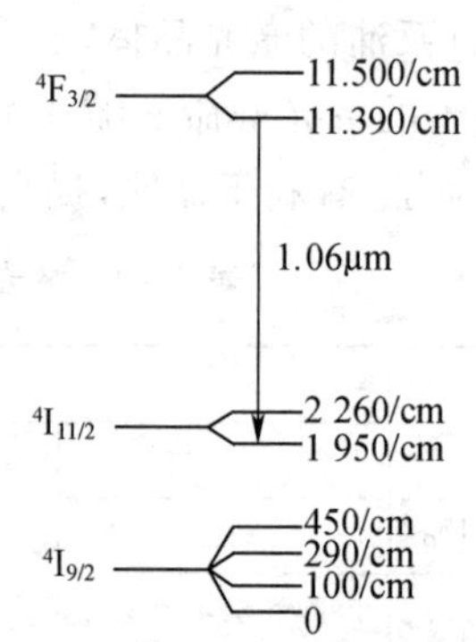

图2-4 钕离子在玻璃中能级的精细结构

此外,钕玻璃由于具有许多优于其他固体激光材料的光学、力学和化学特性而被广泛应用。例如,在成熟的光学玻璃制备工艺的基础上,钕玻璃易获得良好的光学均匀性(各向同性),具有非常高的掺杂浓度和极好的均匀性,材料性能稳定,玻璃的形状和尺寸有较大的自由度。大的钕玻璃棒可达长1～2 m、直径为3～10 cm,以及可做成厚5 cm、直径为90 cm的盘片,易于制成特大功率的激光器(用于受控热核聚变等实验中);小的可以做成直径仅几微米的玻璃纤维,用于集成光路中的光放大或振荡。根据激光玻璃基质成分不同,分为硅酸盐玻璃、磷酸盐玻璃和硼酸盐等,最常使用的是硅酸盐与磷酸盐玻璃。玻璃基质成分的不同对钕玻璃的光学特性有不同的影响,钕磷酸盐玻璃的受激发射截面大,σ值在$(3.7\sim4.5)\times10^{-20}$ cm^{2}之间、非线性折射率相对小,目前已经用于聚变研究的大激光系统。

钕玻璃作为一种激光工作物质的主要缺点是:它的热性能和力学性能较差,它的热传导率比YAG晶体约低一个数量级,因而冷却性能较差;热膨胀系数又比较大,受热畸变比晶体严重。由于以上原因,钕玻璃不适用于连续或高重复率的运转情况。

2.1.4 激光陶瓷

激光陶瓷多数情况下是透明的,晶粒尺寸在几十微米量级,其光学性能、力学性能、导热性能等类似于晶体或优于晶体。激活离子随机分布在陶瓷晶粒的内部或表面,没有明显的偏聚现象。由于激光陶瓷是多晶的,具有气孔、杂质、缺陷等影响,导致光线的散射和折射较强及材料的不透明性。然而激光陶瓷与激光晶体相比,陶瓷的制备时间短,成本低,可以制备成各种

形状和尺寸，烧结的温度比晶体的熔点低，掺杂浓度高；与玻璃比较，激光陶瓷在热导率、硬度、机械强度等性能方面具有更大的优势。

2.1.5 固体激光材料热效应研究实例

固体激光器在连续和脉冲工作方式下，输入泵浦源的能量只有少部分(约为百分之几)转化为激光输出，其余能量转化为热损耗，其中激光材料中产生的热，使得激光器件产生热形变、光弹效应、应力双折射等现象，严重地影响了激光器各个方面的性能，如激光系统动态稳定工作范围、模尺寸、光—光转换效率及输出光束品质因数等。为了使激光工作物质的热量能够尽快散失，在激光工作物质的外部使用半导体制冷或循环水冷却，通过热传导方式使其产生的热得以迅速扩散。这样在激光器工作运转时，即激光二极管输出泵浦功率稳定，激光工作物质周边冷却温度相对恒定时，在激光工作物质内会形成相对稳定的非均匀温度梯度分布，引起晶体折射率的变化，从而使光束波前发生畸变，对腔内激光作用的效果可等效为有一定焦距的凸透镜，这就是通常所说的激光工作物质热透镜效应。本节将以激光晶体为例，详细讨论固体激光材料热效应问题。

在以往激光晶体热效应的研究中，均将实际使用的长方形晶体作圆柱形晶体近似处理，针对温度场计算模型与实际不符的问题，本节基于数值法，建立了符合实际条件的单端泵浦方形激光晶体热模型。在热模型中考虑了经过耦合系统后的泵浦光具有高斯分布、激光晶体有着沿轴向对称加热、周边温度恒定等特点，通过热传导方程及激光晶体满足的边界条件，得到了激光晶体温度场和端面热形变场的表达式，进而用于方形 $Nd:GdVO_4$ 晶体温度场与泵浦端面热形变分析，以及几种常用激光晶体温度场与泵浦端面热形变对比分析。研究对于解决激光晶体热透镜效应问题、提高激光器的性能具有指导作用。

1. 单端泵浦、周边恒温方形激光晶体热模型

激光晶体产生的热量通过传导方式转移到冷却块上，通过循环水冷方式或半导体制冷方式保持冷却块温度稳定，即激光晶体周边温度恒定。图 2-5 所示为循环水冷激光晶体装置简图，其中激光晶体横截面尺寸为 a(mm)×b(mm)。泵浦光经过耦合装置整形后入射到激光晶体的端面，形成端面泵浦方式，并且泵浦光沿激光晶体端面几何中心方向入射。

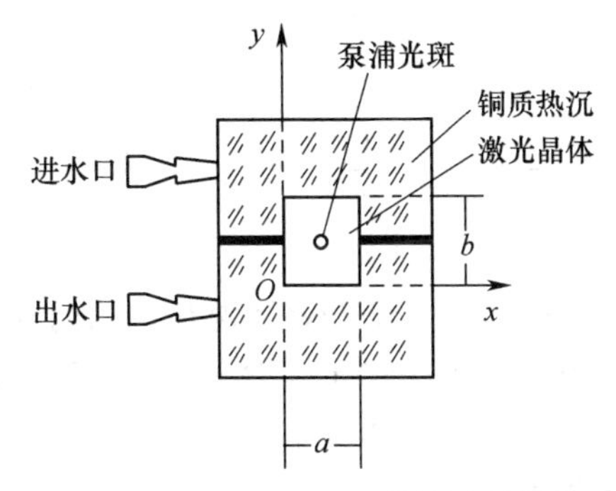

图 2-5　循环水冷激光晶体实验装置简图

其泵浦光光强的空间分布可用高斯函数来近似，设泵浦光平行于 z 轴入射到 $z=0$ 面，并辐射在激光晶体中心，在 $z=0$ 面($x-y$ 面)上泵浦光分布表达式为

$$I(x,y,0)=I_0\mathrm{e}^{-2\frac{(x-a/2)^2+(y-b/2)^2}{\omega^2}} \tag{2-1}$$

式中:I_0 为泵浦光中心在 $z=0$ 面处的功率密度;ω 为光束的高斯半径。

激光晶体对泵浦光的吸收系数为 β,当泵浦光平行于 z 轴传播时,光强由于被吸收而减弱,由吸收规律得在激光晶体 $z=z$ 面的光强为

$$I(x,y,z)=I(x,y,0)\cdot e^{-\beta z} \tag{2-2}$$

由于激光晶体荧光量子效应和内损耗吸收泵浦光的能量远大于其他因素引起的晶体吸收能量,这里仅考虑晶体由于荧光量子效应和内损耗吸收泵浦光的能量而发热的问题。在 z 轴方向晶体吸收能量产生的热功率密度为

$$q_v(x,y,z)=\beta\eta I(x,y,z)=I_0\beta\eta e^{-2\frac{(x-a/2)^2+(y-b/2)^2}{\omega^2}}\cdot e^{-\beta z} \tag{2-3}$$

式中:η 为由荧光量子效应和内损耗决定的热转换系数,即

$$\eta=1-\lambda_P/\lambda_L \tag{2-4}$$

式中:λ_P 为半导体激光器泵浦光波长,$\lambda_P=808$ nm;λ_L 为谐振腔的振荡激光波长,$\lambda_L=$ 1 063 nm。

激光晶体的两个通光端面与空气相接触,从两端面和空气热交换流出的热量远远小于从激光晶体侧面通过传导流出的热量,因此可假设激光晶体的两端面绝热,热模型的边界条件为

$$\begin{aligned} &u(0,y,z)=0;\quad u(a,y,z)=0\\ &u(x,0,z)=0;\quad u(x,b,z)=0\\ &u(x,y,0)=0;\quad u(x,y,c)=0 \end{aligned} \tag{2-5}$$

2. 方形激光晶体内部温度场

由于激光晶体内部有热源,则激光晶体内部热传导遵守 Poisson 方程,即

$$u_{xx}+u_{yy}+u_{zz}=-\frac{q_v}{k} \tag{2-6}$$

式中:k 为激光晶体热导率。

求满足在边界条件式(2-5)下的 Poisson 方程(2-6)的解为

$$u(x,y,z)=\sum_{n=1}^{\infty}\sum_{m=1}^{\infty}\sum_{l=0}^{\infty}A_{nml}\sin\frac{n\pi}{a}x\sin\frac{m\pi}{b}y\cos\frac{l\pi}{c}z \tag{2-7}$$

式中

$$A_{nml}=\frac{8I_0\beta c\eta(1-e^{-\beta c}\cos l\pi)}{kab\pi^2(\beta^2c^2+l^2\pi^2)\left(\frac{n^2}{a^2}+\frac{m^2}{b^2}+\frac{l^2}{c^2}\right)}\times\int_0^b\int_0^a e^{-2\frac{(x-a/2)^2+(y-b/2)^2}{\omega^2}}\sin\frac{n\pi}{a}x\sin\frac{m\pi}{b}y\,dx\,dy \tag{2-8}$$

可利用 Matlab 软件,根据式(2-7)计算出激光晶体内部的温度场。

对于掺 Nd^{3+} 浓度为 1.2at.%的 Nd:$GdVO_4$ 晶体而言,其吸收系数为 74/cm。如果忽略温度场对激光晶体其他物理属性的影响,其热导率为 11.7 W/(m·K),热膨胀系数为 7.3×10^{-6}/K。

1) 方形 Nd:$GdVO_4$ 晶体内部温度场

调节半导体激光器的泵浦功率为 12 W,泵浦光的高斯半径 ω 为 0.4 mm,晶体尺寸为 3 mm×3 mm×5 mm,掺杂浓度为 1.2at.%。利用式(2-7)计算出 Nd:$GdVO_4$ 晶体内部三维温度场分布和晶体温度径向分布,如图 2-6 和图 2-7 所示。在晶体内部泵浦光中线上($x=a/2,y=b/2$)的等温线分布如图 2-8 所示。端面泵浦 Nd:$GdVO_4$ 晶体泵浦端面($z=0$,

$y=b/2$)的温度分布如图 2-9 所示。

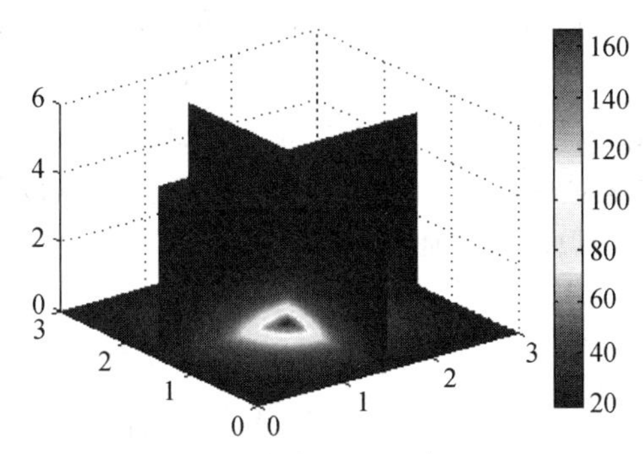

图 2-6　端面泵浦 1.2at.% Nd:GdVO$_4$ 晶体内部温度场分布

图 2-7　端面泵浦 1.2at.% Nd:GdVO$_4$ 晶体温度径向分布

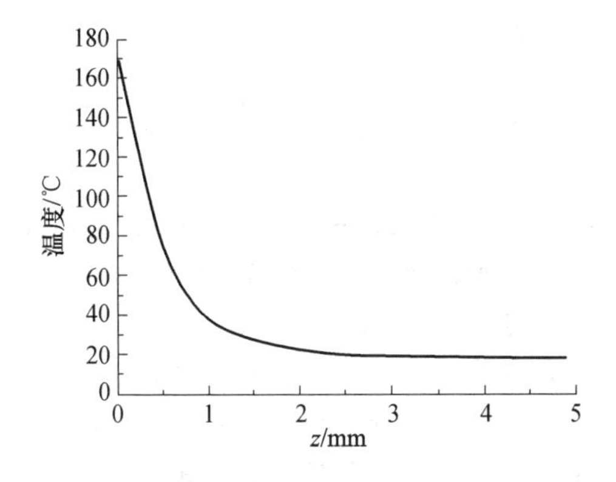

图 2-8　端面泵浦 1.2at.% Nd:GdVO$_4$ 晶体内部在泵浦光中线($x=a/2, y=b/2$)上的温度分布

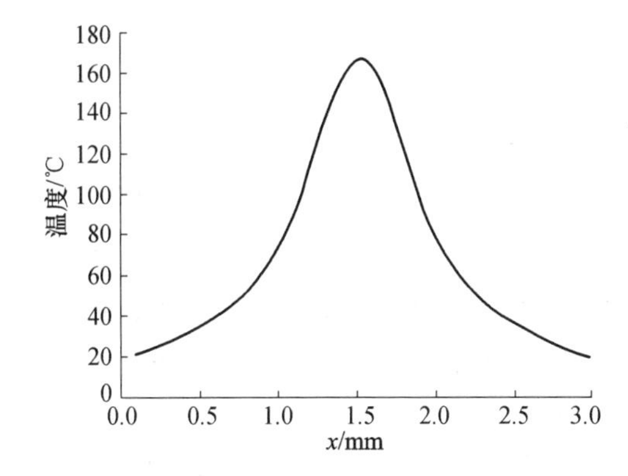

图 2-9　端面泵浦 1.2at.% Nd:GdVO$_4$ 晶体泵浦端面($z=0, y=b/2$)的温度分布

2) 泵浦光功率变化对于方形 Nd:GdVO$_4$ 晶体内部温度场分布的影响

调节半导体激光器的泵浦功率分别为 8 W、12 W、16 W、20 W,泵浦光的高斯半径 ω 为 0.4 mm,Nd:GdVO$_4$ 晶体尺寸为 3 mm×3 mm×5 mm,泵浦光轴中心线($x=a/2, y=b/2$)的温度分布如图 2-10 所示。晶体端面温度分布如图 2-11 所示。

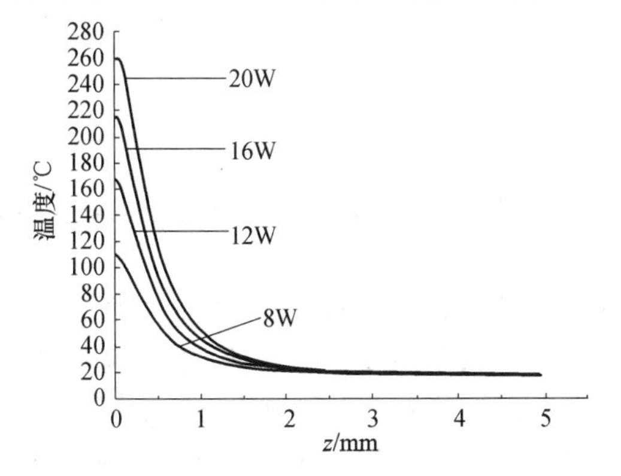

图 2-10　不同泵浦功率下 1.2 % Nd:GdVO$_4$ 晶体内部($x=a/2, y=b/2$)的温度分布

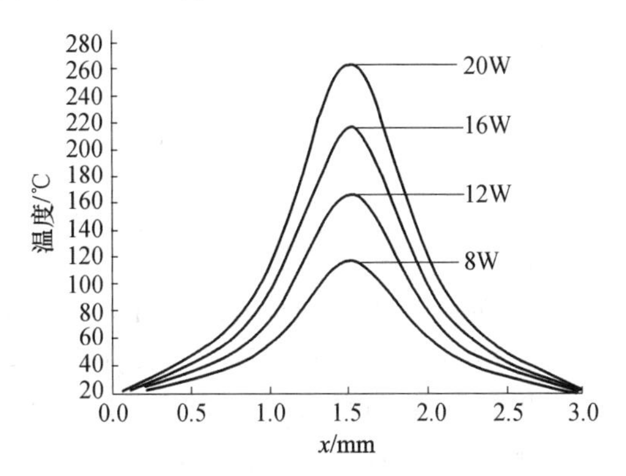

图 2-11　不同泵浦功率下 Nd:GdVO$_4$ 晶体泵浦端面($z=0, y=b/2$)的温度分布对比

3) 泵浦光光斑变化对于方形 $Nd:GdVO_4$ 晶体内部温度场分布的影响

通过光学透镜耦合器将半导体激光器输出的泵浦光作用于 $Nd:GdVO_4$ 晶体的端面。选择不同的透镜组合,以达到控制泵浦光斑的目的。

当泵浦功率为 12 W,泵浦光斑的高斯半径 ω 分别为 0.2 mm、0.3 mm、0.4 mm、0.5 mm,激光晶体尺寸为 3 mm×3 mm×5 mm,泵浦光轴中心线($x=a/2,y=b/2$)上的温度分布如图 2-12 所示,晶体端面 $z=0$ 面 $y=b/2$ 线上的温度分布如图 2-13 所示。

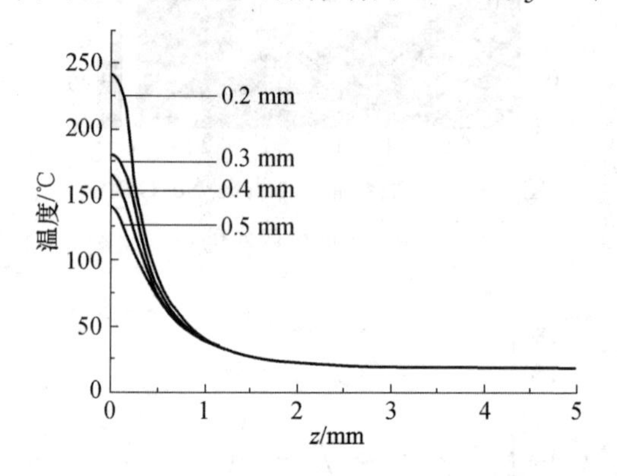

图 2-12　不同泵浦光斑半径下 $Nd:GdVO_4$ 晶体内部($x=a/2,y=b/2$)的温度分布对比

图 2-13　不同泵浦光斑半径下 $Nd:GdVO_4$ 晶体泵浦端面($z=0,y=b/2$)的温度分布对比

4) 吸收系数变化对于方形 $Nd:GdVO_4$ 晶体内部温度场分布的影响

由于热源分布较为复杂,故采用数值差分法逼近方程式(2-6)在边界条件式(2-5)下的解。用 Matlab 编程,计算尺寸为 3 mm×3 mm×5 mm 的晶体从端面注入的总功率为 $P_{in}=12$ W。$Nd:GdVO_4$ 激光晶体的热导率 $k=11.7$ W/(m·K),选取泵浦光斑半径 $\omega_p=0.4$ mm。激光晶体对泵浦光的吸收系数 β 与泵浦光波的发射带宽及 Nd^{3+} 离子的掺杂浓度有关,掺杂浓度越低,吸收系数越小。掺入 Nd^{3+} 浓度为 1.0at.%的 $Nd:GdVO_4$ 晶体,在泵浦光发射带内的吸收系数 β 可达到 57/cm;当掺杂浓度为 1.2at.%时,吸收系数 $\beta=74$/cm。由式(2-1)、式(2-2)可知:

$$I(x,y,z)=\frac{2P_{in}}{\pi\omega_P^2}e^{-\beta z}\cdot e^{-2\frac{(x-a/2)^2+(y-b/2)^2}{\omega_P^2}} \tag{2-9}$$

其中,

$$\omega_P^2=\omega_{P0}^2\left[1+\frac{\lambda(z-z_1)}{\pi\omega_{P0}^2}\right]^2 \tag{2-10}$$

式中:ω_P 为泵浦光在 z_1 处的光束半径;P_{in} 为注入泵浦光的总功率;I 为激光晶体的总长度;a、b 为激光晶体截面的边长。

在端面泵浦中,热功率密度可由式(2-3)表示。泵浦功率及泵浦光斑相同而吸收系数不同,在晶体中形成的热源强度及分布有较大差别。为了考察不同吸收系数对晶体内温度的影响,可通过选取不同的 β 值分别计算晶体内温度的分布。图 2-14 分别给出了 $\beta=35$/cm、57/cm 和 74/cm 时晶体内温度场分布的侧视图,图 2-15 给出不同吸收系数时晶体内中心方向温度分布的比较。3 种情况下的最高温度分别为 130.2 ℃、145.3 ℃和 162.0 ℃。对比不同吸收系数下的情况可知,β 越大,热源易于向泵浦端面集中,从而在端面形成一个相对集中的

高温区，晶体内侧向和轴向上都出现了较大的温度梯度，说明晶体内具有侧向和轴向的热流，且轴向热流不可忽视。在吸收系数 $\beta=35/\mathrm{cm}$ 时，这时的温度梯度相对较小，说明热负载分散且强度降低，相应地晶体内部的应力较小。但是当 $\beta=74/\mathrm{cm}$ 时，温度梯度相对较大，说明热负载集中且强度增加，相应地晶体内部的应力较大，强烈的热应力作用可能导致泵浦端面破裂，超出了 $\mathrm{Nd:GdVO_4}$ 所能承受的泵浦极限，为避免这种情况发生，可通过减小泵浦光功率或增大泵浦光斑来解决。

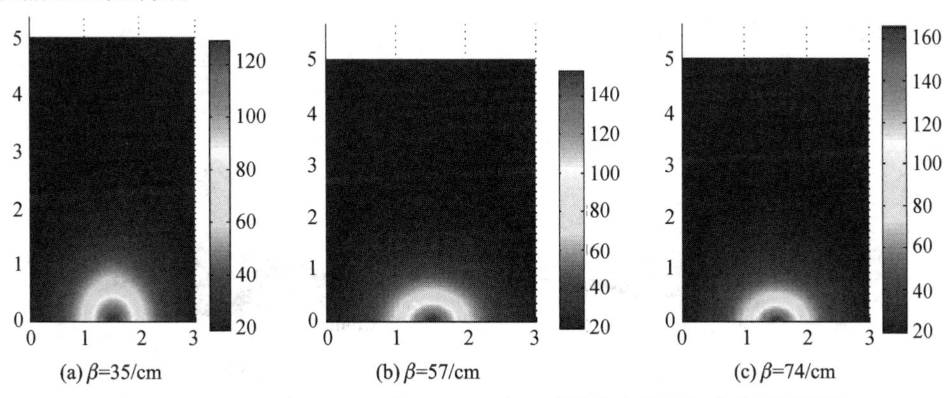

图 2-14　$\beta=35/\mathrm{cm}$、$\beta=57/\mathrm{cm}$、$\beta=74/\mathrm{cm}$ 时晶体内温度场分布的侧视图

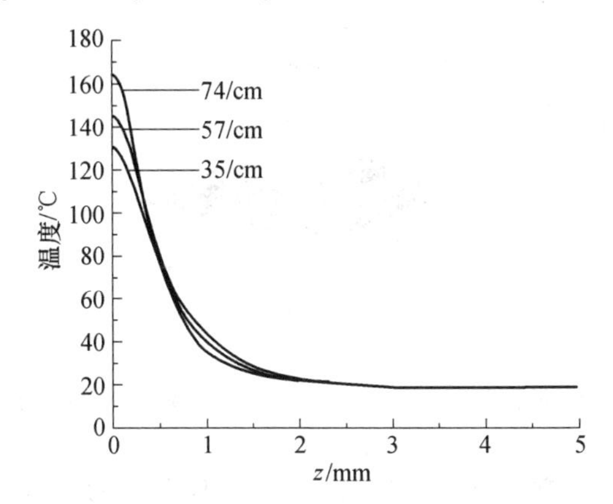

图 2-15　$\beta=35/\mathrm{cm}$、$\beta=57/\mathrm{cm}$、$\beta=74/\mathrm{cm}$ 时晶体内中心方向温度分布比较

3. 方形激光晶体泵浦端面热形变场

当激光晶体内部形成稳定温度场后，由于激光晶体受热膨胀会使得晶体发生热形变，这种热形变会严重影响输出激光的品质。

设激光晶体内部一点 (x,y,z) 初始温度为 0，晶体达到热平衡后的温度为 $u(x,y,z)$，温度变化量为 $u(x,y,z)$，z 向 $\mathrm{d}z$ 元的热膨胀量为

$$\mathrm{d}l=\alpha u(x,y,z)\mathrm{d}z \tag{2-11}$$

式中：α 为激光晶体 z 方向热膨胀系数。

激光晶体在 z 方向上总的热膨胀量为

$$l=\int_0^c \mathrm{d}l=\alpha\int_0^c u(x,y,z)\mathrm{d}z \tag{2-12}$$

可利用 Matlab 软件，根据式(2-7)、式(2-12)计算出激光晶体在 z 方向上的热形变场。

由于热负载主要集中在泵浦端面,且泵浦的端面温度几乎不变,其热膨胀可以忽略,而泵浦端面热膨胀显著。图 2-16 给出了泵浦功率为 12 W,泵浦光的高斯半径 ω 为 0.4 mm 的条件下,$\beta=35/\text{cm}$、$\beta=57/\text{cm}$、$\beta=74/\text{cm}$ 时 Nd:$GdVO_4$ 晶体泵浦端面的热形变。对比可见,吸收系数减小,可以使热负载分散,强度降低,有利于减小端面上的热应力和热形变。另外,从图 2-16 中可见,在整个通光面内,端面热形变不能等效于一个球面,即使在泵浦中心附近,这一形变相对于球面透镜依然存在高阶球差,对激光振荡是一个不利因素。选用掺杂浓度较低、吸收系数较小的晶体可以减小这种形变。

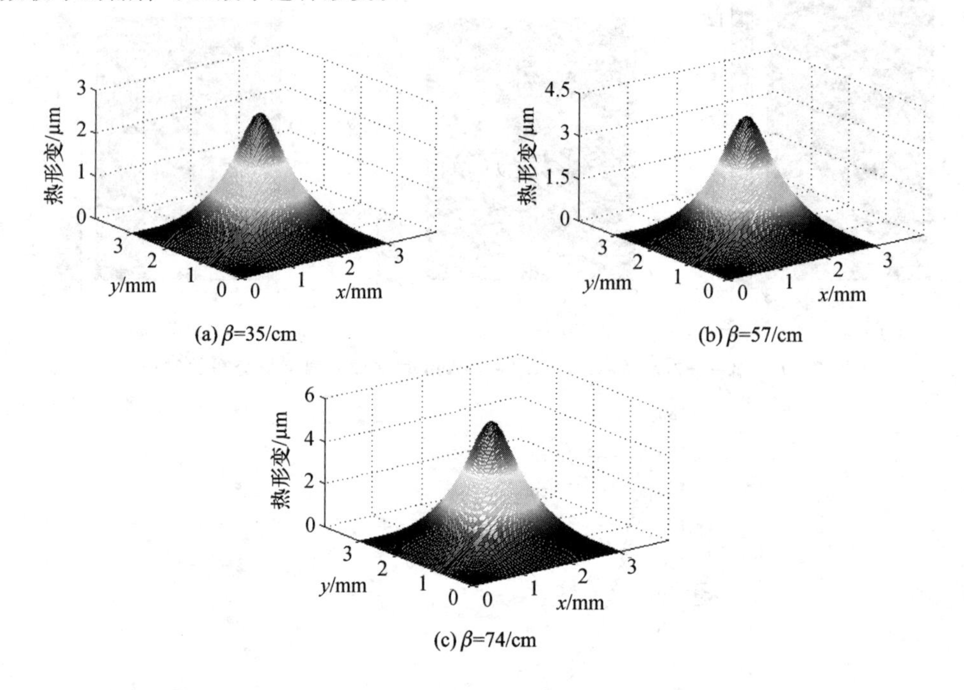

图 2-16 $\beta=35/\text{cm}$、$\beta=57/\text{cm}$、$\beta=74/\text{cm}$ 时晶体泵浦端面热形变三维分布

以上是采用数值方法研究了 Nd:$GdVO_4$ 激光晶体的温度场分布及端面热形变。结果表明,吸收系数越大,热源越容易向泵浦端面集中,从而在端面附近形成一个相对集中的高温区,晶体内侧向和轴向都出现了较大的温度梯度,说明晶体内具有侧向和轴向的热流,且轴向热流不可忽视。未泵浦的端面热源强度低,温度变化较小。在吸收系数较小的情况下,热负载分散且热源强度降低,相应地,最大温升减小,有利于减小端面上的热应力和热形变。另外,端面热形变不能等效于一个球面,即使在泵浦中心附近,这一形变相对于球面透镜依然存在着高阶球差,对激光振荡是不利的。因此选用掺杂浓度较低、吸收系数较小的晶体可以减小这种形变。

4. 几种常用激光晶体热效应对比分析

Nd:YAG、Nd:YVO_4 是目前普遍使用的激光增益介质。然而通过近几年的研究表明,Nd:$GdVO_4$ 晶体的各方面性能优于 Nd:YAG、Nd:YVO_4 等晶体。表 2-3 给出了 Nd:YAG、Nd:YVO_4、Nd:$GdVO_4$ 这 3 种激光晶体一些主要的热参数。

表 2-3　几种常用掺 Nd^{3+} 离子激光晶体的热参数

序号	晶体名称	掺 Nd^{3+} 离子浓度	吸收系数/cm	热导率 /($W \cdot m^{-1} \cdot K^{-1}$)	热膨胀系数 /($10^{-6} \cdot K^{-1}$)
1	Nd:YAG	1.1	9.1	13	7.8
2	Nd:YVO_4	1.1	31.4	5.1	11.4
3	Nd:$GdVO_4$	1.2	74	11.7	7.3

图 2-17、图 2-18 给出了当 LD 泵浦功率为 18 W，泵浦光斑为 400 nm，晶体具有相同尺寸时，3 种激光晶体沿泵浦光中心方向（$x=a/2$，$y=b/2$）的温度分布图和泵浦端面的热形变分布对比。

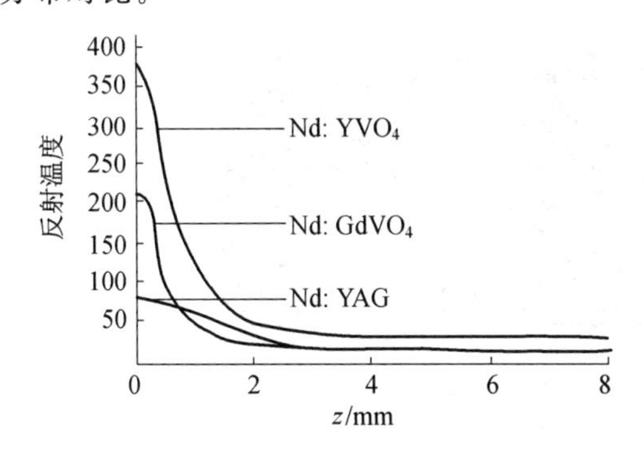

图 2-17　3 种激光晶体沿泵浦光中心方向的温度分布对比

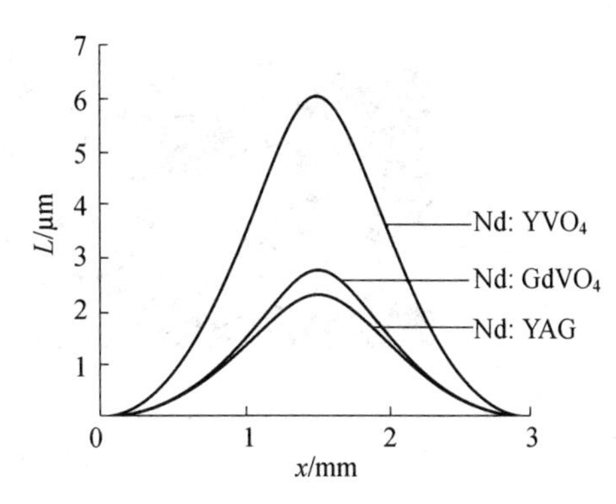

图 2-18　3 种激光晶体泵浦端面的热形变对比

由图可知，在相同泵浦条件下，Nd:YVO_4 晶体具有最大的相对温升，同时泵浦端面也具有最大的热形变量。Nd:$GdVO_4$ 晶体的最大相对温升与热形变量介于 Nd:YAG、Nd:YVO_4 晶体之间。但是考虑激光晶体吸收效率与其产生的热效应之间的关系，Nd:$GdVO_4$ 晶体的性能优于 Nd:YAG、Nd:YVO_4 晶体。它不仅具有较大的吸收系数（1.2at.% Nd:$GdVO_4$ 晶体吸收系数比 1.1at.% Nd:YVO_4 晶体吸收系数大 2 倍），而泵浦端面的最大温升仅为 Nd:YVO_4 晶体端面最大温升的一半，泵浦端面的热形变也只是 Nd:YVO_4 晶体端面热形变的 1/3。可以预计，Nd:$GdVO_4$ 晶体在不久后会取代 Nd:YAG、Nd:YVO_4 晶体的地位，成为 LD 端面泵浦全固态激光器的主要激光增益介质。

5. 激光晶体热效应实验分析

为了更直观地分析激光晶体的热透镜效应，下面通过实验进一步验证激光晶体温度分布产生的相位畸变，并与理论结果进行比较。

实验装置如图 2-19 所示。He-Ne 激光经负透镜扩束后在 Nd:$GdVO_4$ 激光晶体的前、后端面被两次反射并再次通过凹面镜，在光屏上得到的干涉图样如图 2-20 所示。

由图 2-19 可见，激光晶体前、后表面反射光的光程差近似等于

$$\delta = L_a - L_b = 2n(T)t \tag{2-13}$$

式中：L_a、L_b 分别为光线 a、b 的光程；折射率 $n(T)$ 是温度 T 的函数；t 为晶体长度。通过这两束光的干涉，可以反映晶体内热效应对激光的影响。图 2-20 所示为长方形 Nd:$GdVO_4$ 晶体（3 mm×3 mm×5 mm，0.5 at.%）在不同泵浦功率时的干涉图样。该晶体前后端面镀有对中

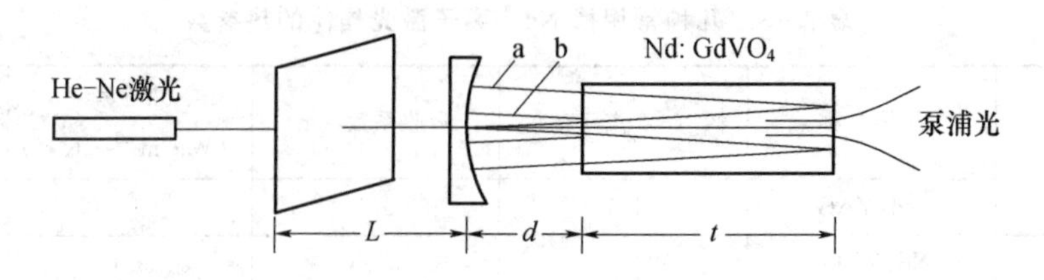

图 2-19　激光晶体相位畸变探测示意图

心波长为 808 nm、946 nm、1 064 nm 的增透膜。实验中可以观察到,随着泵浦功率的增大,干涉图样中心不断有圆环涌出,干涉条纹增多,条纹变细。由此可见,随着泵浦功率的增大,晶体热效应增强,折射率梯度增大,干涉条纹密度也增大,这与前面计算的 $Nd:GdVO_4$ 晶体热效应结论一致。

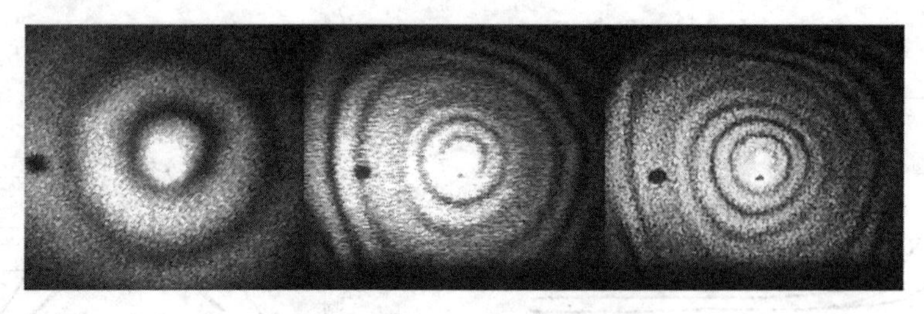

(从左到右对应的泵浦功率依次为 3 W、9 W、15 W)

图 2-20　激光晶体端面干涉图样

由图 2-20 中还可以看出,实验中由于泵浦光斑的像差及晶体放置位置等原因,导致干涉图样出现不规则变化。

由激光晶体产生的热效应,可以把它等效为一个凸透镜。它的位相延迟不是球面镜所示的抛物线形状,而是存在高阶像差的非球面镜的位相延迟。

图 2-21 所示为以激光晶体端面中心点为基点,晶体端面上各点的光程差分布。其中,细实线表示球面镜的光程差,粗实线表示激光晶体实际工作时的光程差,细虚线表示两者的差值。由于泵浦光满足高斯分布,在晶体端面的泵浦功率密度不均匀,在靠近中心的位置,球面镜光程差和非球面镜光程差非常接近,而越远离中心线,两者的差值越大。因此,可以通过适当的扩大泵浦光在激光晶体端面的光斑半径,或者选用平顶状光束的泵浦光,使泵浦密度功率保持均匀,从而达到改善像差的目的。

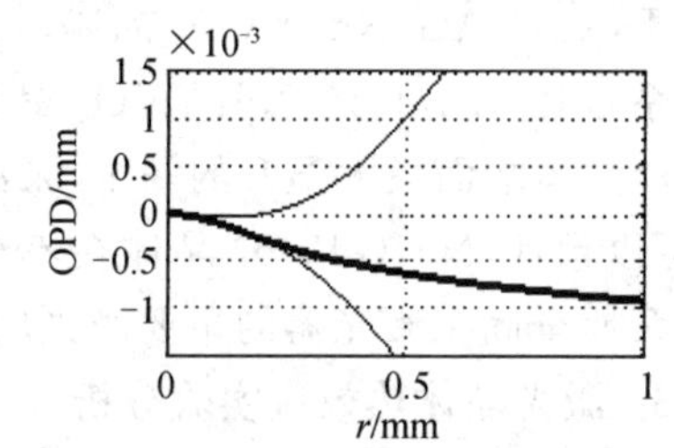

图 2-21　端面泵浦光程差分布

2.2　固体激光器

1960 年问世的第一台激光器是固体红宝石激光器。40 多年来,固体激光器由于具有体积小、储能高、激发方案简单和可靠性能高等特点,获得了迅速发展。目前,实现激光振荡的固体工作物质已达百余种,激光谱线数千条。脉冲激光能量发展到几千焦耳甚至几十万焦耳,最高峰值功率达 10^{13} W。随着中、小功率固体激光器技术的发展,与之有关的光学元件也相应地得

到发展，其中包括电光 Q 开关、声光 Q 开光、调制器、宽带调谐、倍频及锁模技术等装置均已成熟，并形成产品系列。固体激光器的主要优点是能量大、峰值功率高、结构紧凑、坚固可靠和使用方便等，因此被广泛应用于工农业、军事技术、医疗、科学研究等各个领域，随着器件性能的不断提高，其应用范围将继续扩展。

2.2.1　固体激光器的结构与基本原理

中、小型固体激光器采用光泵激励，由于能量转换环节多，输出效率较低，一般在 0.5%～3%之间，最高可达 7 %。这种激光器通常运转于连续泵浦或脉冲泵浦状态。目前，连续泵浦的固体激光器、单根掺钕钇铝石榴石连续输出功率超过 500 W，3 根串接的激光器功率已超过 1 kW 水平。脉冲泵浦固体激光器的激光脉冲可按一定的重复率输出。高重复率工作的器件每秒达到数十次至上百次。

为了适应空间技术的应用和集成光学发展的需要，加速研究发展小型化激光器件：采用新的长寿命泵浦光源，如激光二极管阵列泵浦、太阳能泵浦等；采用新型结构，如小型面泵浦薄膜激光器、光纤激光器等；研制高掺杂浓度，高增益激光晶体；改善冷却方式和结构，减小器件体积和重量，提高激光器的输出性能等。随着现代科学技术的蓬勃发展，固体激光技术有着广阔的发展前景。

光泵固体激光器通常由 3 个基本部分组成，即固体工作物质、泵浦光源和光学谐振腔。另外还有电源和聚光腔，图 2－22 所示为一般光泵浦固体激光器的结构示意图。固体激光工作物质是激光器的心脏，其发光中心是激活离子。

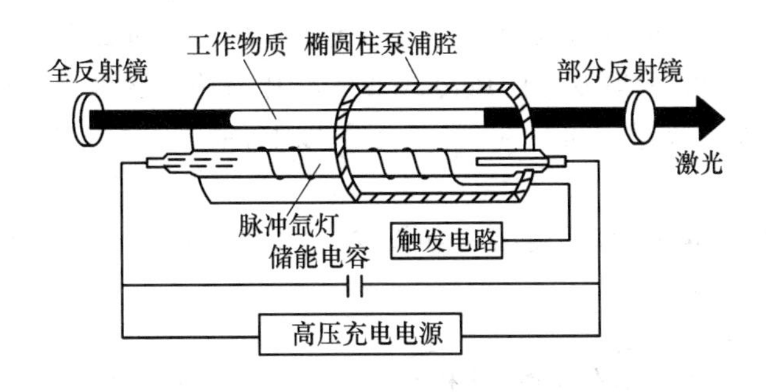

图 2－22　光泵浦固体激光器示意图

下面将系统讨论中、小功率固体激光器的基本结构（如光泵系统、光学谐振腔）及其工作原理。

一、泵浦源

泵浦激光器采用光源的主要目的是将电能有效地转换为辐射能，并在给定的光谱带上产生高的辐射通量。这就要求泵浦源具有较高的辐射效率，且必须具有与激光工作物质吸收带相匹配的辐射光谱分布。另外，考虑到激光上能级寿命，光源辐射功率密度需要相当高。为了达到阈值振荡，光源必须具备一定的亮度或亮温度。表 2－4 列出了用于泵浦固体激光器的各种光源及其亮温度。

表 2－4　用于泵浦固体激光器的各种光源及其亮温度

名称	惰性气体放电(Xe、Kr)		金属蒸气放电灯		白炽灯			半导体二极管		太阳能
分类	脉冲闪光灯	连续弧光灯	汞弧灯(Hg)	碱金属灯(Na)	卤钨灯	碘钨灯	溴钨灯	激光	非相干光	
亮温度/K	5 000～15 000	4 000～5 500			2 400～3 400					5 800

固体激光器的光泵浦系统可分为惰性气体和金属蒸气放电灯、白炽灯、半导体二极管和太阳能泵浦系统。选取泵浦源的类型必须根据所要求的输出功率、工作方式(脉冲或连续的)、重复率的高低及需要泵浦的激光材料等因素来考虑。多数固体激光器采用惰性气体脉冲灯、连续氪弧灯作为泵浦光源。例如,脉冲 Nd:YAG 激光器、红宝石激光器和钕玻璃激光器都是用脉冲氙灯;低能量泵浦的 Nd:YAG 激光器,有时采用充氪的直管闪光灯泵浦;对于连续工作的红宝石激光器,常采用高压汞弧灯,这是因为它是在红宝石吸收带具有足够亮度用以产生激光作用的唯一泵浦源;对于一些特殊应用,如空间通信,Nd:YAG 激光器泵浦可以采用碱金属灯、半导体二极管和太阳能泵浦系统。

1. 惰性气体脉冲灯

灯管内充以氙气(Xe)或氪气(Kr)等惰性气体,工作于弧光放电状态,以脉冲放电辐射光能的气体放电灯称为脉冲灯。该灯在较短的时间(通常为几百微秒到几毫秒)内通过大电流放电(一般电流密度为几千安培/厘米^2),使管内放电气体等离子体瞬时达到高温(10^4 K),从而发出高亮度以连续光谱为主的“白光辐射”,发光犹如闪电,故又称为闪光灯,其亮温度可在 5 000～15 000 K 之间。脉冲氙灯可单次闪光,也可以一定的重复闪光频率(一般低于 100 次/s)持续工作,后者需采取专门的风冷或液体冷却措施。脉冲氙灯的发光效率较高,由输入电能向输出光能的转换效率可达 50 %～60 %以上,重复闪光寿命一般可达 10^6～10^7 次以上。

惰性气体闪光灯的电极和封接结构如图 2－23 所示。图 2－23(a)是焊料封接的,图 2－23(b)是过渡玻璃封接的。

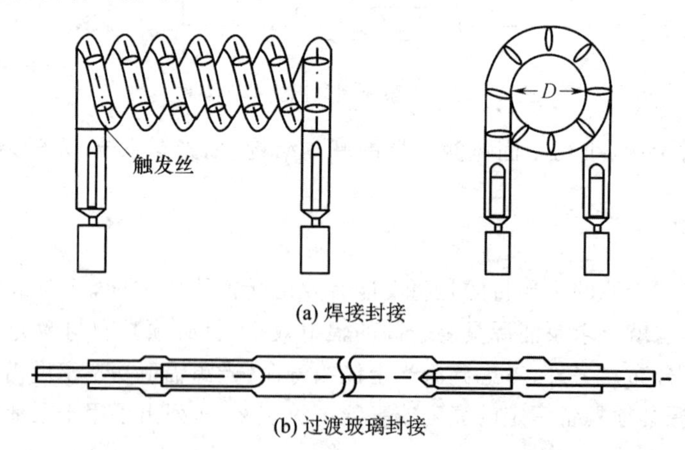

(a) 焊接封接

(b) 过渡玻璃封接

图 2－23　惰性气体闪光灯的电极和封接结构

脉冲灯的工作电路如图 2－24 所示,其放电的基本过程及辐射特性如下:当直流电源(电

源电压为 U_0)通过限流电阻 R,将储能电容器 C 充电到工作电压 $U_C=U_0$ 后,在辅助电极(灯管外绕的触发丝)上加以数万伏的高压触发脉冲,使灯管内的气体产生电离击穿,形成狭窄的放电通道,电容中的能量开始向通道内释放。灯内带电粒子在轴向电场力作用下,形成气体放电的雪崩过程。当输入能量足够大时,整个灯管均成为放电通道(高温等离子体可充满整个灯管)。同时,灯的电导和电流急剧增长。放电增长到一定程度后,放电电流对灯释放的功率同灯在周围空间所损失的功率趋于平衡,放电等离子体的温度不再升高。脉冲放电便进入类稳放电阶段,电容储能的大部分在这段时间输入灯内,脉冲灯的电阻此时维持在一个基本恒定的最小值上。随着电容能量的释放接近结束,输入灯功率逐渐减小,当输入功率不足以补偿放电通道的辐射和其他损耗时,等离子体便逐渐冷却,直至放电熄灭。这就是脉冲放电发生、发展和终止的过程。

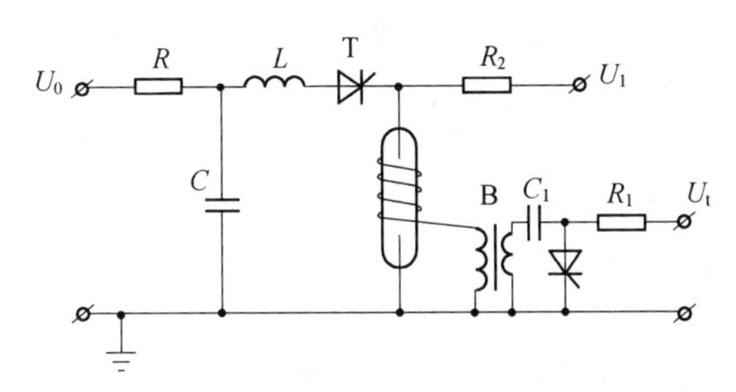

图 2-24　脉冲灯的工作电路

闪光灯的寿命终止有两种形式,即突然失效和非破坏性失效。造成突然失效的原因是闪光灯被点燃时气体中的冲击波使灯管爆炸,或者由于灯管及封接处过热并有热负荷而造成漏气。突然失效与脉冲能量和脉冲宽度有关,非破坏性失效由灯耗散的平均功率决定。当闪光灯在远低于额定最大脉冲能量和平均功率下工作时,通常不会突然失效,而是以逐渐下降的输出光功率继续工作,直至降低到所需的预定值以下。对于非破坏性失效,光输出功率的下降是由闪光灯电极和石英管壁的腐蚀以及在闪光灯内壁逐渐产生吸收的淀积层所致。

2. 惰性气体连续弧光灯

惰性气体灯在近红外区有丰富的线状光谱。氙气的总转换效率最高,一般被用于弧光灯。但是氙的红外线状光谱与 Nd:YAG 全部泵浦带 730～760 nm、790～820 nm、860～890 nm、570～600 nm 不相重叠。氪的线状光谱比氙的线状光谱能更好地与 Nd:YAG 匹配,这是由于它最强的两条发射谱线(760 nm 和 811 nm)被激光晶体强烈吸收,如图 2-25 所示。

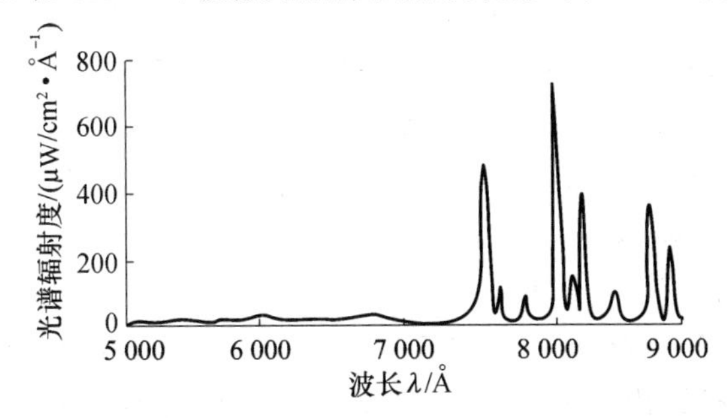

(内径 6 mm、弧长 50 mm、充气 4×10^5 Pa、输入功率 1.3 kW)

图 2-25　典型的连续泵浦的氪弧灯发射光谱

因此,连续氪弧灯是目前用于连续光泵浦 Nd:YAG 激光器中最有效、输入功率水平最高的光源。其工作特点是,通过灯的低电压(一般为百伏左右)、大电流(一般为 20～50 A)连续弧光放电,可获得稳定的具有显著线状光谱贡献的光辐射。连续氪弧灯的发光效率也可做到较高,由输入电能向输出光能的转换效率可达 40 %～50 %以上。灯的充气气压比脉冲灯要高,一般为 2～4 个大气压。气压越高,触发或预燃越困难。灯的输入功率一般为 3 000～8 000 W,由于连续运转热负载较高,通常均需采用流动水冷却,此时灯的管壁功率负载能力为 100～200 W/cm^2。

3. 激光二极管泵浦

激光二极管及其阵列(LDA)泵浦的固体激光器具有更为广泛的应用前景。与传统的灯泵浦源相比,光泵用的半导体泵浦源是 GaAs 激光二极管、连续波单片 AlGaAs/GaAs 激光二极管阵列及高功率二维 AlGaAs 激光二极管阵列等。它们的发射波长在 0.806～0.807 μm 之间,恰好在大多数基质材料为 YAG 和玻璃中 Nd 离子的主要吸收峰 0.8087 μm 处,最大和最宽的吸收带位于 0.805～0.810 μm 之间。为了实现二极管的峰值发射波长与 Nd:YAG 的吸收带相匹配,可通过二极管或 Nd:YAG 的冷却,或者同时冷却,也可用改变 $Ga_{1-x}Al_xAs$ 的组分来实现。因而激光二极管泵浦的固体激光器(DPSSL)已成为今后的主要发展方向。

激光二极管泵浦固体激光器(DPSSL)的主要特点如下:

1) 能量转换效率高

采用 LD/LDA 作为泵浦源,能量转换效率高,这是灯泵浦固体激光器所无法比拟的。其效率高的根本原因是激光二极管发射波长可以和工作物质的吸收波长完全重合。以掺钕(Nd^{3+})激光器为例,由于泵浦灯很宽的辐射光谱与钕离子吸收带匹配性不理想,通常灯泵浦的 Nd:YAG 激光器总效率很低,并且大功率下热效应明显,光束质量和稳定性差。而 LD/LDA 的发射谱线非常窄(约为 3 nm),可以通过温度调谐来改变其发射波长,使其峰值发射波长与激活粒子的吸收带理想地匹配,因而泵浦效率比灯泵浦高。

2) 寿命长,系统稳定可靠

在连续工作时,激光二极管阵列的寿命是 10 000 h,大约发射 10^9 次脉冲。闪光灯在连续工作时的寿命大约是 500 h,约发射 10^8 次。另外由于半导体激光器输出功率的高稳定性,使得 LD 泵浦的固体激光器的不稳定度通常可以保持在 1%以下。

3) 热效应小,输出光束噪声特性好、频率稳定,光束质量高

由于 DPSSL 发射波长与钕离子吸收带之间的良好光谱匹配,使得耗散于激光介质中的热量很小,从而降低了热透镜效应和热光畸变,提高了光束质量。此外,激光二极管辐射的高方向性,有利于设计出泵浦辐射与低阶模之间存在良好光谱交叠的谐振腔,进而产生高功率的激光输出。另外,由于不存在液体或气体工作物质的流动起伏噪声和泵浦灯的等离子体波动噪声,使得 DPSSL 的辐射噪声特性优于灯泵浦。

目前,DPSSL 主要有两个发展方向:

(1) 高功率输出。LD 泵浦 Nd:YAG 激光器在 1.064 μm 连续输出达 3.3 kW。

(2) 实现可见光波段输出。经过倍频、混频和参量振荡等技术,DPSSL 在红、黄、绿、蓝、紫光(如波长为 670 nm、660 nm、656 nm、627 nm、594 nm、532 nm、473 nm、457 nm、454 nm、451 nm、430 nm)等各波段均已获得了激光输出,而且多数连续波输出功率都在瓦级以上。

二、光学谐振腔

光学谐振腔是激光器的 3 个主要组成部分之一，它的基本结构是由在激活物质两端适当地放置两个反射镜所组成。它的作用是提供正反馈，使激活介质中产生的辐射能多次通过激活介质，当受激辐射所提供的增益超过损耗时，在腔内得到放大、建立并维持自激振荡。它的另一个重要作用是控制腔内振荡光束的特性，使腔内建立的振荡被限制在腔所决定的少数本征模式中，从而提高单个模式内的光子数，获得单色性和方向性好的强相干光。通过调节腔的几何参数，还可以直接控制光束的横向光场分布特性、振荡频率及光束发散角等。研究光学谐振腔的目的，就是通过了解谐振腔的特性，来正确设计和使用激光器的谐振腔，使激光器的输出光束特性达到应用的要求。

光学谐振腔的研究大量集中在无源腔上（又称为非激活腔或被动腔），即无激活介质存在的腔。当腔内充有工作介质并设有能源装置后称为有源腔（激活腔或主动腔）。理论和实验表明，对于低增益或中等增益的激光器，无源腔的模式理论可以作为有源腔的良好近似，但对高增益激光器，必须适当加以修正。激活介质的作用主要在于补偿腔内电磁场在振荡过程中的能量损耗，使之满足阈值条件，而激活介质对场的空间分布和振荡频率的影响是次要的，不会使模式发生本质的变化。

关于光学谐振腔的理论，可归结为用近轴光线分析方法的几何光学理论和波动光学的衍射理论，由这两种理论都可以得到腔内场的本征状态（即模式）。几何光学理论分析在各种几何结构的激光腔中光线的行为。在本节中，将讨论传播矩阵并用以分析光腔中激光束的传播和光腔的稳定条件，然而几何光学分析方法的主要缺点在于不能得到谐振腔的衍射损耗和波模特性的深入描述，只考虑腔的菲涅耳数 $N \gg 1$ 时腔的特性。为了对腔模特性作更深入的了解，必须用菲涅耳—基尔霍夫衍射积分为基础的光学谐振腔的衍射积分方程理论，利用这个方程原则上可以求得任意光腔（稳定腔、非稳定腔和临界腔）的模式参数，包括腔模式的场振幅、相位分布、谐振频率和衍射损耗等。

1. 光学谐振腔的类型和作用

最简单的光学谐振腔是在激活介质两端适当地放置两个镀有高反射率的反射镜构成，与微波腔相比，光学谐振腔的主要特点是：侧面是敞开的，没有光学边界以抑制振荡模式，并且它的轴向尺寸（腔长）远大于振荡波长，一般也远大于横向尺寸即反射镜的尺寸。因此，这类腔为开放式光学谐振腔，简称开腔。通常的气体激光器和部分固体激光器谐振腔具有开腔的特性。

1）激光器中常见的谐振腔的形式（见图 2 - 26）

（1）平行平面镜腔。由两块相距为 L、平行放置的平面反射镜构成，如图 2 - 26(a)所示。

（2）双凹球面镜腔。由两块相距为 L，曲率半径分别为 R_1 和 R_2 的凹球面反射镜构成，如图 2 - 26(b)所示。

当 $R_1 = R_2 = L$ 时，两凹面镜焦点在腔中心处重合，称为对称共焦球面镜腔；当 $R_1 + R_2 = L$ 表示两凹面镜曲率中心在腔内重合，称为共心腔。

（3）平面—凹面镜腔。由相距为 L 的一块平面反射镜和一块曲率半径为 R 的凹面反射镜构成。当 $R = 2L$ 时，这种特殊的平面—凹面镜腔称为半共焦腔，如图 2 - 26(c)所示。

（4）特殊腔。如由凸面反射镜构成的双凸腔、平凸腔、凹凸腔等，在某些特殊激光器中，需使用这类谐振腔，如图 2 - 26(d)所示。

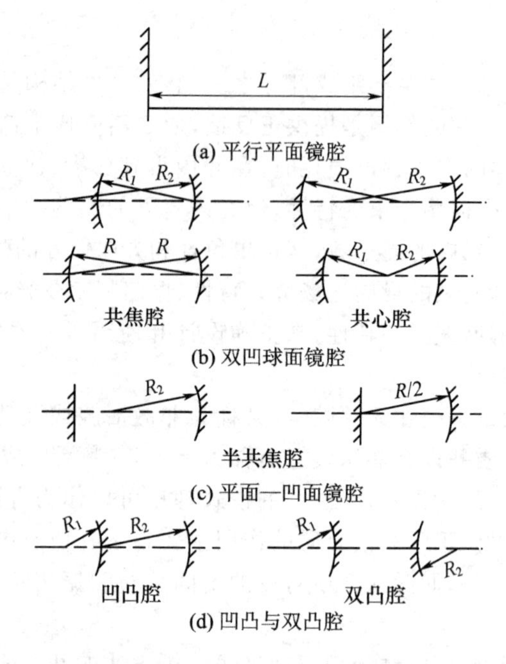

图 2-26　光学谐振腔的几种常见形式

2）光学谐振腔的作用

谐振腔是激光器的重要组成部分之一，对大多数激光工作物质，适当结构的谐振腔对产生激光是必不可少的。其主要表现在下列两个方面。

(1) 提供光学正反馈作用。激光器内受激辐射过程具有"自激"振荡的特点，即由激活介质自发辐射诱导的受激辐射，在腔内多次往返而形成持续的相干振荡。腔的正反馈作用是使得振荡光束在腔内行进一次时，除了由腔内损耗和通过反射镜输出激光束等因素引起的光束能量减少外，能保证光束有足够的能量在腔内多次往返，并经过激活介质的受激辐射放大而维持振荡。

谐振腔的光学反馈作用取决于两个因素：一是组成腔的两个反射镜面的反射率，反射率越高，反馈能力越强；二是反射镜的几何形状及其组合方式。上述两个因素的变化都会引起光学反馈作用大小的变化，即引起腔内光束损耗的变化。

(2) 产生对振荡光束的控制作用。主要表现为对腔内振荡光束的方向和频率的限制。由于激光束的特性与光腔结构有密切联系，因而可用改变腔参数(反射镜、几何形状、曲率半径、镜面反射率及配置)的方法来达到控制激光束的目的。具体地说，可达到以下几个方面的控制作用：

① 有效地控制腔内实际振荡的模式数目，使大量的光子集结在少数几个状态之中，提高光子简并度，获得单色性好、方向性强的相干光；

② 可以直接控制激光束的横向分布特性、光斑大小、谐振频率及光束发散角等；

③ 可以改变腔内光束的损耗，在增益一定的情况下能控制激光束的输出功率。

2. 光学谐振腔的模式

电磁场理论表明，在具有一定边界条件的腔内，电磁场只能存在于一系列分立的本征状态之中，场的每种本征状态将具有一定的振荡频率和空间分布。通常将谐振腔内可能存在的电磁场本征态称为腔的模式(或称波型)。从光子的观点来看，腔的模式也就是腔内可区分的光

子状态，同一模式内的光子，具有完全相同的状态（如频率、偏振和运动方向）。不同的模对应于不同的场分布和振荡频率。光学谐振腔的模式可以分为纵模和横模。

腔内电磁场的本征态应由麦克斯韦方程组及腔的边界条件决定。由于不同类型和结构的谐振腔其边界条件各不相同，因此谐振腔的模式也各不相同，如果给定了腔的具体结构，则振荡模的特征也随之确定下来，这表明了模式对腔的结构的依赖关系。根据所选择的几何结构，可以在腔内建立起驻波或行波，或二者兼备。

1）驻波条件

现在分析均匀平面波在平行平面腔内沿腔轴线方向的往返传播。当光波在腔镜上反射时，入射波和反射波会发生干涉，为了在腔内形成稳定的振荡，要求光波因干涉而得到加强。由多光束干涉理论知道，相长干涉的条件是：光波在腔内沿轴线方向往复传播一次所产生的相位差 $\Delta\phi$ 为 2π 的整数倍，也就是说，只有某些特定频率的光才能满足谐振条件，即

$$\Delta\phi = q \cdot 2\pi \tag{2-14}$$

式中：q 为正整数。

设平行平面谐振腔内充满折射率为 η 的均匀介质，腔长为 L（几何长度），光波在腔内轴线方向往复一次所经历的光学长度为 $2L' = 2\eta L$。由程差和相位差间的关系式得到相位改变量为

$$\Delta\phi = \frac{2\pi}{\lambda} \cdot 2\eta L = q \cdot 2\pi \tag{2-15}$$

式中：λ 为光波在真空中的波长。由式(2－15)可得

$$L = q \cdot \frac{\lambda}{2\eta} = q\frac{\lambda_q}{2} \tag{2-16}$$

式中：$\lambda_q = \lambda/\eta$，为物质中的谐振波长。谐振频率为

$$\nu_q = q \cdot \frac{C}{2\eta L} \tag{2-17}$$

式中下标为对应于序数 q 的波长或频率。

由上述讨论可知，长度为 L 的平行平面腔只对频率满足式(2－17)沿轴向传播的光波形成共振，从而提供正反馈，因此，式(2－17)称为谐振条件，ν_q 称为腔的谐振频率。在平行平面腔内存在两列沿轴线相反方向传播的同频率光波，这两列光波叠加的结果，将在腔内形成驻波。根据波动光学理论，当光波波长和平行平面腔腔长满足式(2－16)时，将在腔内形成稳定的驻波场，这时腔长应为半波长的整数倍，式(2－16)称为驻波条件。因为式(2－16)与谐振条件式(2－17)是等价的，所以，激光器中满足谐振条件的不同纵模对应着谐振腔内各种不同的稳定驻波场。

2）纵　模

平行平面腔中，满足式(2－17)沿轴线方向(即纵向)形成的驻波场称为它的本征模式。其特点是：在腔的横截面内场是均匀分布的，沿腔的轴线方向形成驻波，驻波的波节数由 q 决定。通常把由整数 q 所表征的腔内纵向的稳定场分布称为激光的纵模(或轴模)，q 称为纵模的序数(即驻波系统在腔的轴线上零场强度的数目)。不同的纵模相应于不同的 q 值，对应不同的频率。

腔内两个相邻纵模频率之差 $\Delta\nu_q$ 称为纵模的频率间隔。由式(2－17)得

$$\Delta\nu_q = \nu_{q+1} - \nu_q = \frac{C}{2\eta L} \tag{2-18}$$

由式(2-18)可知,$\Delta\nu_q$ 与 q 无关,对于一定的光腔为一常数,因而腔的纵模在频率尺度上是等距离排列的,如图2-27所示。图中每一个纵模均有一定的谱线宽度 $\Delta\nu_c$。

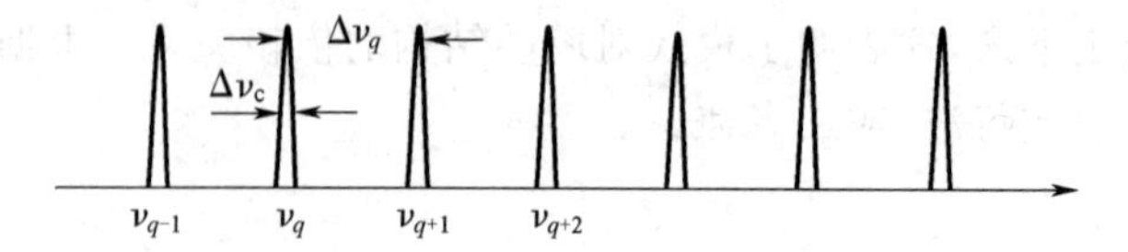

图2-27 平行平面腔的纵模

例如,对于腔长 $L=10$ cm 的He-Ne气体激光器,设 $\eta=1$,由式(2-18)可得 $\Delta\nu_q=1.5\times 10^9$ Hz;对腔长 $L=30$ cm 的He-Ne气体激光器,$\Delta\nu_q=0.5\times10^9$ Hz。由于普通的Ne原子辉光放电中,其中心频率 $\nu=4.74\times10^{14}$ Hz(波长为632.8 nm)的荧光光谱线宽 $\Delta\nu_q=1.5\times10^9$ Hz。但在光学谐振腔中允许的谐振频率是一系列分立的频率,其中只有满足谐振条件式(2-17),同时又满足阈值条件,且落在Ne原子6 328 Å(6 328 $\times10^{-10}$ m)荧光线宽范围内的频率成分才能形成激光振荡。因此10 cm腔长的He-Ne激光器只能出现一种频率的激光。通常称为只有一个纵模振荡。这种激光器称为单频(或单纵模)激光器。而腔长30 cm的He-Ne激光器则可能出现3种频率的激光,也就是可能出现3个纵模。这种激光器称为多频(或多纵模)激光器,如图2-28所示。由此可知,光学谐振腔的谐振条件决定的谐振频率有无数个,但只有落在原子(或分子、离子)的荧光谱线宽度内,并满足阈值条件的那些频率才能形成激光,激光的纵模频率相应于一定 q 值下的谐振频率,因而纵模频率只是有限的几个。激光器中出现的纵模数与下列两个因素有关:

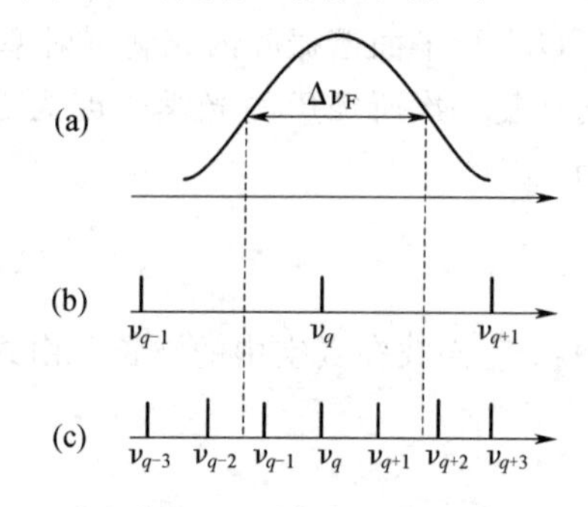

(a) 荧光谱线;(b) 单个纵模在荧光线宽内;
(c) 3个纵模在荧光线宽内。

图2-28 激光纵模

(1) 工作原子(分子或离子)自发辐射的荧光线宽 $\Delta\nu_F$ 越大,可能出现的纵模数越多。

(2) 激光器腔长 L 越大,相邻纵模的频率间隔 $\Delta\nu_q$ 越小,因而同样的荧光谱线宽度内可容纳的纵模数越多。

3) 横 模

除了纵向(z 轴方向)外,腔内电磁场在垂直于其传播方向的横向 $x-y$ 面内也存在稳定的场分布,通常称为横模。不同的横模对应于不同横向稳定的光场分布,图2-29示出矩形反射镜(轴对称)和圆形反射镜(旋转对称)系统中最初若干个横模图形及线偏振腔模结构。图中箭头长短表示振幅大小,箭头方向表示场强方向。

激光的模式一般用符号 TEM_{mnq} 来标记,其中TEM表示横向电磁场。q 为纵模的序数,即纵向驻波波节数,一般为 $10^4\sim10^7$ 数量级,通常不写出来。m、n(圆形镜,用 p、l 表示)为横模的序数用正整数表示,它们描述镜面上场的节点数。把 $m=0$、$n=0$、TEM_{00q} 称为基模(或横向单模),是光斑的最简单结构,模的场集中在反射镜中心,而其他的横模称为高阶横模,即在镜面上将出现场的节线(即振幅为零的位置)且场分布的"重心"也将靠近镜的边缘。不同横

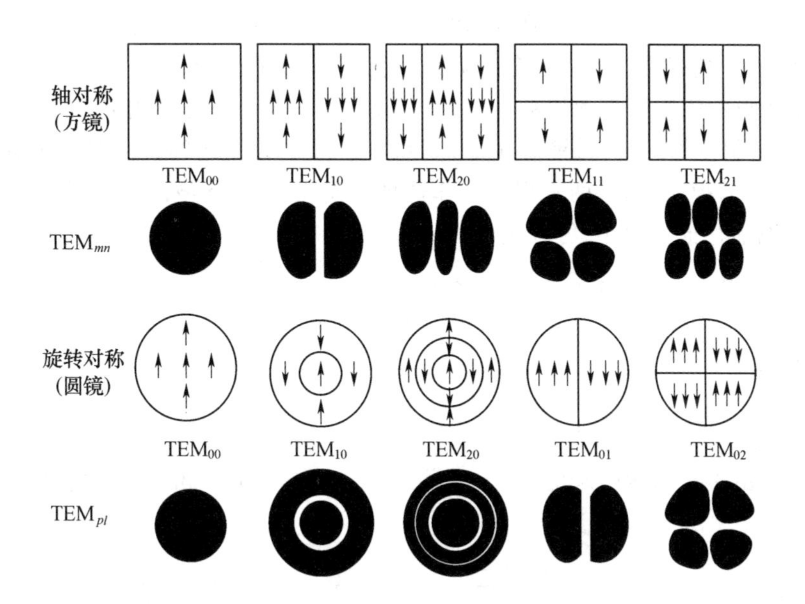

图 2-29　方形反射镜和圆形反射镜的横模图形及线偏振腔模结构

模不但振荡频率不同，在垂直于其传播方向的横向 $X-Y$ 面内的场分布也不同。

对于方形镜（轴对称情况）TEM_{mn}，m 表示 x 方向的节点数，n 表示 y 方向的节点数。对圆形镜（旋转对称情况）TEM_{pl}，p 表示径向节点数，即暗环数，l 表示角向节点数，即暗直径数。

3. 光学谐振腔的损耗、Q 值及线宽

损耗的大小是评价谐振腔的重要指标，在激光振荡过程中，光腔的损耗决定了振荡的阈值和激光的输出能量。本节将对无源（非激活）开腔的损耗作一般分析，并由此讨论表征无源腔质量的品质因数 Q 值及线宽。

1）光腔的损耗

光学开腔的损耗大致包含以下几个方面：

（1）几何损耗。根据几何光学观点，可以用近轴光线来描述激光腔内的往返传播过程。一些不平行于光轴的光线在某些几何结构的腔内经有限次往返传播后，有可能从腔的侧面偏折出去，即使平行于光轴的光线也仍然存在有偏折出腔外的可能，故称为腔的几何损耗，其大小首先取决于腔的类型和几何尺寸。其次，几何损耗的高低依据横模阶次的不同而异，可用几何光学方法估算。

（2）衍射损耗。根据波动光学观点，由于反射镜几何尺寸是有限的，因而光波在腔内往返传播时，必然因腔镜边缘的衍射效应而产生损耗。如果在腔内插入其他光学元件，还应考虑其边缘或孔径的衍射引起的损耗，通常将这类损耗称为衍射损耗，由求解腔的衍射积分方程得出，其大小与腔的菲涅耳数 $N=a^2/L\lambda$ 有关，与腔的几何参数 $g=1-(L/R)$（R 为球面反射镜曲率半径）和横模的阶数有关。对于实际激光器，反射镜是足够大的，对光束起限制作用的是工作物质的孔径，所以应取工作物质半径；若在腔内加小孔光阑，则应取光阑的半径。衍射损耗与上述因素的关系比较复杂，通常将计算结果用作图表示。

（3）腔镜反射不完全引起的损耗。它包括镜中的吸收、散射及镜的透射损耗。通常稳定腔至少有一个反射镜是部分透射的，有时透过率还可能是很高的（如某些固体激光器的输出镜透过率可能大于50%),以便获得必要的耦合输出,这部分有用损耗称为光腔的透射损耗,它与输出镜的透射率 T 有关。另一个全反射镜,其反射率也不可能做到100%。

(4) 非激活吸收散射等其他损耗。这类损耗是因为激光通过腔内光学元件(如布儒斯特窗、调Q元件、调制器等)和反射镜发生非激活吸收、散射等引起的。前两种损耗常称为选择性损耗,它随不同横模而异,后两种损耗称非选择性损耗,它与光波的模式无关。

为了定量地描述损耗大小,可以定义"平均单程损耗因子"δ。设初始光强为 I_0,在腔内往返一周后,光强衰减为

$$I = I_0 e^{-2\delta} \tag{2-19}$$

则平均单程损耗为

$$\delta = \frac{1}{2}\ln\frac{I_0}{I} \tag{2-20}$$

如果损耗是由多种因素引起的(如上所述),每一种损耗可用相应的损耗因子 δ_i 来描述,则总损耗为

$$\delta = \sum_i \delta_i = \delta_1 + \delta_2 + \cdots \tag{2-21}$$

表示总损耗因子为各相应损耗因子的总和。

2) 光子的平均寿命

由式(2-19)可求出光在腔内经 m 次往返传播后光强将由 I_0 衰减为

$$I_m = I_0 e^{-2\delta m} \tag{2-22}$$

如果 $t=0$ 时刻的光强为 I_0,则 t 时刻光在腔内往返次数为

$$m = \frac{t}{2L'/c} \tag{2-23}$$

式中:L 为腔的光学长度;c 为真空中的光速。

将式(2-23)代入式(2-22),即可得 t 时刻的光强为

$$I(t) = I_0 e^{-t/\tau_R} \tag{2-24}$$

其中

$$\tau_R = \frac{L'}{\delta c} \tag{2-25}$$

称为光在腔内的平均寿命,简称光子寿命,亦称为腔的时间常数,是描述光腔性质的一个重要参数。从式(2-24)中可以看出,当 $t=\tau_R$ 时

$$I(t) = I_0/e \tag{2-26}$$

由此可知,τ_R 即为腔内的光强衰减为初始值的1/e所需要的时间。由式(2-24)看出,腔损耗 δ 越大,则 τ_R 越小,腔内光强衰减越快。

由于总损耗 δ 可表示成式(2-21),于是有

$$\frac{1}{\tau_R} = \sum_i \frac{1}{\tau_{R_i}} = \frac{1}{\tau_{R_1}} + \frac{1}{\tau_{R_2}} + \cdots \tag{2-27}$$

式中:$\tau_{R_i} = \dfrac{L'}{\delta_i c}$,为单程损耗因子所决定的光子寿命。

3) 无源腔的 Q 值

在无线电电子学的 LC 振荡回路中,微波谐振腔通常可用品质因数 Q 来衡量腔的损耗大

小。在光学谐振腔中也可使用 Q 值来表征腔或系统的特性。谐振腔 Q 值可普遍定义为

$$Q = 2\pi\nu \frac{\text{腔内储藏的能量}}{\text{单位时间损耗的能量}} \tag{2-28}$$

式中：ν 为腔内电磁场的振荡频率。

设腔内储藏的能量为 W，单位时间内损耗的能量为 $-\mathrm{d}W/\mathrm{d}t$，所以式(2-27)可表示为

$$Q = 2\pi\nu \frac{W}{-\mathrm{d}W/\mathrm{d}t} \tag{2-29}$$

由式(2-29)得到腔内光能量的衰减规律为

$$W = W_0 \mathrm{e}^{-2\pi\nu t/Q} \tag{2-30}$$

式中：W_0 为腔内储藏的初始光能量，等于光子的初始数目乘以每个光子的能量，显然当

$$t = \frac{Q}{2\pi\nu} = \tau_{\mathrm{R}} \tag{2-31}$$

时，由式(2-30)可看出，腔内能量减少为初始值的 1/e，这段时间就是光子在腔内的生存时间 τ_{R}，即光子在腔内的平均寿命。所以，光频谐振腔 Q 值的一般表示式，由式(2-30)可得

$$Q = 2\pi\nu\tau_{\mathrm{R}} = 2\pi\nu \frac{L'}{\delta c} \tag{2-32}$$

由此式可看出，腔的损耗越小则 Q 值越高。

当腔内存在多种损耗时，总的 Q 值为

$$\frac{1}{Q} = \frac{1}{Q_1} + \frac{1}{Q_2} + \cdots = \sum_i \frac{1}{Q_i} \tag{2-33}$$

其中

$$Q_i = 2\pi\nu\tau_{\mathrm{R}_i} = \omega \frac{L'}{\delta_i c} \tag{2-34}$$

为由单程损耗 δ_i 所决定的品质因数。

4) 无源腔的线宽

由式(2-24)知腔内光强为

$$I(t) = I_0 \mathrm{e}^{-t/\tau_{\mathrm{R}}} \tag{2-35}$$

式(2-35)所描述的光场的振幅为

$$A(t) = A_0 \mathrm{e}^{-t/2\tau_{\mathrm{R}}}$$

所以，光场可表示为

$$u(t) = A(t)\mathrm{e}^{-\mathrm{i}\omega t} = A_0 \mathrm{e}^{-t/2\tau_{\mathrm{R}}} \cdot \mathrm{e}^{-\mathrm{i}\omega t} \tag{2-36}$$

由傅里叶分析可知，形如式(2-34)所表征的衰减光场将具有有限的频谱宽度，即

$$\Delta\nu_{\mathrm{R}} = \frac{1}{2\pi\tau_{\mathrm{R}}} = \frac{c\delta}{2\pi L'} \tag{2-37}$$

$\Delta\nu_{\mathrm{c}}$ 称为无源腔的线宽，即在图 2-27 中表示的每一个纵模的谱线宽度。由式(2-37)可知，腔的损耗越低，光子在腔内的寿命越长，模式谱线宽度 $\Delta\nu_{\mathrm{R}}$ 也将越窄。

将式(2-35)代入式(2-31)可得

$$Q = \frac{\nu}{\Delta\nu_{\mathrm{R}}} \tag{2-38}$$

它表明无源腔 Q 值等于谐振腔振荡频率和线宽的比值。需要指出的是，一般谐振腔(有

源或无源)都满足式(2-38)。

总之,腔的品质因数Q值是衡量腔质量的一个重要的物理量,它表征腔的储能及损耗特性。Q值高意味着腔的储能性好,损耗小,腔内光子寿命长,线宽$\Delta\nu_R$窄。同时,Q值对激光器的阈值特性、输出特性和频率响应特性都有重要影响,设计腔时,应当综合各种因素全面考虑。

4. 光学谐振腔的几何光学分析

对于菲涅耳数很大、衍射损耗很小的光腔,可用几何光学方法来分析光腔的某些问题。

利用近轴光线处理方法来讨论在各种几何结构的光腔中光线的行为。在研究中,用矩阵方法处理光线在光腔中的传播将会简便而有效。将会看到,光腔的稳定性可由某个矩阵的性质来确定,并给出腔的稳定性条件。在讨论光腔之前,首先讨论近轴光线通过各种光学元件的传播矩阵。

1) 光线传播矩阵

光线传播矩阵法是一种用矩阵的形式表示光线传播和变换的方法。它以几何光学为基础,主要用于描述几何光线通过近轴光学元件(如透镜、球面反射镜)及波导的传播和变换,用来处理激光束的传播、光学谐振腔等问题。光线在自由空间或光学系统中传播,通过垂直于光轴给定参考面($z=$常数,系统对z轴是对称的,只需考虑x方向)的近轴光线的特性,可用两个参数来表示:光线离轴距离$x(z)$以及光线与轴的夹角θ的斜率$x'(z)$。我们把这两个参数构成一个列阵,各种光学元件或光学系统对光线的变换作用可用一个2行2列的方阵来表示(见表2-5),而变换后的光线参数可写成方阵与列阵乘积的形式。在近轴光线情况下,光线与轴的夹角是非常小的,所以角度的正弦和正切值,均可用角度的弧度值来代替。则$\tan\theta\sim\sin\theta\sim\theta$总是满足的,所以光线参量角度$\theta$就近似等于光线的斜率$x'=\mathrm{d}x(z)/\mathrm{d}z$,在这里规定$x$(光线离轴距离)在轴线上方为正、下方为负。光线入射方向指向轴线上方时θ为正,反之为负,光线出射方向指向轴线上方为正,下方为负。

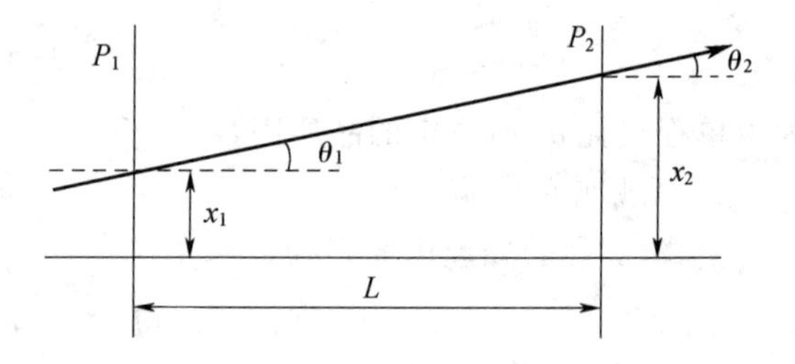

图2-30 近轴光线通过长度L均匀介质的传播

分析近轴光线在自由空间通过距离L上的传播特性,如图2-30所示。假定光线从入射参考面出发,其初始坐标参数为x_1(离轴距离)和θ_1(光线对光轴的夹角),传播到出射参考面P_2的光束参数为x_2和θ_2。它们之间的关系为

$$\begin{cases}x_2=1\cdot x_1+L\cdot\theta_1\\\theta_2=0\cdot x_1+1\cdot\theta_1\end{cases}\tag{2-39}$$

这个方程可以写成矩阵的形式,即

$$\begin{bmatrix}x_2\\\theta_2\end{bmatrix}=\begin{bmatrix}1&L\\0&1\end{bmatrix}\begin{bmatrix}x_1\\\theta_1\end{bmatrix}=\boldsymbol{M}(L)\begin{bmatrix}x_1\\\theta_1\end{bmatrix}\tag{2-40}$$

即任一光线的坐标用一个列矩阵$\begin{bmatrix}x\\\theta\end{bmatrix}$来表示,而用一个$2\times2$方阵

$$\boldsymbol{M}(L)=\begin{bmatrix}1&L\\0&1\end{bmatrix}$$

来描述光线在自由空间中传播距离 L 时所引起的坐标变换。

表 2-5　一些光学元件的传播矩阵

光学元件类型	几何结构图	光线传播矩阵(ABCD 矩阵)
距离为 L 的自由空间 $\eta=1$	L	$\begin{bmatrix}1 & L\\0 & 1\end{bmatrix}$
界面折射(折射率分别为 η_1,η_2)	η_1　η_2	$\begin{bmatrix}1 & 0\\0 & \frac{\eta_1}{\eta_2}\end{bmatrix}$
折射率 η,长 L 的均匀介质	η　L	$\begin{bmatrix}1 & \frac{L}{\eta}\\0 & 1\end{bmatrix}$
薄透镜(焦距 f)	f	$\begin{bmatrix}1 & 0\\-\frac{1}{f} & 1\end{bmatrix}$
球面反射镜(曲率半径 R)	R	$\begin{bmatrix}1 & 0\\\frac{2}{R} & 1\end{bmatrix}$
球面折射	η_1　R　η_2	$\begin{bmatrix}1 & 0\\\frac{\eta_2-\eta_1}{\eta_2 R} & \frac{\eta_1}{\eta_2}\end{bmatrix}$
厚透镜	H_1　H_2　η_1　η_2　η_1　h_1　L　h_2	$\begin{bmatrix}1-\frac{h_2}{f} & h_1+h_2-\frac{h_1h_2}{f}\\-\frac{1}{f} & 1-\frac{h_1}{f}\end{bmatrix}$
热透镜	η　L	$\begin{bmatrix}1+\gamma L^2 & \frac{L}{\eta_0}\\2\gamma\eta_0 L & 1+\gamma L^2\end{bmatrix}$ $\eta=\eta_0(1+\gamma r^2)$
平面反射镜		$\begin{bmatrix}1 & 0\\0 & 1\end{bmatrix}$
直角全反射棱镜	η　d	$\begin{bmatrix}1 & -\frac{2d}{\eta}\\0 & -1\end{bmatrix}$
猫眼反射镜	f　f　f	$\begin{bmatrix}-1 & 0\\0 & -1\end{bmatrix}$

2) 共轴球面腔的稳定条件

如果激光束在共轴球面腔内经多次往返反射后,其位置仍"紧靠"光轴,那么该光腔是稳定的;如果光束从腔镜面横向"逸出"反射镜之外,那么该光腔是不稳定的。由曲率半径不等的球面镜组成的激光谐振腔是一个典型例子,它可以分稳定的和不稳定的两种。对于稳定序列,光束是有界的,即当传播矩阵 $\boldsymbol{M}^n$ 的各矩阵元取有限的实数时,近轴光线在腔内往返进行无限多次后,不会横向逸出腔外。对于不稳定序列,方程中的三角函数变成双曲线函数,这表明光束

通过序列时将越来越发散,光束是无界的。因此稳定性条件为当迹$(A+D)$满足不等式

$$-1<\frac{1}{2}(A+D)<1 \tag{2-41}$$

时,序列是稳定的。将A和D代入式(2-41),可得

$$0<\left(1-\frac{L}{R_1}\right)\left(1-\frac{L}{R_2}\right)<1 \tag{2-42}$$

上面的分析适用于腔长为L,反射镜曲率半径分别为R_1和R_2所构成的光学谐振腔。现引入两个表示谐振腔几何参数的因子,即

$$g_1=\left(1-\frac{L}{R_1}\right),\ g_2=\left(1-\frac{L}{R_2}\right) \tag{2-43}$$

将式(2-43)的几何参数因子代入式(2-42)可得

$$0<g_1g_2<1 \tag{2-44}$$

式(2-42)或式(2-44)称为共轴球面腔的稳定性条件。式中,当凹面镜向着腔内时,R取正值,而当凸面镜向着腔内时,R取负值。

从上述分析可知,当腔的几何参数满足稳定性条件时,腔内近轴光束经往返无限多次而不会横向逸出腔外,即没有几何偏折损耗,就称谐振腔处于稳定工作状态,称为稳定腔,其特点是横向逸出损耗可以忽略。反之,如果条件式(2-44)不满足,即

$$\begin{cases} g_1\cdot g_2>1,\text{即}\frac{1}{2}(A+D)>1 \\ g_1\cdot g_2<0,\text{即}\frac{1}{2}(A+D)<-1 \end{cases} \tag{2-45}$$

则腔内任何近轴光束在往返有限多次后会横向偏折腔外,从几何上看必定是高损耗的,这种谐振腔处于非稳定工作状态,称为非稳定腔。当然,不是说这类腔不能稳定工作,而是指这类腔损耗大而已,在有些高增益激光器中仍需应用。

满足条件

$$\begin{cases} g_1\cdot g_2=1,\text{即}\frac{1}{2}(A+D)=1 \\ g_1\cdot g_2=0,\text{即}\frac{1}{2}(A+D)=-1 \end{cases} \tag{2-46}$$

的共轴球面腔称为临界腔(或介稳腔)。临界腔是一种特殊类型的谐振腔,如对称共焦腔、平行平面腔和共心腔,其性质介于稳定腔与非稳定腔之间,它们在谐振腔的理论研究和实际应用中,均具有重要的意义。

从上面的结果可以看,$\frac{1}{2}(A+D)$对于一定几何结构的球面腔是一个不变量,与光线的初始坐标、出发位置及往返一次的顺序都无关。所以共轴球面腔的稳定条件式(2-42)是普遍公式。

3) 稳定图

稳定条件式(2-42)常常可以根据$0<g_1\cdot g_2<1$条件用作图方式表示。当$g_1g_2=1$时,以g_1为横坐标,g_2为纵坐标作图可得两条双曲线。图2-31所示的双曲线为谐振腔稳定的分界线。图中斜线画出的部分为稳定区域,处在这些区域的谐振腔都是稳定的,而处于其他区域,这种腔则是不稳定的;如果刚好处于稳定区和非稳定区域边界上,$g_1\cdot g_2=0$或$g_1\cdot g_2=$

1 是临界的，这种腔称为临界腔。所以图 2－31 称为光学谐振腔的稳定图。所谓"稳定"是指把光腔看成是一个周期性的聚焦系统，那么，经过任意多次的往返，稳定腔中的光线不会横向逸出腔外（当然此光线满足近轴条件）；而非稳定腔中的光线除去极少量特殊光线外，不管其初始条件如何，都要逸出腔外。通过共心腔的坐标（－1，－1），共焦腔的坐标（0，0），平面—平面腔坐标（1，1）3 点连成的直线，表示所有对称谐振腔结构都在这一直线上。

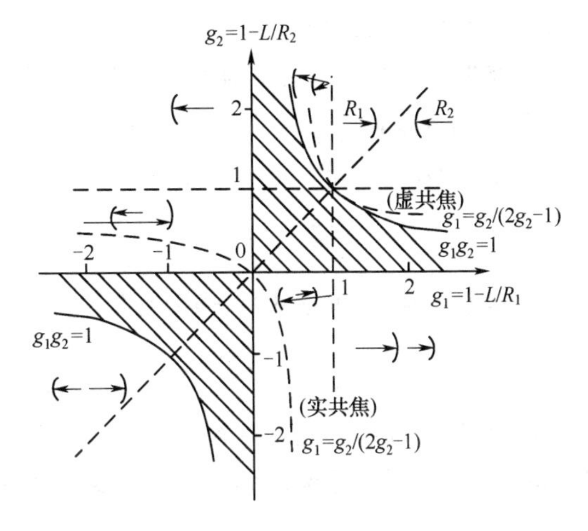

图 2－31　谐振腔的稳定性

5. 光学谐振腔的衍射理论分析

前面利用几何光学分析方法讨论了谐振腔的分类、用矩阵方法处理光线在光腔中的传播及腔的稳定性问题，但有关谐振腔模式的形式、解的存在、模式花样、衍射损耗等，只能依靠物理光学来解决。谐振腔模式理论实际上是建立在菲涅耳—基尔霍夫衍射积分及模式重现概念的基础上。这里以菲涅耳衍射中所采用的电磁辐射标量理论的观点来讨论激光腔。因为光波的发散角不大，激光腔的线度通常比辐射波长大得多，所以由光的标量衍射理论可以得到相当满意的结果。

现在采用物理光学的菲涅耳—基尔霍夫衍射积分方程，研究谐振腔内激光模式的光场分布及传播规律等。

光学中著名的惠更斯——菲涅耳（Huygens－Fresnel）原理表明：波前上每一点都可以看成是新的波源，从这些点发出子波，而空间中某一点的光场就是这些子波在该点相干叠加的结果，这是研究光衍射现象的基础，因而必然也是开腔模式的物理基础。这个理论比较精确的数学表达式是菲涅耳—基尔霍夫衍射积分方程。此方程表明，如果知道了光波场在其到达的任意空间曲面上的振幅和相位分布，就可以求出该光波场在空间其他任意位置处的振幅和相位分布。

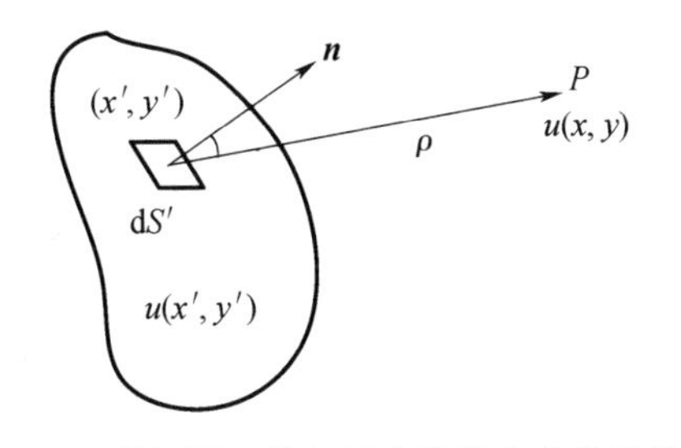

图 2－32　菲涅耳—基尔霍夫积分公式各量的意义

设已知空间某一曲面 S 上光波场的振幅和相位分布函数 $u(x',y')$，现在要求出它在空间任一观察点 P 处所产生的光场分布 $u(x,y)$，如图 2－32 所示。根据菲涅耳—基尔霍夫积分公式，观察点 P 处的场 $u(x,y)$ 可以看作曲面 S 上各子波源所发出的非均匀球面子波在 P 点振动的叠加。

其关系式为

$$u(x,y)=\frac{\mathrm{i}\boldsymbol{k}}{4\pi}\iint_S u(x',y')\frac{\mathrm{e}^{-\mathrm{i}k\rho}}{\rho}(1+\cos\theta)\mathrm{d}S' \tag{2-47}$$

式中：$\boldsymbol{k}=2\pi/\lambda$，为波矢量；$\mathrm{d}S'$ 为 S 面上点 (x',y') 处的面积元；λ 为波长；ρ 为源点 (x',y') 与观察点 (x,y) 之间连线的长度；θ 为 S 面上点 (x',y') 处法线 $\boldsymbol{n}$ 与上述连线之间的夹角。积分号下的因子 $u(x',y')\mathrm{d}s'$ 正比于子波源的强弱；因子 $\mathrm{e}^{\mathrm{i}k\rho}/\rho$ 描述球面子波，而因子 $(1+\cos\theta)$ 表

示球面子波是非均匀的。

将菲涅耳—基尔霍夫衍射积分式(2-47)应用于开腔的两个镜面上的场分布,能把镜面S_1上的场$u_1(x',y')$与镜面S_2上的场$u_2(x,y)$联系起来,于是经过q次传播而产生的场$u_{q+1}(x,y)$与产生它的场$u_q(x',y')$间应满足下列迭代关系,即

$$u_{q+1}(x,y)=\frac{ik}{4\pi}\iint_S u_q(x',y')\frac{e^{-ik\rho}}{\rho}(1+\cos\theta)dS' \tag{2-48}$$

根据上述假定,可把式(2-48)写成

$$u_{q+1}(x,y)=\frac{i}{\lambda L}\iint_{S_1} u_q(x',y')e^{-ik\rho}dS' \tag{2-49}$$

讨论对称开腔:当光波在腔内传播次数足够大时,即在稳定情况下,镜面S_1传播到镜面S_2,除了一个表示振幅衰减和相位变化复常数因子γ外,u_{q+1}应能再现u_q,即

$$\begin{cases} u_{q+1}=\dfrac{1}{\gamma}u_q \\ u_{q+2}=\dfrac{1}{\gamma}u_{q+1} & \text{当} q \text{是足够大时} \\ \cdots\cdots \end{cases} \tag{2-50}$$

式(2-50)就是模再现概念的数学表达式,式中的γ应为一个与坐标无关的复常数,将式(2-50)代入式(2-49),得

$$\begin{cases} u_q(x,y)=\gamma\dfrac{i}{\lambda L}\iint_{S_1} u_q(x',y')e^{-ik\rho}dS' \\ u_{q+1}(x,y)=\gamma\dfrac{i}{\lambda L}\iint_{S_1} u_{q+1}(x',y')e^{-ik\rho}dS' \\ \cdots\cdots \end{cases} \tag{2-51}$$

S'为腔面S_1(或S_2):式(2-51)就是两个相同腔面共振模式的积分方程,它的物理意义是:腔内可能存在着的稳定共振光波场,它们由一个腔面传播到另一个腔面的过程中虽然经受了衍射效应,但这些光波场在两个腔面处的相对振幅分布和相位分布保持不变,亦即共振光波场在腔内多次往返过程中始终保持自再现的条件。在这里以$E(x,y)$表示开腔中不受衍射影响的稳定场分布函数$u_q,u_{q+1},\cdots$,所以式(2-51)可进一步简写为以下的标准形式,即

$$E(x,y)=\gamma\iint_{S_1} K(x,y,x',y')E(x',y')dS' \tag{2-52}$$

式(2-52)就是开腔自再现模应满足的积分方程式,满足上述方程的函数E称为本征函数,常数γ称为本征值,而函数

$$K(x,y,x',y')=\frac{i}{\lambda L}e^{-ik\rho(x,y,x',y')} \tag{2-53}$$

称为积分方程的核。方程式(2-52)对于由两个相同反射镜所组成的任何光学谐振腔均适用,只是在不同的谐振腔情况(如平行平面腔、共焦腔、一般球面腔等),积分核中的$\rho(x,y,x',y')$具有不同的表示。对于对称系统,则$K(x,y,x',y')=K(x',y',x,y)$。由上述分析可知,满足式(2-52)的场分布函数$E(x,y)$就是腔的自再现模式或横模,它描述了两个镜面上的稳定态场分布。一般地说,本征函数$E(x,y)$应为复函数,它的模描述镜面上场的振幅分布;而其幅角$\arg[E(x,y)]$描述镜面上场的相位分布。

2.2.2　固体激光器的能量转换及其工作特性

一、固体激光器的能量转换

激光器的能量转换过程如图 2－33 所示。其中，图 2－33(a)所示为采用闪光灯泵浦的系统；图 2－33(b)所示为采用二极管泵浦的系统。

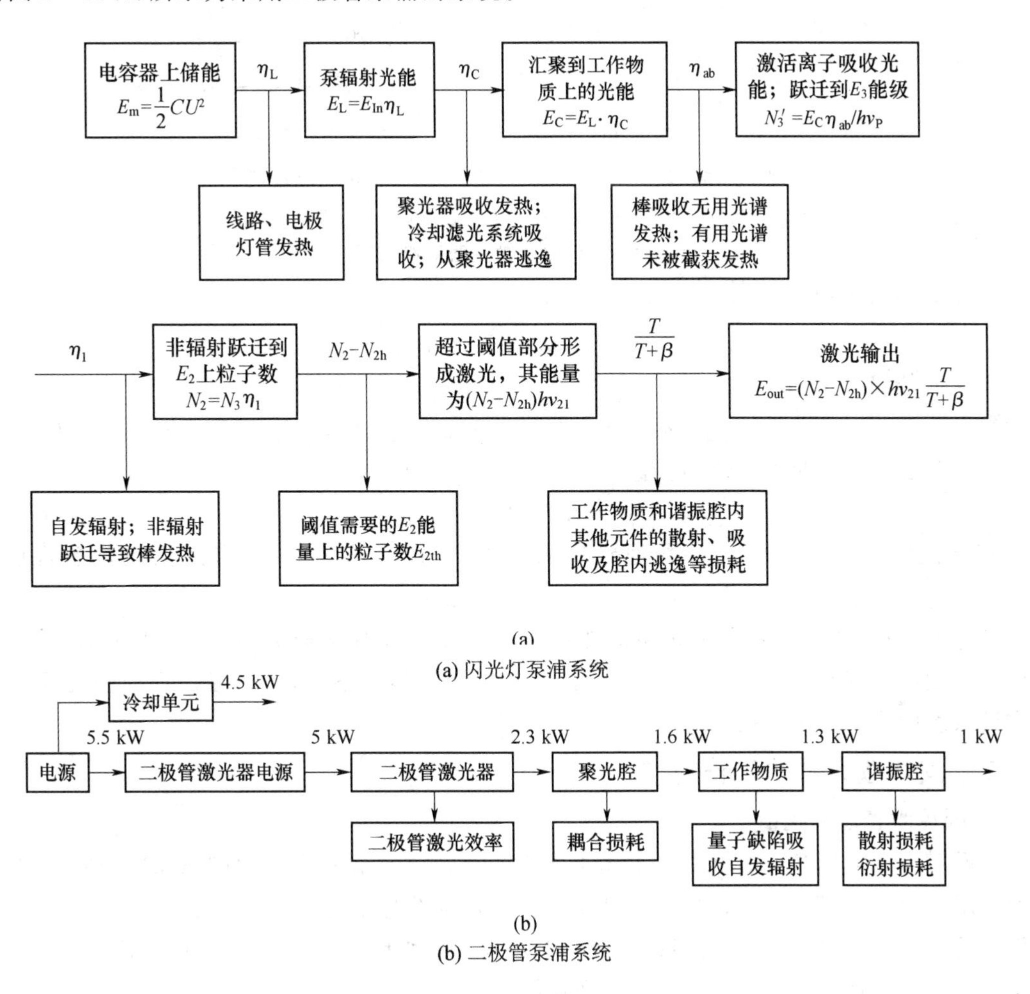

(a) 闪光灯泵浦系统

(b) 二极管泵浦系统

图 2－33　固体激光器的能量转换

η_1 为泵浦灯的电光转换效率，它与激光电源系统的结构、类型、灯的参数等有关，约为 50%。η_c 为聚光腔的聚光效率，它与聚光腔的类型、内表面反射情况、泵灯与激光棒尺寸匹配以及冷却滤光系统的光能损失等有关，约为 80%。η_{ab} 为激活离子的吸收效率，它取决于灯的发射光谱、工作物质的吸收带、工作物质的体积及激活离子浓度，约为 20%。η_0 为荧光量子效率。指粒子吸收光子到辐射光子之间的总量子效率。如图 2－34 所示，可理解为由光泵抽运到 E_3 的粒子只有一部分通过无辐射跃迁到激光上能级 E_2，而另一部分通过其他途径返回基态。到达 E_2 能级的粒子，也只有一部分发射荧光返回基态，其余粒子则通过无辐射跃迁回到基态。因此量子效率为

$$\eta_0 = \frac{发射荧光光子数}{工作物质从光泵吸收的光子数}$$

它取决于泵浦能级(E_3)向激光上能级(E_2)非辐射跃迁的概率(η_1)与 E_2 上的粒子通过自发辐射或受激辐射跃至激光下能级(E_1)的概率(η_2),即 $\eta_0 = \eta_1 \eta_2$。

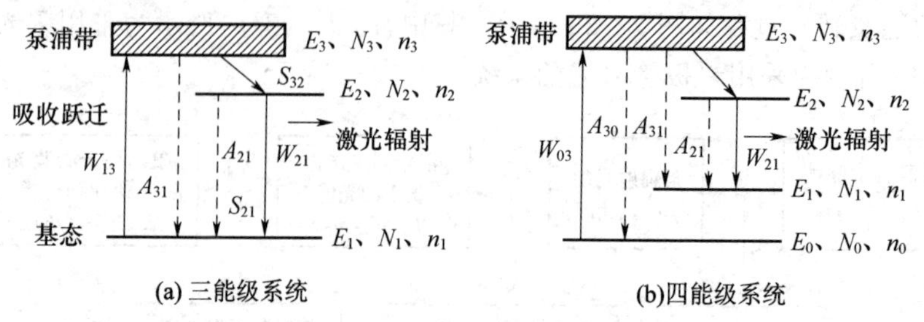

W—受激跃迁(吸收或发射)概率;A—自发跃迁概率;S—非辐射跃迁概率

图2-34 固体激光器能级简图

对于三能级系统,有

$$\eta_1 = S_{32}/(S_{32} + A_{31}) \tag{2-54}$$

对于四能级系统,有

$$\eta_1 = S_{32}/(S_{32} + A_{30} + A_{31}) \tag{2-55}$$

无论是三能级还是四能级,均有

$$\eta_2 = A_{21}/(S_{21} + A_{21}) \tag{2-56}$$

优质红宝石,η_0 可达0.7,普通红宝石为0.5,钕玻璃为0.4;掺钕钇铝石榴石接近于1。

E_{th}(P_{th})为激光上能级的阈值泵浦能量(功率),它与工作物质类型、尺寸、质量、输出镜的参数及腔损耗等因素有关。$T/(T+\beta)$为激光器的输出耦合系数,T 为输出镜的透过率,β 为光在谐振腔内往返一次的损耗率。

二、固体激光器的工作特性

1. 固体激光器的阈值

由反射率分别是 R_1、R_2 的反射镜和长度为 L 的激光工作物质构成的激光振荡器,在光泵浦的作用下,激光工作物质达到粒子数反转,激光振荡器进行光放大产生激光。反射镜和激光工作物质存在着各种损耗,只有当粒子数反转达到足够的程度,以致光在腔内往返一次得到的增益能补偿损耗时,振荡才能建立,即达到阈值。

固体激光器的腔内损耗主要有以下两种:

1) 输出镜的透射损耗(以 T 表示)

$$T = 1 - R \tag{2-57}$$

式中:R 为输出镜的反射率。

2) 工作物质的内部损耗率

$$\beta = 1 - e^{-2\alpha L} \tag{2-58}$$

式中:α 为工作物质的损耗系数,它包括工作物质本身的吸收、散射、谐振腔的失调,以及除工作物质外其他元件的吸收、散射、衍射损耗等;β 为光往返通过长度为 L 的工作物质一次的损耗率。考虑输出镜的透射损耗,则总损耗为

$$\delta=(I_0-I')/I_0=(I_0-I_0Re^{-2\alpha L})/I_0\approx T+\beta \tag{2-59}$$

光往返通过工作物质后的光强为

$$I'=I_0Re^{2(g-\alpha)L} \tag{2-60}$$

式中：g 为工作物质的小信号增益系数。若 $I'=I_0$，则光在谐振腔内刚好起振，阈值条件为

$$Re^{2(g-\alpha)L}=1 \tag{2-61}$$

对上式两边取对数，阈值增益系数为

$$g_{\text{th}}=\alpha+1/(2L)\ln(1/R) \tag{2-62}$$

振荡阈值条件常用阈值粒子数反转密度表示。由激光原理知

$$g=\Delta n\cdot\sigma_{21} \tag{2-63}$$

式中：$\Delta n=n_2-(g_2/g_1)n_1$，为反转粒子数密度；$g_l$，$g_2$ 为上、下能级的能级简并度；σ_{21} 为受激辐射截面（cm^2）。对于自然加宽的洛伦兹线型

$$\sigma_{21}=\lambda_0^2A_{21}/(4\pi^2n^2\Delta\nu) \tag{2-64}$$

对于多普勒加宽的高斯线型

$$\sigma_{21}=\lambda_0^2A_{21}(\pi\ln 2)^{1/2}/(4\pi^2n^2\Delta\nu) \tag{2-65}$$

式中：λ_0 为激光中心波长；n 为工作物质折射率；A_{21} 为自发辐射概率；$\Delta\nu$ 为荧光线宽；σ_{21} 与激光材料的特性有关。

已知阈值时

$$g_{\text{th}}=\Delta n_{\text{th}}\cdot\sigma_{21} \tag{2-66}$$

将式(2-62)代入式(2-66)，则得阈值反转粒子数密度为

$$\Delta n_{\text{th}}=g_{\text{th}}/\sigma_{21}=[\alpha+1/(2L)\ln(1/R)]/\sigma_{21} \tag{2-67}$$

当能级结构不同时，激光上能级粒子数密度（n_2）与反转粒子数之间的关系也不相同。

对于三能级系统，因 $S_{32}\gg W_{13}$，即泵浦带的非辐射跃迁概率远大于抽运概率。故可近似为 $n_3=0$，$n_{\text{tot}}=n_1+n_2$（n_{tot} 为工作物质的激活离子浓度），则

$$n_2=[(g_2/g_1)n_{\text{tot}}+\Delta n]/(1+g_2/g_1) \tag{2-68}$$

令 $\Delta n=\Delta n_{\text{th}}$，激光上能级的阈值粒子数密度为

$$n_{2\text{th}}=[(g_2/g_1)n_{\text{tot}}+\Delta n_{\text{th}}]/(1+g_2/g_1) \tag{2-69}$$

当 $g_1=g_2$ 时，式(2-69)为

$$n_{2\text{th}}=(n_{\text{tot}}+\Delta n_{\text{th}})/2 \tag{2-70}$$

实际上由 $\Delta n_{\text{th}}\ll n_{\text{tot}}$，则 $n_{2\text{th}}\approx n_{\text{tot}}/2$。由此可见在三能级系统中，若要达到阈值，须将总激活离子数一半以上的粒子泵浦至激光上能级。

对于四能级系统，粒子在 E_2 上寿命很短，为 $10^{-8}\text{s}\sim10^{-7}\text{s}$，$E_2$ 跃迁至 E_1 的粒子很快就通过无辐射跃迁回到基态，即 S_{10} 很大，$n_1\approx0$，所以

$$\Delta n=n_2-(g_2/g_1)n_1\approx n_2$$

$$n_{2\text{th}}=\Delta n_{\text{th}}=[\alpha+1/(2L)\ln(1/R)]/\sigma_{21} \tag{2-71}$$

根据阈值时上能级粒子数密度，求得脉冲与连续工作（包括长脉冲器件）时阈值功率与阈值能量表达式。

对于短脉冲器件，泵浦时间通常小于荧光寿命，在泵浦期间可忽略自发辐射。当输入电能为 E_{in} 时，根据上述的能量转换过程，得 E_2 上粒子数密度为

$$n_2=(E_{\text{in}}/V_{\text{R}})\eta_{\text{L}}\eta_{\text{c}}\eta_{\text{ab}}\eta_0/(h\nu_{13}) \tag{2-72}$$

式中:V_R 为工作物质的体积。在阈值时需输入的能量为

$$E_{th}=n_{2th}V_R h\nu_{13}/(\eta_L\eta_c\eta_{ab}\eta_0) \tag{2-73}$$

对于连续工作的器件或泵浦时间大于荧光寿命的长脉宽器件,自发辐射不能忽略,在单位时间内损耗的粒子数为 $n_{2th}\cdot A_{21}$。若单位时间内补充的粒子数能达到 $n_{2th}\cdot A_{21}$,则上能级上始终能保持 n_{2th}。因此补充自发辐射的输入电功率即为阈值输入功率。当输入电功率为 P_{in},单位时间泵浦至 E_2 上的粒子数密度为

$$n_2=(P_{in}/V_R)\eta_L\eta_c\eta_{ab}\eta_0/(h\nu_{13}) \tag{2-74}$$

当 $n_2=n_{2th}\cdot A_{21}$ 时,即得到阈值泵浦功率为

$$P_{th}=n_{2th}A_{21}V_R h\nu_{13}/(\eta_L\eta_c\eta_{ab}\eta_0) \tag{2-75}$$

对于三能级系统,由于 $n_{2th}\approx n_{tot}/2$,在 $t_0\ll\tau$ 的短脉冲情况下,t_0 为激光激励脉冲的宽度,τ 为荧光寿命,那么自发辐射影响可忽略不计,则可求得

$$E_{th}=h\nu_{13}n_{tot}V_R/(2\eta_F) \tag{2-76}$$

式中:$\eta_F=\eta_L\eta_c\eta_{ab}\eta_0$。式(2-76)可理解为当光泵浦脉冲很短,自发辐射可忽略不计时,如果 $\eta_F=1$,则在单位体积中,每吸收一个光子,可使 E_2 能级增加一个粒子。因此必须吸收 $n_{tot}/2$ 个光子,才能使 $n_2=n_{tot}/2$ 产生激光。

在 $t_0\gg\tau$ 的长脉冲及连续泵浦的情况下,光泵功率阈值为

$$P_{th}=h\nu_{13}n_{tot}V_R/(2\eta_F\tau) \tag{2-77}$$

式中:$\tau=1/A_{21}$。

2. 输出能量(功率)和效率

1) 输出能量

激光器的输出能量(功率)与输入能量(功率)和运行方式紧密相关。现分别讨论如下:

(1) 短脉冲激励($t_0\ll\tau$)。根据能量转换过程,泵浦至 E_2 的粒子数密度超过阈值的部分形成激光振荡,得激光输出能量为

$$\left.\begin{aligned}E_{out}&=(n_2-n_{2th})V_R h\nu_{21}T/(T+\beta)\\n_2&=(E_{in}/V_R)\eta_L\eta_c\eta_{ab}\eta_0/(h\nu_{13})\\E_{th}&=n_{2th}A_{21}V_R h\nu_{13}/(\eta_L\eta_c\eta_{ab}\eta_0)\end{aligned}\right\} \tag{2-78}$$

将式(2-72)和式(2-73)代入式(2-78)得

$$E_{out}=(E_{in}-E_{th})\eta_F\nu_{21}/\nu_P T/(T+\beta) \tag{2-79}$$

式中:ν_p 为泵浦带平均频率。式(2-79)表明,当光泵输入电能 $E_{in}<E_{th}$ 时,激光输出能量等于零;当 $E_{in}>E_{th}$ 时,输出能量 E_{out} 随 E_{in} 而增加,输出能量由超过阈值部分的输入能量转换形成。

(2) 长脉冲激励($\tau_0\gg\tau$)或连续运转长脉冲或连续运转时,输出功率用 P_{out} 表示,由于增益饱和作用上能级粒子数稳定在 n_{2th} 处,单位时间内泵浦至 n_2 的粒子除补充自发辐射的损耗外,都能产生激光,有

$$P_{out}=(n_2-n_{2th}A_{21})V_R h\nu_{21}T/(T+\beta) \tag{2-80}$$

将式(2-74)和式(2-75)代入式(2-80)得

$$P_{out}=(P_{in}-P_{th})\eta_F\nu_{21}/\nu_P T/(T+\beta) \tag{2-81}$$

可见,当光泵输入电功率 $P_{in}\ll P_{th}$ 时,激光输出功率为零;当 $P_{in}\gg P_{th}$ 时,激光输出功率随光泵功率的增加而增加。

图 2-35 所示为连续 Nd:YAG 激光器在不同棒长、不同腔长和不同透过率下测得的结果。在直线的起始和最后部分均有弯曲，因为输入超过阈值较少时，激光棒中只有部分起振，输出随输入变化较缓慢。当输入较高时，激光棒发热严重，使 η_0 和 σ_{21} 下降，棒内损耗增加，阈值上升，输出出现饱和现象。如果输入进一步提高，可引起输出下降，甚至停止工作。

图 2-36(a)表示输出镜反射率不同时，测出的红宝石脉冲激光器的输出特性。图 2-36(b)所示为对不同质量的钕玻璃激光器测得的输出特性。

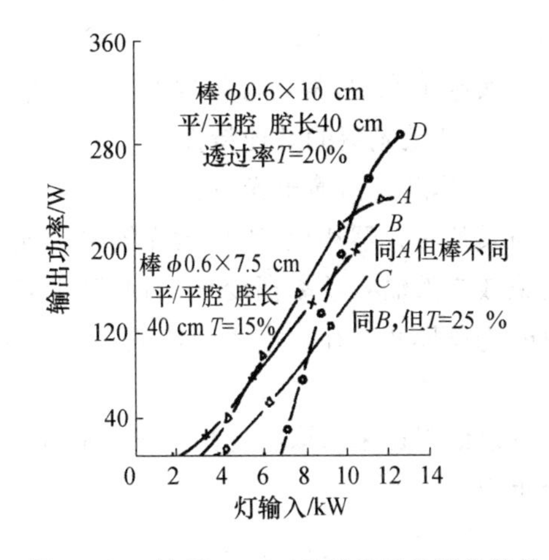

图 2-35　连续 Nd:YAG 激光器的输出特性

2）效率

(1) 斜率效率(η_s)。令式(2-79)中

$$\eta_s = \eta_L \eta_c \eta_{ab} \eta_0 \nu_{21} / \nu_p T/(T+\beta) \tag{2-82}$$

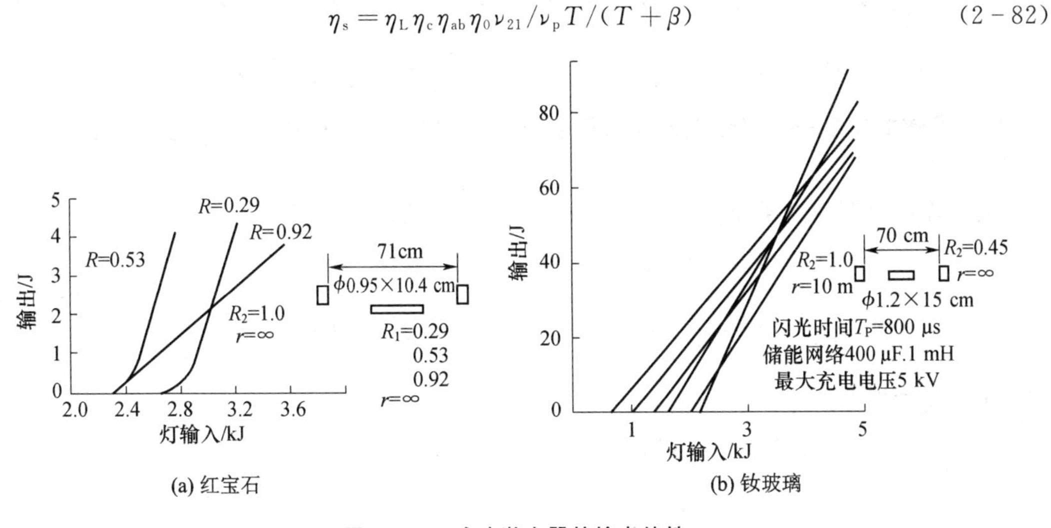

图 2-36　脉冲激光器的输出特性

则式(2-79)、式(2-80)分别变为

$$E_{out} = (E_{in} - E_{th})\eta_s,\ P_{out} = (P_{in} - P_{th})\eta_s \tag{2-83}$$

若 η_s 和 $E_{th}(P_{th})$不变，则 $E_{out}(P_{out})$与 $E_{in}(P_{in})$呈线性关系，η_s 为直线的斜率。它表示输出随输入而变化的速率，称斜率效率。η_s 代表了各种效率的乘积，与输入无关。

从式(2-83)可以看出

$$\eta_s = E_{out}/(E_{in} - E_{th})$$
$$\eta_s = P_{out}/(P_{in} - P_{th}) \tag{2-84}$$

因此，斜率效率可以视为超过阈值部分的输入电能转换为激光输出的效率。

(2) 总体效率(绝对效率 η_{tot})。总体效率为输出与输入之比，即

$$\eta_{tot} = E_{out}/E_{in} = (1 - E_{th}/E_{in})\eta_s$$

$$\eta_{tot}=P_{out}/P_{in}=(1-P_{th}/P_{in})\eta_s \tag{2-85}$$

在实际工作中,常用总体效率 η_{tot} 来衡量器件。

3. 固体激光器的其他特性

1) 固体激光器输出光束特性

与其他激光器相比,固体激光器输出光束具有以下基本特性:首先,固体激光器工作物质热透镜效应随输入功率而变化,引起输出光束参量随输入功率而变化;其次,由于其基模高斯光束的光斑尺寸往往远小于固体激光工作物质的横向尺寸,因此固体激光器往往工作于多模状态。

可以证明在未采取特殊措施的前提下,多模激光器中各横模间是不相干的,则输出光束光强分布为

$$I(r,t)=\sum_{m,n}I_{m,n}(r,t)=I_0\sum_{m,n}|C_{m,n}|^2|U_{m,n}(r,t)|^2 \tag{2-86}$$

式中:$I_{m,n}(r,t)$为(m,n)阶横模的光强分布;I_0 为归一化系数;$C_{m,n}$ 为第(m,n)阶横模的权重系数;$U_{m,n}(r,t)$则为第(m,n)阶横模的归一化光场分布。要完整地掌握输出光束的特性,必须求出所有 $C_{m,n}$,而这往往是非常困难甚至是不可能的。实际工作中往往只对光束的总体特性感兴趣,这时采用 M^2 参数进行分析是非常方便的。M^2 参数可表示为

$$M^2=\frac{\text{实际光束的腰斑}\times\text{实际光束的远场发散角}}{\text{基模高斯光束的腰斑}\times\text{基模高斯光束的远场发散角} } \tag{2-87}$$

M^2 参数描述了一束实际光束偏离衍射发散极限的程度,被认为在一定程度上表述光束质量。

对于光场分布为高斯分布的稳定谐振腔,光束的远场发散角为

$$\begin{cases}\theta_x^2=\sum\limits_{m,n}|C_{m,n}|^2(2m+1)\theta_{x\mathrm{TEM}_{00}}^2=M_x^2\theta_{x\mathrm{TEM}_{00}}^2\\ \theta_y^2=\sum\limits_{m,n}|C_{m,n}|^2(2m+1)\theta_{y\mathrm{TEM}_{00}}^2=M_y^2\theta_{y\mathrm{TEM}_{00}}^2\end{cases} \tag{2-88}$$

而光束的光斑半径则为

$$\begin{cases}\omega_x^2(z)=\sum\limits_{m,n}|C_{m,n}|^2(2m+1)\omega_{x\mathrm{TEM}_{00}}^2=M_x^2\omega_{x\mathrm{TEM}_{00}}^2\\ \omega_y^2(z)=\sum\limits_{m,n}|C_{m,n}|^2(2m+1)\omega_{y\mathrm{TEM}_{00}}^2=M_y^2\omega_{y\mathrm{TEM}_{00}}^2\end{cases} \tag{2-89}$$

式中:θ_{TEM00} 和 ω_{TEM00} 为该谐振腔的基模光参量。

由此可见,只要求出基模高斯光束的参量,并实际测得 M^2 参数,则实际光束的参量即可完全确定,而有关 M^2 参数的测量可利用专用仪器完成。

2) 固体激光器光谱特性

激光器工作的频率成分主要取决于工作物质发光特性、谐振腔、激励程度及温度等因素。固体激光器通常是多纵模运转。

一般固体工作物质增益高,荧光谱线较宽,能满足阈值条件的谐振频率成分多,因而输出的纵模数目多。

固体工作物质具有空间烧孔效应。假定第一振荡模起振形成驻波场,波腹处因能量密度最大,因而受激辐射最大,则消耗的反转粒子数多。而在波节处因能量密度最小,则受激辐射

最小，因而反转粒子数消耗较少。由于固体工作物质中粒子间能量转换过程慢（约 10^{-4} s），使得波节处有较多的反转粒子数，而波腹处反转粒子数较少，此现象称为反转粒子数的空间烧孔。故此，其他纵模也可形成振荡。

3）固体激光器的偏振特性

固体激光器输出光束的偏振特性主要取决于工作物质的种类、质量及运行状态。60°、90°红宝石和 YAP 等工作物质是各向异性晶体，产生的激光具有明显的偏振性。YAG 及钕玻璃等各向同性的工作物质，由于工作物质内部的缺陷和工作过程热效应，导致应力双折射，使得激光输出具有部分偏振特性。

2.2.3　Nd:YAG 激光器

Nd:YAG 是立方晶体，基质很硬，光学质量好，热导率高，阈值较低；可用于连续波运转的中低功率小型化器件，也可用于高能量的侧泵脉冲激光器件；既可输出多纵模、宽谱线，也可输出单纵模、窄线宽。自 Geusic 等首次报道 Nd:YAG 激光器成功运转以来，人们从单根棒获得的连续输出功率已由最初的不足 1 W 上升到目前的几千瓦。已有大量文献资料对 Nd:YAG 激光器的工作原理进行了详细介绍，这里不再赘述。

基于对 1.064 μm 基频光进行倍频获得大功率绿光激光输出是目前 Nd:YAG 激光器的研究热点。20 世纪 90 年代初，全固态连续绿光输出最高水平在几百毫瓦，如 D. C. Gerstenberger 等于 1991 年在激光二极管泵浦的连续单频 Nd:YAG 激光器上有效地进行了二次谐波转换，获得了 200 mW 单频绿光输出，其基频光到倍频光之间的转换效率达到 65%。1995 年，美国 Lightwave 公司用 LD 泵浦 Nd:YAG、KTP 腔内倍频获得了 2 W 连续绿光输出。Dirk Golla 等开展了侧面泵浦连续 Nd:YAG 激光器的研究，并在 1.064 μm 波段获得了多模运转连续输出能量高于 320 W 的激光，同时也进行了激光倍频的研究。

20 世纪 80 年代末期，国内也相继开展了这方面的研究工作，而且近些年研究十分活跃。目前固体激光器件的研究已被列入国家 863 高技术研究发展计划，并成为国家自然科学基金委员会光学与光电子学学科的热点研究领域和资助项目。中国科学院物理所、长春光机所、山东大学、清华大学、天津大学、西安光机所、上海光机所、西北大学等单位先后开展了这方面的研究，并取得了显著的研究成果。

随着半导体工业的迅速发展，目前国际上单条连续输出功率为 20 W 的二极管阵列已商品化，为采用二极管泵浦的方式获得高平均功率的脉冲绿光输出奠定了良好的基础。二极管泵浦的高平均功率倍频固体激光器由于具有寿命长、可靠性高、耗能小等优势，而成为国内外竞相开展研究的热点。

1998 年，Jim J. Chang 等研制出二极管泵浦 Nd:YAG 激光器，得到了 451 W 连续 1.064 μm 的激光，通过 LBO 腔内倍频获得了 182 W 的脉冲绿光输出，不久该小组又报道获得了 315 W 的脉冲绿光，成为有史以来报道的最高输出功率的绿光激光器。

在国内，华北光电技术研究所、长春光学精密机械与物理研究所、天津大学等多家科研院所开展了基于 LD 泵浦 Nd:YAG 激光器的实验研究。2009 年，西北大学光子学与光子技术研究所设计了双棒串接、双声光调 Q 的 Z 型谐振腔结构，在总泵浦功率为 1 080 W，声光调 Q 重复频率为 10 kHz 时，获得了 532 nm 的绿光，最大平均输出功率为 174.1 W，脉冲宽度为 160 ns，光—光转换效率为 16.1%，光束质量因子 $M_x^2=9.63$，$M_y^2=9.78$。

2.2.4 $Nd:GdVO_4$ 激光器

一、$Nd:GdVO_4$ 激光器研究进展

Zagumennyi 等于 1992 年发明的 $Nd:GdVO_4$ 晶体是四方体,其 3 个主要发射波长为 1.063 μm、0.912 μm 和 1.341 μm。作为激光工作物质,$Nd:GdVO_4$ 单晶的主要优点是:在其激光输出波长有较大的受激发射截面;泵浦波长有较高的吸收系数和较宽的吸收带宽,对泵浦波长的依赖性小;有良好的导热性能;低激光阈值,高激光输出斜率效率;高的激光损伤阈值;激光输出偏振性好。$Nd:GdVO_4$ 晶体作为近几年出现的一种新型激光晶体,因其众多的优异特性而成为 LD 泵浦高功率激光器较理想的工作物质,获得众多国内外研究激光的科学家的青睐。

2004 年,Nicolaie Pavel 等采用端面泵浦 $Nd:GdVO_4/MgO:LiNbO_3$,获得了 1.38 W 连续绿光输出;2005 年,该小组利用 $Nd:GdVO_4$/LBO 激光器获得了 5.1 W 连续绿光激光输出。在国内,关于 $Nd:GdVO_4$ 绿光激光器的研究也十分活跃。2000 年,山东大学刘均海等利用 $Nd:GdVO_4$ 腔内倍频 KTP 获得了 3.6 W 连续绿光输出;2001 年,该小组又研制出 $Nd:GdVO_4$/KTP 调 Q 激光器,实现 3.05 W 脉冲绿光,重复频率为 40 kHz,光光转化率为 18.4%;同年,山东大学刘杰等研制出的 $Nd:GdVO_4$/KTP 调 Q 激光器,实现了 3.75 W 脉冲绿光,重复频率为 50 kHz,光光转化率为 20%。2004 年,山东大学侯学元等研制了 LD 泵浦 $Nd:GdVO_4$ 腔内倍频 KTP 连续绿光激光器,最大输出功率为 1.8 W。

二、LD 泵浦 $Nd:GdVO_4$/KTP 全固态绿光激光器实例

2007 年,西北大学采用 LD 泵浦 $Nd:GdVO_4$ 晶体、非线性 KTP 晶体作为倍频晶体,采用 Ⅱ 类相位匹配,得到连续绿光输出。LD 泵浦 $Nd:GdVO_4$/KTP 全固态绿光激光器结构如图 2-37 所示。

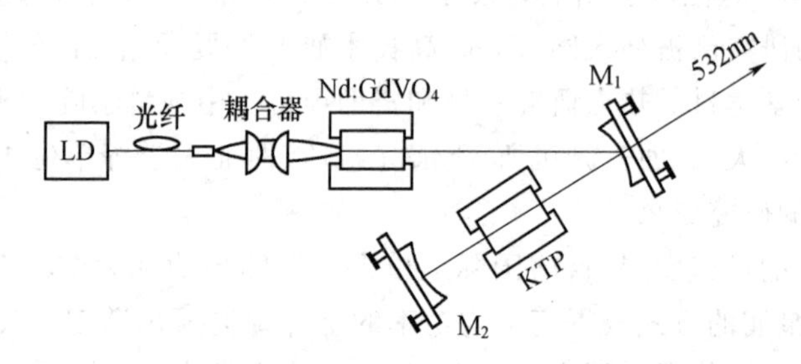

图 2-37 LD 泵浦 $Nd:GdVO_4$/KTP 全固态绿光激光器示意图

1. 泵浦方式选择

采用端面泵浦的方式,泵浦光可以被有效地耦合进入激活介质的 TEM_{00} 模体积内,易于实现泵浦光与振荡光的空间模式匹配,从而大大提高了激光器的转换效率,同时有利于产生较好的激光横模。

2. 谐振腔设计

在固体激光器中,光学谐振腔是实现正反馈、选模和耦合输出的器件,直接关系到激光的输出功率、模式特性、稳定性和光束质量。

近年来,由 LD 端面泵浦的全固态激光器大多采用了 V 形折叠腔结构。与直腔结构相

比，其模参数调整灵活及腔内有效空间大，在腔内倍频可以有效地降低阈值，缩短激光器的长度，并且易于在折叠短臂中产生小的束腰，以利于在此放置倍频晶体，提高基频光的利用率，有效地实现倍频转换。本节用图解的方法对图 2-38(a)所示 V 形腔作了较为深入的热动力分析，对选择合理的谐振腔结构、优化腔型设计具有一定的指导意义。

图 2-38 (b)中给出了这种 V 形腔的等效光路。为了使分析简化，这里忽略了像散作用。因而可用一个单一焦距值的透镜 F 等效折叠镜 M，将激光介质等效为一个紧贴于平面镜 M_1 的薄的热透镜 F_t，其焦距值随光泵浦功率的增大，在∞～10 cm 内变化。因此，其工作特性要求谐振腔的热动力参数 $1/f_t$ 能够大幅度地变化。

根据传播圆变换理论，在图 2-39 中示出了热透镜 F_t 的焦距为不同值时，M_1 镜的 σ_1 传播圆的“像圆”σ'_{1a}，σ'_{1b}，σ'_{1c}，σ'_{1d}，…，这些“像圆”σ'_1 再经过透镜 F 后继续转变为它们的“像圆”σ''_{1a}，σ''_{1b}，σ''_{1c}，σ''_{1d}，…。由这些“像圆”σ''_1 与 M_2 镜（曲率半径为 R_2）的传播圆 σ_2（直径为 R_2）的相对位置和相交关系可以得到 FM_2 腔臂中的光模特性。

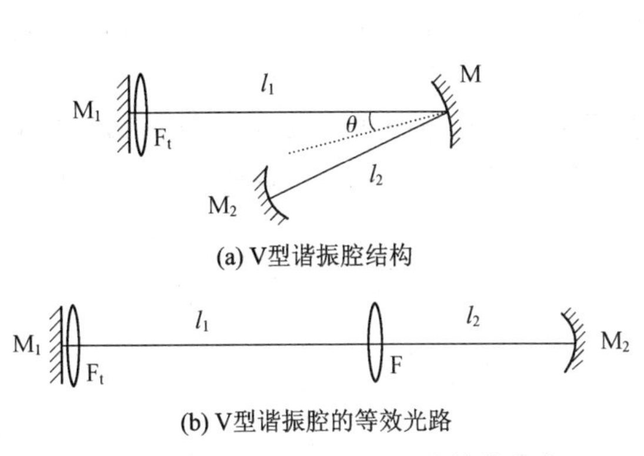

图 2-38　V 形谐振腔结构及其等效光路

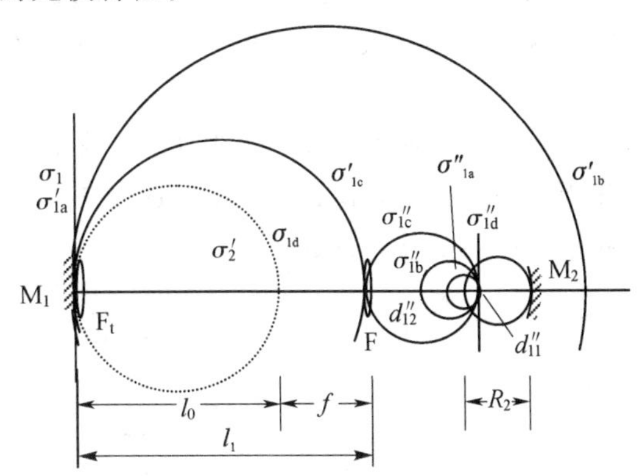

图 2-39　V 形激光腔的图解分析

根据模像理论，传播圆经过透镜变换时，满足以下关系，即

$$\frac{1}{d}+\frac{1}{d'}=\frac{1}{f},\frac{1}{d+R}+\frac{1}{d'-R'}=\frac{1}{f} \tag{2-90}$$

式中：d 和 d' 分别为“物”波面与“像”波面，这与光轴的交点离薄透镜的距离（波面与传播圆的关系见文献[16]），前者在透镜的左侧为正值，后者在透镜的右侧为正值，否则为负值；R 与 R' 分别为“物”波面与“像”波面的曲率半径。

根据图 2-39 中的位置关系，可以求得平面镜 M_1 的波面传播圆 σ_1 经 F_t 和 F 变换后的 σ''_1 圆与光轴的交点离透镜 F 的距离为

$$d''_{12}=\frac{f(l_0+f-f_t)}{l_0-f_t} \tag{2-91}$$

式中：$l_0=l_1-f$。

由这两式可以看出，σ''_1 圆与光轴的两交点有一点固定不变，而另一点随热焦距的变化而变化。在 $f_t\rightarrow\infty$ 时，σ''_1 圆的直径为

$$R''_{1a}=\frac{f^2}{l_0} \tag{2-92}$$

依据谐振腔内存在稳定高斯光束的条件，则要求传播圆能够相交，并考虑腔的动态稳定性，选择 M_2 镜的位置为

$$l_2 = d''_{11} + R_2 - \delta = \frac{f(l_0 + f)}{l_0} + R_2 - \delta \tag{2-93}$$

式中,可调宽度 δ 满足:$0<\delta<f^2/l_0$。

根据 σ''_1 圆与 σ_2 相交的几何关系,可以给出 l_2 腔臂中的侧焦点及束腰参数为

$$b_2 = \sqrt{y_2(R_2 - y_2)} \tag{2-94}$$

式中,

$$y_2 = \frac{(\delta f^2 - l_0\delta^2)f_t + \delta^2 l_0^2}{(2\delta l_0^2 - R_2 l_0) + (f^2 - 2\delta l_0 + R_2 l_0)f_t} \tag{2-95}$$

进而,可以得到 l_2 臂中的基模腰斑尺寸为

$$w_2 = \sqrt{\frac{b_2\lambda}{\pi}} = \sqrt{\frac{\lambda}{\pi}\sqrt{y_2(R_2 - y_2)}} \tag{2-96}$$

根据 V 形谐振腔图解分析的腔型设计方法,利用 Mathematics 软件进行热稳腔计算。通过多次计算和比较,确定热稳腔参数如下:$l_0=19$ cm,$f=7.5$ cm,$R_2=5$ cm,$\delta=2.0$ cm,$\lambda=1.06$ μm。

图 2-40 所示为 ω_2 与热动力参数 $1/f_t$ 的关系曲线。通过分析可以得到,此时第二臂束腰半径 ω_2 近似等于 100 μm,热透镜焦距由无穷大到 12.5 cm,这正好可以防止 ω_t 过小而引起倍频晶体的损伤问题。

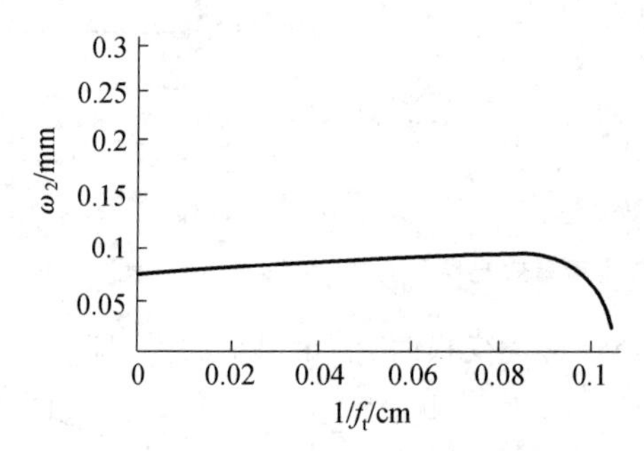

图 2-40　V 形腔中倍频晶体中心处基频光半径 ω_2 随晶体热焦距的倒数 $1/f_t$ 的变化曲线

下面考察 l_1 腔臂中光模特性。M_2 镜的波面传播圆 σ_2 经 F 变换后的"像圆" σ'_2 在光轴上的交点距 F 的位置为

$$d'_{21} = \frac{fl_2}{l_2 - f} = f + \frac{f^2 l_0}{f_2 + l_0(R_2 - \delta)} \tag{2-97}$$

$$d'_{22} = \frac{f(l_2 - R_2)}{l_2 - R_2 - f} = f + \frac{f^2 l_0}{f^2 - \delta l_0} \tag{2-98}$$

由 σ'_2 圆与不同 f_t 下的 σ'_1 相交的几何关系,可以确定热透镜处的基模光束参数为

$$b_t = \sqrt{\frac{f_t^2 y_1}{f_t - y_1}} \tag{2-99}$$

式中,

$$y_1 = \frac{\delta l_0^4(R_2 - \delta)}{f_t(f^2 - \delta l_0)[f^2 + l_0(R_2 - \delta)] + 2\delta l_0^2[f^2 + 2\delta l_0(R_2 - \delta)] - l_0^2 f^2 R_2} \tag{2-100}$$

热透镜处腰斑尺寸为

$$\omega_t = \sqrt{\frac{\lambda b_t}{\pi}} = \sqrt{\frac{\lambda}{\pi}\sqrt{\frac{f_t^2 y_1}{f_t - y_1}}} \tag{2-101}$$

图 2-41 中示出了 ω_t 与热动力参数 $1/f_t$ 的关系曲线，这里的参数与图 2-40 相对应。由图 2-40 和图 2-41 可以看出，腔的热稳定范围很宽，且 ω_t 与 ω_2 具有相同的稳区宽度。

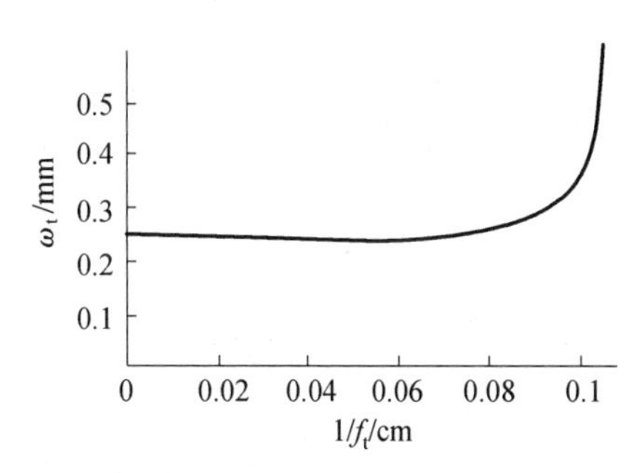

图 2-41　V 形腔中激光晶体处的光斑半径 ω_t 随热焦距倒数 $1/f_t$ 的变化曲线

由分析可见，V 形腔热稳定性这一优点是明显的。通过合理选择腔参数可以对其热稳定范围及基模光斑尺寸进行调控，以得到合适的动态工作特性，在热焦距由几厘米到无穷大的范围内都可以保持激光晶体处的光模半径保持稳定。在腔镜选定的情况下，影响这一谐振腔的稳区宽度及激光晶体处光模半径的主要因素是其第一臂的长度 l_0+f，第二臂的长度及可调宽度 δ 受第一臂长度的影响，但一般情况下变化相对较小。这一结论对于实验中调节谐振腔具有一定的指导意义。

根据 V 形谐振腔图解分析的腔型设计方法，设计了高稳定的热效应不敏感激光谐振腔结构，获得了连续波绿光输出功率为 3.68 W，实现了光—光效率为 21%，其输出功率和热稳定性方面在国内 LD 泵浦全固态连续绿光激光器研究领域中处于领先水平，为大功率绿光激光器在国内实现产业化奠定了基础。

三、LD 泵浦 Nd:$GdVO_4$ 全固态蓝光激光器

与其他波段的激光一样，作为可见光波段的相干光源，蓝色激光在高密度光学数据存储、彩色激光显示、大气海洋资源探测及水下通信等领域得到了广泛应用。为了满足诸多不同领域的应用需要，人们提出了对更短波长的蓝色激光的需求。20 世纪 90 年代后期，大功率半导体激光阵列制作工艺的成熟和商品化促进了大功率全固态 Nd:$GdVO_4$ 蓝光激光器的发展。2002 年，德国汉堡大学的 C. Czeranowsky 等则首次报道了通过腔内倍频 Nd:$GdVO_4$ 晶体 912 nm 激光获得了功率为 840 mW、波长为 456 nm 的深蓝色激光，从而为 Nd:$GdVO_4$ 晶体的进一步应用打开了大门，此举具有深远的意义。2006 年，长春光机所贾福强等采用 LD 泵浦 Nd:$GdVO_4$，LBO 晶体腔内倍频，获得了 5.3 W/456 nm 的深蓝色激光输出，是目前国际上报道的功率最高的倍频蓝光。

2.2.5 掺钛蓝宝石激光器

掺钛蓝宝石(Ti:Al_2O_2)激光晶体是掺入 0.1%Ti^{3+} 离子的 Al_2O_2 单晶，属六角晶系，掺钛蓝宝石晶体的物理化学特性与红宝石相似，质地坚硬，耐磨损，稳定性好，热导率约为 Nd:

YAG晶体的3倍,具有优良的光学特性,已成为最引人注目的可调谐固体激光材料。

如图2-42所示,掺钛蓝宝石激光器的激光跃迁发生在^2E激发态与^2T基态之间,光泵浦Ti^{3+}到电子振动能带B,随后弛豫到激光上能级C,经受激辐射到电子基态的振动激励次能级D。最后振动弛豫使钛离子回到基态电子振动能级底部A。钛原子与基质晶体之间的强相互作用,以及电子在上、下两能级中分布的很大差别,使得跃迁谱线增宽。

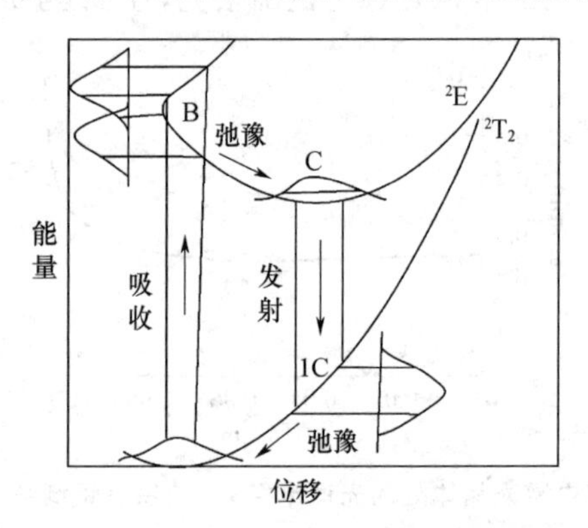

图2-42　掺钛蓝宝石晶体中Ti^{3+}的能级图

掺钛蓝宝石的受激发射截面约为$3.5\times10^{-19}cm^2$,这个值与Nd:YAG晶体相当,但它的上能级寿命仅为3.2 μs,因此掺钛蓝宝石激光器需用短脉冲激光、Q开关激光或产生特别短脉冲的闪光灯来泵浦,如氩离子激光、调QNd:YAG倍频激光泵浦,可获得峰值在790 nm、调谐范围超过500 nm的连续和脉冲高效激光输出。

灯泵浦掺钛蓝宝石激光器的优点是技术成熟,输出功率高。缺点是灯的输出不能为掺钛蓝宝石晶体直接吸收,需要用荧光转换器把灯的输出转换为蓝—绿光。荧光转换器为香豆素30乙醇溶液。在掺钛蓝宝石激光器的谐振腔结构设计时,通常考虑它与染料激光器一样采用激光泵浦,如图2-43所示。Nd:YAG激光器使用两片1 mm厚的Nd:YAG片,用二极管激光器二维阵列从侧面泵浦。电光Q开关为4 mm×4 mm×25 mm的铌酸锂晶体,谐振腔长为100 mm,输出镜曲率半径为1m,透过率为50%,Nd:YAG激光输出4 mJ脉冲光,重复频率40 Hz,脉宽8 ns,倍频晶体是角度调谐的KTP晶体,倍频输出能量为2.3 mJ,脉宽7 ns。

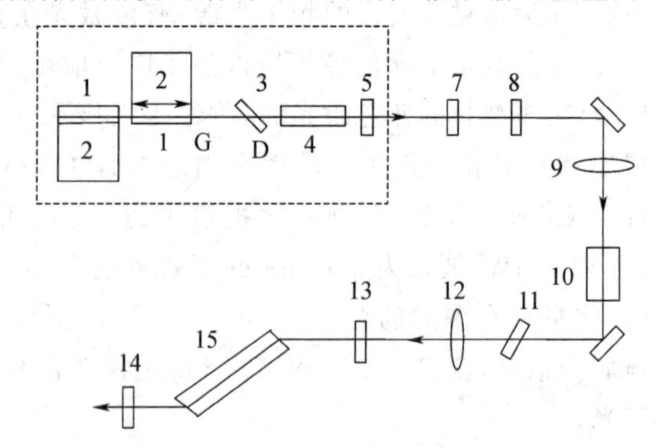

1—Nd:YAG棒;2—二极管阵列;3—起偏器;4—开关;5—输出镜;
6—Nd:YAG激光器;7—λ/2波片;8—RG-850滤光片;9—透镜;
10—KTP倍频晶体;11—二色分光镜;12—透镜;13—高反镜;14—输出镜;15—钛蓝宝石晶体

图2-43　二极管泵浦Nd:YAG激光器泵浦掺钛蓝宝石激光器示意图

习题与思考题

1. 激光器基本结构是什么？

2. 实现光放大的必要条件是什么？

3. 能量辐射分为自发辐射和受激辐射，简述这两种辐射跃迁的区别。

4. 常用的激光晶体、激光玻璃和激光陶瓷有哪些？

5. 如何减小激光工作物质的热效应？

6. 设计固体激光器应考虑哪些问题？

7. 如图 2-44 所示，由两个凹面镜组成的球面腔，凹面镜的曲率半径分别为 $R_1=2$ m、$R_2=3$ m，腔长为 1 m。发光波长 600 nm。

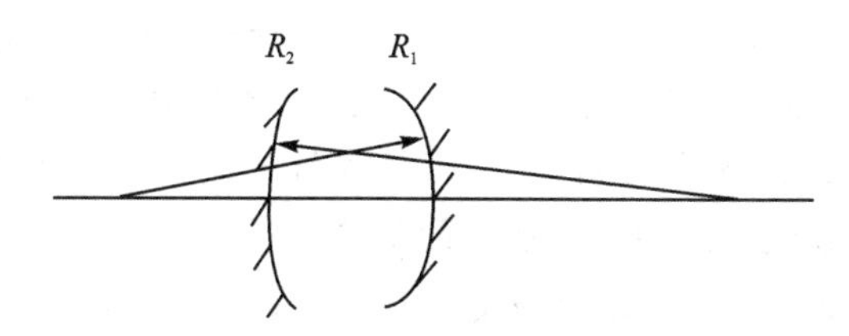

图 2-44　两个凹面镜组成的球面腔

(1) 求出等价共焦腔的焦距 f，束腰大小 ω_0 及束腰位置；

(2) 求出距左侧凹面镜向右 3.333 m 处的束腰大小 ω 及波面曲率半径 R。

8. 已知激光器的谐振腔结构为共焦腔，等效光学腔长 $L=1.5$ m，荧光线宽 $\Delta\upsilon_F=150$ MHz，激光波长 $\lambda=632.8$ nm，两腔镜的反射率分别为 $r_1=1.0$，$r_2=0.8$，试求：

(1) 该器件可实现激光振荡的最多纵模数；

(2) 用短腔法实现单纵模运转时，应采用的谐振腔的光学腔长；

(3) 忽略腔内损耗，该器件要实现振荡的阈值增益系数。

9. 如图 2-45 所示为四能级系统激光器的能级示意图。已知 E_3 能级是亚稳态能级，由于 E_3 能级到 E_2 能级、E_1 能级到 E_0 能级的无辐射跃迁概率很大，而 E_2 能级到 E_1 能级、E_2 能级到 E_0 能级的自发跃迁概率都很小，这样，外界激发使基态 E_0 上的粒子不断被抽运到 E_3 能级，又很快无辐射跃迁到 E_2 能级，而 E_1 能级留不住粒子，因而在 E_2 能级和 E_1 能级之间很容易形成粒子数反转分布，产生 $h\upsilon=E_2-E_1$ 的受激辐射，得到激光输出。

(1) 在能级图上划出主要跃迁线。

(2) 若 E_2 能级能量为 4eV，E_1 能级能量为 2 eV，求激光频率。

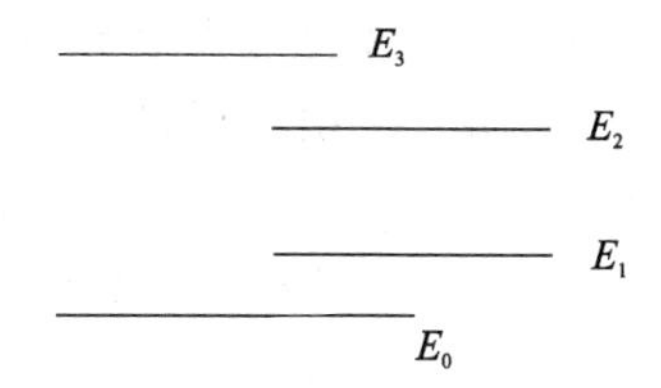

图 2-45　四能级系统激光器的能级示意图

第3章　光纤材料及光纤器件

光纤是20世纪70年代最重要的发明之一，它与激光器、半导体探测器一起开辟了光电子学的新领域。光纤的出现在信息技术领域具有划时代的意义。光纤的应用是人类进入现代信息社会的一个重要标志。光纤通信的发展有力地推动了全球信息高速公路的建立，为多媒体(符号、数字、语音、图形和动态图像)通信提供了实现的必要条件。1966年，英籍华人高锟(K. C. Kao)和他的同事Hoekham及法国的Wert根据介质波导理论提出了光纤传输线的概念，并通过试验与研究指出：如采用石英玻璃等作为介质，可使其损耗降低到20 dB/km。随后，贝尔实验室、英国电信研究所和美国康宁玻璃公司率先开展了低损耗光纤的研究，并于1970年研制出衰减为20 dB/km的光纤，不久又使光纤的衰减降到4 dB/km。于是，世界各国纷纷开展光纤通信研究，形成了一场通信技术的革命。

光纤通信在近40年之所以得到迅速发展，源于光纤作为信息传输的介质具有以下优点：

(1) 光纤传输损耗低、信息容量大。与金属导体比起来，高频率下光纤损耗很低，可以传输几十千米乃至上百千米。理论上光纤可以传送10^7路电视或10^{10}路电话。

(2) 具有抗电磁干扰能力，特别适合于在强电磁辐射干扰的环境中应用。

(3) 光纤之间的串音小，保密性好，且误码率低。光在光纤中传播时，几乎不向外辐射能量。因此，在同一光缆中，数根光纤之间不会相互干扰，也难以窃听。

(4) 尺寸小、重量轻，有利于敷设和运输。光纤的芯径仅为单管同轴电缆的1%。

(5) 光纤的材料主要是石英(SiO_2)，地球上石英的含量非常丰富。

直至今天，光纤仍主要用于激光的传输，因此激光技术的发展对光纤技术发展有着十分重要的影响。在通信领域，随着单模长波长半导体激光器的研制成功，光纤已从适用于短距离通信的短波长(0.851 μm)、多模结构，发展到适用于长距离通信的长波长(1.3 μm或1.5 μm)单模结构。

除在通信及传感领域广泛使用的石英玻璃光纤外，人们还研制出了塑料(如聚甲基丙烯酸甲酯)光纤和晶体光纤。塑料光纤具有成本低、柔性好等优点，在光控与照明系统中有着广泛的应用。如今，人们正在开发适用于短距离数据传输的塑料光纤。

晶体光纤有近乎完美的晶体结构，集晶体与纤维的特性于一身，可广泛用于制作各种光通信器件，如晶体光纤激光器、自倍频晶体光纤激光器、晶体光纤光放大器、晶体光纤倍频器、晶体光纤光参量振荡器、晶体光纤光隔离器、晶体光纤温度计、晶体光纤光传输线等。这些器件的横截面小，易于和普通光纤系统联网，近年来引起了科研人员的广泛关注。

几乎在研究通信用光纤的同时，成像光纤也引起了人们的极大兴趣，1968年用第一根玻璃材料制成的自聚焦纤维棒问世。这是将单根光纤按一定相对位置关系制成了能够传像或进行图形、文字变换的纤维束。

20世纪80年代，在光纤通信的迫切需要与刺激下，人们开始了光纤无源器件的研究。到了20世纪90年代，光纤无源器件已走出实验室，逐渐进入工程实用化阶段，并逐渐形成了光纤通信产业。在整个光纤(光缆)销售市场中光无源器件占有相当份额。目前人们已设计出性

能优良的光纤连接器与快速连接光纤的熔接机。随着光纤通信系统需求的增长，一些新型光无源器件，如波分复用器、光开关、光衰减器、光隔离器和光滤波器纷纷投放市场。光纤无源器件的实用化，大大扩展了其在光纤通信系统、光纤局域网（包括计算机光纤网、微波光纤网、光纤传感网等）的容量，并且已经成为各类光纤传感系统中必不可少的器件。

光纤有源器件与光纤无源器件的研究几乎是在同步进行。20 世纪 80 年代末期，人们成功研制出了稀土掺杂光纤激光器和放大器。后来又相继研制成功了光纤非线性效应激光器、单晶光纤激光器、塑料光纤激光器和光纤孤子激光器。其中以稀土掺杂光纤激光器的制造技术较为成熟，尤其是它的工作波长正好处于光纤通信的窗口，在光纤通信和光纤传感等领域有广泛的实用价值。特别是近几年，光纤激光器得到长足发展，激光器的性能和种类都发生了巨大变化，各种光纤激光器产品大量问世，在光纤通信、光传感、工业加工、军事领域及超快现象等研究中得到越来越广泛的应用。

光纤除了用于通信外，它的另一类重要研究和应用领域是光纤传感。人们从开始应用光纤传输信息那天起，就开始了光纤传感器的研究，如今它已成为光纤技术发展的一个很重要的研究和应用方向。光纤传感器用光作为敏感信息载体，用光纤作为传递和敏感信息的介质。因此，它同时具有光纤及光学测量的特点，不仅灵敏度高，而且具有很强的抗电磁干扰能力。和其他传感器一样，光纤传感器可以感测自然界的许多变化，诸如物理量的光、热、声、电，力学的速度、加速度、旋转、振动，化学的浓度和 pH 值等。通过近 30 年的研究，光纤传感器取得了重要进展，目前已进入研究和实用并存阶段。它对军事、航空航天技术、传感网技术和生命科学等的发展起着十分重要的作用。随着新兴学科的交叉渗透，将会出现更广阔的应用前景。

光纤在军事上的应用已相当广泛，除了通信应用外，利用光纤传输光信息的特点，早在 20 世纪 80 年代，科学家就研制成功了光纤制导武器系统，用于准确攻击坦克等陆上运动目标。光纤传像与光纤传光系统已在许多军事装备中得到应用。性能优越的光纤陀螺与光纤水听器也已投入军事应用。

本章主要介绍光纤导光原理；常见光纤材料，包括玻璃光纤材料、塑料光纤材料和晶体光纤材料的基本原理、主要材料体系及应用；光纤器件，包括光纤无源器件、光纤激光器以及光纤放大器的组成、原理、特性和应用。有关光纤传感器件属于光纤应用的另外一个方向，限于篇幅，本章不再介绍。

3.1　光纤导光原理

3.1.1　光纤结构与分类

一、光纤结构

光纤是一种工作在光波波段的介质波导，通常是圆柱形。它是利用全反射原理把光频电磁波的能量约束在其结构内，并引导光波沿光纤轴向传播。光纤的传输特性由其结构和材料决定。

光纤的基本结构是两层圆柱状介质，内层为纤芯，外层为包层；纤芯的作用是传输光波，它是由石英玻璃或多组分光学玻璃制成的；包层的作用是将光波限制在纤芯中传播，它是由石英玻璃或塑料制成的。纤芯的折射率 n_1 比包层的折射率 n_2 稍大。当满足一定入射条件时，光波就能沿着纤芯向前传播。实际的光纤结构如图 3－1 所示。

刚拉制出来的光纤就像普通玻璃丝一样是很脆弱的。为了保护光纤,提高其机械强度,作为产品提供的光纤都在拉制后经过一道套塑工序,在其外表涂覆上一层甚至几层塑料层。一次涂覆称预涂层,厚度一般为5～40 μm;缓冲层厚度一般为100 μm左右;最外层是二次涂覆层,称套塑层。二次涂覆可以提高光纤的抗拉强度,同时改善其抗水性能。

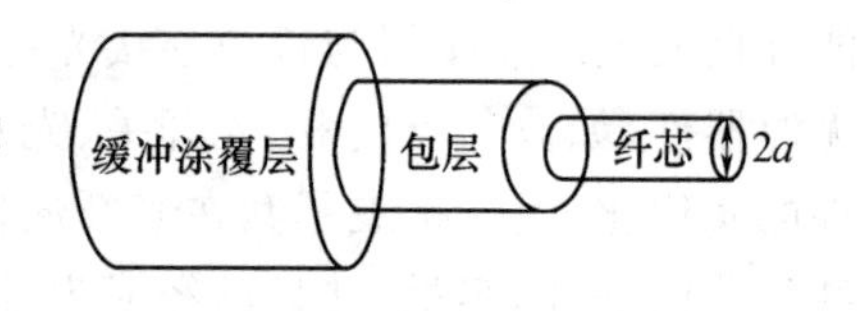

图3-1 单根光纤结构

二、光纤分类

光纤的分类方法很多,既可以按照折射率分布来划分,也可以按照传输模式数、制备材料、工作波长或者用途来划分。

1. 按照纤芯折射率分布划分

其主要分为阶跃折射率光纤和梯度(渐变)折射率光纤。前者纤芯折射率是均匀的,在纤芯和包层的分界面处,折射率发生突变;后者折射率是按一定的函数关系(抛物线形、三角形)随着径向到中心的距离而变化,如图3-2所示。

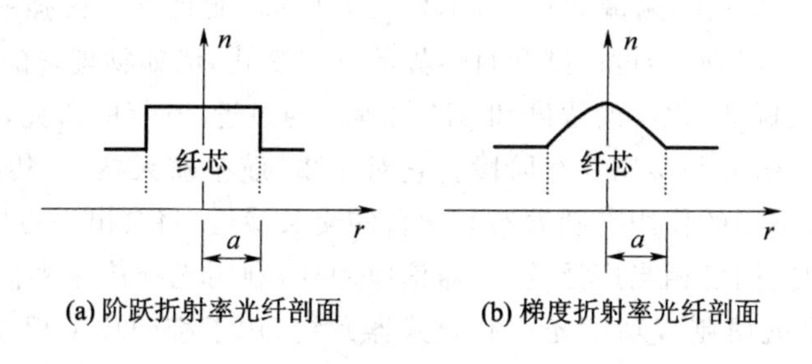

(a) 阶跃折射率光纤剖面 (b) 梯度折射率光纤剖面

图3-2 阶跃和梯度折射率光纤剖面

2. 按照传输模式划分

其可分为单模光纤和多模光纤。只能传输一种模式的光纤称为单模光纤,能同时传输多种模式的光纤称为多模光纤。单模光纤与多模光纤的主要差异在于纤芯的尺寸和纤芯—包层的折射率差值不同。多模光纤的纤芯直径较大($2a=50\sim500$ μm),纤芯—包层相对折射率也较大($\Delta=(n_1-n_2)/n_1=0.01\sim0.02$);单模光纤纤芯直径较小($2a=2\sim12$ μm),纤芯—包层相对折射率也较小($\Delta=0.0005\sim0.01$)。多模光纤依据折射率分布可分为阶跃型与渐变型,而单模光纤主要是阶跃型或其改进W型。按照传输的偏振态,单模光纤又可分为非保偏光纤和保偏光纤。

3. 按照波长划分

目前应用的光纤可以传输从紫外到近红外波长,即0.3～1.6 μm波长的光。一种由特殊结构材料制成的光纤甚至可以传输CO_2激光器发出的10.6 μm波长的光。从传输波长的角度划分,光纤可分为传输紫外线、可见光、红外光几种。在通信领域,通常将光纤分为短波长光纤,即传输0.8～0.9 μm波长光纤;长波长光纤,即传输1.3～1.6 μm波长光纤。早期的光通信以短波长光纤通信为主,多为多模光纤,其损耗较大,长波长光纤发展为单模低损耗光纤。随着塑料光纤在通信网络中的应用,光纤通信又向可见光区拓展。目前,为适应长距离通信的需要,正在研制一种超长波长,即工作在20 μm以上波长的光纤,这种光纤属于非石英玻璃光

纤，理论预测其损耗可降低到 0.001 dB/km。

4. 按照材料划分

从光纤所使用的材料组分来划分，光纤又可分为：石英系光纤，包括掺杂石英芯和纯石英芯光纤；多组分玻璃光纤；全塑料光纤；氟化物光纤，包括氟化物玻璃、氟化物单晶、氟化物多晶；硫硒碲化合物光纤；重金属氧化物光纤；金属空芯波导光纤；液芯光纤。

5. 按照用途划分

光纤可分为传输信息（光通信）的光纤和传输能量的光纤（导光纤维）。

通信光纤用于光通信系统，实际使用中大多采用光缆（多根光纤组成的线缆），它是光通信的主要传光介质。

传输能量的光纤主要有低双折射光纤、高双折射光纤、涂层光纤、液芯光纤和多模梯度光纤等几类。

3.1.2　约束及导光机制

对光纤中光的传播特性的分析有两种途径：一种是采用射线分析法，其导光机理是光在介质界面的全反射；另一种是采用物理光学分析法，即由波动方程出发，分析光导波在纤芯和包层中场的分布，从而得出光纤中光导波的传播特性的方法。采用射线方法分析光在光纤中的传播特性时，要求光纤的芯径 a 远大于波长，即 $a \gg \lambda$。因而在多模光纤条件下，用射线方法可得到与实际情况相近的结果，但对单模光纤而言，由于 a 与 λ 较为接近，一般不适宜用这种方法讨论传播特性，而要采用波动理论来分析。为了简要说明光在光纤中的传播特性，本章采用射线分析法。

现以阶跃型光纤为例进行分析。这种光纤是由两层均匀介质组成，纤芯的折射率 n_1 稍大于包层的折射率 n_2。入射光只有以近轴光线入射，才能在光纤中传播，这种类型的光纤又称为弱导光纤。

从光纤端面入射的光线可分为两种类型：一类是子午光线（入射光线通过圆柱波导轴线）；另一类是偏射光线（入射光线不通过圆柱波导轴线）。

一、子午光线

当入射光线通过光纤轴线，且入射角大于界面临界角 $\theta_c = \arcsin(n_2/n_1)$ 时，光线将在界面上不断发生全反射，形成曲折光线，传导光线的轨迹始终处于入射光线与轴线决定的平面内，这种光线称为子午光线。包含子午光线的平面称为子午面。

为完整地确定一条光线，需用两个参量，即光线在界面的入射角 θ 和光线与光纤轴线的夹角 φ。

考虑图 3-3 所示光纤子午面，设光线从折射率为 n_0 的介质通过波导端面中心点 A 入射，进入波导后按子午光线传播。根据折射定律，则

$$n_0 \sin\varphi_0 = n_1 \sin\varphi_1 = n_1 \cos\theta_1 = n_1\sqrt{1-\sin^2\theta_1} \tag{3-1}$$

根据折射定律，当产生全反射时，要求 $\theta_1 > \theta_c$，因此有

$$\sin\varphi_0 \leqslant \frac{1}{n_0}\sqrt{n_1^2 - n_2^2} \tag{3-2}$$

一般情况下，$n_0 = 1$（空气），则子午光线对应的最大允许入射角为

$$\sin\varphi_{0m}^{(m)} = \sqrt{n_1^2 - n_2^2} = n_1\sqrt{2\Delta} \tag{3-3}$$

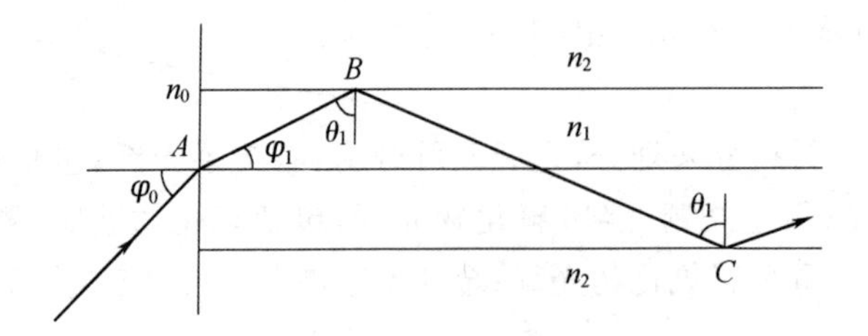

图 3-3 阶跃型折射率光纤中的子午光线

它是光纤聚集光功率的量度，因此，光纤的数值孔径 NA 为

$$NA = n_0 \sin \varphi_{0\mathrm{m}}^{(\mathrm{m})} = \sqrt{n_1^2 - n_2^2} = n_1 \sqrt{2\Delta} \tag{3-4}$$

其中

$$\Delta = \frac{n_1^2 - n_2^2}{2n_1^2} \approx \frac{n_1 - n_2}{n_1} \tag{3-5}$$

二、偏射光线

当入射光线不通过光纤轴线时，传导光线将不在同一平面内，而按照图 3-4 所示的空间折线传播，这种光线称为偏射光线。如果将其投影到端截面上，就会更清楚地看到传导光线将被完全限制在两个共轴圆柱面之间，其中之一是纤芯—包层边界；另一个在纤芯中，其位置由角度 θ_1 和 φ_1 决定，称为散焦面。显然，随着入射角 θ_1 的增大，内散焦面向外扩大并趋近为边界面。在极限情况下，光纤端面的入射光线与圆柱面相切($\theta_1 = 90°$)，在光纤内传导的光线演变为一条与圆柱表面相切的螺线，两个散焦面重合，如图 3-4(b)所示。

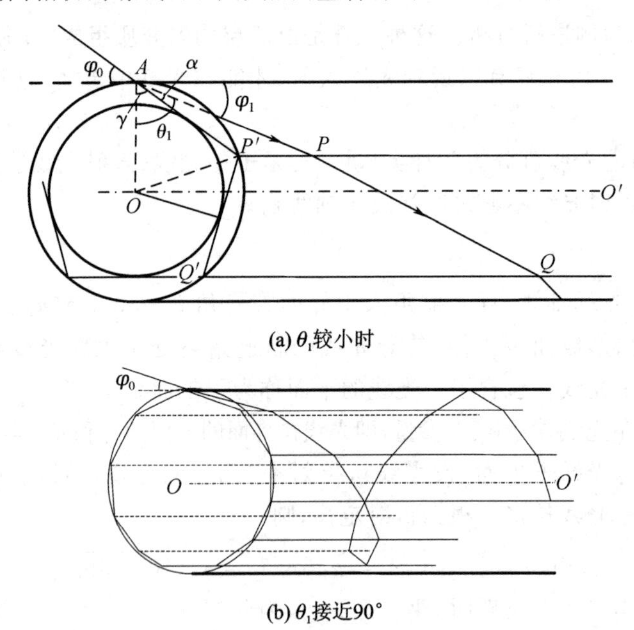

(a) θ_1较小时

(b) θ_1接近90°

图 3-4 阶跃光纤中的偏射光线

光线在 A 点以 φ_0 角入射，于 P、Q 等点发生全反射。PP'、QQ'平行于轴线 OO'，交端面圆周于 P'，Q'，AP 与 PP'(即与轴线)交角为 φ_1，称为折射角(又称轴线角)；AP 与端面夹角

$\alpha=\pi/2-\varphi_1$；入射面与子午面夹角为 γ，θ_1 为折射光线 AP 在界面的入射角。由于 α 和 γ 各自所在的平面互相垂直，根据立体几何原理，得

$$\cos\theta_1=\cos\alpha\cos\gamma=\sin\varphi_1\cos\gamma \tag{3-6}$$

θ_1 还应满足 $\theta_1\geqslant\theta_c$，所以

$$\cos\theta_1=\sqrt{1-\sin^2\theta_1}\leqslant\frac{1}{n_1}\sqrt{n_1^2-n_2^2} \tag{3-7}$$

于是 φ_1 的最大允许值 $\varphi_{1m}^{(s)}$ 满足

$$\sin\varphi_{1m}^{(s)}=\frac{\cos\theta_{1m}}{\cos\gamma}=\frac{\sqrt{n_1^2-n_2^2}}{n_1\cos\gamma}=\frac{n_0\sin\varphi_{0m}^{(m)}}{n_1\cos\gamma} \tag{3-8}$$

因此

$$\sin\varphi_{0m}^{(s)}=\frac{n_1}{n_0}\sin\varphi_{1m}^{(s)}=\frac{\sin\varphi_{0m}^{(m)}}{\cos\gamma} \tag{3-9}$$

式中：$\sin\varphi_{0m}^{(s)}$ 为偏射光线 m 阶模式的最大允许入射角；$\sin\varphi_{0m}^{(m)}$ 为子午光线 m 阶模式的最大允许入射角。由于 $\cos\gamma<1$，因而 $\sin\varphi_{0m}^{(s)}>\sin\varphi_{0m}^{(m)}$，可见满足 $\theta_1>\theta_c$ 时，φ_1 可依 γ 的取值不同而取到 $\pi/2$ 的值。因而 $\theta_1>\theta_c$ 对 φ_1 没有限制。但是否 $\theta_1>\theta_c$ 的光都能形成光导波，还要受 φ_1 取值的限制。也就是说，$\theta_1>\theta_c$ 的光线中，只有部分 φ_1 相应的光线才能形成导波。

偏射光线的纵向传播常量为

$$\beta=k_0n_1\cos\varphi_1 \tag{3-10}$$

若 $\varphi_1>\frac{\pi}{2}-\theta_c$，则

$$\beta<k_0n_1\cos\left(\frac{\pi}{2}-\theta_c\right)=k_0n_1\sin\theta_c=k_0n_2 \tag{3-11}$$

而 $\beta=k_0n_2$ 正好是导模的截止条件，凡是 $\beta\leqslant k_0n_2$ 的模都被截止，不能形成导模。也就是说，一旦 $\varphi_1>\pi/2-\theta_c$，即使 $\theta_1>\theta_c$，导模都将被截止。可见，仅满足 $\theta_1>\theta_c$ 并不一定满足传导条件，要形成导模还要满足 $\varphi_1<\pi/2-\theta_c$。

3.1.3　光纤的特性参数

1. 数值孔径

数值孔径定义为光纤接受外来入射光的最大受光角($\varphi_{0\max}$)的正弦与入射区折射率的乘积。

如图 3-3 所示，只有 $\theta_1>\theta_c=\arcsin\frac{n_2}{n_1}$ 的光线才能在光纤中传播，由式(3-4)可知在阶跃型光纤中 NA 为

$$NA_m=\sin\varphi_{0m}^{(m)}=\sqrt{n_1^2-n_2^2}=n_1\sqrt{2\Delta} \tag{3-12}$$

对于偏射光线，由式(3-9)可求得数值孔径为

$$NA_s=n_0\sin\varphi_{0m}^{(s)}=\frac{\sin\varphi_{0m}^{(m)}}{\cos\gamma}=\frac{\sqrt{n_1^2-n_2^2}}{\cos\gamma} \tag{3-13}$$

因为 $\cos\gamma<1$，所以 $NA_s>NA_m$。

对于渐变光纤，由于其芯部折射率 $n(r)$ 是其径向坐标 r 的函数，横截面内不同位置折射

率$n(r)$不同,从而其数值孔径值也不同。因此,对于渐变光纤需用局部数值孔径值$NA(r)$来表示其横截面内不同位置的值,即

$$NA(r)=\sqrt{n^2(r)-n_2^2}=n(r)\sqrt{2\Delta_r} \tag{3-14}$$

式中:$n(r)$为纤芯中离光纤轴心r处的折射率;n_2为包层折射率;Δ_r为径向r处与包层间的相对折射率差,$\Delta_r=\frac{[n(r)-n_2]}{n(r)}$。当$r=0$时,$NA(0)$取最大值。因此,对于渐变光纤,其最大理论数值孔径仍可表示为

$$NA(r)_{\max}=NA(0)=\sqrt{n_1^2-n_2^2}=n_1\sqrt{2\Delta} \tag{3-15}$$

2. 相对折射率差Δ

相对折射率差Δ定义为纤芯折射率同包层折射率的差与纤芯折射率之比,即

$$\Delta=\frac{n_1-n_2}{n_1} \tag{3-16}$$

一般n_1略大于n_2:单模光纤$\Delta=0.3\%$,多模光纤$\Delta=1\%$,于是

$$NA=\sqrt{n_1^2-n_2^2}=\sqrt{n_1\Delta(n_1+n_2)}\approx n_1\sqrt{2\Delta} \tag{3-17}$$

3. 归一化频率V

表示在光纤中传播模式多少的参数,定义为

$$V=\frac{2\pi a}{\lambda_0}NA=k_0 a\sqrt{n_1^2-n_2^2} \tag{3-18}$$

它与平板波导中的归一化频率定义一致。a和NA越小,V越小,在光纤中的传播模式越少。一般地,当$V<2.405$时,只能传输基模;而当$V>2.405$时为多模传输态。

4. 折射率分布n(r)

纤芯折射率分布通式为

$$n(r)=n(0)\left[1-2\Delta\left(\frac{r}{a}\right)^{\alpha}\right]^{\frac{1}{2}} \tag{3-19}$$

$n(0)$为纤芯中心折射率,r取值范围为$0\leqslant r\leqslant a$,α为折射率分布系数。α取值不同,折射率分布不同,图3-5所示为折射率分布曲线。

$\alpha=\infty$时,折射率为阶跃型分布。

$\alpha=2$时,折射率为平方律分布(渐变型分布的一种)。

$\alpha=1$时,折射率为三角形分布。

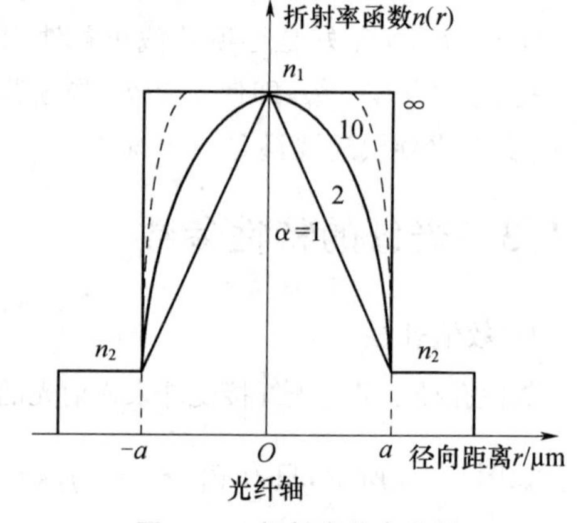

图3-5 折射率分布曲线

5. 截止波长

由于$0<V<2.405$时,光纤中只能传输一种模式的光波,根据式(3-18),有

$$\lambda_c=\frac{2\pi n_1 a(2\Delta)^{1/2}}{2.405} \tag{3-20}$$

当$\lambda>\lambda_c$时,光纤中传播模式为单模;当$\lambda<\lambda_c$时,光纤中传播模式为多模。λ_c称为单模光纤的截止波长。

3.2　光纤材料

3.2.1　玻璃光纤

制造光纤的基本原料是 SiO_2，地球上的 SiO_2 储量相当丰富，制造 1km 长的光通信光纤仅需 40 g 左右的石英原材料。因此，用光纤代替传统金属传输线路可节省大量的有色金属铜和铝。目前应用最多的玻璃光纤有石英系玻璃光纤、卤化物玻璃光纤、硫系玻璃光纤和硫卤化物玻璃光纤等。

一、石英系玻璃光纤

1. 基本构造

石英玻璃光纤纤芯的主要成分是高纯度的 SiO_2，SiO_2 的密度约为 2.2 g/cm^3，熔点约为 1 700 ℃。SiO_2 的纯度要达到 99.999 9 %，其余成分为极少量掺杂材料，如二氧化锗(GeO_2)。掺杂材料的作用是提高纤芯的折射率。纤芯直径一般在 5～50 μm 之间。包层材料一般是纯 SiO_2，一般比纤芯折射率稍低。若是多包层光纤，则包层含有少量的掺杂材料，如 F 等，以降低折射率。包层直径为 125 μm。包层的外面是高分子材料(如环氧树脂、硅橡胶等)涂覆层，外径为 250 μm，其作用是增强光纤的柔韧性和机械强度。光纤的弯曲半径允许小至 5 mm 左右，工作温度范围为－40～50 ℃，预期使用寿命在 10 年以上。目前密封碳涂覆光纤被认为是最好最有前途的石英光纤，已被用于海底光缆、电力系统用架空线和卷绕光缆等苛刻环境中。

2. 石英玻璃光纤的损耗特性

光在光纤中传输时，光功率随传输距离呈指数衰减。一般用分贝(dB)表示光纤的损耗，记为 α。α 是稳态条件下单位长度上的功率衰减分贝数，即

$$\alpha = \frac{10}{z}\lg\frac{P_0}{P_z}\quad (\mathrm{dB}) \tag{3-21}$$

式中：z 为光纤长度；P_0 为 $z=0$ 时的光功率值；P_z 为长度 z 处的光功率值。

任何导致辐射和吸收的因素都可能产生光纤损耗。光纤损耗主要分为 3 类，即吸收损耗、散射损耗和弯曲损耗。

1) 吸收损耗

石英光纤吸收损耗产生的原因主要有材料本征吸收损耗、杂质吸收损耗和原子缺陷损耗。而本征吸收损耗和瑞利散射损耗组成了石英材料光纤的本征损耗。

本征吸收损耗主要包括 Si－O 键的红外吸收损耗、电子转移的紫外吸收损耗及其他损耗。目前 Si－O 键红外吸收损耗已远小于 0.1 dB/km。由于低能态的电子吸收电磁能量而跃迁到高能态引起的紫外吸收损耗的中心波长在 0.16 μm 处，吸收谱延伸至 1 μm 附近，对 0.85 μm 处的短波长通信会有一定影响。另外，在制造石英光纤中用来形成折射率变化所需的 GeO_2、P_2O_5、B_2O_3 等掺杂剂也会产生附加吸收损耗。锗浓度过大也会带来较大的损耗，因此制造光纤时应尽可能避免采用高折射率的材料。

杂质吸收损耗主要包括金属杂质 Fe^{2+}、Cu^{2+}、V^{2+}、Cr^{2+}、Mn^{2+}、Ni^{2+} 和 Co^{2+} 等离子和 OH^- 离子的吸收损耗。当金属离子的含量降到 10^{-9} 以下时，可以基本消除金属离子在通信

波段的吸收损耗。OH^-离子是光纤损耗增大的主要因素。OH^-离子振动的基波波长位于2.73 μm处,它的高次谐波波长1.39 μm正好处于通信窗口内。现代工艺可以使该损耗峰值降至0.5 dB。

原子缺陷吸收损耗主要是指石英材料受到热辐射或光辐射激励时引起的吸收损耗,这个损耗可以忽略不计。

2) 散射损耗

光纤中的散射损耗主要包括瑞利散射、波导散射和非线性效应散射损耗。瑞利散射属于本征散射损耗,它是由于石英材料的密度和折射率不均匀导致光的散射而引起的光功率损失。瑞利散射损耗与光波波长的4次方成反比,即波长越长,散射损耗越小,这也是目前光通信波长向长波长方向发展的原因。波导结构散射损耗是由于波导结构不规则导致模式间互相耦合,或耦合成高阶模进入包层或耦合成辐射模辐射出光纤,从而形成损耗。当光纤中光功率较大时,还会诱发受激拉曼散射和受激布里渊散射引起的非线性损耗。

3) 弯曲损耗

弯曲损耗包括宏弯损耗和微弯损耗。宏弯损耗是指由于光纤放置时弯曲,不再满足全反射条件,使一部分能量变成高阶模或从光纤纤芯中辐射出来引起的损耗。当弯曲半径较小时,这种损耗不能忽略。微弯损耗是指光纤材料与套塑层温度存在一定温差,引起形变差异,从而造成高阶模和辐射模损耗。另外由于光纤中导模(尤其是高阶模)的功率有相当一部分是在涂覆层中传播的,而涂覆层的损耗也是很高的,这就带来了导模的功率损失。

3. 色散特性

光纤色散分为模间色散、材料色散和波导色散等,此外光纤中还有高阶色散和偏振模色散等。模间色散只存在于多模光纤中,它是由于各光线传输模式的不同而导致时延差造成的,模间色散一般很大。光通信中一般采用单模光纤,不存在多种模式,也就没有模间色散,但脉冲展宽现象依然存在,这是因为基模的群速度与频率有关,光脉冲的不同频谱分量具有不同的群速度,称为群速度色散,它一般远小于模间色散。单模光纤的色散主要包括材料色散和波导色散。

1) 模间色散

在多模光纤中,有许多传输模式,不同模式具有不同的传播速度。任意小脉冲的光信号都有可能分布在不同模式上向前传播。由于各模式间的传播速度有差异,使得光脉冲经过一段光纤传输后引起展宽而产生失真。光纤中的模式越多,脉冲展宽就越严重。光纤中所传输的最高次模与最低次模间所产生的时延差τ_s与光纤的相对折射率差Δ成正比。降低Δ可减小τ_s,从而提高光纤的传输带宽。通常称这种小Δ的光纤为弱导光纤,一般光通信都采用这类光纤。对于阶跃型光纤,当$\Delta=1\%$,$n_1=1.5$时,单位长度的时延差为500 ns/km。

渐变折射率光纤引起的时延差比阶跃型小得多,因此它的带宽比阶跃光纤大。

2) 材料色散

光纤材料的折射率随传输光波长而改变的特性称为材料色散。折射率不同,光的传播速度也不同。因而,当非单色光通过光纤传输时将会产生时延,从而形成另一类脉冲展宽。

图 3-6 所示为石英光纤的折射率随波长的变化关系。材料色散的大小由 n_g—λ 曲线的斜率决定。材料色散 D_M 一般可表示为

$$D_M = \frac{2\pi}{\lambda^2}\frac{dn_g}{d\omega} = \frac{1}{c}\frac{dn_g}{d\lambda} \approx \frac{\lambda d^2 n}{c d\lambda^2} \tag{3-22}$$

式中:n_g 为群折射率;n 为光纤折射率;c 为光速;λ 为光波长。当波长为 1.276 μm 时 $dn_g/d\lambda = 0$。此时,$D_M = 0$,所以称该波长为零材料色散波长。

由图 3-6 可见,短波区其折射率较大,随光波长的增大,折射率降低。

3）波导色散

光纤中同一模式的脉冲因频率不同产生时延,导致群速度随光波长而发生变化。这种色散主要决定于光纤的结构参数,即几何尺寸、折射率分布等。

同一光纤中,传输模式不同,波导色散也不同。多模光纤的波导色散实际上是所有模式的色散之和。多模光纤的模式色散大于波导色散,故波导色散可以忽略。而单模光纤不存在模式色散,总色散为材料色散和波导色散的代数和。

普通单模光纤(SMF)、色散位移光纤和真波光纤色散曲线如图 3-7 所示。随着波长的增加,波导色散增大。

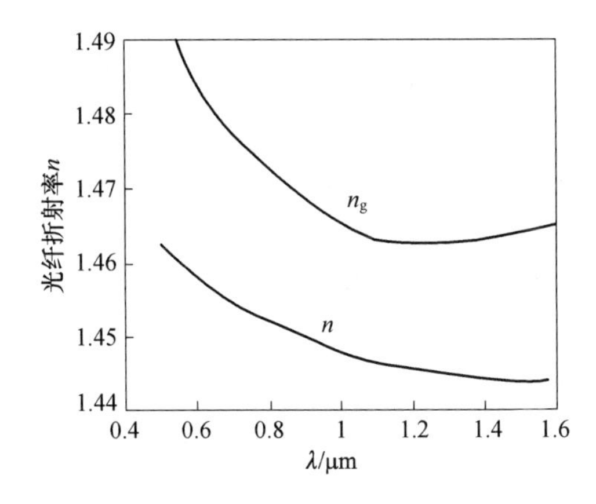

图 3-6　石英光纤的折射率随波长的变化关系

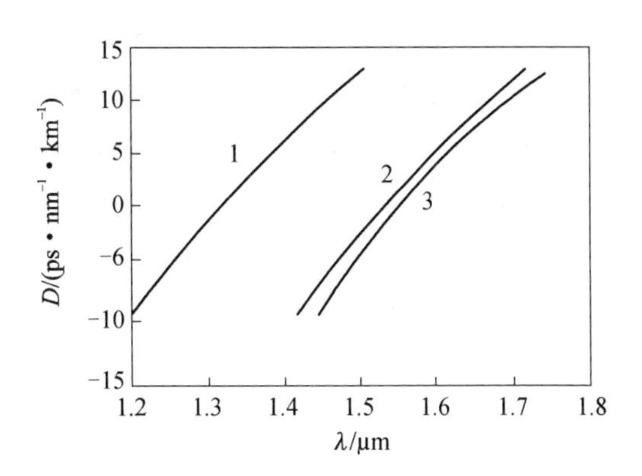

图 3-7　单模光纤(1)、真波光纤(2)和色散位移光纤(3)的色散曲线

由以上分析可知,光源光谱宽度不仅对材料色散有影响,而且对波导色散有很大的影响。

二、卤化物玻璃光纤

卤化物玻璃光纤诞生于 20 世纪 70 年代中期。与氧化物玻璃相比,卤化物玻璃紫外电子跃迁的带隙宽,其透光范围可从紫外一直延伸至中红外或中远红外波段。1978 年,Van Uitert 和 Wemple 首先讨论了卤化物玻璃作为超低损耗玻璃的可能性,推算了 BeF_2 玻璃和 $ZnCl_2$ 玻璃的本征损耗的最小值分别为 10^{-2} dB/km(1.05 μm)和 10^{-3} dB/km(3.5～4.0 μm),较石英光纤低得多。在此之前,Poulain 和 Lucas 等发现了以 ZrF_4 为基础的玻璃,即氟锆酸盐玻璃,其透光范围从紫外(0.2 μm)至中红外(7～8 μm),无毒、不潮解,其他物

理、化学性能也优于 $ZnCl_2$ 和 BeF_2 玻璃。目前,氟锆酸盐玻璃光纤的最低损耗已降至 0.65 dB/km(2.59 μm)。

1. 氟化物玻璃光纤的化学组成

氟化物玻璃光纤主要有:以氟化铍为主要组分的氟铍酸盐玻璃;以氟化锆或氟化铪为基础的氟锆酸盐玻璃或氟铪酸盐玻璃;以氟化铝为基础的氟铝酸盐玻璃;以氟化钍和稀土氟化物为主要组分的玻璃等。

氟锆酸盐玻璃是最有希望获得超低损耗的光纤材料。氟锆酸盐玻璃的抗失透性能仅次于氟铍酸盐玻璃,这是目前玻璃性能最好的重金属氟化物玻璃。用于光纤拉制的最基本的系统是 $ZrF_4-BaF_2-LaF_3$ 三元系统。在此系统中,ZrF_4 是玻璃网络形成体,BaF_2 是玻璃网络修饰体,而 LaF_3 则起降低玻璃失透倾向的网络中间体作用。在此系统基础上,又引入了 AlF_3、YF_3、HfF_4 及碱金属氟化物 NaF 或 LiF 等,得到了玻璃性能更好、光学和热学性能可在较大范围内连续可调,更适宜于光纤拉制的 $ZrF_4(HfF_4)-BaF_2-LaF_3(YF_3)-A1F_3-NaF(LiF)$ 系统玻璃。

氟锆酸盐玻璃的弱点是经受不了液态水的侵蚀,机械强度较低,碱金属氟化物的引入使其化学稳定性变得较差,这些都有待改进。

以 $RF_2-AlF_3-YF_3$(R 为碱土金属 Mg、Ca、Sr 和 Ba 的混合物)为代表的氟铝酸盐玻璃具有与氟锆酸盐玻璃相近的透光范围,但化学稳定性优于氟锆酸盐玻璃,折射率和色散较低,容易获得数值孔径大,并具有较高机械强度和较好化学稳定性的光纤。

以氟化钍和稀土氟化物为基础的玻璃是一种新型重金属氟化物玻璃,其特点是具有良好的透红外性能,波长可达 8~9 μm,化学稳定性好,甚至优于氟铝酸盐玻璃。典型的系统有 $BaF_2-ZnF_2-YbF_3-ThF_4$ 和 $BaF_2-ZnF_2-YbF_3-InF_3-ThF_4$ 等。但这类玻璃较高的失透倾向和含钍玻璃的放射性给其制备和应用带来了较大的困难。

氟化铍是唯一自身能形成玻璃的氟化物,容易通过熔体冷却等方法获得性质均匀的无失透玻璃。但铍化合物的剧毒及玻璃的化学稳定性较差而限制了氟铍酸盐玻璃光纤的研制和应用。

2. 氟化物玻璃光纤的性质

典型的氟锆酸盐玻璃光纤的光损耗与波长的关系如图 3-8 所示。它包括材料的本征损耗 $\alpha_{in}(\lambda)$、杂质吸收损耗 $\sum\alpha_i(\lambda)$ 和由光纤中缺陷引起的散射损耗 $\alpha_s(\lambda)$ 等。材料的本征损耗与波长 λ 的关系可表示为

$$\alpha_{in}(\lambda)=\frac{A}{\lambda^4}+B_1\exp\left(\frac{B_2}{\lambda}\right)+C_1\exp\left(\frac{C_2}{\lambda}\right) \tag{3-23}$$

式中:A、B_1、B_2、C_1 和 C_2 均为常数。其中,第一项是由密度起伏引起的瑞利散射,后两项分别是由紫外电子跃迁产生的吸收损耗和红外多声子吸收损耗。紫外吸收损耗对红外区的影响很小,因此材料本征损耗的最低点通常位于瑞利散射曲线和多声子吸收谱的交点,其值为二者之和。$ZrF_4-BaF_2-LaF_3-AlF_3-NaF$ 系的氟锆酸盐玻璃的本征损耗在 2.55 μm 处有最小值,约为 1.1×10^{-2} dB/km,其中包括瑞利散射 7.8×10^{-3} dB/km 和多声子吸收 3.1×10^{-3} dB/km。

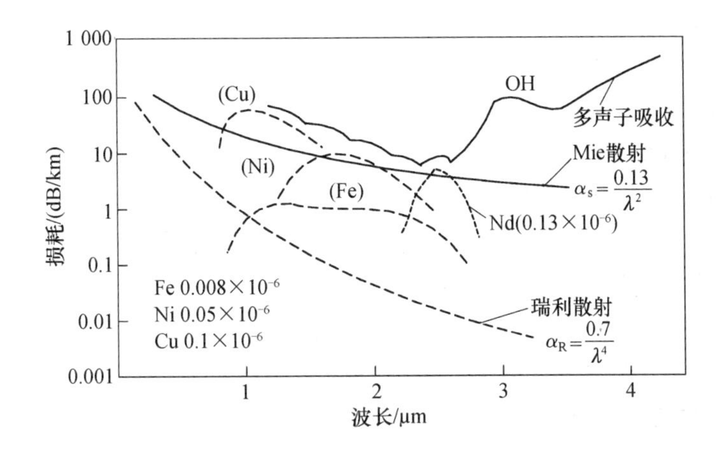

图 3－8　氟锆酸盐玻璃光纤的损耗谱

光纤中由缺陷引起的散射损耗主要有两种：Mie 散射和大颗粒散射。前者由尺寸与光波长相近的缺陷所引起，其值与光波长的平方成反比；后者则由尺寸更大的缺陷所引起，其值与波长无关。这些缺陷主要是微小的析晶、分相、未熔的固体夹杂物和气泡等。在氟锆酸盐玻璃光纤中，常见的固体夹杂物有 $\beta-BaZrF_6$、LaF_3、ZrF_4、ZrO_2 等微小晶体及从坩埚浸蚀下来的铂颗粒等。多数氟化物玻璃的成玻璃性能差，由于氟化物在高温下容易与水气形成难熔的氧化物或氧氟化物，使得现有的氟化物玻璃光纤中非本征散射损耗比石英光纤大得多，这已成为阻碍氟化物玻璃光纤损耗进一步降低的主要因素。

氟化物玻璃的折射率介于 1.3～1.6 之间，可随玻璃的化学组成进行调整。氟化物玻璃是无机玻璃中折射率最低、色散最小的玻璃。一般零色散波长分别位于 1.5～1.6 μm 附近，低于其最低损耗波长约 1 μm，但在此波段内，材料色散变化较小，因此在其最低损耗波长仍可获得较小的色散，其值约为 2 ps/(km・Å)。考虑到波导色散为正值，可以通过合理选择光纤芯、包层的折射率差和光纤芯径，使光纤的零色散波长接近其最低损耗波长。

三、硫系玻璃光纤

20 世纪 60 年代获得了 5.5 μm 处损耗为 20 dB/m 的 As_2S_3 玻璃光纤，20 世纪 80 年代初，为探索新一代超低损耗通信光纤和用于传输高功率 CO 激光器(5.3 μm)及 CO_2 激光器(10.6 μm)的传能光纤，考虑到硫系玻璃具有比氟化物玻璃更宽的透红外性能和更好的成玻璃能力，又开始对硫系玻璃光纤进行深入而广泛的研究。

1. 硫系玻璃光纤的化学组成

用于拉制光纤的硫系玻璃组成经过了从早期的 As－S 二元系统发展到多元系统。典型的二元系统 As_2S_3 和 GeS_3 玻璃的折射率分别为 2.41 和 2.113，其透光范围分别为 0.6～11 μm 和 0.5～11 μm。相比较而言，Ge－S 系统玻璃的短波段透过性能最好，属于折射率和毒性较低的硫系玻璃。在这些玻璃系统中，除含有一种或几种硫系元素硫、硒和碲外，还含有如镓、锗、磷、砷和锑等ⅢA、ⅣA 和ⅤA 族元素，主要有 Ge－S、Ge－Se、As－S、As－Se、Ge－P－S、Ge－As－Se、Ge－Se－Te、As－Se－Te 和 Ge－As－Se－Te 等系统。

硒化物玻璃的透红外性能较硫化物玻璃更好，Ge－As－Se 三元系统的玻璃作为典型的硒化物玻璃已拉制成光纤。为进一步提高光纤在长波段的透过率，常用碲取代部分硒，但过量碲的引入往往使玻璃的抗失透性能变差。

2. 硫系玻璃光纤的损耗特性

目前已获得的损耗最低的硫系玻璃光纤是 $As_{40}S_{60}$，其值为 35 dB/km，位于 2.44 μm 附近的损耗约为 0.2 dB/m。以它为代表的硫化物玻璃光纤在 1～6 μm 波段有较低的损耗，硒化物玻璃光纤的透过范围可扩展到 9 μm 左右，而要获得在 CO_2 激光波长 10.6 μm 处损耗较低的光纤，则需在硒化物玻璃中引入一定量的碲。目前已获得了在 10.6 μm 波长处损耗约为 1 dB/m 的 $Ge_{22}Se_{20}Te_{58}$ 玻璃光纤。现有的硫系玻璃光纤在整个波段内存在着许多由杂质引起的吸收带。

四、硫卤化物玻璃光纤

硫卤化物玻璃光纤属于非氧化物玻璃光纤，按其化学组成可分为两组：一组是以原子量较小的硫系元素和卤素，如硫和氯等为主要组分的玻璃，这组玻璃的多声子吸收边位于 13 μm 附近，与硫系玻璃相近；另一组则是以原子量更大，如 Te、Se、I 和 Br 为主要组分的玻璃，波长在 18 μm 以内的波段具有较高的透过率。在这组玻璃中，Te－X(X＝Cl、Br 或 I)二元系统就能形成玻璃或具有较大的成玻璃倾向，并随第三组分 Se 或 S 的引入，使其在结构和特性上既不同于硫系玻璃，也不同于重卤化物玻璃，并且具有不易析晶、抗水性好和透光范围宽等特点。典型的硫卤化物系统有 Te－Se－Br 和 Te－Se－I。

3.2.2 塑料光纤

塑料光纤具有柔性好、加工性能好和价格低廉等优点，因而在短距离通信、光传感器及显示等方面获得了广泛应用。

一、塑料光纤材料

目前常用的塑料光纤芯材有 3 类：

(1) 聚甲基丙烯酸甲酯(PMMA)及其共聚物系列。具有光纤特性好、且价格低廉的优点，目前已被广泛应用。

(2) 聚苯乙烯(PS)系列。纤芯材料较脆，传输损耗大，而且随放置时间的延长其黄色指数上升，透明度下降，故目前较少使用。

(3) 氘化聚甲基丙烯酸甲酯($PMMA-d_s$)系列。采用氘代替了氢，传输损耗可降低至 20 dB/km，是一种理想芯材，目前已有商品化产品，但价格较贵。

近年来，塑料光纤芯层材料已由热塑性聚合物扩展到热固性聚合物，如聚硅氧烷等。对包层材料不仅要求透明，折射率比芯材低，而且要有良好的成型性、耐摩擦性、耐弯曲性、耐热性及与芯材的良好粘接性。对于 PMMA 及其共聚物芯材(折射率约 1.5)，多选用含氟聚合物或共聚物为包层材料，如聚甲基丙烯酸氟代烷基酯、聚偏氟乙烯(n＝1.42)、偏氟乙烯/四氟乙烯共聚物(n＝1.39～1.42)等。表 3－1 所列为几种商品化的塑料光纤的组成及性能。

表 3-1　几种塑料光纤的组成及性能

厂　家		三菱人造纤维公司（日）	三菱人造纤维公司（日）	三菱人造纤维公司（日）	杜邦公司（美）	杜邦公司（美）	杜邦公司（美）	杜邦公司（美）	旭化成（日）
组成	纤心	PMMA	PMMA	PMMA	PMMA	PMMA	PMMA	重氢化 PMMA	PS
	包层	氟聚物	氟聚物	氟聚物	氟聚物	氟聚物	氟聚物	氟聚物	PMMA
光学性能	数值孔径	0.5	0.5	0.47	0.53	0.53	0.53	0.53	0.56
	受光角（QC）/(°)	60	60	56	64	64	64		68
	传输损耗 /(dB·km^{-1})	＞400	300 (650 nm)	600 (650 nm)	约 1 000	550～600 (650 nm)	350 (650 nm)	270 (＞90 nm)	＞1 000
注：PMMA 为聚甲基丙烯酸甲酯；PS 为聚苯乙烯									

二、塑料光纤的性能

塑料光纤和石英光纤的光谱响应特性如图 3-9 所示。塑料光纤对可见光的透过性能较好，在红外区则有强的选择性吸收。其透光性随光纤长度增大而下降，且传输损耗较大，主要原因是分子中 C—H 的红外振动吸收、过渡金属离子吸收、有机杂质吸收、紫外电子跃迁吸收、瑞利散射、尘埃和微孔隙散射、纤芯直径不均匀、拉伸取向产生的双折射、芯—包层界面的缺陷等。表 3-2 给出了塑料光纤的理论传输损耗的极限值。

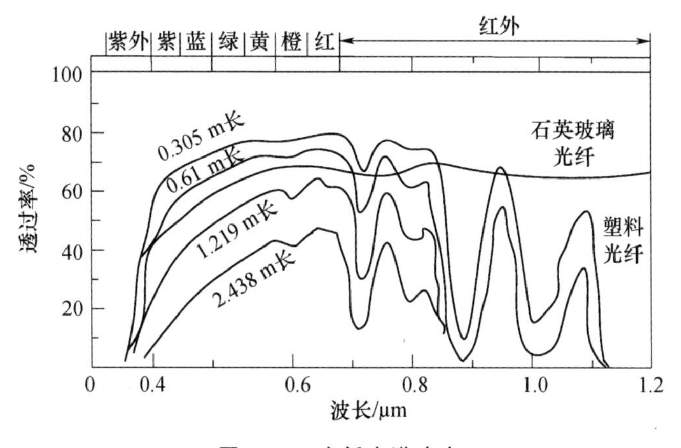

图 3-9　光纤光谱响应

表 3-2　几种塑料光纤的理论传输损耗极限值

项　目		PMMA			PMMA—ds			PS		
		520	570	650	680	780	850	580	625	670
ECL 制 POF/(dB·km^{-1})		57	55	128	20	25	50	138	138	114
损耗原因	吸收损耗/(dB·km^{-1})	1	7	88	0	9	36	15	15	26
	瑞利散射/(dB·km^{-1})	28	20	12	10	6	4	78	78	43
	结构不完整损耗/(dB·km^{-1})	28				10				
损耗限度/(dB·km^{-1})		29	27	100	10	15	40	93	93	60

塑料光纤在 670 nm 附近和 900 nm 附近都有明显的吸收峰值,这是由于分子吸收所引起的。因塑料光导纤维为碳氢化合物,C—H 键在红外波长下易发生振动。

在芯材杂质引起的吸收损耗中,过渡金属离子在可见光波段引起的吸收最为显著。例如,Co^{2+} 离子在 530 nm、590 nm 及 650 nm 具有最大的吸收峰。另外水分和其他杂质也会引起吸收。在光纤生产过程中,一些非理想的因素如杂质、纤维的不圆整性、双折射、皮—芯间的黏合缺陷等均会增加散射损失,使损耗增大。

目前正在研制低损耗(小于 20 dB/km)的塑料光纤、耐热塑料光纤和耐湿塑料光纤等。商品化的塑料光纤中仍以聚甲基丙烯酸甲酯光纤为主。由于传输距离仅数十米,主要用于传光系统,如医用内窥镜、灯具、玩具及其他检测系统中;在通信系统中主要用于长距离通信的端线和配线,也大量用于汽车、飞机和舰船内部的短距离光通信系统中。

3.2.3 晶体光纤

晶体光纤是用晶体材料制成的光纤。按纤维中晶体的结构可分为多晶纤维和单晶纤维。晶体光纤有近于完美的晶体结构,集晶体与纤维的特性于一身,可广泛用于制作各种光通信器件,如晶体光纤激光器、自倍频晶体光纤激光器、晶体光纤光放大器、晶体光纤倍频器、晶体光纤光参量振荡器、晶体光纤光隔离器、晶体光纤温度计、晶体光纤光传输线等。这些器件的横截面小,易于和普通光纤系统联网。

晶体光纤对较长波长的光具有比玻璃光纤更好的传输特性,而单晶光纤由于晶界对光的散射小,因而对光的损耗较小。晶体光纤器件与普通光纤之间具有更高的耦合效率,因而比普通器件更适用于光纤系统。当然晶体光纤的表面质量和内部光学均匀性还达不到玻璃光纤的性能。

一、YAG 系列晶体光纤

YAG 晶体光纤主要用于制作晶体激光器、晶纤光放大器等。例如,Nd:YAG 晶体光纤可以制作波长为 1.06 μm、0.946 μm 和 1.329 μm 的激光器件,其中 1.32 μm 是光纤通信波长。Er:YAG 晶体光纤可制作波长为 1.64 μm、1.78 μm 和 2.938 μm 的激光器件,其中波长为 1.64 μm 和 1.78 μm 的激光对人眼是安全的,在军事方面有着广阔的应用前景;而 2.938 μm 的激光能被生物组织强吸收,可用作激光外科手术光源,如激光眼科手术。

YAG 晶体光纤的制作通常是采用激光加热基座生长法(LHPG),一般沿着(111)方向可在真空中或保护气体(氩气、氮气)中及空气中生长。晶体光纤横截面呈六角形,角的顶部是圆弧形的。为了减小光波导损耗,应采用适当的生长规范使光纤的截面更接近圆形。

二、YAP 系列晶体光纤

YAP($YAlO_3$)系列晶体属于斜方晶系,熔点是 1 875 ℃,是 Al_2O_3 和 Y_2O_3 的二元混合物。用 YAP 系列晶体可制作激光晶体和快速闪烁晶体。YAP 晶体光纤用作激光器件时,与 YAG 晶体相比具有以下优点:激光器输出为线偏振光;容易掺杂多种元素;掺杂浓度变化范围大;可用于研制多种新功能和新波段的器件,如 Nd:YAP 的激光波长为 1.08 μm 和 1.34 μm;Ho:YAP 的激光波长为 2.1 μm;Er:YAP 的激光波长为 1.66 μm 和 2.7~2.9 μm。在 1.34 μm 波长处,Nd:YAP 的受激发射截面是 Nd:YAG 的 2 倍。在双色激光器件中,YAP 器件的性能优于 YAG。如(Nd、Er):YAP 能同时产生 1.08 μm 和 2.9 μm 的双色激光。YAP 系列

晶体光纤还具有热透镜效应小、内应力小、无孪晶，掺杂粒子分布均匀可获得小光斑，适合与普通光纤通信系统和光纤传感系统连接等优点。

YAP 系列光纤熔点较高，生长习性和 YAG 相近，一般采用 LHPG 法生长。

三、Al_2O_3 系列晶体光纤

Al_2O_3 晶体属于六方晶系，熔点是 2 045 ℃，可用气相凝结法、边界限定薄膜馈料生长法（EFG）、LHPG 法等方法生长。已经生长出了直径为 3～500 μm、长 30 cm 的光纤，直径均匀，表面粗糙度低。由于刚生长出来的晶体光纤急剧冷却，因而会产生较大的内应力，并产生缺陷，引起光散射增加。Al_2O_3 晶体光纤具有机械强度高、对近红外光呈现弱吸收和熔点高的特点，常用作传光光纤和光纤高温传感器。Al_2O_3 晶体光纤高温计可测量高达 2 000 ℃的高温，精度可达 0.1%。可用于发动机内部温度测量，也可用于高炉内部温度和火箭升空时喷出尾气的温度测量。

$Cr:Al_2O_3$（红宝石）晶体光纤的生长和 Al_2O_3 晶体光纤相似，$Cr:Al_2O_3$ 晶体光纤可以用来制作晶体光纤激光器。

$Ti:Al_2O_3$ 晶体光纤的调谐范围很宽，为 700～1 000 nm，有利于提高泵浦光的利用率，降低阈值，提高器件的热性能。$Ti:Al_2O_3$ 晶体光纤中主要是由 Ti^{3+} 产生激光，一般在保护性气体（如 He 或 He 和 H_2 的混合气体）中生长。

四、$LiNbO_3$ 系列晶体光纤

$LiNbO_3$（LN）晶体属于三方晶系，熔点是 1 260 ℃，可用改进的下拉法（MPD）和 LHPG 法等生长 LN 和 $Nd:LiNbO_3$ 晶体光纤。

目前已经出现了采用 LN 晶体光纤制成的世界上第一只晶体光纤倍频器。用 4～5 mm 长的 LN 晶体光纤可达到普通块状晶体的倍频效率。用 Nd^{3+}:LN 晶体光纤有望制成晶体光纤激光器、晶体光纤光放大器和自倍频晶体光纤激光器。

五、LBO 与 BSO 晶体光纤

LBO 晶体光纤生长非常困难，选择适当的助熔剂和生长规范、控制熔区的温度均匀分布对 LBO 晶体光纤的生长是十分重要的。

BSO（$Bi_{12}SiO_{20}$）晶体属于立方晶系，熔点为 890 ℃，透光范围为 0.45～7.5 μm，温度稳定性好，介质吸收损耗小，是一种性能优异的非线性光学功能材料。BSO 晶体光纤一般用 MPD 法或 LHPG 法在真空中或保护气体及空气中生长。用 LHPG 法生长时，生长界面是向熔体方向凸起的，容易得到单晶光纤。由于 Bi_2O_3 在高温下容易挥发，因此在生长 BSO 晶体光纤时，需仔细控制熔区的温度，避免在熔区内形成局部高温区，保持熔区温度稳定性，以避免云层的产生。

六、卤化物晶体光纤

常用的卤化物晶体光纤多用作传光晶体光纤，主要有铊的卤化物、银的卤化物及碱金属的卤化物。

铊的卤化物红外晶体光纤主要有 T1Br、T1Br－T1I（KRS－5）、T1Br－TlCI（KRS－6）等晶体光纤。它们对 CO_2 激光（波长为 10.6 μm）的吸收很小，但有剧毒，易断，制作和使用均有一定的困难。使用挤压法和滚压法制作时，可得到多晶光纤。

银的卤化物红外晶体光纤主要有 AgCl、AgBr 和 AgCl-AgBr(KBS-13)等晶体光纤,对波长为 2～20 μm 光的吸收很小,不潮解、无毒、延展性好;缺点是在紫外光和可见光的直接照射下会发黑。使用挤压法和滚压法制作时可得到多晶光纤。

碱金属卤化物红外晶体光纤主要有 KCl、KBr、KCl-KBr 和 CsBr 等。由于延展性较差,碱金属的卤化物晶体光纤用滚压法制作时,一般得到多晶纤维。铊的卤化物、银的卤化物和碱金属卤化物的红外单晶光纤可以用布里奇曼法(Bridgeman)、EFG 和 MPD 等方法生长。

3.3 光纤器件

3.3.1 光纤无源器件

光纤无源器件在光纤通信系统、光纤局域网(包括计算机光纤网、微波光纤网、光纤传感网等)及各类光纤传感系统中是必不可少的器件。光纤无源器件是一种能量消耗型器件,主要包括光纤连接器、光耦合器、光开关、光衰减器、光隔离器、光滤波器和波分复用/解复用器等。其主要功能是对信号或能量进行连接、合成、分叉、转换及有目的的衰减等。

一、光纤连接器

1. 光纤的连接

通常出厂的光纤光缆一般长度为 1～5 km,更远距离应用时必须进行接续。另外,由于道路、地形、应用场合等原因,有可能采用几段不同结构的光纤光缆,这时也需要进行光纤的连接。

光纤的连接分为固定连接与活动连接两种。由于光纤不同于铜线,连接不当可能会带来较大的附加损耗。因此,如何保证光纤连接时损耗最小是非常重要的。

光纤的连接损耗取决于所连接光纤结构参数的差异,如芯径失配、折射率分布失配、同心度不良及其他不良的连接工艺,如纤芯位置的横向偏差和纵向偏差、光纤轴向角偏差、光纤端面污染等。因此,为了获得较小的连接损耗,除应限制对准误差外,连接光纤应尽可能选择结构参数相同的光纤,采用精良的连接工具和合理的连接方法。

2. 光纤固定连接器

光纤固定连接器的作用是使一对或几对光纤之间永久性地连接。

制作固定接头的方法有熔接法、V 形槽法、毛细管法和套管法等。

1) 熔接法

用熔接法制作固定连接器是光纤固定连接的主要方法。

通常采用加热的方法将光纤熔接在一起,只要操作得当,熔接机设计合理,连接插入损耗很小,后向反射光近似为零,就可以得到理想的光纤固定接头。

光纤加热和熔化的方法如图 3-10 所示,通常有 3 种。一是电弧熔接法,采用高压电极放电来加热光纤,使之熔融连接,电弧放电和光纤的对准可以由微机控制,实现自动化操作。电弧熔接是熔接法中应用广泛的一种方法。二是氢氧焰熔接法,用于一些特殊的场合,如海底光缆的光纤熔接,其特点是接头强度高,但火焰的控制较为困难。三是激光熔接法,如用激光器加热并熔接光纤,其特点是加热环境非常干净,接头强度高,但设备昂贵。

实现光纤熔接的设备是光纤熔接机,它由下述部分组成:光纤的准直与夹紧结构、光纤对准机构、电弧放电机构和电机驱动控制机构。

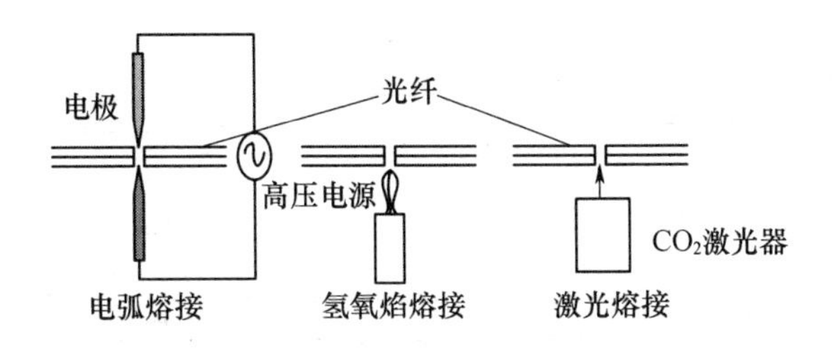

图 3－10　光纤熔接方法

(1) 光纤的准直与夹紧结构。它由精密 V 形槽和压板构成，精密 V 形槽的作用是使一对光纤不产生轴偏移，压板使光纤固定在 V 形槽内。

(2) 光纤对准机构。在熔接光纤之前，一般要通过手动或自动装置使纤芯完全对准。常用功率监测、纤芯直视和包层对准 3 种方法来实现光纤的对准。

(3) 电弧放电机构。熔接机的电弧放电是由两根电极实现的，电极由钼丝制成。

(4) 电机驱动控制机构。在电极放电过程中，电机的驱动由微处理机控制，按预定程序工作。

2) 其他固定连接方式

(1) V 形槽固定接头。在 V 形槽机械连接方法中，首先要将准备好的光纤端面紧靠在一起，如图 3－11 所示。然后将两根光纤使用粘合剂连接在一起或先用盖片将两根光纤固定。V 形通道既可以是槽状石英、塑料、陶瓷，也可以是在金属基片上作成槽状。这种方法的连接损耗在很大程度上取决于光纤的尺寸(外尺寸和纤芯直径)变化和偏心度(纤芯相对于光纤中心的位置)。

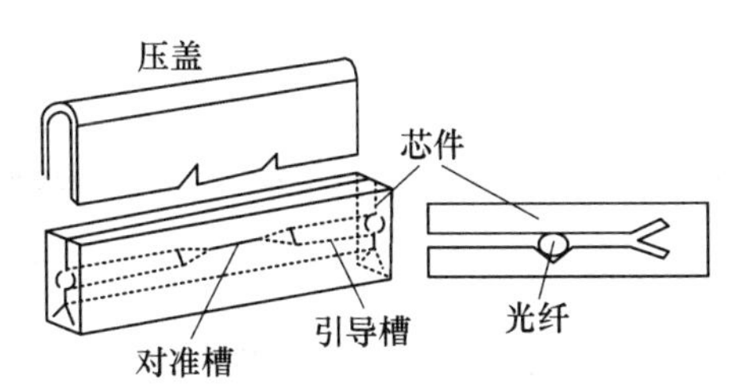

图 3－11　FMS－1 型光纤固定连接器的结构

(2) 毛细管固定接头。毛细管固定接头一般采用玻璃材料制作，将两根处理好的光纤从两端穿入玻璃毛细管内，利用其精密内孔使两根光纤纤芯对准。在两根光纤端面加入匹配液，消除菲涅尔反射。

(3) 套管式固定接头。与活动连接器一样，其主要零件也是插针和套筒。插入损耗在 0.1 dB 以下，回波损耗达 45 dB 以上。

3. 光纤活动连接器

光纤活动连接器基本上是采用某种机械和光学结构，使两根光纤的纤芯对接，保证 95%以上的光能通过连接器。目前，活动连接器具有代表性且正在使用的结构有如图 3－12 所示的几种。

套管结构的核心是插针与套筒。插针是一个带有微孔的精密圆柱体，其结构和主要尺寸如图 3－13 所示。对插针的要求是：外径不圆度小于 0.000 5 mm；外圆柱面光洁度为 ▽ 14；微孔偏心量小于 1 μm；插针端面为球面，其曲率半径为 20～60 mm。

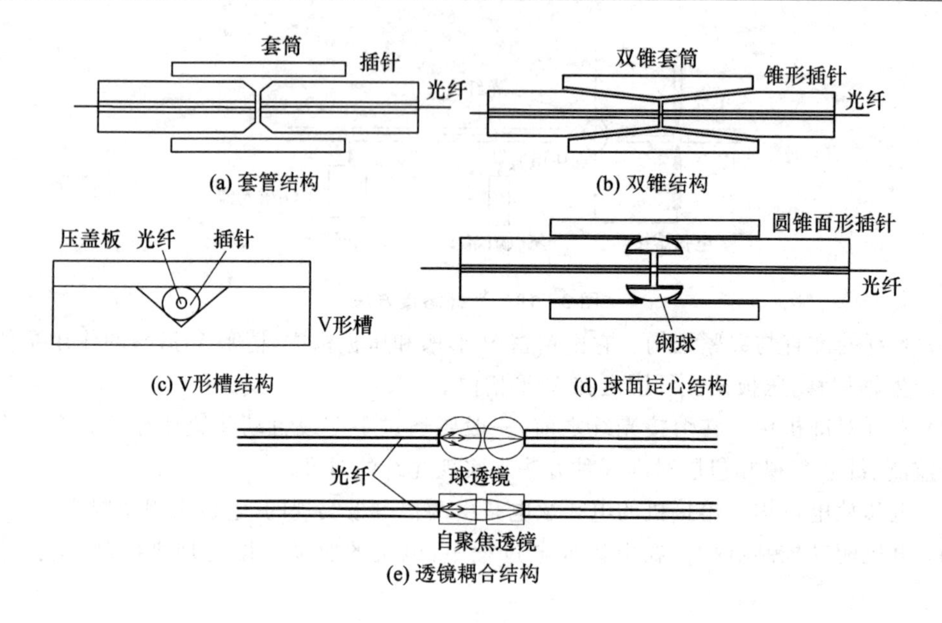

图 3-12 活动光纤连接器结构

套筒是与插针相配合的零件，它有两种结构，如图 3-14 所示。对套筒的要求是：内孔光洁度为▽ 14；拔插力为 3.92～5.88 N。开口套筒使用弹性好的材料，如磷青铜、铍青铜、氧化锆陶瓷等。

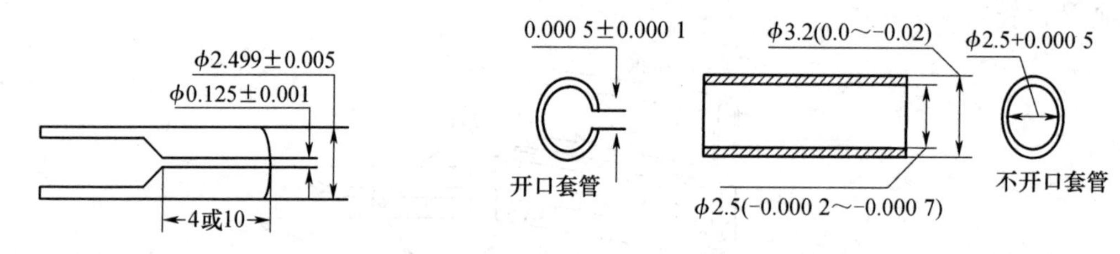

图 3-13 插针的结构与主要尺寸(单位:mm)

图 3-14 套筒的结构与尺寸(单位:mm)

光纤活动连接器结构上差异很大，品种也很多，但按功能可分成以下几部分：

(1) 连接器插头。由插针体和若干外部零件组成。

(2) 适配器。即插座，可以连接同型号插头，也可以连接不同型号插头，可以连接一对插头，也可以连接几对插头或多芯插头。

(3) 转换器。将某一种型号的插头变换成另一种型号的插头，由一种型号的转换器加上另外其他型号的插头组成。

(4) 光缆跳线。一根光缆两端面接上插头，称为跳线。两个插头型号可以不同，可以是单芯的，也可以是多芯的。

(5) 裸光纤转换器。将裸光纤穿入裸光纤转换器，处理好光纤端面，形成一个插头。

4. 主要性能指标

1) 插入损耗

插入损耗是指光信号通过连接器后，输出光功率相对于输入光功率的分贝数，其表达式为

$$I_L = -10\lg P_{out}/P_{in} \quad (\text{dB}) \tag{3-24}$$

式中：P_{in} 为输入光功率；P_{out} 为输出光功率。插入损耗越小越好。

影响光纤活动连接器插入损耗的因素很多，主要有 3 种：一是两个光纤纤芯位置的错位，如图 3-15 所示，包括横向错位、角度倾斜和端面间隙。二是在两个光纤端面之间，由于存在不同的介质（如空气），光在介质之间多次反射，产生损耗，称为菲涅耳反射引起的损耗。其表达式为

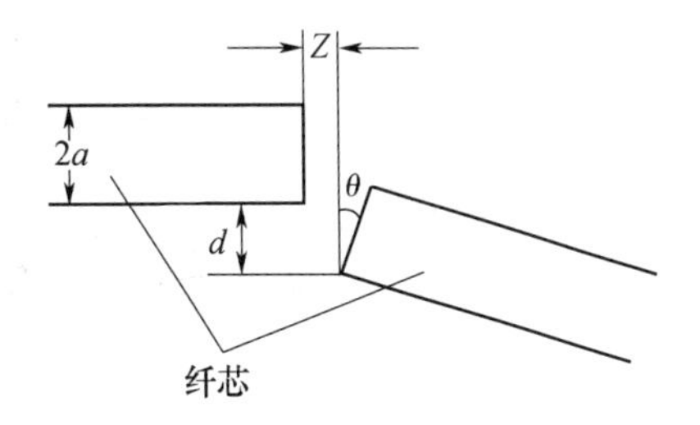

图 3-15　光纤纤芯位置的错位

$$I_{Lf} = -10\lg\left(\frac{16K^2}{(1+K)^4}\right)$$

式中：$K = n_2/n_1$。

三是由于两根光纤纤芯直径不同。数值孔径不同也会引起光纤连接器损耗。

2）回波损耗

回波损耗又称为后向反射损耗，是指光纤连接处，后向反射光功率相对入射光功率的分贝数，其表达式为

$$R_L = -10\ \lg P_r/P_{in} \quad (\text{dB}) \tag{3-25}$$

式中：P_{in} 为输入光功率；P_r 为后向反射光功率。回波损耗越大越好。

3）重复性和互换性

重复性是指光纤活动连接器多次插拔后，插入损耗的变化，用 dB 表示。而互换性是指连接器各部件互换时，插入损耗的变化，也用 dB 表示。

二、光纤耦合器

光纤耦合器（coupler）是一种能使光信号在特殊结构的耦合区发生耦合，并进行光功率再分配的器件。

1. 光纤耦合器的分类

光纤耦合器有多种不同的分类方法，从制造技术上分可以划分为轴向对准技术（又称纤芯交互型）和横向对准技术（又称表面交互型）。由于横向对准技术性能好、重复性好、适应面宽及相对成本低，因而获得广泛应用。由横向对准技术制造的光纤耦合器又可以划分为全光纤型（研磨和熔融法）和集成光学型（$LiNbO_3$、Si 或平面玻璃方法）。从功能上可分为光功率分配器和光波长分配（合/分波）耦合器。从端口形式上，可分为 X 形（ 2×2 ）或 4 端口型、Y 形（1×2）或 3 端口型、星形（$N \times N$，$N>2$）或多端口型及树形（$1\times N$，$N>2$）耦合器。从工作带宽上可分为单工作窗口的窄带耦合器、单工作窗口的宽带耦合器和双工作窗口的宽带耦合器。另外，由于传导光模式的不同，又有多模光纤耦合器和单模光纤耦合器之分。图 3-16 所示为几种典型的不同端口形式的全光纤耦合器的结构示意图。

光纤耦合器的作用之一是将光信号进行分路与合路。在波分复用、光纤局域网、光纤有线电视网、干涉型光纤传感器、某些测量仪表（如光时域反射计）中是不可缺少的光学元件。2×2 的光耦合器又是构成其他光学元件的基础。

光耦合器除了全光纤型以外，还有一类波导型光耦合器。它是在 $LiNbO_3$ 等衬底材料上，通过薄膜沉积、光刻、扩散等工艺形成所需的波导结构，利用光波导实现光的耦合。

目前平面波导型已有树形耦合器、星形耦合器、波分复用器和宽带耦合器等多种光耦合

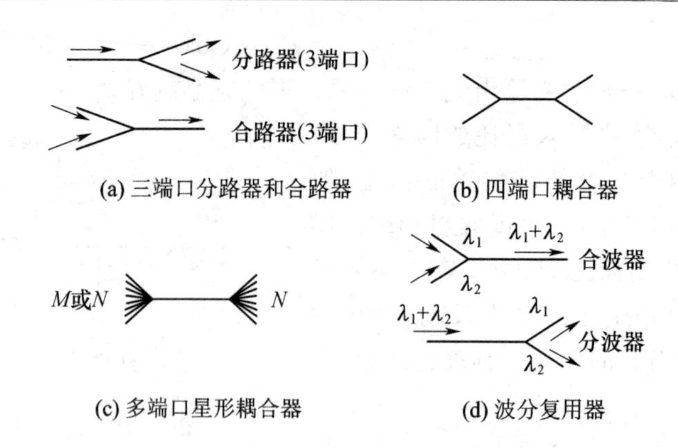

图 3-16　典型的不同端口形式的光纤耦合器的结构

器。图 3-17 所示为集成光波导耦合器的基本结构。

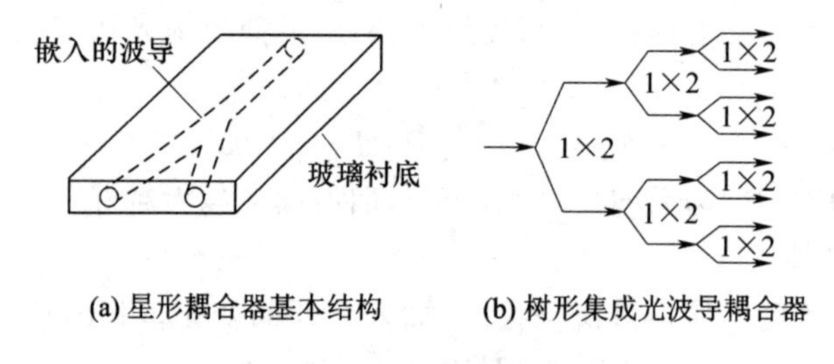

图 3-17　集成光波导耦合器

2. 光纤耦合器的主要特性参数

1）插入损耗

插入损耗(insertion loss)定义为指定输出端口的光功率与输入端口的光功率的比值。该值通常以 dB 表示，即

$$IL_i = -10\ \lg\left(\frac{P_{\text{out}i}}{P_{\text{in}}}\right) \quad (\text{dB}) \tag{3-26}$$

式中：IL_i 为第 i 个输出端口的插入损耗；$P_{\text{out}i}$ 为第 i 个输出端口的光功率；P_{in} 为输入端口的光功率。

插入损耗是各输出端口输出功率状况的一个指标，不仅与固有损耗有关，而且与分光比有很大的关系。

2）附加损耗

附加损耗(excess loss)定义为所有输出端口的光功率总和与输入端口光功率总和的比值。该值通常以 dB 表示。其数学表达式为

$$EL = -10\lg\left(\frac{\sum_i P_{\text{out}i}}{\sum_i P_{\text{in}}}\right) \quad (\text{dB}) \tag{3-27}$$

附加损耗是体现器件制造工艺质量的指标，反映的是器件制作过程带来的固有损耗。

3）分光比

分光比(coupling ratio)是耦合器特有的技术指标。定义为耦合器一个指定输出端的光功率与全部输出端光功率总和的比值，在具体应用中常用相对输出功率的百分比来表示，即

$$CR_i = \frac{P_{\text{out}i}}{\sum_i P_{\text{out}i}} \times 100\% \qquad (3-28)$$

4）方向性

方向性(directivity)是衡量光耦合器件定向传输特性的参数。以 X 形耦合器为例，方向性定义为耦合器正常工作时，输入一侧非注入光的一端输出的光功率与全部注入的光功率的比值。

如图 3-18 所示，由输入一侧非注入光一端（端口 2）输出的光功率 $P_{\text{IN2(out)}}$ 与全部注入的光功率 P_{IN1} 的比为

$$DL = -10\lg\left(\frac{P_{\text{IN2(out)}}}{P_{\text{IN1}}}\right) \quad (\text{dB}) \qquad (3-29)$$

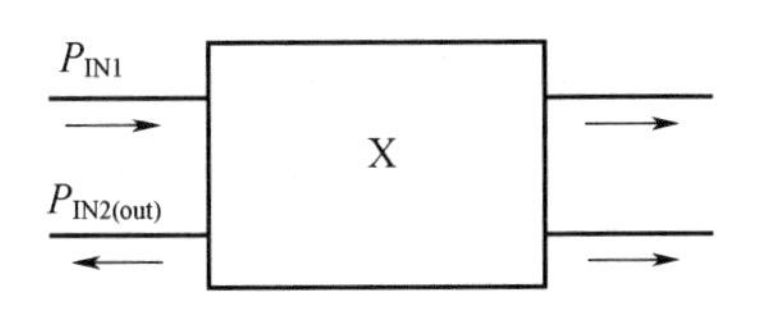

图 3-18　X 型耦合器的方向性

5）均匀性

对于要求均匀分光的光耦合器（主要是星形和树形），由于工艺的局限性，往往不可能做到绝对的均分，常用均匀性(uniformity)来衡量器件不均分的程度。表示为所有端口中最小输出端口的功率与最大输出端口功率的 dB 数表示，即

$$FL = -10\lg\left(\frac{\text{Min}(P_{\text{out}i})}{\text{Max}(P_{\text{out}i})}\right) \quad (\text{dB}) \qquad (3-30)$$

6）偏振相关损耗

偏振相关损耗(polarization dependent loss)是衡量器件对于传输光信号偏振态的敏感程度的参量，也称为偏振灵敏度。

通常指传输光信号的偏振态变化 360°时，器件各输出端输出功率的最大变化量。该值越小，说明偏振相关损耗特性越好，即

$$PDL = -10\lg\left(\frac{\text{Min}(P_{\text{out}i})}{\text{Max}(P_{\text{out}i})}\right) \quad (\text{dB}) \qquad (3-31)$$

7）隔离度

隔离度(isolation)是指光纤耦合器件的某一光路对其他光路中的光信号的隔离能力。它是衡量通道串扰特性的参数，通常规定某一端口的输出光功率为零时，而在其端口检测到其他输出端口的光功率耦合到该输出端，从而使其输出功率不为零。其表示式为

$$I = -10\lg\left(\frac{P_{\text{out}i}}{P_{\text{in}i}}\right) \quad (\text{dB}) \qquad (3-32)$$

式中：$P_{\text{out}i}$ 为在第 i 个光路输出端检测到的其他输出端光信号的功率；$P_{\text{in}i}$ 为输入端的光功率。

隔离度高，也就意味着线路之间的“串音”小。对于光纤耦合器来说，隔离度更有意义的是用于反映 WDM 器件对于不同波长信号的分离能力。对于分波耦合器，工程上往往要求隔离度达到 40 dB 以上，对于合波耦合器一般要求在 20 dB 左右。

3. 光纤耦合器的制作方法

从所采用的器件来看，光耦合器大致可分为分立元件组合型、全光纤型和平面波导型。早

期采用的分立光学元件(如柱面镜、反射镜和棱镜等)组合拼接,其耦合机理简单、直观,可用一般的几何光学进行描述。但其损耗大,与光纤耦合较困难,环境稳定性较差。后来发展了全光纤型耦合器,即直接在两根(或两根以上)光纤之间形成某种形式的耦合。最早是 Sheem 和 Giallorenzi 发明的蚀刻法,通过去掉部分包层以使它们彼此接触;后来 Bergh 等发明了光纤研磨法,先进行光纤耦合面研磨,然后在研磨面上加一小滴匹配液,再将光纤拼接,制作成光纤耦合器。20 世纪 80 年代初,人们开始用光纤熔融拉锥法制作单模光纤耦合器,该方法已成为当今制作光耦合器的主要方法。近年来,人们利用平面光波导制作光耦合器,它具有体积小、分光比控制精确、采用半导体制造技术易于成批加工生产等特点,集成化是未来光纤通信器件发展的必然趋势。

1) 熔融拉锥法

熔融拉锥法是将两根(或两根以上)除去涂覆层的光纤以一定方式靠拢,在高温下熔融,同时向两侧拉伸,最终在加热区形成双锥形式的特殊波导结构,实现传输光功率耦合的一种方法。利用熔融拉锥型光纤耦合器制作设备,还可以通过改变拉锥长度和周期作出合波/分波耦合器,因为耦合器系数是包含波长 λ 的量,即它对波长是敏感的。

熔融拉锥制作系统的示意图如图 3-19 所示。采用氢氧焰直接加热法加热拉锥,能够实现自动控制熔融拉锥过程。在预设分光比、光纤的预热时间、拉伸速度等工艺参数后,系统能自动完成拉锥过程,因而克服了手工操作的随机性,保证了产品指标的重复稳定性。

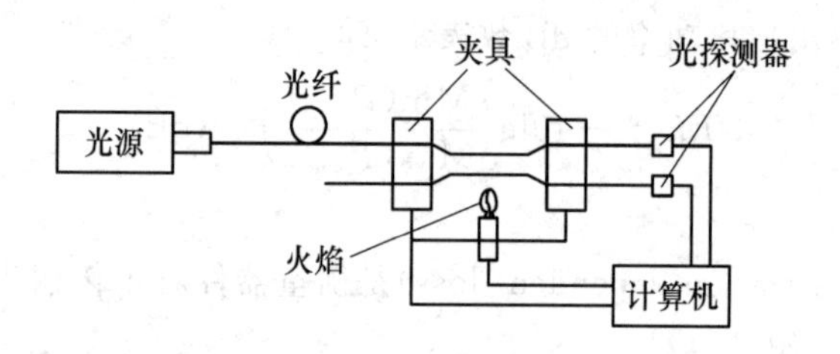

图 3-19 熔融拉锥法制作系统示意图

该系统由以下部分组成:光源——采用 LD 光源,可提供 1 310 nm、1 550 nm 波长的光;熔融拉锥装置——为对称拉锥装置,以氢氧焰为熔融热源,以高精度热质流量计控制供气,从而控制火焰的温度和稳定性;检测控制装置——采用微机控制。

熔融拉锥型全光纤耦合器具有以下优点:

(1) 附加损耗低。对于 X 型或 Y 型耦合器(参见表 3-3),附加损耗小于 0.05 dB。

表 3-3 标准 X、Y 型全光纤耦合器的典型性能指标

指　标	单模 2(1)×2
工作波长	1 310 nm,1 550 nm
附加损耗	≤0.1 dB
方向性	>60 dB
工作温度	−40~85 ℃

(2) 方向性好。一般可达到 60 dB,保证了传输光信号的定向性,减小了线路之间的串扰。

(3) 良好的环境稳定性,光路结构简单紧凑,在 −40~85 ℃ 温度范围内耦合器可稳定工作。

(4) 控制方法简单、灵活，不仅可以方便地改变器件的性能参数，还可制作出具有不同功能的其他器件。

(5) 制作成本低，适于批量生产。

2) 半导体微加工工艺法

采用基于半导体微加工工艺可制作各种不同结构与功能的光波导耦合器。主要采用沉积、光刻与扩散 3 道工艺过程。沉积是在基体上镀膜，光刻是在膜层上刻出所需的图案，扩散是使光刻形成的膜层图案在衬底内形成光波导。衬底和波导分别用两种不同的折射率材料实现，衬底的折射率较低，波导的折射率较高。

4. 耦合机理

1) 单模光纤耦合器

在单模光纤中，传导模是两个正交的基模(HE_{11} 模)，耦合器中光场强分布如图 3-20 所示。

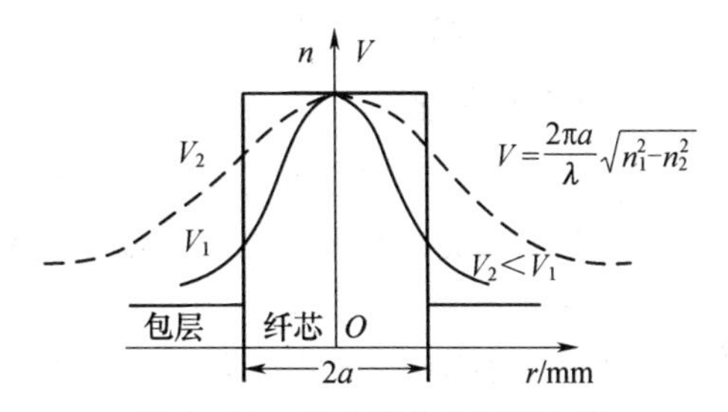

图 3-20　耦合器中光场强分布

传导模进入熔融锥区，纤芯不断变细，V 值逐渐减小，有越来越多的光功率进入光纤包层中，实际光功率是在以包层为芯、光纤外介质为包层的复合波导中传输的。在输出端，随着纤芯的逐渐变粗，V 值增大，光功率被两根纤芯以特定比例捕获。在熔锥区，两根光纤包层合并在一起，两根光纤纤芯足够接近，形成弱耦合，如图 3-21 所示。

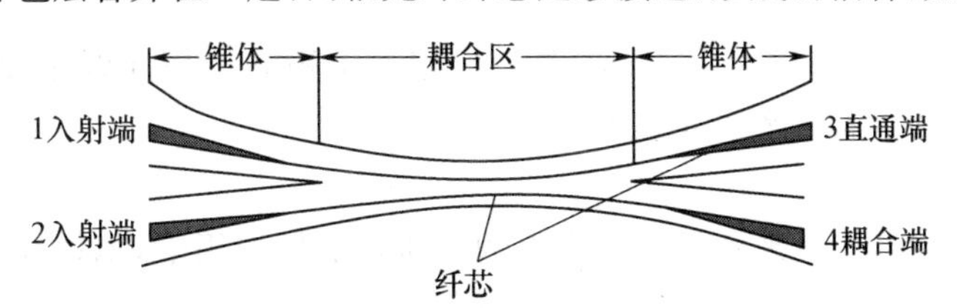

图 3-21　熔融拉锥型光纤耦合器的工作原理

在弱导近似下，假设光纤无损耗，则满足下列耦合方程，即

$$
\begin{cases}
\dfrac{\mathrm{d}A_1(z)}{\mathrm{d}z} = \mathrm{i}(\beta_1 + C_{11})A_1 + \mathrm{i}C_{12}A_2 \\[2ex]
\dfrac{\mathrm{d}A_2(z)}{\mathrm{d}z} = \mathrm{i}(\beta_2 + C_{22})\mathrm{A}_2 + \mathrm{i}C_{21}\mathrm{A}_1
\end{cases}
\tag{3-33}
$$

式中：A_1、A_2 分别为两根光纤的模式场幅度；β_1、β_2 是独立状态的两根光纤的传输常数；C_{ij} 是耦合系数。

实际上，自耦合系数 $C_{11}=C_{22}\approx 0$，且 $C_{12}=C_{21}\approx C$。

当 $z=0$ 时，且 $A_1(0)$、$A_2(0)$已知时，可求得每根光纤中的功率为

$$
\begin{cases}
P_1(z) = |A_1(z)|^2 = 1 - F^2\sin^2\left(\dfrac{C}{F}z\right) \\[2ex]
P_2(z) = |A_2(z)|^2 = F^2\sin^2\left(\dfrac{C}{F}z\right)
\end{cases}
\tag{3-34}
$$

由此得到耦合比率与熔融拉伸长度的关系曲线如图 3-22 所示。最大耦合率可达

到 100%。

2) 多模光纤耦合器

阶跃多模光纤的模式总数为 $N = V^2/2$，当传导模(靠近光轴为低阶模，离光轴较远的是高阶模)进入多模光纤耦合器的熔锥区时，纤芯变细，V 值变小，纤芯中束缚的模式数减少，较高阶模进入包层，形成包层模。

在熔锥区，两光纤包层合并，在输出端纤芯又逐渐变粗时，耦合臂的纤芯将以一定比例捕获这些高阶模式，获得耦合光功率，但低阶模不参与耦合。

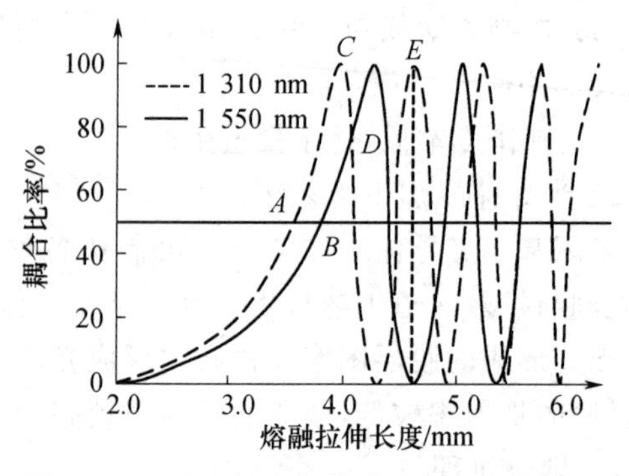

图 3-22　耦合比率与熔融拉伸长度的关系

三、光隔离器

光隔离器是一种非互易器件，其主要作用是仅允许光波沿光路单向传输，阻止光波向其他方向特别是相反方向传输。光隔离器主要用于激光器或光放大器的后端，以防止反射光返回到该器件致使器件性能降低。插入损耗和隔离度是隔离器的两个主要参数，对正向入射光的插入损耗值越小越好，对反向反射光的隔离度值越大越好，目前插入损耗的典型值约为 1 dB，隔离度的典型值为 40～50 dB。

1. 光隔离器中使用的光学元件

1) 光纤准直器

光纤准直器(optical fiber collimator)是由自聚焦透镜和单模光纤组成，对光纤中传输的高斯光束进行准直，以提高光纤之间的耦合效率。

2) 法拉第旋转器

1845 年，法拉第发现，原来不具有旋光性的物质在磁场作用下，偏振光通过该物质时其偏振面将发生旋转，旋转角度为

$$\theta = VBL \tag{3-35}$$

式中：V 为 Verdet 常数；L 为光在介质中的传输距离；B 为磁感应强度。法拉第根据这一原理制成了法拉第旋转器(Faraday rotator)

3) 偏振器

偏振器(polarizator)的工作原理是：双折射晶体被加工成楔形，入射光沿非光轴方向入射，出射光被分解为偏振方向正交的两束线偏振光 o 光和 e 光。偏振器分为以下两种：

(1) 薄膜起偏分束器，它是由人工制作的各向异性介质，其结构如图 3-23 所示。两种电介质材料周期性层叠，厚度周期小于波长。o 光和 e 光的分离角度由两种材料的折射率、厚度及入射角决定。

(2) 线栅起偏器，它是由金属和电介质周期交替层叠构成，如图 3-24 所示。当光入射到线栅时，偏振面与线栅方向平行的线偏振光被吸收，垂直于线栅方向的线偏振光损耗很小，输出线偏振光。

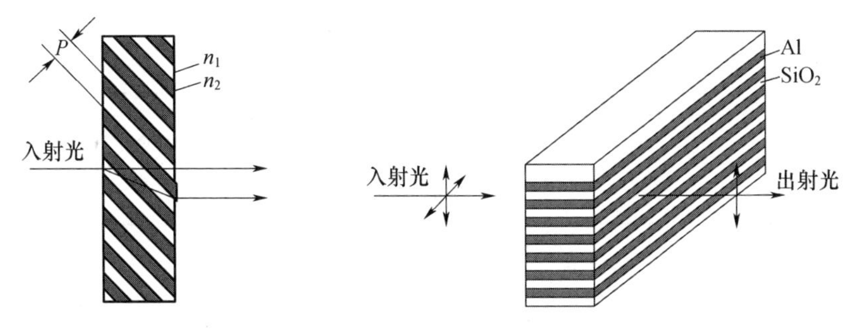

图 3-23　薄膜起偏分束器　　　　图 3-24　线栅起偏器

4）特种光纤

磁敏光纤在制造中掺入稀土元素，具有良好的透光性和法拉第旋光性。

2. 光隔离器的作用和工作原理

在光通信系统中，光信号从光源到接收机的传输过程中，会出现光学界面反射引起的频率漂移幅度变化，影响系统的正常工作。采用光隔离器可以消除反射光的影响。

根据偏振特性，光隔离器可分为偏振相关型光隔离器和偏振无关型光隔离器。

1）偏振相关型光隔离器

对于偏振相关型光隔离器，无论入射光是否是线偏振光，出射光一定是线偏振光。空间偏振相关型光隔离器的结构如图 3-25 所示。它由起偏器和检偏器以及放置在它们之间的法拉第旋转器组成。起偏器将输入光起偏在一定方向（如偏振角 $\varphi=0°$），当偏振光通过法拉第旋转器后其偏振方向将被旋转 45°。检偏器偏振方向正好与起偏器成 45°，因而由法拉第旋转器出射的光很容易通过它。当反射光回到隔离器时，首先经过起偏器的光是偏振方向与之一致的部分，随后这些光的偏振方向又被法拉第旋转器旋转 45°，而且与入射光偏振方向的旋转在同一方向上，因而经过法拉第旋转器后的光其偏振方向与起偏器成 90°，这样，反射光就被起偏器所隔离，而不能返回到入射光一端。

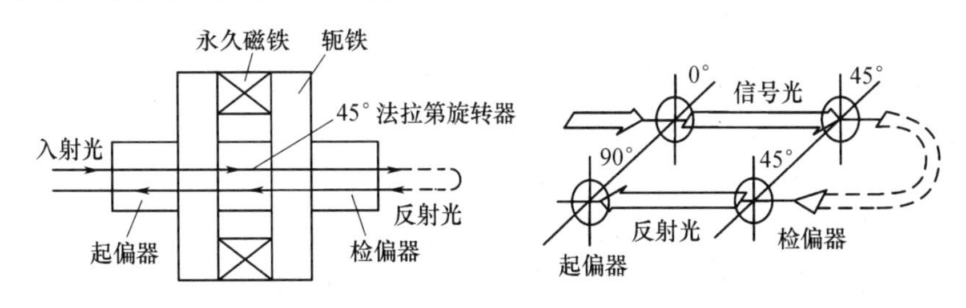

图 3-25　偏振相关型光隔离器结构示意图

通常，法拉第旋转器是由具有法拉第旋光特性而透光率高的材料和产生相应磁场的永磁铁组成。在 0.85 μm 波长常用的法拉第材料是含稀土的顺磁玻璃，而在 1.3 μm 波长以上则主要采用钇铁石榴石（YIG）单晶。目前，在 1.5 μm 波长由 YIG 材料制成的光隔离器可获得 40 dB 反向衰减。

2）偏振无关型光隔离器

偏振无关型光隔离器是一种与输入光偏振态相关很小的光隔离器。Wedge 型偏振无关光隔离器结构与偏振光传输如图 3-26 所示。

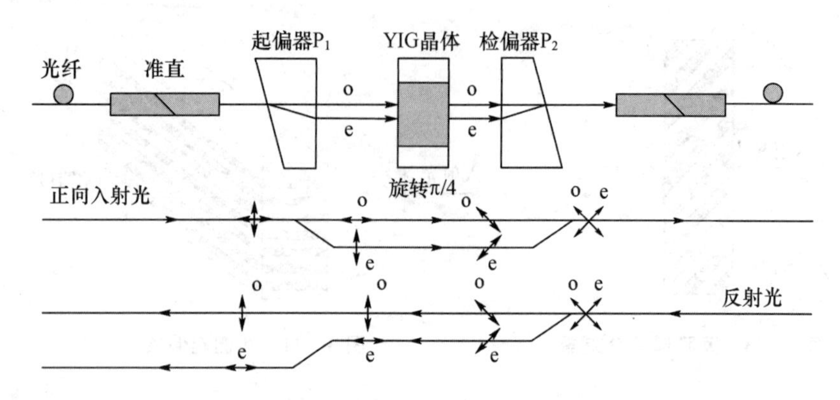

图3-26 Wedge型偏振无关光隔离器

光束正向传输时,光纤中的光经准直透镜后,进入起偏器 P_1,分为偏振方向相互垂直的o光和e光,经过法拉第旋转器偏振面各自顺时针旋转45°,由于检偏器 P_2 的光轴与 P_1 的光轴成45°夹角,o光和e光被折射到一起,合成一束平行光经准直镜耦合进入光纤。

光束反向传输时,由于法拉第效应的非互易性,经过 P_2 后分为与 P_1 光轴成45°的o光和e光,再经过法拉第旋转器时,由于磁感应强度不变,o光和e光的偏振面依然继续顺时针旋转45°,相对于 P_1 的光轴共旋转了90°,因此o光和e光被 P_1 进一步分开,准直透镜无法将这两束光耦合进入光纤,达到了反向光被隔离的目的。

此结构制作简单,插入损耗小,整个器件体积小,但由于准直透镜和双折射棱镜的引入,存在一定的偏振相关损耗和偏振模色散。

四、光波分复用器和解复用器

波分复用(WDM)器是合波器与分波器的统称。光合波器也称为光复用器,而光分波器又称为去复用器或解复用器。在光纤传输系统中,为了增大传输信息容量,或为了某些传感与特殊应用需要将不同波长的光混合后送入光纤,即进行合波;或者相反,把不同波长的光从光纤光路中分离出来,即进行分波。合波器与分波器可以是彼此独立的元件,也可以是两者功能合二为一的元件。通常合波相对容易实现,而分波较为困难,它需要借助一些色散元件,如棱镜和光栅来完成。例如,将1.3 μm波长附近的几个波长的光可以用星形耦合器将它们送入一根光纤。相反,要将它们从光纤中一一分离出来时就不能简单地应用这种星形耦合器了。光栅(或棱镜)分波的原理是在同一入射角下不同波长的光经过光栅衍射后将会形成不同的空间衍射角,从而可以将它们分别耦合进不同的光纤或光电探测器中。

1. 光波复用器的类型

(1) 组合型光复用器。它是由许多光学元部件如透镜、棱镜、光栅及各种反射膜等组合而成的。这类光复用器较成熟,应用较多。

(2) 波导型光复用器。它是在一种或几种衬底上制作各种光波导及其他光路功能器件组成的波分复用器。例如,在Si、$LiNbO_3$ 等材料上制作光波导,而在分波或合波的光路节点上制作出各种滤光器,从而实现分波或合波的目的。

(3) 光纤型光复用器。它是由两种不同的单模光纤通过熔融拉锥而形成的。其工作原理是当两种光纤的纤芯结合在一起时,使基模由消失场变为耦合模。而耦合比大小由锥形几何

尺寸分布所决定，这样可使某一波长有较大的耦合比，而其他波长的耦合比最小，从而实现将混合的各种波分离。

(4) 有源型复用器。它是利用光电子技术将复用器制作成有源器件进行工作的。合波器实际上是发射二波长或多波长的激光器或发光管；而分波器则是能探测二波长或多波长的探测器。

(5) 集成型复用器。它是一种技术上难度较大而又有发展前途的一种复用器。它是将有源型复用器、光电子器件与光波导、电子器件集成在一起的光复用器。这种复用器适合于密集型波长分割复用系统。

2. 光波分复用器的光传输原理与特性

光波分(解)复用器是按光波波长进行功率分离与合成的光无源器件，结构如图 3 - 27 所示。

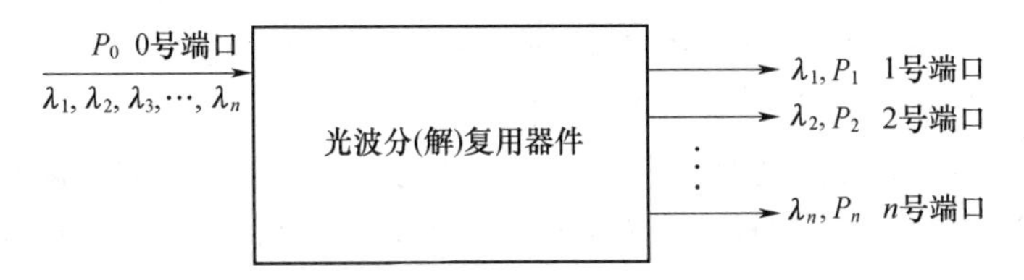

图 3 - 27　WDM 光传输原理

光波分复用器的一个端口作为器件的输入/输出端，n 个端口作为器件的输出/输入端。解复用器端口 0 号注入各种波长的光信号，在输出端不同波长的光信号分别在 n 个端口输出，其功率在不同波长之间有极低的串扰。

合复用器则与之相反。n 个端口的插入损耗与波长的关系如图 3 - 28 所示。其主要的光学特性如下。

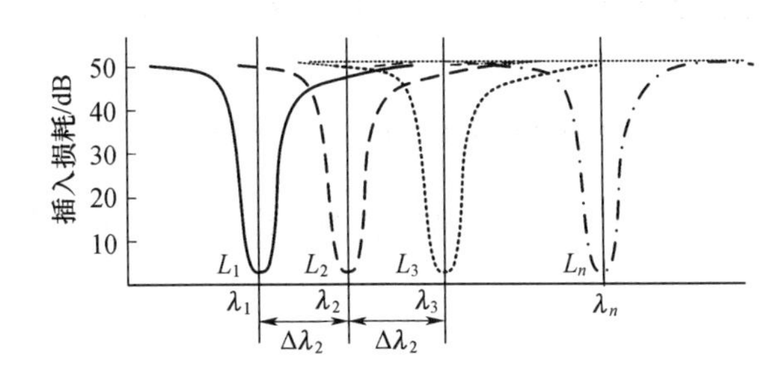

图 3 - 28　解复用器波长与插入损耗的关系曲线

(1) 中心波长 $\lambda_1, \lambda_2, \cdots, \lambda_n$。ITU－TL 规定在 1 550 nm 区域，以 1 552.52 nm 为标准波长，其他波长与之间隔为 0.8 nm(100G)，或其整数倍($n \times 0.8$ nm)为复用波长。

(2) 中心波长 λ 工作范围为 $\Delta\lambda_1$，$\Delta\lambda_1$ 对于每一通道，确定了出射光的谱宽范围。

(3) 中心波长对应的最小插入损耗 L_1、L_2 是衡量解复用器的一项重要指标，越小越好。

(4) 相邻信道之间的串音耦合最大值是另一项重要指标，数字信号通信系统要求大于 30 dB，模拟信号通信系统要求大于 50 dB。

3. 几种常见的 WDM 器件原理

利用色散、偏振、干涉等物理现象都可以制作 WDM 器件。以下是几种常见的 WDM 器

件类型。

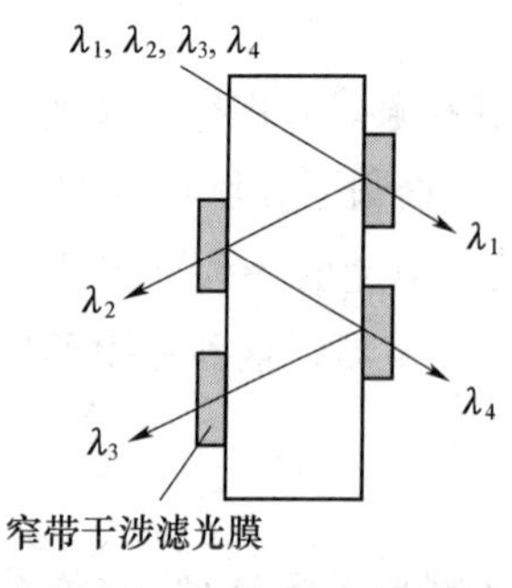

图 3-29　窄带介质膜带通滤光片构成的 4 通道 WDM 器件

1）介质膜型

利用窄带干涉滤光膜(带通型)进行波长的选择,通道数目一般为 4～8 个,其结构如图 3-29 所示。

2）光栅型

利用光栅的衍射效应,不同波长的光衍射角度不同,从而实现空间分离,通道数目一般为 64 个,其结构如图 3-30 所示。

3）波导阵列光栅型

目前,平面波导型波分复用器已有多种实现方案,主要有集成的 M-Z 干涉型、椭圆型、布拉格反射器型、反向布拉格耦合器型、啁啾式光栅型、布拉格光栅型、选择性级联模转换型等。

图 3-31 所示为波导阵列光栅型 D 波分复用器的结构。波导阵列光栅型波分复用器由输入和输出波导、空间耦合器和波导阵列光栅构成。输入和输出波导用于与单模光纤连接,空间耦合器将各种波长的光信号耦合进波导阵列光栅,波导阵列光栅由几百条光程差为 $1/2\Delta L \times n$ 的波导组成。

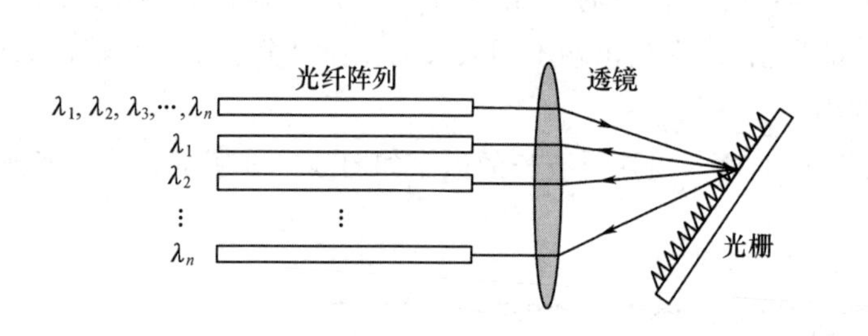

图 3-30　由反射光栅构成的解复用器

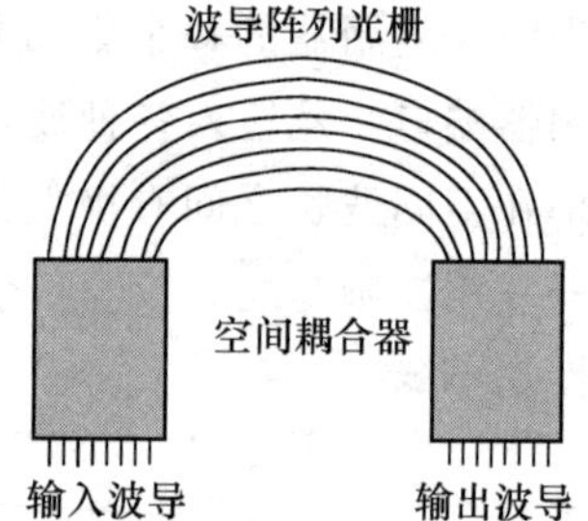

图 3-31　波导阵列光栅型 D 波分复用器

根据衍射理论,在输出端光按波长大小顺序排列输出,通过空间耦合器传输到相应的输出波导端口。

五、光开关

在光纤光路中控制光信号的通、断或进行分路切换,通常由光开关来完成。光开关应具有插入损耗小、转换重复性好、开关速度快、消光比大、使用寿命长及结构紧凑等性能。由于光开关是一种把光波在时间或空间上进行切换的器件,因此只要在时间或空间上能对光波进行切换都可制作成光开关。光开关种类繁多,可分为机械式光开关、固体式光开关和半导体光波导开关三大类。

1. 机械式光开关

机械式光开关是早期研制的传统光开关,在光纤通信系统中已成为最成熟的光开关产品。一种实用化的机械式多模光纤光开关的插入损耗已达到小于 1 dB,开关时间小于 1 ms。但是传统的机械式光开关已远远不能满足快速发展的光纤通信网的要求,需要不断研究开发新型机械式光开关,最具成效的是微光机电系统光开关和金属膜光开关。

1）传统机械式光开关

它是利用机械动作来实现光开关的目的。这种光开关的优点是插入损耗小、串音低。其缺点是速度慢，易磨损，容易受振动和冲击的影响。

传统的机械式光开关可分为镜可动型和光纤可动型两种。比较实用的镜可动型光开关是棱镜移动式，它是通过棱镜或透镜的移动来达到转换目的的，手动和电动控制均可。图 3-32 所示为全反射棱镜和棒状透镜所组成的一种转换开关。这种开关性能较稳定。短波长系统中使用时插入损耗为 0.5～1 dB，长波长系统中该值要稍大一些。

镜可动型的另一种形式是采用棒状聚焦透镜和转镜来实现转换的目的。图 3-33 所示为 1 × 6 型机械式多模光纤开关原理结构。棒状聚焦透镜把从光纤出射的光经反射镜后依次聚焦到光纤 1～6。反射镜由脉冲电机以每次 60°的角度驱动旋转。这种光开关插入损耗为 1 dB，消光比大于 35 dB。

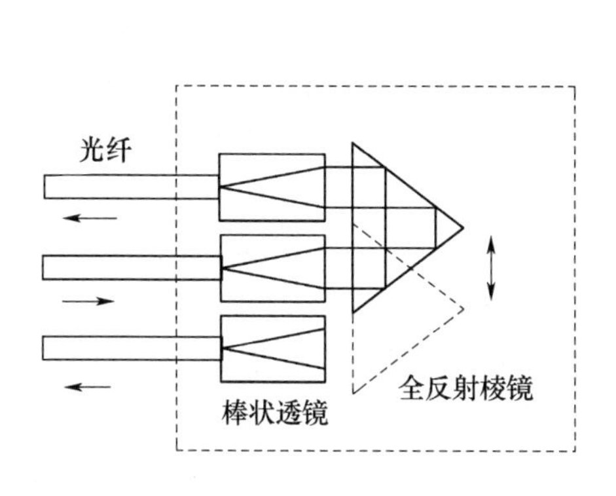

图 3-32　全反射棱镜和棒状透镜

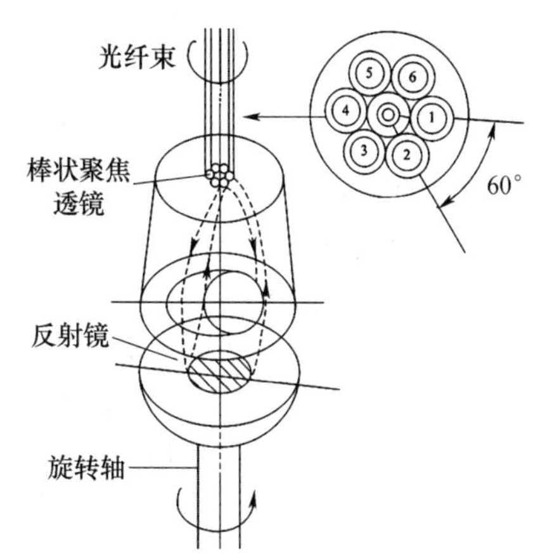

图 3-33　1×6 型机械式多模光纤开关原理结构

图 3-34 所示为光纤可动型光开关，通过一根光纤的移动并分别对准另外两根光纤可实现转换光路的目的。这种开关对位置移动偏离较敏感。要使损耗小、重复性好，必须进行高精度的设计与加工。这种开关的优点是体积小，寿命较长，可以制成 $N\times N$ 式开关，用于网络中光信号的转换。

光纤可动型光开关也可制成其他形式的结构，如将可动光纤的一端靠弹性压在 V 形槽中，并与槽中的输出光纤对准，从而达到转换光路的目的。

2）微机电光开关

微机电光开关是近年来大力发展的一种集成化的微机电系统（MEMS）开关。它具有体积小、易于实现集成化开关网络的特点。在硅片上用微加工技术可制作出大量可移动的微型镜片构成的开关阵列。例如，在绝缘层（SOI）上的硅片生长一层多晶硅，再镀金制成反射镜，然后通过化学刻蚀或反应离子刻蚀方法去除中间的氧化层，保留反射镜的转动支架，通过静电力使微镜发生转动。图 3-35 是一个 MEMS 实例，它采用 16 个可以转动的微型反射镜，实现两组光纤束间的 4×4 光互连。

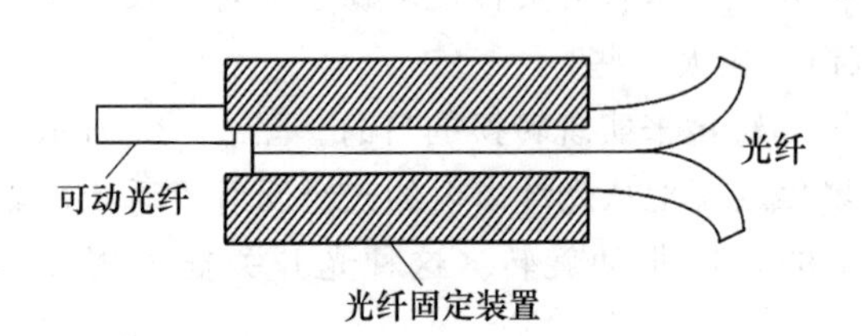

图 3-34　光纤可动型光开关

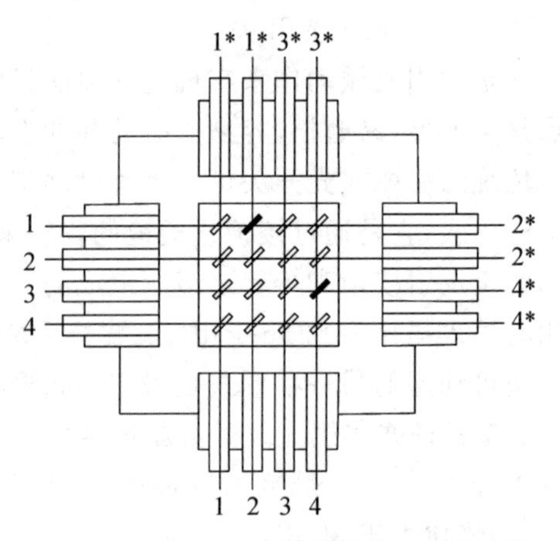

图 3-35　用 16 个移动反射镜开关构成的两组 4×4MEMS 开关阵列

微机电光开关的优点是结构简单、插入损耗低(小于 2 dB)、消光比高(大于 60 dB)、隔离度好(大于 45 dB),而且不受偏振和波长的影响;缺点是开关时间较长(一般为 1～0.1 ms 数量级),开关结构中有移动部件,因而开关寿命有限和重复性较差,有的还存在回跳、抖动等问题。

3) 金属薄膜光开关

金属薄膜光开关采用了金属膜与无源波导相结合的构形,其结构如图 3-36 所示。这类器件具有良好的波导特性,所需功率较小。金属膜采用微细加工技术制作,它和无源波导的接触依靠静电力。由于波导的包层是金属膜,采用合适的驱动电压就可有效改变波导的折射率。悬浮张力的金属膜通常是采用淀积和化学腐蚀工艺制作在波导上的。通过在衬底和金属膜之间施加电压,由于静电力作用,使得金属膜与波导相接触。当外加电压切断时,通过金属膜的内建应力提供薄膜收缩的恢复力,使金属膜与波导分离。由于被激励的金属膜具有较大的光吸收系数,故可制作启、闭式光开关或调制器,在理论上可获得很大的消光比。使用该构形和 50 V 的驱动电压,当金属膜与波导的相互作用范围为 3 mm 时,可实现 80∶1 的消光比和约 500 ms 的响应时间。目前已制作出了基于定向耦合器的金属膜路由开关和 Mach-Zehnder 干涉仪(MZI)光开关。在 MZI 开关中,金属膜可随意地放在 MZI 两个臂的任一边,如果金属膜挠起,两个臂相移相同,光信号通过信道波导输出。如果金属膜与波导接触,引起该臂信道发生 π 相移,阻止光信号从信道波导中输出。

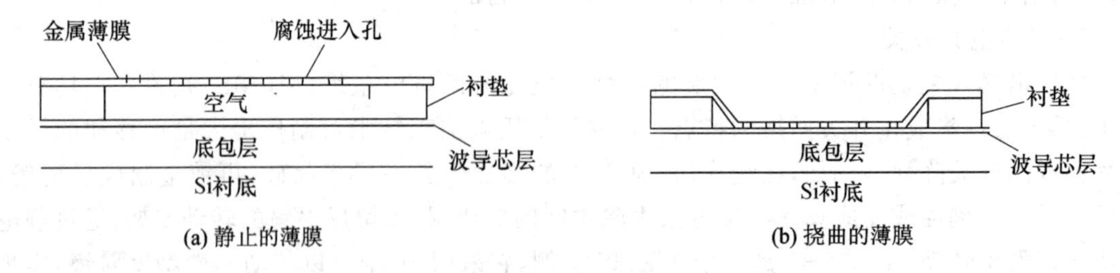

图 3-36　采用金属膜与无源波导结合的薄膜开关

2. 固体式光开关

它是基于电光效应、磁光效应、声光效应及热光效应来实现光开关的功能。这种光开关具有重复性好、开关速度快、可靠性高和使用寿命长等优点,且尺寸小,可以单片集成。其缺点是

插入损耗和串扰性能不够理想。

1）电光式开关

这类光开关是电控光开关，有两种类型：一种是利用某些晶体具有很强的电光效应制作的电控光开关，如铌酸锂（$LiNbO_3$）、钽酸锂（$LiTaO_3$）、铋硅氧化物（BSO）等，它们有很高的电光系数，不仅可以制成电光开关，而且可以制成调制器和光分路器等；另一种是液晶结构的光开关，如采用液晶作旋光材料的电光开关。

$LiNbO_3$ 光开关和 $LiNbO_3$ 调制器有着类似的工作原理和结构。通常，$LiNbO_3$ 光开关采用 MZI 型结构（见图 3-37）。$LiNbO_3$ MZI 干涉仪型光开关由两个 3 dB 耦合器和两个波导臂组成，通常在 $LiNbO_3$ 衬底上制作一对平行光波导，波导两端分别连接一个 3 dB 的 Y 形耦合器。向波导臂施加电场将会改变波导材料的折射率，使光程相应发生变化，形成相干增强或相消，从而实现光的通、断。通常可把相同的若干光开关集成在同一块 $LiNbO_3$ 衬底上，由于电极的分布参数很小，开关速度可达 μs 量级；其缺点是消光比仅为 20 dB 左右。目前 $LiNbO_3$ 光开关的结构已达十余种，有 2×2、4×4、8×8、16×16、32×32 和 64×64 等系列产品。

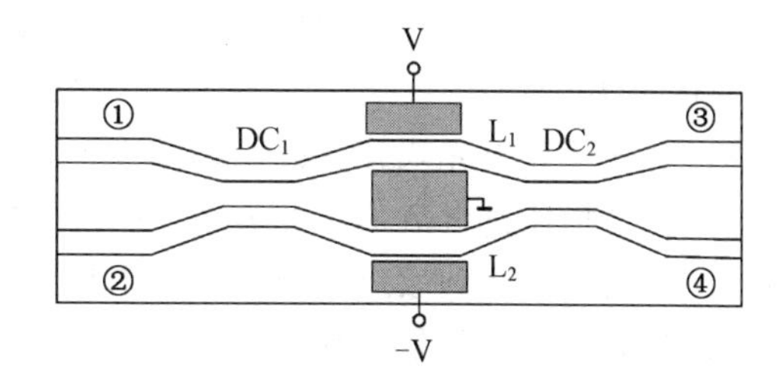

图 3-37　$LiNbO_3$ MZI 光开关

大部分液晶光开关是利用外电场控制液晶分子的取向而实现开关功能的，如图 3-38 所示，在液晶盒内装着液晶。通光的两端安置两块透明电极。未加电场时，液晶分子沿电极平板方向排列，与液晶盒外两块正交的起偏器 P 和检偏器 A 的偏振方向成 45°，如图 3-38(a)所示。这样，由于液晶具有旋光性，入射光通过起偏器 P 先变为线偏振光，经过液晶后，分解成偏振方向相互垂直的左旋光和右旋光，两者的折射率不同（速度不同），有一定相位差，在盒内传播距离 L 之后，引起光的偏振面发生 90°旋转，因此输出光通过检偏器 A，器件为开启状态。当施加电场 E 时，液晶分子平行于电场方向，因此液晶分子不影响光的偏振特性，此时光透射率接近于零，处于关闭态，见图 3-38(b)。撤去电场后，由于液晶分子的弹性和表面作用又恢复原开启状态。

2）磁光式开关

它是依据外磁场影响磁畴的宽度和转向，进而影响磁畴的有效光衍射和方位角来实现转

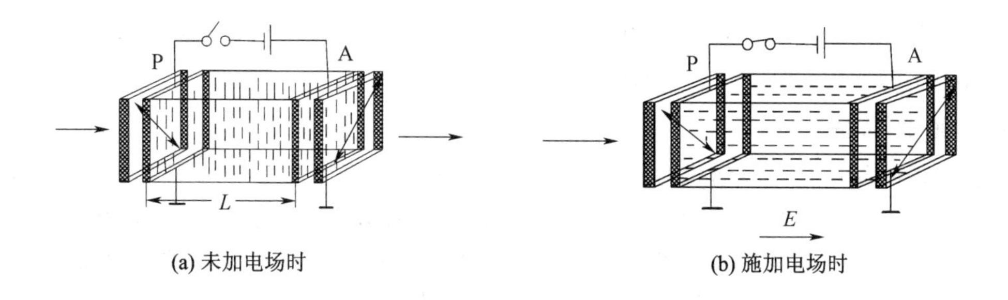

图 3-38　液晶光开关工作原理

换,即开关的目的,也就是利用外磁场作用下的法拉第旋光效应实现开关功能。

3) 声光式开关

声光式光开关是利用介质的声光效应。其基本原理是控制电信号经换能器后产生一定频率的声表面波,声表面波在声光介质中传播,使介质折射率发生周期性变化,形成了一个动态衍射光栅。当入射光束满足布拉格衍射条件时,就可引起光的偏转,偏转角由声波的频率和入射光波长决定,利用声致光栅使光偏转做成声光开关。声光光开关的切换速度在毫秒(ms)量级,该技术可方便地用来制作端口数较少的光开关。但复杂而昂贵的控制电路限制了声光开关向大规模方向发展,并且声光开关的波长相关损耗(WDL)较高。

4) 热光式开关

热光式开关和电光式开关的结构基本上是相同的,但是产生开关效应的机理不同。这里的热光效应是指通过电流加热的方法,使介质的温度发生变化,导致光在介质中传播的折射率和相位发生改变的物理效应。目前已研制出了利用两个3 dB耦合器构成的对称M－Z干涉仪型热光开关。该开关是在其中一臂上镀有金属薄膜加热器,形成相位延时器,硅基底可看作一个散热器。通过臂长的合理设计,使加热器未加热时,在交叉臂输出端口发生相长干涉输出,而在直通臂的输出端口发生相消干涉无输出。当加热器工作时,输入信号则从直通端口相长干涉输出。日本NTT公司近年来采用SOI材料作为光波导,Ti金属膜为相移区的加热膜,采用双M－Z干涉仪结构,并增加一个环形器,实现了2×2热光开关。

3. 半导体光波导开关

它是基于电光效应(电场引起折射率变化)、填充带效应(载流子注入感生折射率变化)及量子限制斯塔克(Stark)效应场感生折射率变化原理制成的光开关。这种光开关具有损耗低、开关速度快、便于批量生产和重复性好的特点。可与其他元器件单片集成,便于形成阵列。半导体光波导开关将会在光通信的光交换及光计算的光逻辑中得到广泛应用。

半导体光波导开关是通过改变波导区的折射率实现光波的导通或截止的。常用的改变波导区内折射率的方法有3种:

(1) 半导体的电光效应。它是利用加在脊形波导与衬底之间的反向偏置来控制波导区内的折射率变化,对GaAs加10^4 V/cm的电场可获得Δn为$(2\sim3)\times10^{-5}$的折射率变化。

(2) 载流子感生折射率变化。它是基于填充带效应,当载流子由P－N结注入到In-GaAsP波导层时,该处的折射率就降低了,从而发生全内反射形成波导。当注入电流为5 kA/cm^{2}时,则感生的$\Delta n\approx1\times10^{-3}$。这种类型的$\Delta n$与波导区的带隙密切相关。

(3) 量子限制斯塔克效应。量子阱结构的器件,在零偏时轻、重空穴呈现出很好的激子峰,当电场加至14 V/μm时,激子峰消失,而激子的影响使电子吸收有很大的变化,从而导致场感生折射率的变化,在1.55 μm波段$\Delta n\approx2\%$。

六、光衰减器

光衰减器的作用是当光通过时使光强有一定程度的衰减。通常分为固定式、分级可变式和连续可调式。固定衰减器的衰减量可做到50 dB,它利用蒸发金属膜厚度来控制对光的透射率。分级可变式一般采用平行光路中插入固定衰减片的方法,利用金属膜厚度的连续旋转变化,可实现衰减连续可调。图3-39所示为一可变光衰减器的结构。为了减少从衰减片上反射的回光,一般使衰减片与光轴成一定倾角。

在光纤光路中，衰减器可以用来评价光路系统灵敏度、校正光功率计、等效代替相应衰减量长度光纤及调整中继段线路损耗等。

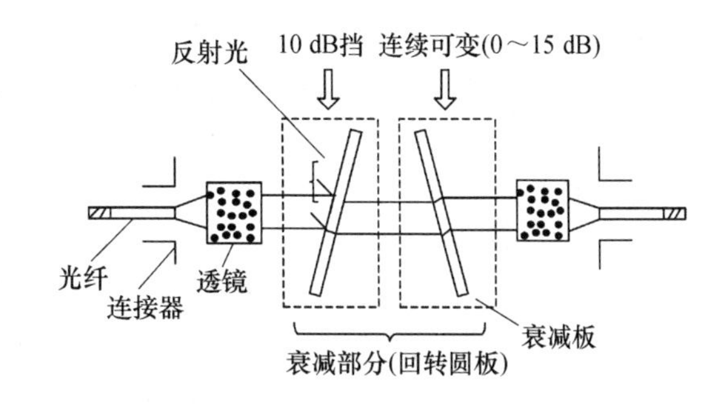

图 3-39　可变光衰减器的结构

七、光纤光栅

光纤光栅是近年来发展最为迅速的光纤无源器件之一。它是一种利用光纤材料的光敏特性通过光写入在纤芯内形成折射率呈周期性变化特征的光纤。光纤光栅也是一种波导光栅，如同集成波导光栅一样可以作为光纤窄带滤波器（透射或反射）与反射器。由于光纤光栅具有与光纤完全兼容的结构，因而不存在集成波导光栅与光纤的耦合问题，耦合损耗极小。自从 1978 年，K. O. Hill 等人首先在掺锗光纤中采用驻波写入法制成世界上第一只光纤光栅以来，由于它具有许多优点，以及制造技术的日趋成熟，在光纤通信和光纤传感等领域得到了广泛应用。光纤光栅的出现对解决全光通信及光纤传感网中许多复杂问题开辟了新的思路，这使得光纤光栅以及基于光纤光栅的器件成为全光网中理想的关键器件。

1. 光纤光栅的分类

随着光纤光栅应用范围的日益扩展，光纤光栅的种类也日趋增多。光纤光栅的分类方法有多种。

从折射率结构上可分为均匀周期型与非均匀周期型两种。如图 3-40 所示，其中，L 为光纤光栅长度，Δn 为折射率差。

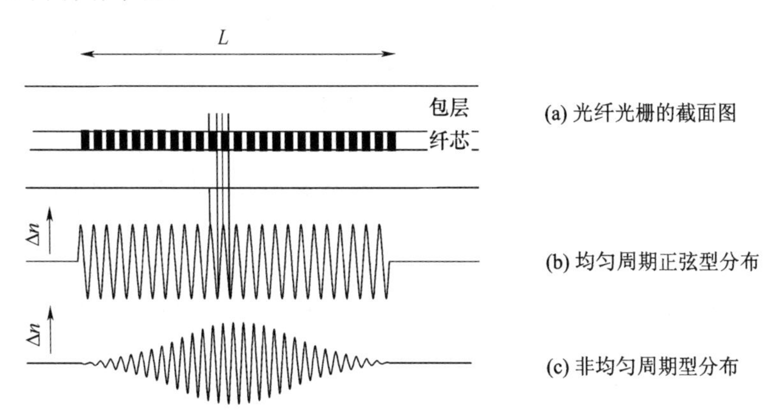

图 3-40　光纤光栅折射率分布结构

按空间周期和折射率系数分布特性光纤可分为以下几种：

1）均匀周期光纤布拉格光栅（Fiber Bragg Grating，FBG）

其通常称为布拉格光栅，它是最早发展起来的一种光栅，也是目前应用最广泛的一种光栅。折射率调制深度和栅格周期均为常数，光栅波矢方向跟光纤轴向一致。均匀周期光纤布拉格光栅的折射率变化周期一般为 0.1 μm 量级。此类光栅在光纤激光器、光纤传感器、光纤波分复用/解复用等领域有着重要的应用价值。

2) 啁啾光栅(Chirped Fiber Bragg Grating,CFBG)

这是一种栅格不等间距的光栅。有线性啁啾光栅和分段啁啾光栅,主要用作色散补偿和光纤放大器的增益平坦。

3) 长周期光栅(Long Period Fiber Grating,LPFG)

栅格周期远大于一般的光纤光栅,均匀长周期光纤光栅的折射率变化周期一般为100 μm量级。与普通光栅不同,它不是将某个波长的光反射,而是耦合到包层中。目前主要用于掺铒光纤放大器(Erbium - Doped Optical Fiber Amplifier,EDFA)的增益平坦和光纤传感器等。

4) 闪耀光栅(Balzed Grating)

当光栅制作时,紫外侧写光束与光纤轴线不垂直时,造成其折射率的空间分布与光纤轴线有一个小的夹角,这种光栅称为闪耀光栅。它是一种能在特定方向、特定光谱级和特定波长上获得能量最集中的一种反射衍射光栅。

5) 相移光栅

这是在普通光栅的某些位置上使光栅折射率的空间分布不连续而得到的一种光栅。可以将其看作是两个光栅的不连续连接。这种光栅能够在周期性光栅光谱阻带内形成一个透射窗口,使得光栅对某一波长有更高的选择性,用来制造多通道滤波器件。

2. 光纤光栅的光学特性

光纤光栅纵向折射率的变化将引起不同光波模式间的耦合,并可将一种模式的功率部分或全部转移到另一种模式中而改变入射光的频谱。在一根单模光纤中,纤芯中的入射基模既可以被耦合成后向传输模式,也可以被耦合成前向包层模式,决定条件由式(3-36)表述,即

$$\beta_1 - \beta_2 = 2\pi/\Lambda \tag{3-36}$$

式中:Λ 为光栅周期;β_1 和 β_2 分别为模式1、模式2的传播常量。

当一个前向传输的基模被耦合成后向传输的基模时,应满足下列条件,即

$$2\pi/\Lambda = \beta_1 - \beta_2 = \beta_{01} - (-\beta_{01}) = 2\beta_{01} \tag{3-37}$$

式中:β_{01} 为单模光纤中传输模式的传播常量。这种情况下的光栅周期较小($\Lambda < 1\ \mu m$),这种短周期光纤光栅被称为光纤布拉格光栅,其基本特性表现为一个反射式的光学滤波器,反射峰值波长称为布拉格波长,记为 $\lambda_B = 2n_{eff}\Lambda$。

当一个前向传输的模式较强地被耦合到向前传输的包层模式时,β_1 和 β_2 同号,因此 Λ 较大(一般为数百微米),这样所得的光栅称为长周期光纤光栅(LPFG),其基本特征表现为一个带阻滤波器,阻带宽度一般为几十纳米。

3. 光纤光栅的耦合模理论

光纤光栅的形成基于光纤的光敏性,不同的曝光条件、不同类型的光纤可产生多种不同折射率分布的光纤光栅。光纤芯区折射率周期变化造成光纤波导条件的改变,导致一定波长的光波发生相应的模式耦合。对于整个光纤曝光区域,可以由下列表达式给出折射率分布较为一般的描述,即

$$n(r,\varphi,z) = \begin{cases} n_1[1 + F(r,\varphi,z)] & |r| \leqslant a \\ n_2 & a \leqslant |r| \leqslant b \\ n_3 & r| \geqslant b \end{cases} \tag{3-38}$$

式中:a 为纤芯半径;b 为光纤包层半径;n_1 为纤芯初始折射率;n_2 为包层折射率;$F(r,\varphi,z)$

为光致折射率变化函数，在光纤曝光区，其最大值为 $|F(r,\varphi,z)|_{max}=\Delta n_{max}/n_1$；$\Delta n_{max}$ 为折射率变化最大值。$\varphi(z)$ 是光栅周期非均匀性的渐变函数。

图 3-41 表示了光纤光栅区域的折射率分布情况，其中，Λ 为均匀光栅的周期。

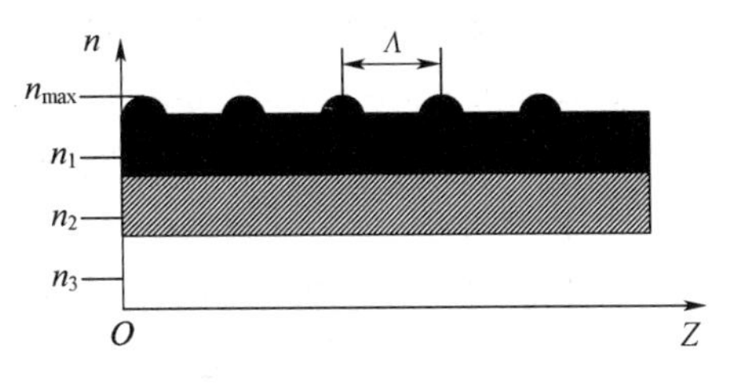

图 3-41　光纤光栅折射率分布

光纤光栅区域的光场满足模式耦合方程，即

$$\frac{dA(z)}{dz}=k(z)B(z)\exp\left[-i\int^{z}q(z)dz\right]$$
$$\frac{dB(z)}{dz}=g(z)A(z)\exp\left[i\int^{z}q(z)dz\right] \tag{3-39}$$

式中：$A(z)$、$B(z)$ 分别为光纤光栅区域中的前向波和后向波；$k(z)$ 为耦合系数；$g(z)$ 与光栅周期及传播常量 β 有关。

利用此方程和光纤光栅的折射率分布、结构参量及边界条件，并借助于 4 阶 Runge-Kutta 数值算法，可得到光纤光栅的光谱特性。图 3-42 所示为理论计算的光纤光栅反射谱、透射谱与光纤参数的关系曲线，其中，L 为光纤光栅长度，T 为透射率。目前，商用光纤光栅的典型参数为：中心波长为 980 nm、1 020 nm、1 550 mm 等，波长准确度为 0.2 nm；反射率为 0 %～99 %；带宽为(0.1～0.2)±10 % nm，插入损耗小于 0.1 dB。

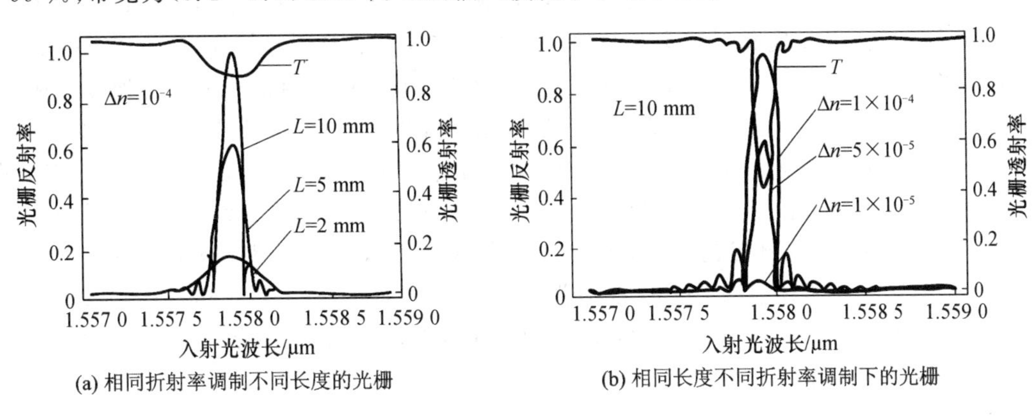

(a) 相同折射率调制不同长度的光栅

(b) 相同长度不同折射率调制下的光栅

图 3-42　光纤光栅反射和透射光谱与光纤参数的关系

4. 光栅光纤的应用

利用光纤光栅的光谱特性可以实现不同功能的光纤器件。目前光纤光栅的应用主要集中在光纤通信领域和光纤传感器领域。

1) 有源器件

利用光纤光栅的窄带高反射率特性，可以将其作为光纤反射镜同掺铒(镱)的具有增益特性光纤一同制成光纤激光器；也可以将光纤光栅作为半导体激光二极管的外腔反射镜构成窄带可调谐激光器；另外还可以用作半导体激光器(光纤光栅作为反馈外腔及用于稳定 980 nm 泵浦光源)、EDFA 光纤放大器(光纤光栅实现增益平坦和残余泵浦光反射)和 Ramam 光纤放大器(布拉格光栅谐振腔)中的关键部件。

2）无源器件

利用光纤光栅可构成 Michelson、M－Z、F－P 等干涉仪型的光纤滤波器；利用闪耀型光纤光栅可以制成平坦型光纤滤波器，将其用于光纤放大器中可以增大放大器的增益带宽；还可用作 WDM 波分复用器(波导光栅阵列、光栅/滤波组合)以及 OADM 上下路分插复用器(光栅选路)。此外，两光纤光栅还可以实现对光脉冲的压缩等。

3）色散补偿

利用非均匀光栅可以制成光纤色散补偿器以减小光纤色散对光纤通信中高速数据传输的影响。线性啁啾光纤光栅可实现单通道的补偿，抽样光纤光栅可实现 WDM 系统中多通道的补偿。例如，对于普通单模 G652 光纤，在 1 550 nm 处色散值为正，光脉冲在其中传输时，短波长的光(蓝光)较之长波长的光(红光)传播速度快，这样经过一定距离的传输后，脉冲就被展宽了，形成光纤材料的色散。若使光栅周期长的一端在前，使长波长的光在光栅前端反射，而短波长的光在光栅末端反射，短波长的光比长波长的光多走了 $2L$ 距离(L 为光栅长度)，这样便在长、短波长光之间产生了时延差，从而形成了光栅的色散。当光脉冲通过光栅后，短波长光的时延比长波长光的时延大，正好起到了色散均衡作用，从而实现了色散补偿。

4）光纤光栅传感

光纤光栅自问世以来已被广泛应用于光纤传感领域。光纤光栅传感器具有抗电磁干扰、抗腐蚀、电绝缘、高灵敏度和低成本及与普通光纤具有良好的兼容性等优点，所以备受关注。由于光纤光栅的谐振波长对于应力、应变和温度有很强的敏感性，目前主要用于温度和应力、应变以及与此相关的物理量测量。光纤传感器是通过外界参量(温度或应力、应变)对布拉格光纤光栅的中心波长调制来获得传感信息的。因此，传感器灵敏度高，抗干扰能力强，对光源能量和稳定性要求低，适合于作精密测量。光纤光栅传感器现已占以光纤材料为主的光纤传感器的 44.2%。目前，光纤光栅传感器已被用于许多方面，如高速公路、桥梁、大坝、矿山、机场、船舶、地球物理学研究中的地壳形变、铁路、石油或油气库的监测及水下监听。光纤光栅传感器发展的方向之一是结合 WDM、TDM、SDM 和 CDMA 技术构成多点分布式测量传感网。

八、光纤滤波器

光纤滤波器是 WDM 系统中一种重要的元器件，与波分复用有着密切的关系，主要用来进行波长选择。利用光纤滤波器可以从众多的波长中选出所需要的波长，而除此波长以外的光将会被阻止通过。光纤滤波器还可用于光放大器的噪声滤除、增益均衡和光复用/解复用等。

利用光纤耦合器和光纤干涉仪的选频作用可构成光纤滤波器。目前研究较多且有实用价值的是 Mach－Zehnder 光纤滤波器、Fabry－Perot 光纤滤波器、光纤光栅滤波器等。

1. Mach－Zehnder 光纤滤波器

图 3－43 所示为 Mach－Zehnder 光纤滤波器的结构示意图，它由两个 3 dB 光纤耦合器串联，构成包括两个输入端、两个输出端的光纤 Mach－Zehnder 干涉仪。干涉仪的两臂长度不相等，两臂的光程差 ΔL 由其中一个臂上的热敏膜或压电陶瓷(PZT)来调整。

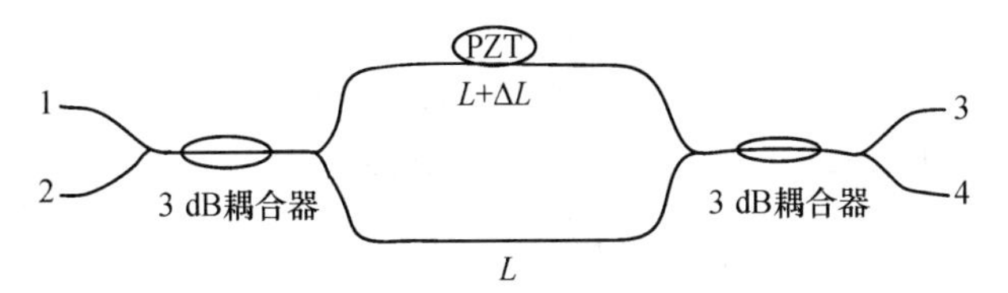

图 3-43　Mach-Zehnder 光纤滤波器结构示意图

Mach-Zehnder 光纤滤波器的原理是基于耦合波理论，其传输特性为

$$\begin{cases} T_{1\to 3}=\cos^2\left(\dfrac{\varphi}{2}\right) \\ T_{1\to 4}=\sin^2\left(\dfrac{\varphi}{2}\right) \end{cases} \tag{3-40}$$

$$\varphi=2\pi\Delta Lnf\,\frac{1}{c} \tag{3-41}$$

式中：f 为光波频率；n 为光纤的折射率；c 为真空中光速。由此可见，从干涉仪 3、4 两端口输出的光强随光波频率和 ΔL 呈正弦和余弦变化。光频的变化周期 f_s 可写成

$$f_s=\frac{c}{2n\Delta L} \tag{3-42}$$

因此，若有两个频率分别为 f_1 和 f_2 的光波从 1 端输入，且 f_1 和 f_2 分别满足

$$\begin{cases} \varphi_1=2\pi n\Delta Lf_1\,\dfrac{1}{c}=2m\pi \\ \varphi_2=2\pi n\Delta Lf_2\,\dfrac{1}{c}=(2m+1)\pi \quad m=1,2,3,\cdots \end{cases} \tag{3-43}$$

则有

$$T_{1\to 3}=1, T_{1\to 4}=0 \qquad f=f_1 \tag{3-44}$$

$$T_{1\to 3}=0, T_{1\to 4}=1 \qquad f=f_2 \tag{3-45}$$

上述结果说明，在满足式(3-40)的条件下，从 1 端输入的频率不同的光波将被分开，其频率间隔为

$$f_c=f_s=\frac{c}{2n\Delta L} \tag{3-46}$$

或

$$\Delta\lambda=\frac{\lambda_1\lambda_2}{2n\Delta L} \tag{3-47}$$

这种滤波器的频率间隔必须精确地控制在 f_c 上，且所有信道的频率间隔应是 f_c 的整数倍，因此在使用时随信道数的增加，所需的 Mach-Zehnder 光纤滤波器为 2^n-1（2^n 为光频数）个。图 3-44 所示为 4 个光频的滤波器，总共需要两级 3 个 Mach-Zehnder 光纤滤波器，频率间隔一般为 GHz 量级。

2. Fabry-Perot 光纤滤波器

利用光纤 Fabry-Perot 干涉仪的谐振作用即可构成光纤滤波器。光纤 Fabry-Perot 滤波器(Fiber Fabry-Perot Filter，FFPF)的结构主要有 3 种。

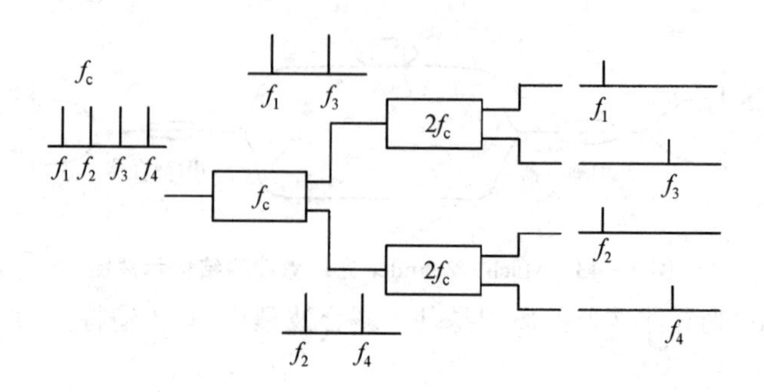

图 3-44 级联 Mach-Zehnder 光纤滤波器

1) 光纤波导腔 FFPF

图 3-45(a)是其结构示意图,光纤两端面镀制高反射膜,腔长(即光纤长度)一般为 cm 到 m 量级,因此自由谱区较小。

2) 空气隙腔 FFPF

这种结构的 F-P 腔是空气隙,如图 3-45(b)所示,腔长一般小于 10 μm,因此自由谱区较大。由于空气腔的模场分布和光纤的模场分布不匹配,致使这种结构的腔长不能大于 10 μm,插入损耗较大。

3) 改进型波导腔 FFPF

这种结构的特点是可通过中间光纤波导段的长度来调整其自由谱区。图 3-45(c)所示为其结构示意图。其光纤长度一般为 100 μm 到几厘米。这正好填补了上面两种 FFPF 的自由谱区的空白,同时也改善了空气隙腔 FFPF 存在的模式失配和插入损耗。

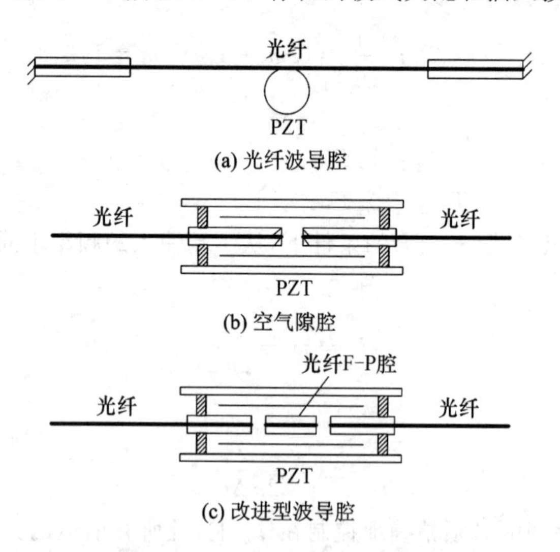

图 3-45 FFPF 结构示意图

FFPF 一般用自由谱区、细度 N 、插入损耗和峰值透过率 4 个指标来衡量其性能。

(1) 自由谱区(Free Spectrum Range,FSR)定义为光滤波器的相邻两个透过峰之间的谱宽,也就是光纤滤波器的调谐范围。$FSR=\lambda_1-\lambda_2$。

(2) 细度定义为 $FSR/\delta\lambda$($\delta\lambda$ 为光纤滤波器透过峰的半宽度)。

(3) 插入损耗反映了入射光波经光纤滤波器后衰减的程度,损耗值为 $-10\lg(P_2/P_1)$

(P_1、P_2 分别为入射和出射光功率)。

(4) 峰值透过率 τ 是指在光纤滤波器的峰值波长处测量的输出光功率和输入光功率之比。

FFPF 的精细度和峰值透过率是反映其光学性能的两个重要指标。从使用的角度希望这两个指标要高,但当腔内存在损耗时,获得的精细度越高,其峰值透过率也就越低(由于光在腔内的等效反射次数随精细度的提高而增加)。这说明提高反射镜的反射率并不能任意提高精细度,它实际上受到腔内损耗的制约。腔内损耗主要是由光纤端面与反射镜的耦合损耗引起的,其他损耗因素均可忽略不计。耦合损耗的原因较复杂,主要有 3 个:① 反射镜与光纤端面之间的距离 d,d 越大损耗越大。计算表明,当 $d=6\ \mu$m 时,将会产生 0.5%的损耗。若采用在光纤端面直接镀制多层介质膜的方法,可使 d 减小到最小程度;② 光纤端面(主要是芯部)的不平度;③ 光纤轴与反射镜平面法线不平行。计算表明,当二者夹角小于 0.1°时,耦合损耗小于 0.2%;当夹角小于 0.2°时,耦合损耗小于 0.8%。因此,减小腔内耦合损耗是制作高质量 FFPF 的关键技术之一。

3.3.2 光纤激光器

光纤激光器和光纤放大器是一种新型光有源器件。光纤激光器按其受激发射机理可分为稀土掺杂光纤激光器、光纤非线性效应激光器、单晶光纤激光器、塑料光纤激光器和光纤孤子激光器,其中以稀土掺杂光纤激光器的制造技术较为成熟,尤其是它的工作波长正好处于光纤通信的窗口,因此,在光纤通信和光纤传感等领域有广泛的实用价值。特别是近几年,光纤激光器技术得到迅速发展,无论是激光器的性能,还是它的种类都发生了巨大变化,各种光纤激光器产品大量问世,在光纤通信、光传感、工业加工、军事技术、超快现象研究等领域得到越来越广泛的应用。

由于光纤激光器具有波导结构,因此表现出许多独有的特点。

(1) 采用光纤耦合方式,其耦合效率高;纤芯直径小,使其易于达到高功率密度,这使得激光器具有低的阈值和高的转换效率。

(2) 可采用单模工作方式,输出光束质量高、线宽窄。

(3) 具有高的比表面(表面/体积),因而散热好,只需简单风冷即可连续工作。

(4) 具有较多的可调参数,从而可获得宽的调谐范围和多种波长的选择。

(5) 光纤柔性好,从而使激光器使用方便、灵巧。

一、光纤激光器的组成及工作原理

光纤激光器实质上是一个具有光反馈的光纤放大器,其结构如图 3-46 所示。它由作为光增益介质的掺杂光纤、光学谐振腔、泵浦光源及将泵浦光耦合输入的光纤耦合器(或波分复用器)等构成。用作光纤放大器的掺杂光纤和泵浦用半导体激光器都可以用来制作光纤激光器。光纤激光器所产生的受激辐射具有 3 能级或 4 能级跃迁过程及拉曼受激辐射效应等。在谐振腔内,受激辐射光在腔镜反射作用下往复穿越增益区得到不断增强,当光增益等于光损耗时可即产生稳定的激光输出。

当泵浦激光束通过光纤中的稀土离子时,稀土离子吸收泵浦光,使稀土原子的电子激励到较高激发态能级,从而实现粒子数反转。反转后的粒子以辐射跃迁形式(包括受激辐射和自发辐射)从高能级转移到基态。

由于受激辐射是一种光放大过程,要维持受激辐射的增益,首先必须保证有足够的反转粒子数,泵浦是实现粒子数反转的必要条件。泵浦由外部较高能量的光源提供,由于泵浦能量高

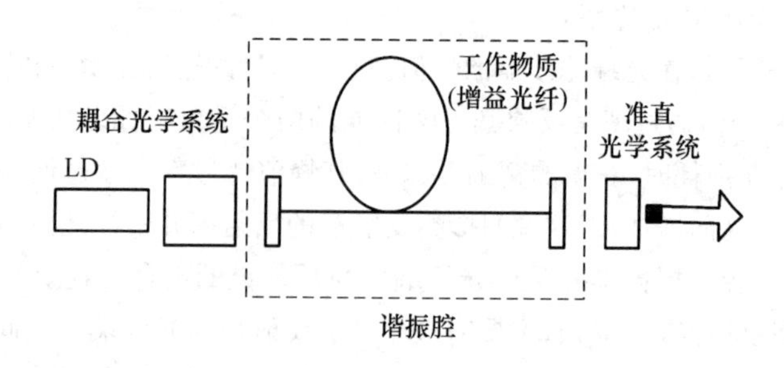

图3-46 光纤激光器的结构

于激发态能级，所以受激发射的光子波长比泵浦光子的波长长，这一特点为光纤激光器的实用化提供了有利条件，可采用廉价的GaAs激光器作为泵浦光源，从光纤激光器中获得了1.3 μm、1.55 μm和2～3 μm的激光输出。

光纤激光器的工作状态(连续或者脉冲输出)取决于激活介质。对于连续或脉冲工作而言，较高激发态能级的自发寿命必须大于较低激发能级的自发寿命。光纤激光器有两种受激发射状态，一种是3能级态，另一种是4能级态。两者区别在于较低能级所处的位置不同。在3能级激光器中，较低能级基本上处于基态位置，而在4能级激光器中，有较低能级向基态跃迁的可能性。通常情况下，3能级受激发射的阈值功率高于4能级，因此，总是希望选取4能级发射机构。此外，激发态的能级数直接影响激光器的阈值功率和掺杂光纤的长度。在4能级激光器中，阈值功率随光纤长度增加而下降，要想获得较低的阈值功率就应增加光纤的长度。而在3能级态的激光器中，在最低阈值功率时存在一个最佳光纤长度。

1. 掺杂光纤激活介质

最有实际意义的掺杂是稀土元素的离子掺杂。稀土离子是光纤激光器的核心，它决定着对光泵的吸收和发射光谱。稀土元素(或称镧系元素)共有15个，全部稀土元素的原子具有相同的外电子结构：$5S^2 5P^6 5D^0$，即满壳层。稀土元素的电离通常形成3价态，如离子钕(Nd^{3+})、离子铒(Er^{3+})等。它们均逸出两个6s和一个4f电子。由于剩下的4f电子受到屏蔽作用，因此其荧光波长和吸收波长不易受到外场的影响。

稀土离子的掺杂浓度在光纤激活介质中是十分重要的，一般选择一个最佳掺杂浓度，对于大多数SiO_2光纤和氟锆酸盐光纤来说，掺杂的浓度一般在万分之几。

从光纤通信应用角度考虑，最感兴趣的传输波长是1 300 nm和1 550 nm，而Si基质的稀土离子Nd^{3+}和Er^{3+}正好符合这一点，它们能够产生1 300 nm和1 550 nm的荧光带和800～900 nm的吸收带。表3-4列出了Nd^{3+}和Er^{3+}的吸收光谱和荧光光谱。从表3-4可以看出，Nd^{3+}一个显著特性是吸收带和荧光带在900 nm波长处重叠。而Er^{3+}的吸收带和荧光带在1 550 nm波长处重叠。吸收带和荧光带的重叠意味着存在3能级发射，导致高的激发跃迁阈值功率。Nd^{3+}掺杂的Si基光纤激光器可发射900 nm、1 060 nm和1 350 nm的光谱，但由于激发态吸收边缘使波长发生漂移，故不易得到1 350 nm的光谱，实际上只能获得1 400 nm的发射光谱。Er^{3+}掺杂的Si基光纤激光器可以得到1 550 nm的发射光谱。

表 3-4　Nd^{3+} 和 Er^{3+} 的吸收光谱和荧光光谱

稀土离子	吸收与荧光	吸收与受激发射跃迁	光谱/nm
Nd^{3+}	吸　收	从基态 $^4I_{9/2}$ 到 $^2H_{9/2}$ 和 $^4F_{5/2}$	800～900
	荧　光	从 $^4F_{3/2}$ 到 $^4I_{9/2}$ 从 $^4F_{3/2}$ 到 $^4I_{11/2}$ 从 $^4F_{3/2}$ 到 $^4I_{13/2}$	900 1 060 1 350
Er^{3+}	吸　收	从基态 $^4I_{15/2}$ 到 $^4I_{9/2}$ 从基态 $^4I_{15/2}$ 到 $^4I_{11/2}$ 从基态 $^4I_{15/2}$ 到 $^4I_{15/2}$	800 960 1 550
	荧　光	从 $^4I_{13/2}$ 到 $^4I_{15/2}$	1 550

2. 基质材料

通常玻璃是形成稀土掺杂光纤的基质材料。基质材料是由共价结合的分子组成，形成无规则的网状矩阵。尽管光纤激光器的光学特性主要受稀土离子的制约，但玻璃基质对光学特性也有着显著影响，这些影响包括由于基质原子间的结电场非均匀性分布引起的 Stark 分裂，导致光谱呈现出结构分布。另一个影响是由于基质电场不均匀性引起的能级扰动或由于声子增宽导致能级增宽。一般采用的基质材料是 Si 基质或基于氟化锆化合物玻璃组分基质，即通常所说的 ZBLANP 光纤，这种光纤不仅是制作光纤激光器的基质材料，也是理想的中红外传输光纤。

3. 光纤谐振腔

与一般激光器原理相同，光纤激光器也是由激光介质和谐振腔构成。但激光介质是掺杂光纤，谐振腔则是由高反射率反射镜 M_1 和 M_2 组成的 F-P 腔。当泵浦光通过掺杂光纤时，光纤被激活，随之出现受激过程。当满足谐振条件时，可获得较高的受激发射输出光。当腔长等于波长的 1/2 整倍数且谐振之间的频率间隔是自由光谱范围(FSR)时，谐振腔发生谐振。典型光纤激光器的腔长在 0.5～5 m 之间。对于 4 能级结构，可采用较长的光纤来降低受激发射阈值功率。掺杂浓度为 30×10^{-4} 的 3 能级光纤激光器的最佳腔长为 1 m。由于光纤激光器的激光介质是光纤，因此除上述 F-P 腔外，还有以下几种新型的谐振腔结构。

1) 光纤环形谐振腔

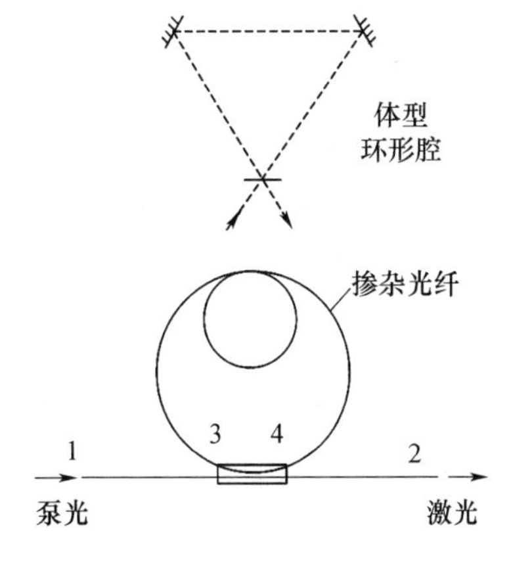

图 3-47　光纤环形谐振腔示意图

光纤环形谐振腔如图 3-47 所示。把光纤耦合器的两臂连接起来就构成了光的循环传播回路，耦合器起到了腔镜的反馈作用，由此构成环形谐振腔。与 F-P 腔不同，此处多光束的干涉是由透射光的叠加而成。而耦合器的分束比则和腔镜的反射率有类似作用，它们决定了谐振腔的精细度。要求精细度高则应选择低的耦合比；反之亦然。

2）光纤环路反射器及其谐振腔

图3-48所示为光纤环路反射器的基本结构，它由一个定向耦合器和由该耦合器两输出端端口形成的一个光纤环构成。由端口1进入耦合器的光按照耦合系数K大小将不同功率分配给端口3和端口4，从而形成顺时针与逆时针在光纤环中传输的光，选择光纤环长度使得给定波长的光经过环路传输后比直接通过耦合器的光相位滞后$\pi/2$，这样，顺时针传输与逆时针传输的光在端口2处相位正好相差π。对于特定的$K=0.5$的情况，正好两路光的幅值相等，但由于相位相差π而互相抵消。结果从端口2输出光为零，由能量守恒定律可知，所有的输入光都沿端口1返回。这样的光纤结构相当于一个反射率$r=1$的光反射器。

可以证明，若光纤的输入功率为P_{in}，耦合比为K，在不计耦合损耗时透射和反射的光功率分别为

$$P_t=(1-2K)^2P_{in} \tag{3-48}$$

$$P_r=4K(1-K)P_{in} \tag{3-49}$$

显然，$P_r+P_t=P_{in}$，遵守能量守恒定律。当$K=0$或1时，反射率$r=P_r/P_{in}=0$；当$K=1/2$时，$r=1$。因此一个光纤环路可看作是一个分布式光纤反射器。把这样两个环路串联，如图3-49所示，就可构成一个光纤谐振腔，这两个光纤耦合器起到腔镜的反馈作用。

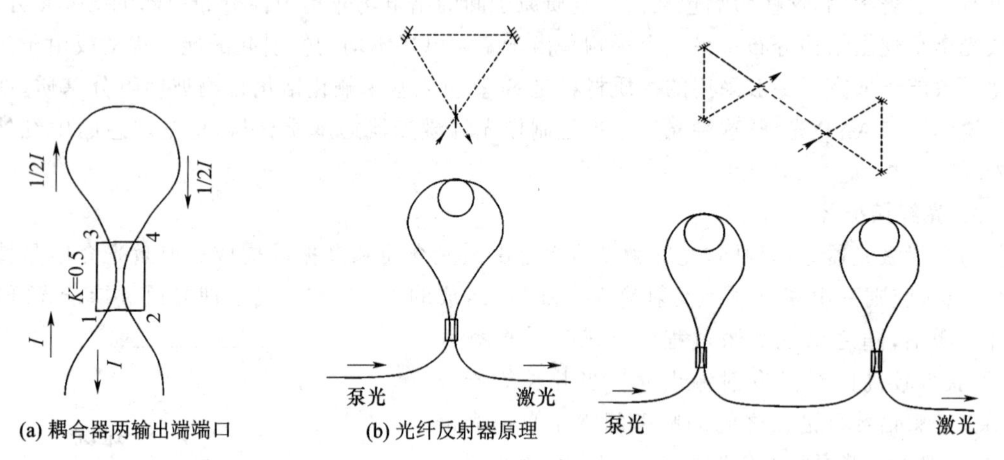

图3-48 光纤环路反射器示意图　　图3-49 双光纤环腔谐振腔

3）Fax-Smith光纤谐振腔

这是由镀制在光纤端面上的高反射率膜层与光纤定向耦合器组成的一种复合谐振腔，如图3-50所示。两个腔体分别由1、4和1、3臂构成。由于复合腔有抑制激光纵模的作用，因此用这种谐振腔可获得窄带激光(单纵模)输出。

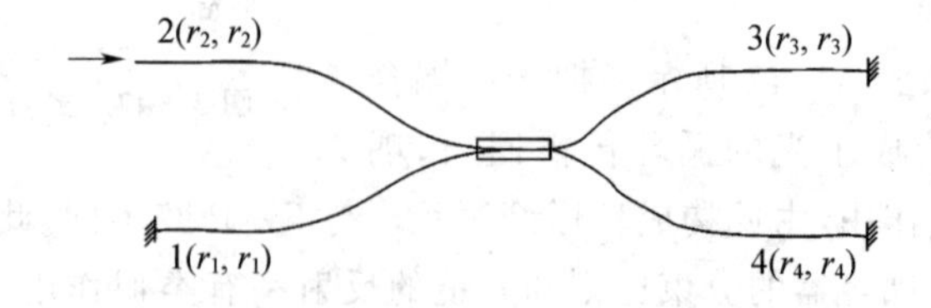

图3-50 Fax-Smith光纤谐振腔示意图

二、掺杂光纤激光器的调谐

由于掺杂光纤有相当宽的荧光谱，因此只要插入合适的波长选择器，即可在较宽的波长范围内获得相应波长的激光输出。调谐的方法有多种，一种是用反射式光栅代替激光器的输出镜，转动光栅角度以选择所需波长的光输出，达到调谐目的。另一种方法是用光纤环路反射器，由于这种反射器的反射率 r 和耦合比 K 有关，因此只要通过某种手段(如调节温度)改变 K 值，就可以达到调谐的目的。用此方法改变温度 60 ℃，可得到 33 nm 的调谐范围。

定向耦合器是环形腔可调谐全光纤激光器设计的关键。由于其对不同波长有不同的耦合率，而激光振荡将在有最大耦合率的波长处产生，调节定向耦合器，最大耦合率所对应的波长会发生变化，使输出激光的波长也相应发生变化，从而构成可调谐激光器，这时定向耦合器同时又是激光器的波长选择元件。要使这种光纤激光器能有效地工作，必须使定向耦合器对于泵浦波长 λ_p 和激光波长 λ_L 具有不同的耦合率 K_p 和 K_L。对于泵浦光 K_p 应尽可能小，使泵浦功率注入到光纤环内，以形成有效泵浦。对于激光 K_L 应有较大值，以便将光纤耦合成低损耗的谐振腔。

在定向耦合器的设计中，还应考虑其对激光波长的选择性。在环形腔光纤激光器中，一般是通过定向耦合器对不同波长的耦合率不同来实现激光波长的选择。因此，对于给定波长间隔，耦合率差值越大，定向耦合器的波长选择性就越好。波长选择性可用通波间隔 $\Delta\lambda$ 来表示，$\Delta\lambda$ 越小，耦合率随波长的变化就越显著，波长选择性能就越好，$\Delta\lambda$ 定义为相邻最大耦合率和最小耦合率所对应的波长间隔。

$$\Delta\lambda = |\lambda_1 - \lambda_2| \tag{3-50}$$

式中：λ_1、λ_2 满足条件为 $K_{\lambda_1} = \sin^2(C_{\lambda_1}L) = 1$，$K_{\lambda_2} = \cos^2(C_{\lambda_2}L) = 0$。

从式(3-50)可得

$$| C_{\lambda_1}L - C_{\lambda_2}L | = \frac{\pi}{2}$$

由此得

$$\Delta\lambda = \frac{\pi/2}{| \delta(C_0L)/\delta L |} \tag{3-51}$$

式中：C_0 为耦合器中心 h 最小处($h = h_0$)的耦合系数；L 为相同耦合率时，耦合系数为 C_0 时两平行光纤的等效耦合长度。

由式(3-51)可知，$\Delta\lambda$ 与等效耦合长度 L 成反比。因此，对于给定的 $C_0(h_0)$，L 越大，波长选择性越好。

三、光纤激光器的调 Q 和锁模

只要在腔内插入适当的光开关和调制器件，就可使光纤激光器产生相应的调 Q 脉冲和锁模脉冲的输出。采用这种方法已实现了掺钕和掺铒光纤激光器的调 Q 运转。对掺钕激光器，在 1.06 μm 波长上，调 Q 激光脉冲宽度为 200 ns，峰值功率为 8.8 W；对于掺铒光纤激光器，在 1.55 μm 波长上，调 Q 激光脉冲宽度为 32 ns，峰值功率为 120 W。掺钕光纤激光器用声光调制器进行锁模，可得到锁模输出脉宽小于 2 ns，脉冲能量为 17pJ。

四、光纤激光器输出线宽的压缩

对光纤激光器的输出线宽进行压缩的方法主要有光栅反射器法和 Fax - Smith 复合谐振

腔法。前者是采用在光纤上制作光栅形成一种分布反馈，用以选频，用这种方法已得到线宽只有2 MHz的单模激光输出。后者是采用复合谐振腔进行选模，只要正确选择两个子腔的长度比，即可达到抑制多纵模、压缩线宽的目的。例如，当两个子腔长度比为95 cm/80 cm≈1.2时，在1.54 μm的波长上得到了线宽为8.5 MHz的激光输出。

五、各种常见的光纤激光器

1. 稀土掺杂的光纤激光器

以掺Er^{3+}光纤激光器为例(见图3-51)，两个0.98 μm或1.48 μm的激光二极管通过波分复用(WDM)器的耦合，对掺Er^{3+}光纤两端泵浦，通过滤波器和偏振控制器使得腔内只有1.554 μm的TM模振荡，光隔离器确保光的单向传输，最后激光由一个输出耦合器输出。

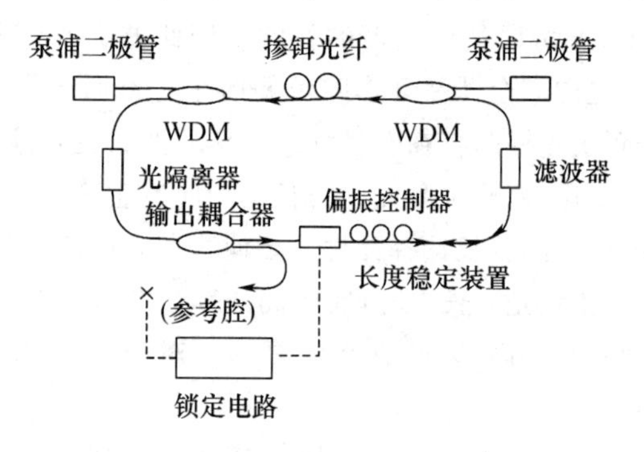

图3-51 掺Er^{3+}光纤环形激光器构型

掺Yb^{3+}光纤激光器可以作为1.0～1.2 μm激光器的通用源，Yb^{3+}具有相当宽的吸收带(800～1 064 nm)及相当宽的激发带(970～1 200 nm)，泵浦源和激光都没有受激态吸收。如果采用Er^{3+}和Yb^{3+}共同掺杂，将会使1.55 μm Er^{3+}光纤激光器的性能得到提高。

Tm^{3+}光纤激光器的发射波长为1.4 μm，位于光纤通信的1.45～1.50 μm波段的低损耗窗口，它是重要的光纤通信光源。

其他的掺杂光纤激光器，如2 μm波长的掺Ho^{3+}光纤激光器主要用于医疗；3.9 μm波长的掺Ho^{3+}光纤激光器主要用于大气通信。

2. 非线性光纤激光器

这类光纤激光器主要用于光纤陀螺、光纤传感、WDM器及相干光通信系统中，其优点是它具有比稀土掺杂光纤激光器更高的饱和功率，且对泵浦源没有严格的限制。主要分为两类：

1) 光纤受激拉曼散射激光器

受激拉曼散射是一种3阶非线性光子效应，本质上是强激光与介质分子相互作用所产生的受激声子对入射光的散射。其谐振腔为环形行波腔，腔内有一光隔离器使光单向传输，耦合器的光强耦合系数为K。一般典型的受激拉曼分子主要有GeO_2、SiO_2、P_2O_5和D_2。实现1.55 μm拉曼激光有两种途径：一是用1.064 μm的Nd:YAG固体激光泵浦D_2分子光纤；二是用1.46 μm的激光二极管泵浦GeO_2光纤。

2) 光纤受激布里渊散射激光器

受激布里渊散射是强激光与介质中的弹性声波场发生相互作用而产生的一种光散射现象。为了消除两个本征偏振态引起的散射不稳定，常采用在接头处有90°偏振轴旋转的保偏光纤组成的被动环形腔。为了提高输出功率，可采用布里渊和Er^{3+}光纤激光器的混合结构。

3. 单晶光纤激光器

单晶光纤激光器是由红宝石、Nd:YAG、Cr:Al_2O_3:$LiNbO_3$、Ti:蓝宝石、Yb:$LiNbO_3$及Nd:MgO:$LiNbO_3$等单晶材料拉制成光纤的光纤激光器。这类材料拉制的光纤比块状或棒状同类

晶体具有更好的性能，特别是 $LiNbO_3$ 单晶光纤及其器件在倍频激光器中有着潜在应用。

4. 塑料光纤激光器

它是由塑料光纤制成的光纤激光器，为了使光纤具有增益特性，在塑料纤芯或包层塑料中充入染料。一种用 N_2 分子激光器泵浦的 POPOP 塑料光纤激光器是采用聚苯乙烯作纤芯，聚异丁烯甲酯做包层的光纤激光器，其激光振荡波长为 410～420 nm。

5. 光纤孤子激光器

光孤子是由于色散与非线性效应共同作用而形成的一种独特的非线性效应。采用掺 Er^{3+} 光纤激光器的锁模或频移技术，或者采用光纤中的受激拉曼散射可实现 1.55 μm 的光纤孤子激光器。

6. 光纤光栅激光器

光纤光栅激光器是光纤通信系统中一种很有前途的光源。近年来，随着紫外(UV)光写入光纤光栅技术的日趋成熟，已制作出了多种光纤光栅激光器，并可采用不同的泵浦源，输出多种特性的激光。光纤光栅激光器在频域上可分为单波长和多波长两大类；在时域上可分为连续和脉冲两大类。

1) 单波长光纤光栅激光器

单波长光纤光栅激光器主要有两种构型：一种是分布布拉格反射器(DBR)光纤光栅激光器；另一种是分布反馈(DFB)光纤光栅激光器。

图 3-52 所示为 DBR 光纤光栅激光器的基本结构。利用一段稀土掺杂光纤和一对光纤光栅(布拉格波长相等)构成谐振腔。利用光纤光栅与纵向应力的关系，可以实现频率的连续可调。其调谐范围可达 15 nm 以上。

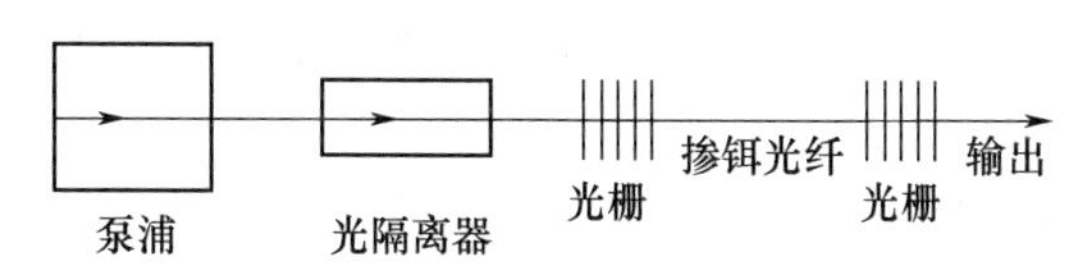

图 3-52　DBR 光纤光栅激光器的结构

图 3-53 所示为 DFB 光纤光栅激光器的基本结构，采用在稀土掺杂光纤中写入的光栅构成谐振腔，有源区和反馈区同为一体。与 DBR 光纤光栅激光器相比，DFB 光纤光栅激光器仅采用一个光栅来实现反馈和波长的选择，因而频率稳定性更好，旁瓣抑制比高，还避免了掺铒光纤与光栅的熔接损耗。但由于掺铒光纤纤芯含 Ge 量很少，致使光敏性较差，且光栅的写入较困难。

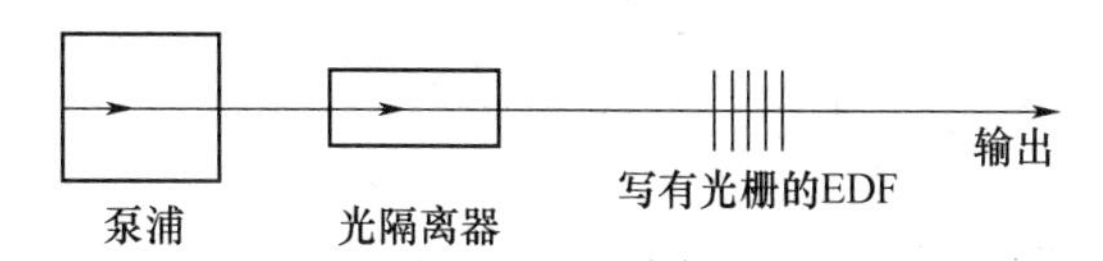

图 3-53　DFB 光纤光栅激光器结构

2) 多波长光纤光栅激光器

(1) 利用光纤光栅提供光反馈的多波长光纤光栅激光器。这类激光器主要有 3 种构型，即串联 DBR 光纤光栅激光器、串联 DFB 光纤光栅激光器和 σ 型腔光纤光栅激光器。

图 3-54 所示为串联 DBR 光纤光栅激光器的构型，在掺铒的光纤上写入布拉格波长不同的两对光栅，即 FBG11 与 FBG12 及 FBG21 与 FBG22，每一对光栅具有相同的布拉格波长，它们与其间的掺铒光纤构成一个 DBR 激光器。两个或多个 DBR 激光器串联便构成两波长或多

波长光纤光栅激光器。每个DBR激光器确定一个波长,并可分别进行调谐。利用该构型已获得了间隔59 GHz、线宽16 kHz的双波长激光输出。这种结构需要多段掺铒光纤和多对布拉格波长不相同的光栅来构成谐振腔,故激光器的外形尺寸较大。

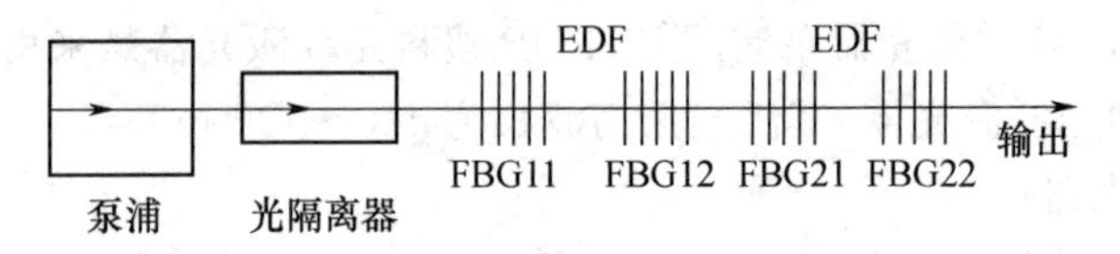

图3-54 串联DBR光纤光栅激光器结构

图3-55所示为一个串联DFB光纤光栅激光器的结构示意图,这种结构是将多个单频工作的DFB光纤光栅串联,每一个激光器采用一段掺铒光纤,只是光栅的布拉格波长不同。

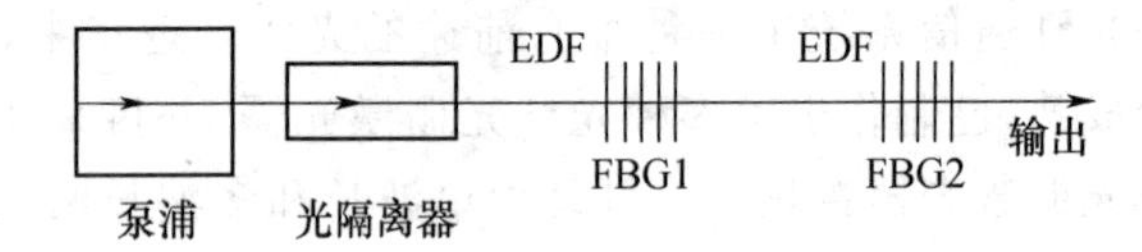

图3-55 串联DFB光纤光栅激光器的结构

第三种构型是σ型腔光纤光栅激光器。这种激光器的一端利用环形器(OC)、光纤环等反射器来代替谐振腔的一侧光栅反射镜,另一端的FBG用作波长选择,通过调节光开关,接入不同的反射波长的光栅就可得到不同波长的激光输出。这种结构的激光器可以使所需光栅数目减半并保持激光器的全光纤结构。

(2) 利用滤波机理实现多波长的光纤光栅激光器。利用滤波机理实现多波长的光纤光栅激光器主要有3种结构:在腔内放置多个单波长窄带滤波器、在腔内放置梳状滤波器和在腔内放置光栅波导路由器。

图3-56所示为双臂光纤光栅激光器结构示意图。在行波腔内有多个臂,每个臂中设置确定发射波长的窄带滤波器和调节每个波长在腔内增益的偏振控制器或可调衰减器。每个波长可以共用同一增益介质,也可采用多个增益介质。在图3-56所示构型中,在掺铒光纤(EDF)中产生的激光经耦合器分为两路,一路经滤波器1输出某一波长的激光,另一路经滤波器2选出另一波长的激光,它们均通过衰减器输出后送至耦合器合路,再经光隔离器进入EDF放大,这样不断地循环放大,最后在输出端输出双频激光。这种结构要实现更多波长选择时,其结构显得较为复杂。

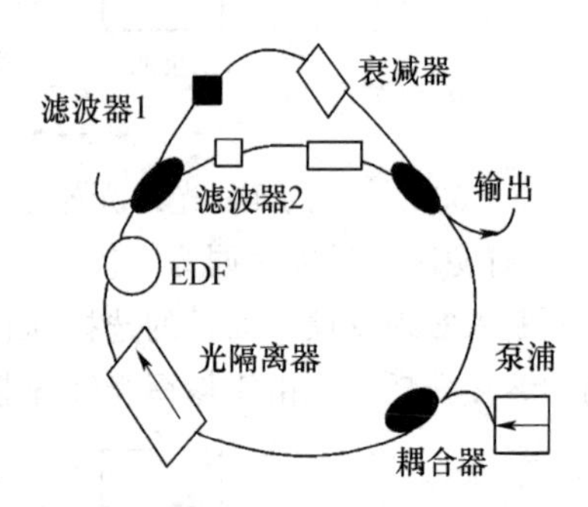

图3-56 双臂光纤光栅激光器结构示意图

为了降低在腔内设置滤波器实现多波长的复杂性,可采用梳状滤波器代替单个滤波器。在环形行波腔光纤光栅激光器中采用一透射型啁啾光栅F-P标准具作为梳状滤波器,同时将掺铒光纤浸入液氮中以减少增益的均匀展宽,在1 535 nm波段,得到了间隔为0.65 nm的11个波长稳定输出,单波长线宽约为0.1 nm。

最具吸引力的多波长光纤光栅激光器是在腔内使用光栅波导路由器(WGR)作为滤波器,WGR是集成光学波导器件,频率间隔由WGR的几何结构决定。使用具有相同波长分路特性

的 1×16 阵列波导光栅作为腔内滤波器，每个臂独立提供增益，采用 15 段 EDF，得到了间隔为 1.6 nm 的 15 个波长的稳定激光输出。

(3) 其他类型的多波长光纤光栅激光器。使用双折射保偏光纤，在环形主动锁模光纤光栅激光器中实现了 2 波长激光脉冲输出，其脉冲宽度为 2 ps，波长间隔为 1 nm。使用色散补偿光纤增加腔内色散的方法，在主动锁模光纤环形激光器中实现了 3 个波长的激光，并通过调节调制频率，实现了单波长、双波长的连续调谐。还有利用受激布里渊散射和受激拉曼散射等非线性效应实现了多波长光纤光栅激光器。

3.3.3　光纤放大器

光纤放大器(Optical Fiber Ampler，OFA)是指运用于光纤通信线路中，能将光信号进行功率放大的一种光有源器件。光纤放大器技术是指在光纤的纤芯中掺入能产生激光的稀土离子(Er^{3+}、Nd^{3+}、Pr^{3+} 和 Yb^{3+} 等)，在泵浦光的作用下，掺杂光纤的稀土离子的电子实现粒子数反转分布，激发态上的粒子将产生受激辐射，从而使通过的光信号得到放大的技术。通常，这一过程有两种形式，即为三能级过程和四能级过程。前者受激粒子回到基态，而后者则停留在低激发态。这类光纤放大器，如掺铒光纤放大器(EDFA)与掺镨光纤放大器(PDFA)，它们属于集中光纤放大器，其光纤长度较短，一般只有几米到十几米。另一类是分布式光纤放大器，如拉曼光纤放大器(RFA)与布里渊光纤放大器(BFA)，它们是利用光纤的非线性光学效应来实现光放大的，其光纤长度较长，有些达到几千米到几十千米。

一、光纤放大器的基本组成

光纤放大器主要由泵浦光源、光纤耦合器及掺杂光纤 3 部分构成，如图 3-57(a)所示。此外，在输入与输出端为了避免后向反射光的影响还需加入光隔离器，以及用于增益均衡的滤波器。

泵浦光源一般为半导体激光器，它除了能提供一定大小的光功率外，还应满足适合于掺杂光纤可吸收的波长。光纤耦合器是将泵浦光有效地耦合进掺杂光纤(如掺铒光纤、EDF)，当从光纤端口进行抽运时，耦合器实际上也是一个波分复用器，它将波长不同的信号光同抽运光复用后送入掺杂光纤(如 ED-FA，其信号光波长为 1 550 nm，泵浦光波长为 980 nm 或 1 480 nm)，采用这一方式可以进行双向抽运，从而获得高的增益与低的噪声；而当泵浦光从掺杂光纤的包层进行耦合时，这时则为一个一路或多路的抽运光耦合器，如图 3-57(b)所示。

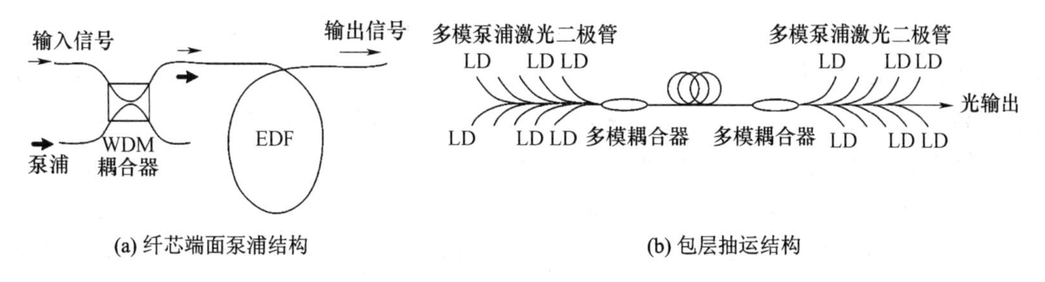

(a) 纤芯端面泵浦结构　　(b) 包层抽运结构

图 3-57　光纤放大器原理

二、掺铒光纤放大器

20 世纪 80 年代末期，人们研制成功并投入使用的波长为 1.55 μm 的掺铒光纤放大器

(Erbium Doped Fiber Amplifier,EDFA)把光纤通信技术水平推向了一个新高度,成为光纤通信发展史上一个重要的里程碑。

1. EDFA的结构和部件

掺铒光纤放大器的典型结构如图3-58所示。光路结构部分由掺铒光纤、泵浦光源、光合波器(耦合器)、光隔离器和光滤波器组成。辅助电路主要包括电源、微处理自动控制和告警及保护电路。

1) 掺铒光纤

掺铒光纤是EDFA的核心元件,它以石英光纤作为基质材料,并在其纤芯中含有一定比例的稀土元素Er^{3+}。当一定的泵浦光注入到掺Er^{3+}光纤时,Er^{3+}从低能级被激发到高能级上,由于E^{3+}在高能级上的寿命很短,很快以非辐射跃迁形式到达较低能级上,并在该能级和低能级间形成粒子数反转分布。

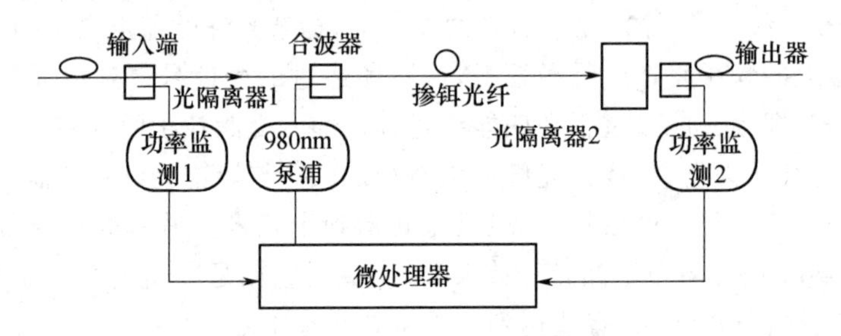

图3-58 单泵浦EDFA的典型结构

2) EDFA的泵浦源和泵浦方式

泵浦源是EDFA的另一个核心元件,它为信号放大提供足够的能量,是物质实现粒子数反转分布的必要条件。由于泵浦源直接决定着EDFA的性能,因此,泵浦源应工作稳定可靠。

EDFA对泵浦有两个基本要求:一是泵浦源的发射波长应与掺杂光纤的峰值吸收带相匹配;二是要有较大的输出功率。

可供EDFA的泵浦源波长有0.51 μm、0.66 μm、0.81 μm、0.98 μm和1.48 μm,但实际采用的泵浦源多为0.98 μm和1.48 μm激光二极管。

(1) 0.98 μm泵浦源。0.98 μm泵浦源的吸收区为0.975～0.985 μm,可用的波长范围仅10 nm。因此,对泵浦源的波长限制较为严格。然而,在EFDA中大多采用0.98 μm泵浦源,这是因为在相同泵浦功率下,0.98 μm泵浦源在非饱和区有高的增益系数,比1.48 μm泵浦源的增益大1倍,其噪声系数可达3 dB的量子极限。特别适合于作高增益的前置放大泵浦源。提高功率的途径主要有增大有源区面积、制作成激光器阵列和叠层等。而大功率容易引起激光器端面损伤,为了解决该问题,近年来出现了采用端面镀膜、端面附近作成宽带隙透明层及端面附近的条形扩展等技术,使得器件的功率有较大提高。

980 nm激光二极管具有噪声低、泵浦效率高、驱动电流小、增益平坦性好等优点,常用作EDFA的泵浦源。

(2) 1.48 μm泵浦源。1.48 μm激光器泵浦源的吸收带在1.45～1.485 μm,可利用的波长范围为30 nm,具有较高的放大器输出功率。1.48 μm泵浦源和1.3 μm、1.55 μm激光二极管一样,都是采用InGaAsP/InP材料和类似结构制作的,工艺较成熟。通过改变四元组分的比例,可

以选出所需的 1.48 μm 波长。为了获得大的功率,常采用隐埋异质结构和量子阱结构。

泵浦源的泵浦方式有 3 种,如图 3－59 所示。

a. 同向泵浦(或称前向泵浦)型。信号光与泵浦光以同一方向进入掺铒光纤。这种泵浦方式具有良好的噪声性能。

b. 反向泵浦(或称后向泵浦)型。信号光与泵浦光从两个不同的方向进入掺铒光纤,这种泵浦方式具有较高的输出功率。

c. 双向泵浦型。两个泵浦源从两个相反方向进入掺铒光纤。由于使用双泵浦源,其输出信号功率比单泵浦源高 3 dB,且放大特性与信号传输方向无关。

3）合波器

合波器的功能是将信号光和泵浦光合路送入掺铒光纤中。要求在信号光和泵浦光处有小的插入损耗,且对光的偏振不敏感。合波器有时也称为波分复用器。

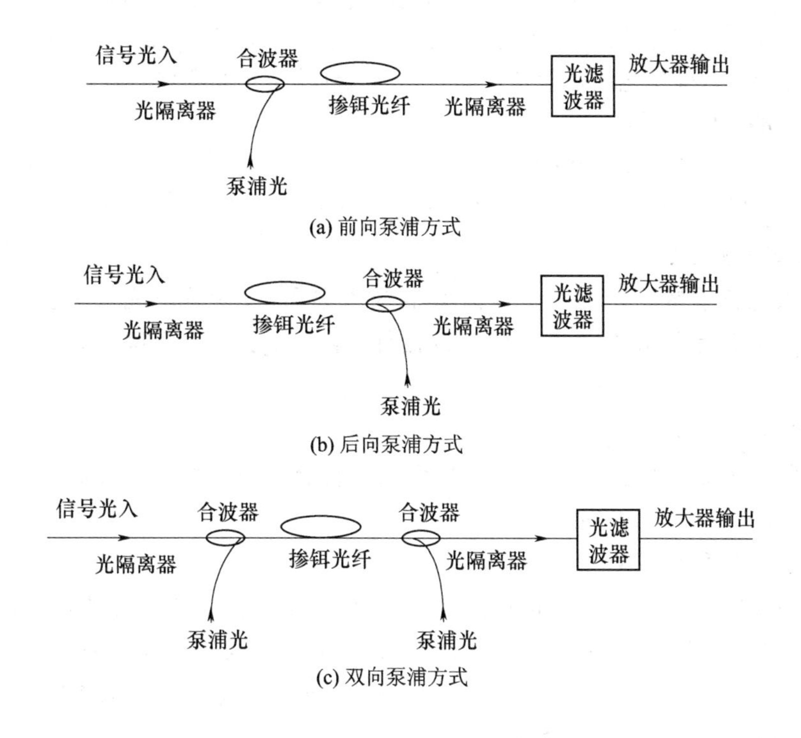

图 3－59　三种泵浦方式的 EDFA

4）光隔离器和光滤波器

光隔离器的功能是使光的传输具有单向性,以微小的损耗通过正向传输光,而以很大的损耗抑制反射光,对反射光的抑制要求大于 40 dB,使光放大器不受反射光影响,保证系统稳定工作。

光滤波器的作用是滤除光放大器中的噪声,提高系统的信噪比(SNR)。

表 3－5 给出了一个小型实用 EDFA 的光路部分各部件的技术要求。

表3-5 EDFA组件光路部分各部件的技术要求

部件名称	技术要求
泵浦激光二极管	0.98 μm LD,透镜耦合效率为-2.9 dB
光纤耦合器	WDM型熔融拉锥光纤耦合器,损耗小于0.2 dB,交叉比为98%
掺铒光纤	Er/Ge光纤,Er^{3+}浓度为80×10^{-6},λ_c为0.85 μm,光纤长度为37m
光隔离器	偏振不敏感型,隔离比为47 dB
入/出光纤接头	SG型接头,反射损耗为47 dB

5)辅助电路

对电源的要求是具有高稳定性、小噪声和长寿命,一般采用开关电源。控制/监测系统主要监测泵浦激光器的工作状态、输入/输出光信号的强度,调节泵浦源的状态参数,使光放大器处于最佳工作状态。辅助电路还包括自动温控和自动功率控制等保护电路。

2. EDFA的主要应用方式

1)用作系统发射机的末级功率放大器

可直接接在激光二极管后,将信号放大到10 dBm以上。

2)系统线路放大器

直接接入光传输链路中作为在线放大器或中继器,实现光—光放大。这种系统线路放大器是全光通信系统和全光网络的关键器件,也是长距离传输和CATV光纤网的关键器件。

3)系统接收机预放

如采用光纤放大器和滤波器,EDFA的低噪声将会改善直接检测接收机的灵敏度约10 dB,接近或超过相干光接收机的水平。

3. Er:Yb共掺杂EDFA

由于EDFA所用的泵浦源是980 nm和1 480 nm激光二极管,限制了其他泵浦源的应用,也限制了EDFA的高输出功率。如果将镱(Yb)加入Er掺杂的光纤中,则可利用Yb^{3+}吸收曲线的长波长区,允许使用发射波长为1053 nm的钕:钇锂氟化物(Nd:YLF)固体激光器作为共掺杂光纤放大器的泵浦源。这种Nd:YLF激光器可采用输出功率高达几瓦的大功率AlGaAs激光二极管作为它的泵浦源。这样,可以提高EDFA的最大饱和输出功率,提高EDFA的使用寿命和可靠性。

4. 氟化物和碲化物基EDFA

通常EDFA使用的掺杂光纤是掺铒的Si基光纤,它的增益平坦区较窄,仅在1 550~1 560 nm间的10 nm范围内,而且在1 530~1 542 nm之间的增益起伏可达8 dB。而掺铒的氟化物光纤放大器,其增益平坦区可扩展至整个铒通带(1 530~1 560 nm),且带内增益起伏减小至2 dB,信噪比起伏减小至1.5 dB。使用这种光纤放大器的系统无需使用增益均衡器便可获得1~1.5 dB的PWDN平坦度。此外,Er掺杂的氟化物光纤放大器比常用的Er掺杂SiO_2光纤放大器具有更高的饱和输出功率(典型值可达19 dBm)。

Er 掺杂的碲化物光纤放大器具有超宽的增益带宽特性，其增益带宽可达到 80 nm(典型值)，该值较 Er 掺杂的 SiO_2 光纤放大器的带宽高出 1 倍以上，特别适合于 DWDM 系统的光放大。

三、拉曼光纤放大器

拉曼光纤放大器(Raman Fiber Amplifer，RFA)是近年来研究非常活跃，发展十分迅速的一种光纤放大器。一般情况下，其增益介质是传输光纤而不需要特别的掺杂光纤。它有很宽的增益谱，只要选择不同的泵浦光波长就可以获得从 S 波段(1 480～1 530 nm)到 C 波段一直到 L 波段的放大。与 EDFA 相比，RFA 具有低的光噪声；由于它采用分布放大形式，光纤中各处的信号光功率较小，从而可降低非线性效应，特别是四波混频(FWM)效应的干扰。所以 RFA 在大容量波分复用光纤通信中有良好的应用前景，它不仅可以实现超宽带放大，而且还可用于远距离无中继在线放大及远程抽运的场合。

通常 RFA 有两种结构形式。一种是分立式，其增益光纤长几千米，所用泵浦功率很高，从几瓦到几十瓦，增益可达 40 dB。这种结构多用于高增益、高输出功率及 EDFA 不能放大的波段。另一种是分布式结构，增益光纤长几十千米，泵浦功率较低(几百毫瓦)。有时，在光纤中也掺入一些杂质以提高 S 波段增益。通常这种放大器配合 EDFA 一起应用于大容量波分复用系统中。

拉曼光纤放大器的工作原理是基于光纤的拉曼效应。当向光纤中输入强功率的光信号时，输入光的一部分将变换成比输入光波长更长的光波信号输出，这种现象称为拉曼散射。这是由于输入光功率的一部分在光纤的晶格运动中消耗所产生的现象。如果输入光是泵浦激光，则变换波长的光又称为斯托克斯(Stokes)光或自发拉曼散射光。当把与斯托克斯光相同的光输入到光纤中，会使波长变换更加显著(即感应拉曼散射)。例如，在光纤中输入小功率 1 550 nm 光信号时，光纤输出的光是经光纤传输衰减的光，如图 3－60(a)所示。如果在输入端另外再输入大功率的 1 450 nm 光信号时，则 1 550 nm 的光功率会显著增加，如图 3－60(b)所示，这是由于光纤拉曼散射的缘故，使得 1 450 nm 光的一部分已变换成 1 550 nm 的光。应用这一原理制成的光纤放大器称为拉曼光纤放大器。

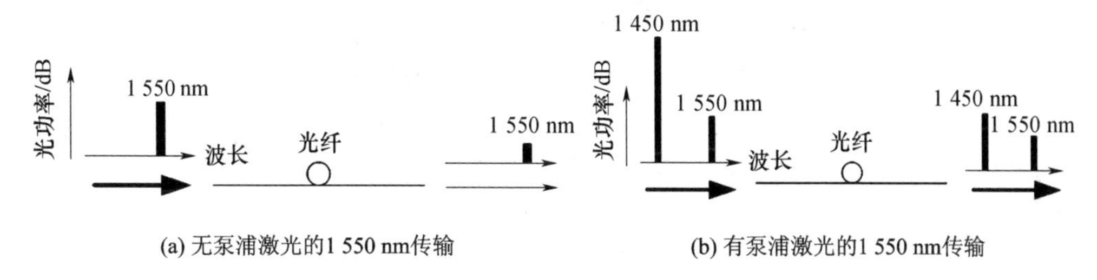

图 3－60　拉曼光纤放大示意图

如果用多个波长同时泵浦拉曼光纤放大器就可以获得波长范围在几十纳米(nm)到 100 nm 的超宽带放大波段。图 3－61 示出了 4 个泵浦波长同时泵浦拉曼光纤放大器的情况。但是，泵浦光源的带宽不宜过宽，否则会出现泵浦光源间的感应拉曼散射效应，致使长波长泵浦光增益争夺短波长泵浦光增益，从而影响宽带的平坦性。

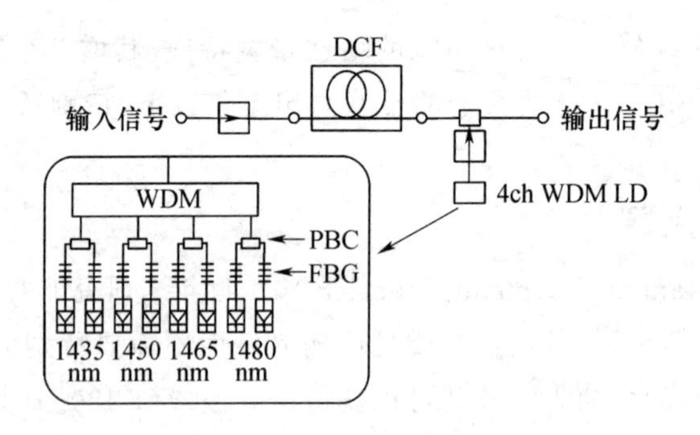

PBC—偏振束耦合器;FBG—光纤布拉格光栅

图 3-61 多个泵浦波长同时泵浦的拉曼光纤放大器

如果对拉曼光纤放大器和 EDFA 的泵浦波长加以优选,通过串接就可使性能互补,从而实现满意的增益平坦性,实现宽带化。图 3-62 是拉曼光纤放大器和 EDFA 进行串接时组成的混合放大器构型和综合增益特性。从图 3-62 中可以看到,RFA 的增益和 EDFA 的增益具有互补性。由于两种光纤放大器的增益特性互补,在 1 530~1 600 nm 波段获得了超宽平坦增益特性。

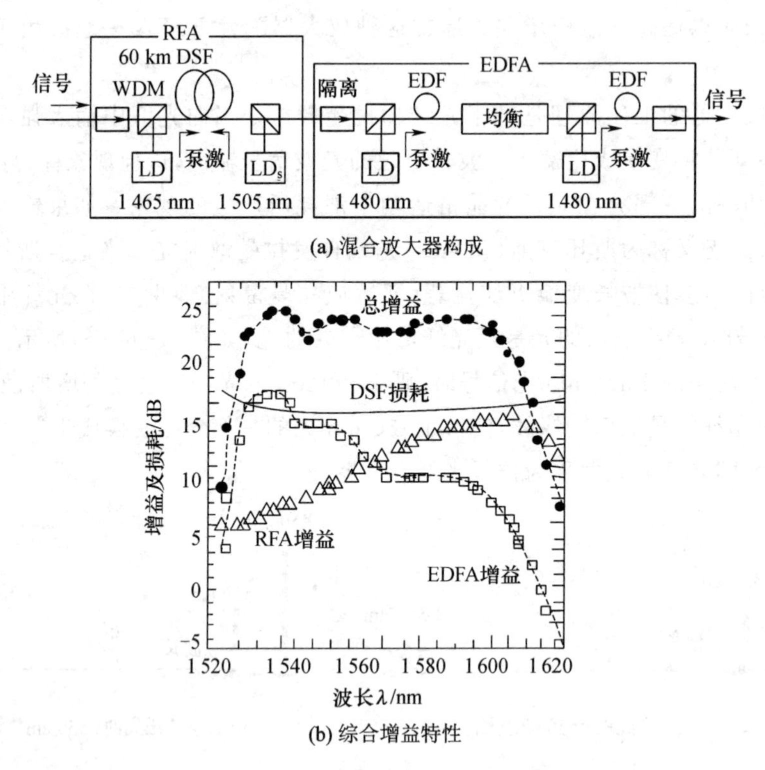

图 3-62 RFA 与 EDFA 混合放大器

拉曼光纤放大器的拉曼增益与泵浦光功率有关。由于在光的行进方向和逆行方向均能产生拉曼散射光,因而拉曼放大的泵浦光方向既可前向泵浦也可后向泵浦。

泵浦光波长对拉曼放大器的增益最大点是至关重要的。从实验得知,拉曼光纤放大器的增益最大点位于比斯托克斯频率高 400~500/cm 的泵浦光频处(1/cm 相当于 30 GHz)。依

此参量,可知信号光在 1 300 nm 波段时,最佳泵浦波长在 1 220～1 240 nm。而在 1 550 nm 波段时,最佳泵浦波长在 1 440～1 460 nm。高功率双包层拉曼光纤激光器是最佳的泵浦源。

四、光纤放大器的特性参数

光纤放大器的特性参数主要包括增益、噪声指数和非线性失真。

1. 增　益

增益是描述光放大器对信号放大能力的参数。定义为

$$G = 10\lg\left[\frac{P_{s,out}}{P_{s,in}}\right] \quad (dB) \tag{3-52}$$

式中:$P_{s,out}$,$P_{s,in}$ 分别表示输出和输入信号光功率。G 与光纤放大器的泵浦波长、输入光信号功率 $P_{s,in}$ 和掺杂光纤的参数有关。

在输入光功率较小时,G 是一个常数,也就是说,输出光功率 $P_{s,out}$ 与输入光功率 $P_{s,in}$ 成正比,此时的增益用符号 G_0 表示,称为光纤放大器的小信号增益。但当 $P_{s,in}$ 增大到一定值后再增大 $P_{s,in}$ 时,光纤放大器的增益 G 开始下降,这就是光纤放大器的增益饱和现象,这是由于放大信号消耗了高能级上的粒子数的缘故。图 3-63 所示为增益 G 与输入信号光功率的关系曲线。当光纤放大器的增益 G 降至小信号增益 G_0 的 1/2 时,它所对应的输出功率称为饱和输出光功率。为了尽可能减小光纤放大器的差拍噪声对载噪比(C/N)的影响,系统应用的光纤放大器应工作在饱和状态。饱和输出光功率随泵浦光功率的增加而增大,因此,为了增加光纤放大器的饱和输出功率,有时采用两个泵浦激光器。

另外,光纤放大器的增益 G 与信号光波长 λ 有关,这种关系称为增益谱 $G(\lambda)$。增益谱描述光纤放大器增益 G 随信号光波长变化的关系。图 3-64 所示为一个 EDFA 的光增益谱曲线,从图中可见,光纤放大器的增益谱是不平坦的。

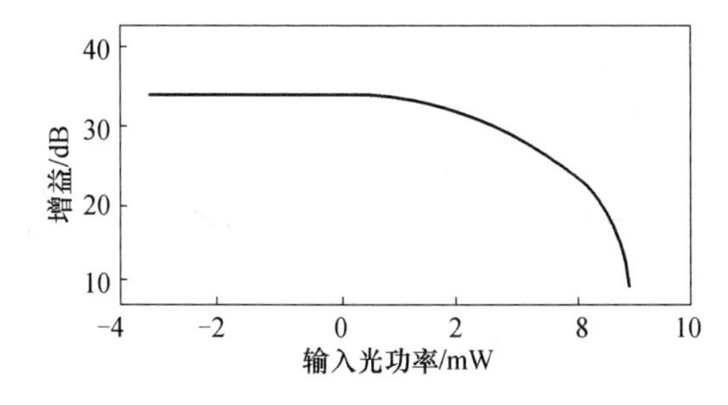

图 3-63　增益 G 与输入光功率的关系曲线

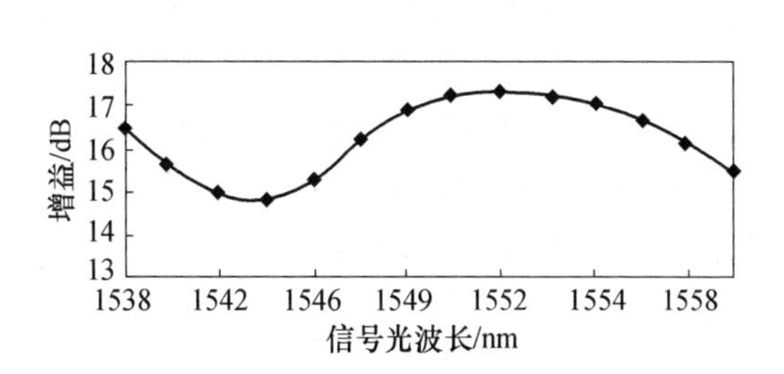

图 3-64　增益 G 与输入光波长的关系

2. 噪声指数

所有光放大器在放大过程中都会将自发辐射(或散射)光叠加到信号光上,导致被放大信号的信噪比(SNR)下降,其降低程度通常用噪声指数 F_n 来表示,其定义为

$$F_n = \frac{(SNR)_{in}}{(SNR)_{out}} \tag{3-53}$$

光纤放大器的噪声源于掺杂光纤中的自发辐射(ASE),主要是放大器介质中电子—空穴对的自发复合引起的。自发复合造成了与光信号一起放大的光子谱线展宽。在激光二极管中,ASE 是产生激光所必要的“种子”,而在光纤放大器中,ASE 就成为有害无益的“稗子”。光纤放大器的主要噪声是信号光与掺杂光纤中 ASE 之间的差拍噪声。对于 980 nm 泵浦的

EDFA来说,噪声系数的理论极限值$F_{n,min}=3$ dB;对于1 480 nm泵浦的EDFA来说,$F_{n,min}=3.5$ dB。另外,当$P_{s,in}$增大时,F_n也随之增加。当$P_{s,out}$增大时,F_n随之减小。对于不同结构的EDFA,在+3 dBm的输入功率时,F_n通常在5 dB左右。但当输入光功率进一步增加时,不同结构的EDFA的F_n会出现较大的差异。例如,输入光功率都为+6 dBm时,性能较好的EDFA的F_n仍保持在6 dB以下,而性能较差的EDFA的F_n可达8 dB。在系统设计中,较稳妥的方法是采用+3 dBm作为在线EDFA的输入光功率值。对于大功率的EDFA(≥17 dBm),由于F_n值大,应增大输入光功率。但在系统设计时,首先应确定EDFA在高输入光功率条件下的F_n,这样才能对系统指标作出较准确的计算。

3. 非线性失真

光纤放大器的非线性失真(NLD)主要源于增益谱的不平坦。在光纤网络中,光发射机在AM-VSB调制下,激光器会产生“啁啾”(chriping)效应。于是经过EDFA后的输出信号功率$P_{s,out}(\lambda)=P_{s,in}.G(\lambda)$,造成了信号幅值的二阶非线性失真。

另一个不容忽视的失真是由光纤的非线性引起的,当在光发射机后采用光纤放大器作为光功率放大时,由于光纤中注入的光功率很大,在光纤中产生了受激布里渊散射(SBS)。当注入到光纤中的光功率超过某一阈值(一般在几毫瓦量级,且光源的$\Delta\lambda$越窄该值越小)后,就会产生受激布里渊散射,它将注入到光纤中的光转化为背向散射光,这种背向散射光会对激光二极管产生不利影响,使系统的相对强度噪声(RIN)指标降低。为此,必须将光纤的注入光功率限制在SBS的阈值以下。然而,这样做又会使光纤放大器不能充分发挥作用。例如,采用EDFA作为功率放大器的光纤系统,输出光功率为15.6 dBm(约36 mW),后续光纤为24 km的普通单模光纤,实测SBS阈值$P_{th,SBS}=+8$ dBm(约6.3mW),所以必须采取一定措施提高SBS阈值。除此之外,SBS还会使接收端的光功率降低,造成光链路的“损耗”增加,使系统的载噪比降低。

SBS的阈值功率($P_{th,SBS}$)随信号光谱宽度的减小而降低,二者具有以下关系,即

$$P_{th,SBS}=0.03\Delta\lambda_{20} \tag{3-54}$$

式中:$P_{th,SBS}$为SBS的阈值功率(mW);$\Delta\lambda_{20}$为激光器线宽(MHz)。

在激光二极管谱线线宽远窄于饱和SBS的线宽(为30~200 MHz)时,可用式(3-55)近似估算SBS的$P_{th,SBS}$,即

$$P_{th,SBS}=\frac{21.A_{eff}}{g_0.L_{eff}} \tag{3-55}$$

式中:g_0为布里渊系数,是光纤材料决定的一个参数,$g_0\approx2\times10^{-12}$cm/mW;$A_{eff}$是光纤的等效截面积($\mu m^2$);$L_{eff}$是光纤等效作用长度,当光纤实际长度$L>10$ km时,$L_{eff}\approx\frac{1}{\ln(10^{\alpha/10})}$(km),$\alpha$是光纤的衰减系数。

从式(3-54)可知,LD的谱线宽度越窄,SBS产生影响的阈值功率越低,即越窄的谱线宽度将更容易导致SBS对信号质量的影响。然而,从色散角度考虑,通常希望LD有窄的线宽。因此,对LD的线宽要根据实际应用综合考虑。

表3-6给出由式(3-55)计算的$P_{th,SBS}$。

表 3-6　根据式(3-55)计算的 $P_{th,SBS}$

参　数	含　义	取　值
$A_{eff}/\mu m^2$	光纤等效截面积	89.9
L/km	实际光纤长度	24
$\alpha/dB/km$	光纤衰减系数	0.25
L_{eff}/km	光纤等效作用长度	17.37
$p_{th,SBB}/dBm$	SBS 阈值	7.35

为了抑制 SBS 对信号的影响,可采取下列措施:

(1) 对动态单纵模 LD 进行浅调制,将其光谱展宽至 SBS 线宽以外。这种方法可使 SBS 阈值功率增加量为

$$\Delta P_{th,SBS}(\Delta\nu_{LD}) = -10\lg\left[1+\frac{\Delta\nu_{LD}}{\Delta\nu_{SBS}}\right] \tag{3-56}$$

式中:$\Delta\nu_{LD}$ 为 LD 的谱线宽度;$\Delta\nu_{SBS}$ 为 SBS 的谱线宽度。

为了兼顾 CSO 和 CTB 指标,减小对 EDFA 的影响,应适当选择“微扰”频率 f,AT&T 网络系统部在对 SBS 的抑制研究中,取 $f=115$ kHz。如果所选的 LD 具有较高的调频响应度,可将 $P_{th,SBS}$ 提高 10 dB 以上,而且对系统的 CSO 和 CTB 性能指标没有显著影响。

(2) 在外调制中采用附加相位调制,将信号能量分布到大量光载波上,降低光功率谱能量密度,从而提高 SBS 阈值功率。

在外调制中,用单频正弦波进行附加相位调制还可以减小干扰强度噪声(IIN)的影响。为避免失真,应选取适当的调制频率,对光纤 CATV 来说,调制频率至少应大于 CATV 系统中电信号最高载频的两倍。外调制器分为两级,前级用于载波相位调制(PM),后级用于强度调制(IM)。采用该方法可使 SBS 的阈值增加 $\Delta P_{th,SBS}$,即

$$\Delta P_{th,SBS}(\beta) = -10\lg[\max\{J_k^2(\beta)\}] \tag{3-57}$$

式中:$J_k(\beta)$为 k 阶贝塞尔函数;β 为相位调制度。

同样,可使 $P_{th,SBS}$ 提高 5 dB 左右,即 $P_{th,SBS}$ 可达+13 dBm 左右。

如果将上述两种方法同时采用,有可能将 SBS 阈值提高到 17 dBm(50 mW)甚至更高。

习题与思考题

1. 什么是子午光线与偏射光线?简述它们在光纤中的传输特性。

2. 光纤的特性参数主要包括哪些?说明各参数的含义。

3. 玻璃光纤分为哪几类?说明各自的化学组成与特点。

4. 光纤色散、带宽和脉冲展宽之间有什么关系?对光纤传输容量有何影响?

5. 影响光纤传输损耗的主要因素有哪些?在光纤通信中,常用的通信窗口有哪些?为什么光纤通信正向着 1.55 μm 的长波长方向发展?

6. 什么是光纤的色散?模间色散和模内色散有何不同?为什么长距离光通信要用单模光纤?

7. 光纤的纤芯折射率为 $n_1=1.5$,包层折射率 $n_2=1.48$,空气折射率 $n=1$。计算该光纤

的受光角以及光纤相应的数值孔径。如果将光纤浸入水（n=1.33）中，受光角有多大改变？

8. 试分析光纤耦合器的耦合机理、作用、分类和主要特性参数。

9. 有一个无源树形光耦合器(1×6耦合器)，输入端注入光功率30 mW，6个输出端口分别输出光功率4.9 mW、5.1 mW、4.8 mW、4.8 mW、4.9 mW和5.0 mW，求此光耦合器的各端口插入损耗、附加损耗和分光比。

10. 对光隔离器的基本要求是什么？简述偏振相关型光隔离器的工作原理。

11. 分析光波分复用器的光传输原理与特性。

12. 简述固态光开关的分类及各自的工作原理。

13. 简述光纤光栅的分类、光学特性及应用。

14. 简述Mach-Zehnder光纤滤波器的结构组成，分析滤波原理及光的传输特性。

15. 说明光纤激光器的优点、组成及工作原理。

16. 试分析光纤环路反射器的组成与工作原理，如何由光纤环路反射器构成谐振腔？

17. 分析各种常见光纤激光器的特点与应用领域。

18. 光纤光栅激光器主要分为哪几类？

19. 试分析光纤放大器与光纤激光器的异同。

20. 简述拉曼光纤放大器的工作原理。

第4章　非线性光学材料

在激光出现以前，光学主要是研究强度较弱的光束（如普通光源）在介质中传播规律的学科，所产生的各种光学现象，如光的反射、折射、干涉、衍射、散射、吸收等，与光场呈线性关系；可以用一组线性麦克斯韦方程组来描述光波在介质中的传播规律；此外，表征介质光学性质的特征参量，如折射率、吸收系数、散射截面等可看作与光场强度无关的常量。光波在介质中传播时频率不发生改变，并满足光的叠加原理和独立传播原理，这类光学现象的学科称为线性光学。

自20世纪60年代激光器发明后，激光因其高单色性、高方向性、高相干性和高亮度等特点而备受关注，并在众多领域中得到了广泛应用。这种强光场足以导致光频波段非线性效应的产生，突破了线性光学中光波线性叠加和频率保持不变的局限性，揭示出不同频率的光场之间的能量交换、相位匹配、相互耦合的变化过程，如光倍频、和频、差频、光参量振荡等现象。研究这类效应的光学称为非线性光学。本章主要介绍非线性效应的产生原理、几种典型的非线性光学效应，以及非线性光学晶体的性能、特点及其应用。

4.1　非线性光学效应简述

4.1.1　极化波的产生

介质在外场作用下将引起介质内部的极化，其响应由电极化强度矢量 $\boldsymbol{P}$ 来表示，其大小与单位体积内电子密度和电子的电荷成正比。由于光是一种频率很高（$10^{14}\sim10^{15}$ Hz）的电磁波，当光束通过透明介质时，介质的原子（或分子）在光场作用下产生极化。由于光场是交变电磁场，由此产生的极化也是交变的，且极化频率与光波场相同。这种交变的极化形成了极化波，这种极化波又会辐射出频率相同的次级电磁波，次级电磁波的产生反映了介质对入射光波的反作用。

4.1.2　线性极化与非线性极化

介质在弱光场作用下，只能产生线性极化，由振荡偶极子产生与光波电场频率相同的极化波，从而辐射出频率相同的次级电磁波。其电极化强度矢量 $\boldsymbol{P}$ 与光波电场 $\boldsymbol{E}$ 的函数关系为

$$\boldsymbol{P}=\chi\boldsymbol{E} \tag{4-1}$$

式中：$\boldsymbol{P}$ 为介质电极化强度矢量；χ 为线性电极化率；$\boldsymbol{E}$ 为光波电场。

介质在强光场作用下，除了产生线性极化外，还会产生二次、三次等非线性极化，其电极化强度矢量 $\boldsymbol{P}$ 与光波电场 $\boldsymbol{E}$ 的函数关系为

$$\boldsymbol{P}_i(\omega_{\mathrm{j}})=\varepsilon_0\chi^{(1)}\cdot\boldsymbol{E}_m(\omega_{\mathrm{j}})+\varepsilon_0\chi^{(2)}\cdot\boldsymbol{E}_m(\omega_{\mathrm{r}})\boldsymbol{E}_n(\omega_{\mathrm{s}})+\varepsilon_0\chi^{(3)}\cdot\boldsymbol{E}_m(\omega_{\mathrm{r}})\boldsymbol{E}_n(\omega_{\mathrm{s}})\boldsymbol{E}_p(\omega_{\mathrm{t}}) \tag{4-2}$$

式中：$\chi^{(1)}$、$\chi^{(2)}$ 和 $\chi^{(3)}$ 分别是一阶（线性）、二阶和三阶电极化率，它们分别为二阶、三阶和四阶

张量;脚标 j、r、s、t 分别表示不同的频率分量;i、m、n、p 分别为笛卡儿坐标,取值由 1~3;ε_0 为真空介电常数。式中线性项 $\chi^{(1)}$ 导致折射、反射等线性光学现象;二阶非线性极化张量 $\chi^{(2)}$ 产生二次谐波(SHG)、和频、差频、光学整流、线性电光效应、法拉第效应、光参量振荡(OPO)等非线性现象;三阶非线性极化张量 $\chi^{(3)}$,则是三次谐波产生(THG)、双光子吸收、光束的自聚焦现象、克尔效应及受激拉曼散射、受激布里渊散射、四波混频等非线性光学效应的直接原因。

4.1.3 耦合波方程

假定平面单色波在介质中沿 z 轴方向传播,由麦克斯韦方程可导出表征光场在介质中行为的波动方程为

$$\frac{\partial^2 \boldsymbol{E}}{\partial z^2}-\mu_0\sigma\frac{\partial \boldsymbol{E}}{\partial t}-\mu_0\varepsilon_0\varepsilon\frac{\partial^2 \boldsymbol{E}}{\partial t^2}=\mu_0\frac{\partial \boldsymbol{P}}{\partial t^2} \tag{4-3}$$

式中:μ_0、σ 分别为真空中的磁导率和介质电导率,线性极化包含于物理量 ε(介电常数),因而 $\boldsymbol{P}$ 只包含非线性极化项。式中电场强度矢量和极化强度矢量的大小可表示为

$$E_i(z,t)=\sum_m \mathrm{Re}[E_{im}\exp(\mathrm{i}\omega_m t-\mathrm{i}k_m z)] \tag{4-4}$$

$$P_i(z,t)=\sum_m \mathrm{Re}[P_{im}\exp(\mathrm{i}\omega_m t-\mathrm{i}k_m z)] \tag{4-5}$$

这里下标 i 代表极化方向 x 或 y,m 代表不同频率波的序号。将式(4-5)代入式(4-3)中,由慢变振幅包络近似得

$$\frac{\partial E_m}{\partial z}+\lambda_m E_m=-\mathrm{i}\frac{\mu_0 c\omega_m}{2n_m}P_m \tag{4-6}$$

式中:$n_m=(\varepsilon_m)^{1/2}$,为折射率;$\alpha_m=\mu_0\sigma c/2n_m$,为电场损耗因子;$E_m$ 和 P_m 均是复振幅。

这里只考虑二阶非线性中的三波相互作用。二阶非线性电极化可由式(4-2)导出。

$$\begin{aligned}\boldsymbol{P}_1(\omega_1)&=\varepsilon_0\boldsymbol{\chi}^{(2)}(\omega_1):\boldsymbol{E}_2^*(\omega_2)\boldsymbol{E}_3(\omega_3)\\ \boldsymbol{P}_2(\omega_2)&=\varepsilon_0\boldsymbol{\chi}^{(2)}(\omega_2):\boldsymbol{E}_1^*(\omega_1)\boldsymbol{E}_3(\omega_3)\\ \boldsymbol{P}_3(\omega_3)&=\varepsilon_0\boldsymbol{\chi}^{(2)}(\omega_3):\boldsymbol{E}_1^*(\omega_1)\boldsymbol{E}_2(\omega_2)\end{aligned} \tag{4-7}$$

写成标量形式则为

$$\begin{aligned}P_1&=2\varepsilon_0 d_{\mathrm{eff}}E_2^*E_3\\ P_2&=2\varepsilon_0 d_{\mathrm{eff}}E_1^*E_3\\ P_3&=2\varepsilon_0 d_{\mathrm{eff}}E_1^*E_2\end{aligned} \tag{4-8}$$

式中:$d_{\mathrm{eff}}=\hat{e}_3:\boldsymbol{\chi}^{(2)}:\hat{e}_1\hat{e}_2$ 为有效非线性系数。式(4-8)还可以表示成非线性电极化与电场复振幅之间的关系,即

$$\begin{aligned}P_1&=2\varepsilon_0 d_{\mathrm{eff}}A_2{}^*A_3\exp(-\mathrm{i}\Delta kz)\\ P_2&=2\varepsilon_0 d_{\mathrm{eff}}A_1{}^*A_3\exp(-\mathrm{i}\Delta kz)\\ P_3&=2\varepsilon_0 d_{\mathrm{eff}}A_1{}^*A_2\exp(-\mathrm{i}\Delta kz)\end{aligned} \tag{4-9}$$

将式(4-9)中的极化率分量代入式(4-6)中,便得到耦合波方程为

$$\begin{aligned} \frac{\partial A_1}{\partial z}+\alpha_1 A_1&=-\mathrm{i}\,\frac{\omega_1}{n_1 c}d_{\mathrm{eff}}A_2^* A_3\exp(-\mathrm{i}\Delta k z)\\ \frac{\partial A_2}{\partial z}+\alpha_2 A_2&=-\mathrm{i}\,\frac{\omega_2}{n_2 c}d_{\mathrm{eff}}A_1^* A_3\exp(-\mathrm{i}\Delta k z)\\ \frac{\partial A_3}{\partial z}+\alpha_3 A_3&=-\mathrm{i}\,\frac{\omega_3}{n_3 c}d_{\mathrm{eff}}A_1^* A_2\exp(-\mathrm{i}\Delta k z)\end{aligned} \tag{4-10}$$

式中：$\Delta kz=[k_3-(k_1+k_2)]z$ 是三波之间相位差。

耦合波方程的物理意义是由于非线性极化波的产生导致 3 个不同频率的电磁波之间相互作用，每一个波都通过极化波与另外两个相互耦合，彼此之间存在着能量转移，但系统总能量和总动量守恒，即要求

$$\omega_1+\omega_2=\omega_3 \tag{4-11}$$

$$\boldsymbol{k}_1+\boldsymbol{k}_2=\boldsymbol{k}_3 \tag{4-12}$$

式中：ω_i 为频率，$|\boldsymbol{k}_1|=2\pi\lambda_i/n_i$，$\boldsymbol{k}_i$ 是波矢，n_i 是晶体的折射率（对频率 ω_i 而言），式(4-12)便是通常称为的相位匹配条件。

4.1.4　典型非线性光学效应

一、光倍频及混频效应

光倍频及混频效应也称为二次谐波(SHG)效应，是非线性介质在激光作用下的二阶非线性光学效应，可观察到 3 束不同频率的光辐射现象——倍频、和频及差频，属于典型的非线性光学效应，也是激光技术中频率转换的重要手段。在频率关系上，倍频相当于和频效应中 $\omega_1=\omega_2=\omega$，$\omega_3=2\omega$ 的情况。例如，通过倍频技术可将波长 1.064 μm 的激光转换成波长 0.532 μm 的绿光，再通过倍频，则可得到波长 0.266 μm 的紫外光。波长 1.064 μm 的激光分别与波长 0.532 μm 和 0.266 μm 的激光混频，可获得 3 次谐波(0.353 μm)和 5 次谐波(0.2129 μm)的激光。这些波段的激光，可用于激光医学、海洋探险、核聚变等。另外，还可作为可调谐染料激光器、掺钛蓝宝石激光器、光参量振荡器及受激拉曼散射频移器的泵浦源。

1. 倍频及混频的耦合波方程

设由频率为 ω_1 和 ω_2 的光波混频产生 $\omega_3=\omega_1+\omega_2$ 频率的光波。根据小信号近似，可认为在光波混频过程中，频率为 ω_1 和 ω_2 的光波场强的改变量足够小，可近似认为它们在三波耦合过程中为常数。因此三波耦合波方程只剩下关于频率 ω_3 的光波方程，即

$$\frac{\mathrm{d}E_3}{\mathrm{d}z}=\mathrm{i}\,\frac{\omega_3^2}{k_3 c^2}\chi_{\mathrm{eff}}E_1E_2\exp(\mathrm{j}\Delta kz) \tag{4-13}$$

式中：$\Delta k=k_1+k_2-k_3$，为非线性介质的有效非线性电极化率；$\chi_{\mathrm{eff}}=e_n\chi(\omega_n,\omega_m,\omega_l):e_me_l$。

设非线性介质长为 L，并认为入射端($z=0$)处 $E_3=0$，则

$$E_3=\int_0^L \mathrm{i}\,\frac{\omega_3^2}{k_3c^2}\chi_{\mathrm{eff}}E_1E_2\exp(\mathrm{i}\Delta kz)\mathrm{d}z \tag{4-14}$$

将 $\omega_3=2\pi c/\lambda_3$ 代入式(4-14)，积分后得

$$E_3=\mathrm{i}\,\frac{2\chi_{\mathrm{eff}}L}{\lambda_3 n_3}E_1E_2\left[\sin\left(\frac{\Delta kL}{2}\right)\Big/\left(\frac{\Delta kL}{2}\right)\right]\exp\left(\frac{\mathrm{i}\Delta kL}{2}\right) \tag{4-15}$$

在折射率为 n 的介质中,光功率密度可表示为

$$|I_3| = \frac{2\pi^2 L^2 \chi_{\text{eff}}^2}{n_1 n_2 n_3 \lambda_3^2 c\varepsilon_0} |I_1| |I_2| \left[\sin\left(\frac{\Delta kL}{2}\right) / \left(\frac{\Delta kL}{2}\right)\right]^2 \tag{4-16}$$

以上即为和频过程。

对于差频过程,只要以 $-\omega_2$ 代替 ω_2,以 E_2^* 代替 E_2,就可以得到完全类似的结果。

同理,对于倍频过程,$\omega_1=\omega_2=\omega,\omega_3=2\omega$,通常把频率为 ω 的光波称为基波,频率为 2ω 的光波称为倍频波或二次谐波。基频 E_ω 和倍频光波电场 $E_{2\omega}$ 的耦合波方程用光功率密度表示为

$$|I_{2\omega}| = \frac{8\pi^2 L^2 d_{\text{eff}}^2}{n_\omega^2 n_{2\omega}^2 \lambda_\omega^2 c\varepsilon_0} |I_\omega|^2 \left[\sin\left(\frac{\Delta kL}{2}\right) / \left(\frac{\Delta kL}{2}\right)\right]^2 \tag{4-17}$$

式中:$d_{\text{eff}}(2\omega)$ 为有效非线性系数,$d_{\text{eff}}(2\omega)=\frac{1}{2}\chi_{\text{eff}}(2\omega)$。

定义倍频效率为 η_{SHG},即输出的倍频光功率密度 $|I_{2\omega}|$ 与基波光功率密度 $|I_\omega|$ 之比,来表征转换效率,则

$$\eta_{\text{SHG}} = \frac{8\pi^2 L^2 d_{\text{eff}}^2}{n_\omega^2 n_{2\omega}^2 \lambda_\omega^2 c\varepsilon_0} |I_\omega| \left[\sin\left(\frac{\Delta kL}{2}\right) / \left(\frac{\Delta kL}{2}\right)\right]^2 \tag{4-18}$$

$\left[\sin\left(\frac{\Delta kL}{2}\right) / \left(\frac{\Delta kL}{2}\right)\right]$ 称为相位因子。由式(4-5)、式(4-6)、式(4-7)可知:若 $\left[\sin\left(\frac{\Delta kL}{2}\right) / \left(\frac{\Delta kL}{2}\right)\right]=1$,则光混频(或倍频波)所产生的新频率的光功率与两输入光波功率的乘积(或基波功率的平方)成正比;当输入光功率(或基波功率)一定时,则与非线性介质的长度 L、有效非线性极化率 χ_{eff} 或有效非线性系数 d_{eff} 的平方成正比。根据函数 $\left[\sin\left(\frac{\Delta kL}{2}\right) / \left(\frac{\Delta kL}{2}\right)\right]^2$ 与 $\frac{\Delta kL}{2}$ 的函数关系,当 $\Delta k=0$ 时,相位因子 $\left[\sin\left(\frac{\Delta kL}{2}\right) / \left(\frac{\Delta kL}{2}\right)\right]=1$ 成立,称为相位匹配条件;反之,当 $\Delta k \neq 0$ 时,相位因子 $\left[\sin\left(\frac{\Delta kL}{2}\right) / \left(\frac{\Delta kL}{2}\right)\right] \neq 1$,称为相位失配。只有在相位匹配的条件下,才可获得最高的频率转换效率。

2. 相位匹配技术

相位匹配是非线性光学中最重要的技术之一。前面已经得到倍频相位匹配条件为 $\Delta k=0$,即

$$2k_\omega = k_{2\omega} \tag{4-19}$$

或

$$n_\omega = n_{2\omega} \tag{4-20}$$

可利用晶体的双折射特性补偿晶体的色散效应,实现晶体相位匹配,主要分为两种方式:一是角度相位匹配,也称为临界相位匹配;二是温度相位匹配,也称为非临界相位匹配。

1) 角度相位匹配

对于一般光学介质而言,其折射率随入射光频率不同而变化。在透明介质中,频率高的光波,其折射率较高。利用各向异性晶体的双折射特性,并使基波与倍频波有不同的偏振态可以得到相位匹配条件,即 $n_\omega=n_{2\omega}$。例如,负单轴晶体 KDP 的 n_o 和 n_e 的色散曲线如图 4-1 所示。在二次谐波产生过程中,若取基频波(0.6943 μm)为寻常光偏振(o 光),二次谐波

(0.347 1 μm)为非寻常光偏振(e 光),则基频波折射率 n_o^ω 介于倍频波的两个主折射率($n_o^{2\omega}$ 和 $n_e^{2\omega}$)之间,因此,只要选择合适的光传播方向($\theta_m=50.4°$),便可实现相位匹配。这种使基频波与二次谐波有不同偏振态,通过选择特定光传播方向的方法称为角度相位匹配,而能够保证相位匹配的光传播方向的空间角称为相位匹配角。

用图 4-2 所示的负单轴晶体折射率曲面可以清楚地表征这种方法。图中虚线为倍频波的折射率面,实线为基频波的折射率面。由图 4-2 可见,基波的 o 光折射率面和倍频的 e 光折射率面有两个圆交线(在图中可有 4 个点),若交点 P 对应的方向与光轴 oz 方向的夹角为 θ_m,恰好也是入射晶体的基波法线方向与光轴方向的夹角,即有 $n_o^\omega=n_e^{2\omega}(\theta_m)$。

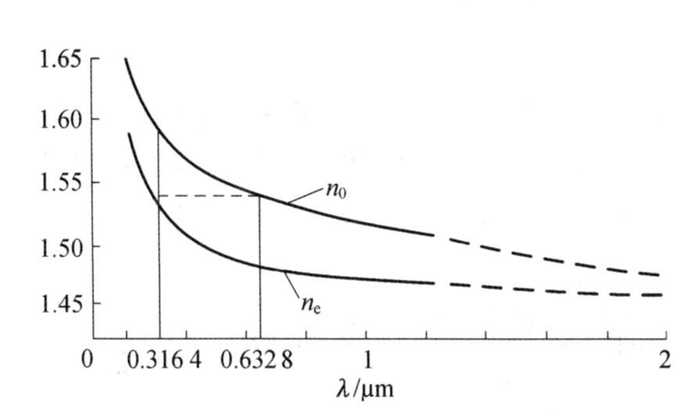

图 4-1　KDP 晶体的色散曲线

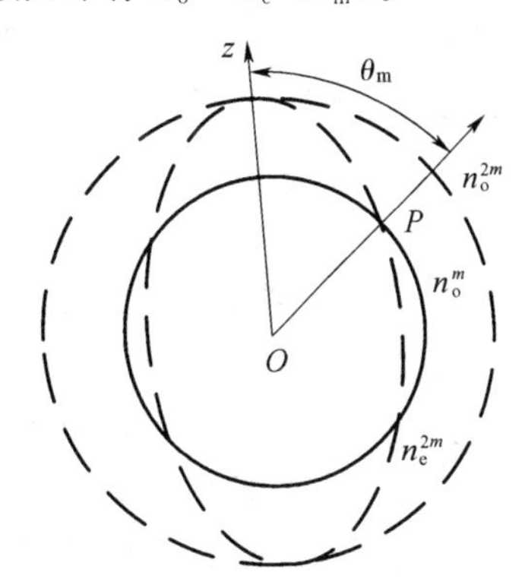

图 4-2　负单轴晶体折射率椭球 *yOz* 截面

按照入射基波的偏振态,可将角度相位匹配方式分为两类:一类是入射的基波取单一的线偏振光(如 o 光),而产生的倍频波为另一状态的线偏振光(如 e 光)。这种情况通常称为第Ⅰ类相位匹配方式。例如,上面所分析的负单轴晶体,其相位匹配条件为 $n_o^\omega=n_e^{2\omega}(\theta_m)$,表示这一倍频过程可以用符号 o+o→e 表示;另一类是基波取两种偏振态(o 光和 e 光),而倍频波为单一偏振态(如 e 光),通常称为第Ⅱ类相位匹配方式,记作 e+o→e。对于第Ⅱ类匹配方式,在非线性极化过程中,由于基波的 o 光和 e 光的折射率不同,故其 k_1 也不同,这时相位匹配条件为 $\Delta k=k_{1o}+k_{1e}-k_{2e}=0$ 或 $\Delta k=k_{1o}+k_{1e}-k_{2o}=0$。单轴晶体的两类相位匹配方式的相位匹配条件如表 4-1 所示。

表 4-1　单轴晶体的相位匹配条件

晶体种类	第Ⅰ类相位匹配		第Ⅱ类相位匹配	
	偏振性质	相位匹配条件	偏振性质	相位匹配条件
正单轴晶体	e+e→ o	$n_e^\omega(\theta_m)=n_o^{2\omega}$	o+e→o	$\frac{1}{2}[n_o^\omega+n_e^\omega(\theta_m)]=n_o^{2\omega}$
负单轴晶体	o+o→e	$n_o^\omega=n_e^{2\omega}(\theta_m)$	e+o→e	$\frac{1}{2}[n_e^\omega(\theta_m)+n_o^\omega]=n_e^{2\omega}(\theta_m)$

2) 温度相位匹配

由上所述,角度相位匹配是简单可行的相位匹配方法,在二次谐波产生及其他混频过程中已被广泛采用。但是通过调整光传播方向的角度实现相位匹配时,参与非线性作用的光束选取不同的偏振态,这就使得有限孔径内的光束之间发生分离。例如,在二次谐波产生过程中,当晶体内光传播方向与光轴夹角$\theta=\theta_m$时,寻常光的法线方向与光线方向一致,而对于非寻常光的法线方向与光线方向不同,在整个晶体中,使得不同偏振态的基波与二次谐波的光线方向逐渐分离,从而使转换效率下降,这个现象称为走离效应。

根据对角度相位匹配的分析发现,如果能够使得相位匹配角$\theta_m=90°$,即在垂直于光轴方向上实现相位匹配,则光束走离效应的限制可以消除,此时基波的寻常光折射率曲面恰好与二次谐波非寻常光折射率曲面相切。为了实现这种90°匹配角的相位匹配,可以利用某些晶体(如$LiNbO_3$、KDP等)折射率的双折射量与色散是其温度敏感函数的特点,通过调节晶体的温度,可实现$\theta_m=90°$的相位匹配,将这种相位匹配方式称为温度相位匹配。

二、光参量振荡与频率调谐技术

光参量放大和振荡技术,可以说是微波参量放大在光频波段上的一种延伸,用非线性晶体作为参量耦合元件(见图4-3)。将一个强的高频激光波(ω_p泵浦光)和一个弱的低频激光波(ω_s信号光)同时入射到非线性晶体上,弱的信号光被放大,同时产生另一个较低频率(ω_i)的空闲光。由门雷—罗威关系,每湮灭一个高频光子,同时要产生两个低频光子,这也符合能量守恒基本原理。显然,光参量放大过程本质上是产生差频光波的过程。频率为ω_p的泵浦光与频率为ω_s的信号光,同时入射非线性晶体后,由于二阶非线性极化,在晶体内产生一个频率为$\omega_i=\omega_p-\omega_s$的差频光波(空闲光),其振幅正比于泵浦光振幅和信号光振幅的乘积,空闲光又与泵浦光发生非线性耦合,再由二阶非线性极化辐射出$\omega_s=\omega_p-\omega_i$的信号光,其振幅正比于泵浦光振幅和空闲光振幅的乘积。由于泵浦光强度远大于信号光和空闲光强度,所以在满足一定相位匹配条件下,上述非线性混频过程可持续进行,泵浦光的能量不断耦合到信号光和空闲光中,从而形成光参量放大。

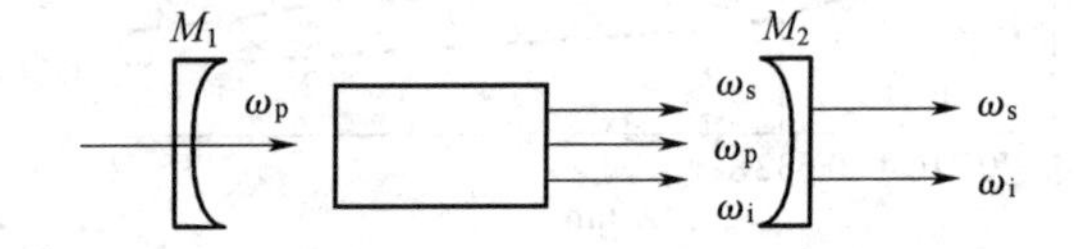

图4-3 光参量振荡器的简单形式

4.2 非线性光学晶体

能够使光波传播时产生非线性光学效应的材料称为非线性光学材料,应用最广泛的主要是晶体。对非线性光学晶体材料的要求主要有以下几个:

(1) 具有较高的非线性系数。

(2) 在工作波段上能实现相位匹配。

(3) 能得到尺寸较大、光学均匀性较好、物理和化学性能稳定及易于加工的晶体。

(4) 具有较高的光损伤阈值。

能满足上述要求的晶体有多种,但它们在非线性系数、实现相位匹配的方式、光损伤阈值和透光范围等方面有明显的区别。本节主要介绍几种典型的非线性光学晶体材料。

1. KDP晶体

此类非线性晶体是铁电体材料,属于42 m点群,呈四方对称。KDP晶体在室温下的水溶液中生长,可得到尺寸较大的无畸变单晶,透光波段为0.22~1.6 μm。其主要优点是其光学质量好,光损伤阈值较高。其缺点是折射率较低,故其非线性系数低,且易潮解,硬度不高。

KDP 晶体能够进行Ⅰ类和Ⅱ类角度调谐的相位匹配，Ⅱ类的效率高于Ⅰ类，但是受到入射光束质量的限制更明显。

2. KTP 晶体

$KTiOPO_4$ 晶体(KTP)是一种独特的非线性光学材料，其最大的优点是非线性系数大，可与铌酸钡钠 $Ba_2NaNb_5O_{15}$ 晶体(BNN)相比拟，高于 KDP 晶体 15～20 倍，在大的波长范围内更适合于Ⅱ类相位匹配。被广泛用于发射 1 μm 左右波长的 Nd^{3+} 激光器的二次谐波输出，此外也被用于和频、差频以及在 0.35～4.0 μm 的整个透光波段的光参量应用中。

3. $LiNbO_3$ 晶体

$LiNbO_3$ 晶体(简称 LN)是铁电体材料，属于 3m 点群，其透光波段为 0.42～4.2 μm。可生长成光学质量高、物理性能稳定的晶体。$LiNbO_3$ 晶体的非线性系数大于 KDP 晶体，此外，其双折射对温度很敏感，通过改变温度，就能得到与光轴呈 90°的相位匹配，因而适合在全透明区实现温度相位匹配。然而，由于它需要在高温条件下工作，加之损伤阈值较低，严重制约了它的实际应用。

4. BBO 晶体

$\beta-BaB_2O_4$ 晶体(BBO)是由中国科学院福建物质结构研究所首创的一种新型非线性晶体。该晶体具有较大的非线性系数(其非线性系数 d_{11} 约为 KDP d_{36} 的 4 倍)，具有很高的光损伤阈值，从紫外到中红外范围内的非线性频率转换性能非常好。目前已被应用于将频率倍频到蓝光频域及钛蓝宝石激光的倍频中。

5. LBO 晶体

三硼酸锂晶体(LBO)是一种性能优良的非线性光学晶体，它具有紫外透光性好、光学损伤阈值较高和非线性系数适中等特点，此外，该晶体的化学性能稳定、机械硬度高、不潮解，对于某些非线性光学加工极具吸引力。因为 LBO 晶体的双折射小于 BBO 晶体，所以有助于限制相位匹配的光谱范围，但是也会在可见光和近红外光的频率转换应用中导致产生非临界相位匹配和大的接收角。

4.3　光参量振荡器及其应用实例

4.3.1　光参量振荡器

利用上述原理，将非线性晶体置于光学谐振腔内(见图 4-3)，当参量放大的增益不小于腔内损耗加耦合损耗时，则可分别得到信号光和空闲光输出，这就是光参量振荡器(OPO)。光学参量振荡器是波长可调谐的相干光光源，能够将一个频率的激光转换为信号和空闲频率的相干输出，而且可以在一个很宽的频率范围内实现调谐，是可调谐激光产生的重要手段之一。其特点是结构简单，从红外到紫外，包括可见光，调谐范围大，工作可靠，转换效率高，重复频率高，并可以实现小型化与全固化。

光参量振荡器分为仅靠信号光或空闲光单独提供反馈的单谐光参量振荡器(简称 SRO)，以及依靠信号光和空闲光共同提供反馈的双谐光参量振荡器(简称 DRO)两种。通过比较发现，在双谐振条件下，信号光和空闲光同时在光学腔内谐振，因而明显降低了阈值，所以 DRO 结构多用于连续 OPO 系统。

近年来,随着一批新型优质非线性光学晶体的发明、成熟和大量应用,以及非线性光学频率变换和可调谐激光技术的飞速发展,光参量振荡器及其应用技术主要应用于环境监测、遥感、医疗诊断和治疗、激光光谱学研究、材料处理、数据通信、光电测量、激光测距、激光雷达、红外对抗等领域,特别是基于光参量振荡器和光腔衰荡(CRDS)原理测量高反射镜的反射率方面取得了重大突破。这是一种绝对测量方法,不需要标定,通过对指数型腔内衰荡信号的检测,消除了传统检测方法中激光能量的起伏所引起的误差,测量精度大大提高,尤其对于高反射率的腔镜测量具有更好的效果,相对于传统测量方法具有无可比拟的优势和广泛的应用领域。

4.3.2 光参量振荡器测量单波长高反射率的应用

1. 测量原理

在仅考虑腔镜透射和腔内介质吸收情况下,高反射率镜 M_1 和 M_2 构成一个衰荡腔,当一束脉冲激光沿着光轴入射到光腔内,忽略衍射及散射损耗,单色脉冲光在两个腔镜之间往返振荡,每经过一次循环透射出部分光,M_2 后面的探测器接收光脉冲信号以考察其衰减规律,其原理如图 4-4 所示。设两个腔镜的反射率为 R_1 和 R_2,I_1 为第一次透射出腔外的光强,根据比尔(Beer)定律,谐振腔出射脉冲光强为

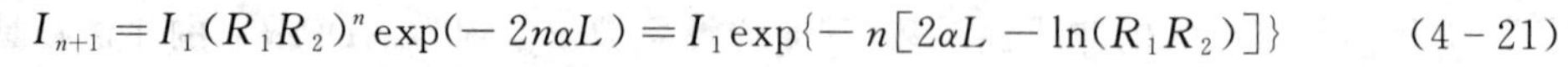

$$I_{n+1}=I_1(R_1R_2)^n\exp(-2n\alpha L)=I_1\exp\{-n[2\alpha L-\ln(R_1R_2)]\} \tag{4-21}$$

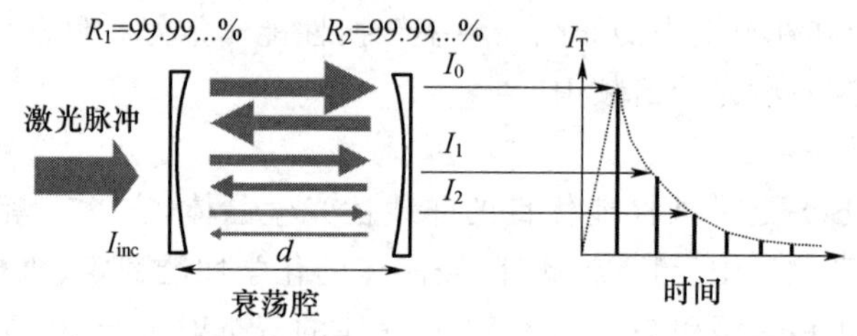

图 4-4 光腔衰荡原理

式中:L 为腔长;α 为腔内介质吸收系数。在 t 时刻,光束在腔内循环次数 $n=tc/2L$,则

$$I(t)=I_1\exp\left[-\frac{c}{L}(\alpha L-\ln\sqrt{R_1R_2})t\right] \tag{4-22}$$

即脉冲激光光强以单指数形式衰减。实际上,当脉冲光入射到高反腔内时,只有很少的光进入光腔内振荡,每次振荡透过镜片的光就更少,透射光的强度与输出镜的反射率有关,它是时间的函数。

衰荡寿命 τ_0 定义为出射脉冲光强衰减为初始光强的 1/e 时经历的时间,t 时刻的光强 $I(t)$ 与 I_1 有下列关系,即

$$I(t)=I_1\exp(-t/\tau_0) \tag{4-23}$$

比较式(4-22)和式(4-23),得到直型衰荡光腔的衰荡寿命 τ_0 与反射率的关系为

$$\tau_0=L/[c(\alpha L-\ln\sqrt{R_1R_2})] \tag{4-24}$$

若谐振腔内损耗很小,可以忽略,即 $\alpha=0$,所用腔镜为相同镀制条件下镀制的一对高反射镜,则两腔镜反射率相等,反射率为

$$R=\sqrt{R_1R_2}=\exp[(-L)/(c\tau_0)] \tag{4-25}$$

将待测反射镜镜片置于折叠腔的折点处,以一定角度将直腔改变为折叠腔,根据

式(4－22),同理可得

$$I(t)=I_1\exp\left[-\frac{c}{L}(-\alpha L-\ln\sqrt{R_x^2R_1R_2})t\right] \tag{4-26}$$

由式(4－23)和式(4－26)可得到折叠型衰荡光腔的衰荡时间 τ 与反射率的关系为

$$\tau=L/[c(\alpha L-\ln R_x-\ln\sqrt{R_1R_2})] \tag{4-27}$$

所以待测镜片的反射率为

$$R_x=\exp[-(1/\tau-1/\tau_0)L/c] \tag{4-28}$$

2. 实验装置及测量结果分析

测量装置如图 4－5(a)、(b)所示,主要由光源、倒置望远镜系统、衰荡腔、探测器、示波器等组成。光源是 Continuum 公司的 SURELITE OPO SLII－10,输出波长为 420～2600 nm 连续可调,脉宽为 3～5 ns,并采用望远镜系统对 OPO 输出的光束进行激光脉冲整形。探测器为 RS 公司的 AEPX65 型快速光电二极管,响应速度为 0.7 ns;信号记录采用 TEKTRONICS TDS620B 数字存储示波器,带宽为 500 MHz,采样率为 2.5bG/s,同时计算机与示波器连接进行同步数据处理。

实验光路调整后,激光脉冲可以在两面 0°凹面高反镜之间建立起振荡,如图 4－5(a)所示,精细地调节谐振腔镜,即可测得此衰荡光腔的实际衰荡寿命,并计算出腔镜的反射率。以相同腔长将光腔折叠,插入待测高反射镜,调整三面镜片构成谐振腔,如图 4－5(b)所示,测得衰荡光腔的衰荡寿命,即可计算出待测样品的反射率。

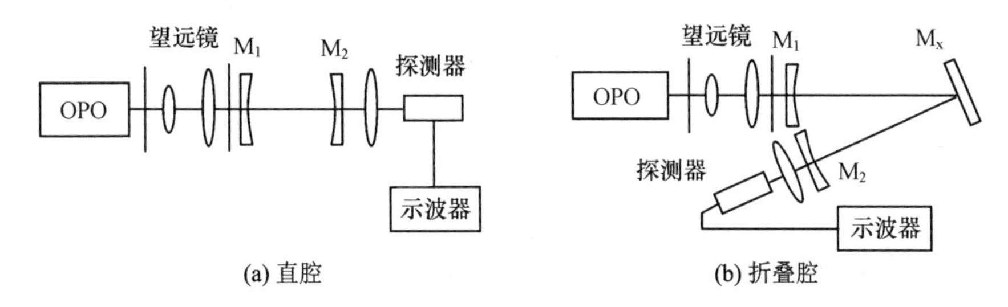

图 4－5　光腔衰荡光谱实验装置

衰荡腔腔长分别选取 1 m、0.72 m 和 0.6 m,如图 4－6 所示。通过比较发现当腔长减小时,光腔的振动、激光的模式竞争、耦合和激光频率漂移等会引起探测信号的波动,对测量结果的精度将产生很大影响,从而从实验角度验证了文献[24]分析的结论。因此选用 1 m 长的共焦腔为衰荡腔。

在校准光路的基础上仔细调节望远镜系统,使得注入的光脉冲与衰荡腔达到初步的模式匹配,然后通过示波器仔细调整光路,使得到的衰荡波形无明显失调。再对直型和折叠型衰荡腔的衰荡曲线进行对数变换,结果分别示于图 4－7(a)、(b)中。由图 4－6(a)、(b)可见,其波形在一直线附近波动。对图 4－7(a)、(b)中的数据进行指数拟合,可得到其衰减时间 τ_0 和 τ,代入式(4－25)和式(4－28),可得到 R 和 R_x 反射率的精确值,$\bar{R}=99.7934\%$,$\bar{R}_x=99.7997\%$,相对误差为 10^{-5}。而采用传统分光光度计测量方法得到待测平面镜反射率为 99.8%,通过比较发现,采用光参量振荡器和光腔衰荡技术测量单波长高反射率具有很高的测量精度。

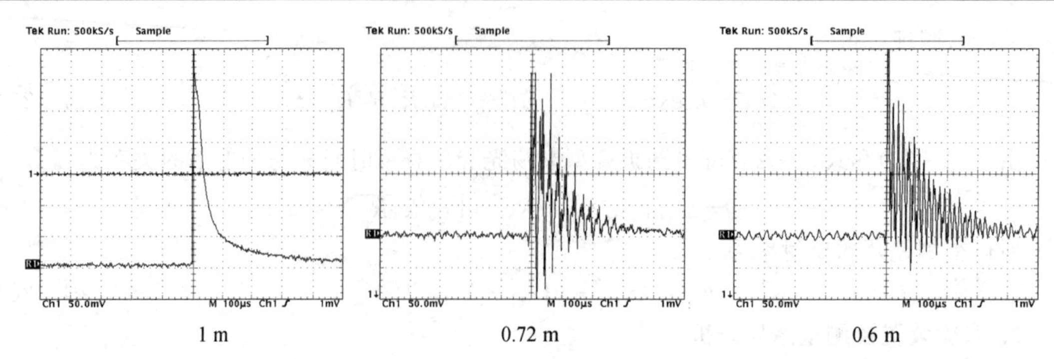

图 4-6　不同波长衰荡曲线

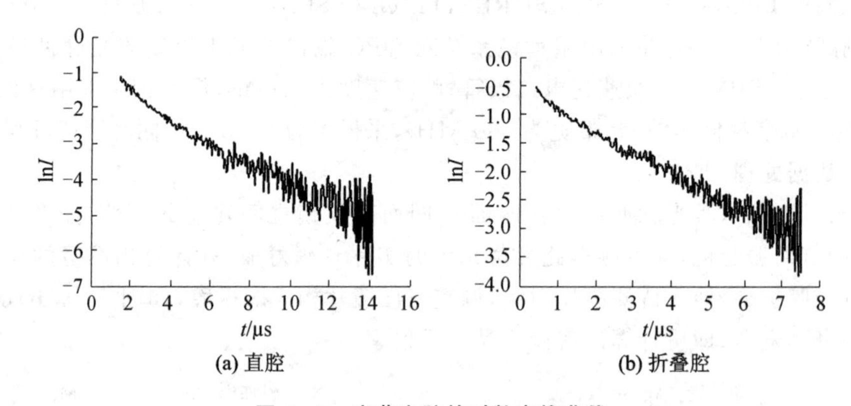

图 4-7　衰荡光腔的对数变换曲线

习题与思考题

1. 什么是光学非线性效应？
2. 实现倍频的相位匹配条件是什么？其相位匹配的物理实质是什么？
3. 简述非线性光学晶体的应用。
4. 比较 KDP 晶体、KTP 晶体、$LiNbO_3$ 晶体、BBO 晶体及 LBO 晶体的优缺点。

第5章 光调制器

利用光波来传递信息是人们梦寐以求的通信手段。激光的问世为人类进行光通信提供了理想的光源，激光具有比传统通信用无线电波频率高 10^4 倍，因而传递信息的容量是无线电波的 10^4 倍；相干性好，易于信息加载，可用于作为传递信息的载波；方向性强、发散角小，能传输较远的距离。光传输还具有保密性好、抗干扰性强和传递速度快等优点。因此，激光可以用来作为传递信息的载体，是传递信息（包括语言、文字、图像、符号等）的理想光源。如果要将信息传递出去，则所传递的信息必须加载到激光上，将激光作为信息的载体（载波），通过改变激光的振幅、波长（频率）、相位、偏振、方向等参量，使光"携带"信息，通过一定的传输通道（大气、光纤等）送到接收器，再由光接收器鉴别并还原成原来的信息。这种将信息加载于激光的过程称为光调制，实现这一过程的装置称为光调制器。

与普通电子学中作为载流子的电子、空穴等带电粒子不同，呈电中性的光子不能直接用外场来调制，而要通过改变发光机构或用外场改变材料的光学性能来间接地实现对光束的调制。实现激光调制的方法很多，根据调制器与激光器的关系可分为内调制和外调制两大类。内调制指加载调制信号是在激光振荡过程中进行的，即以调制信号去改变激光器的振荡参数，从而改变激光输出特性以实现调制。例如，注入式半导体激光器是用调制信号直接改变其泵浦驱动电流，从而使输出的激光强度受到调制（这种方式也称为直接调制）。还有一种内调制方式是在激光谐振腔内设置调制元件，用调制信号控制元件的物理特性的变化，以改变谐振腔的参数，从而改变激光器输出特性。内调制目前主要用在光通信的注入式半导体光源中。外调制是在激光谐振腔以外的光路上设置调制器，将待传输的信号加载到调制器上，于是，当激光通过这种调制器时，激光的强度、位相、频率等将发生变化，从而实现调制。外调制的调整较为方便，而且对激光器没有影响；另外，外调制方式不受半导体器件工作速率的限制，它比内调制的调制速率约高一个数量级，调制带宽很宽。因此，在未来的高速率、大容量的光通信及光信息处理应用中，外调制方式更受到人们的重视。

激光外调制器又可分为体调制器和光波导调制器两大类。体调制器的体积较大，所需调制电压和消耗的功率都较大；光波导调制器则是制作在薄膜光波导或条形光波导上，因而体积小、驱动电压低、功耗小。外调制的基础是外场作用下光与物质的相互作用，其共同物理本质都是外场微扰引起材料的非线性变化，并导致光学各向异性。这种非线性相互作用过程使得通过的光波强度、偏振方向、频率、传播方向、位相等参量发生变化，从而实现了激光的调制。

改变光强度或激光频率的技术称为光调制，改变光束指向的技术称为光偏转，有时常把二者统称为光调制。这些控光器件在光电子学中是必不可少的。光调制与光发射和光接收器件不同，具有使入射光产生某些调制变化后再出射的功能。

1875 年，英国的 Kerr 发现了电光效应中的克尔（Kerr）效应，利用这一效应制作的 Kerr 盒是一种用途广泛的电光调制器。利用 KDP 晶体在电场作用下的双折射效应可以制作电光调制器；利用泡克耳斯（Pokels）效应也可制作电光调制器。利用超声波作用下介质折射率周期性变化的声光效应可以制作声光调制器，利用法拉第效应可以制作磁光调制器与光隔离器。

利用强磁场中激光的Zeeman效应可以进行超细光谱分析与激光稳频。在强电场中激光具有Stark效应型光谱分裂。

本章主要介绍电光调制、声光调制、磁光调制和直接调制的基本原理及相关调制器件。

5.1 光调制器的基本原理

5.1.1 电光调制

某些晶体或液体在外加电场作用下,其折射率将会发生变化,这种现象称为电光效应。当光波通过此介质时,其传播特性会受到影响而改变。电光效应已被广泛用来实现对光波(相位、频率、偏振态和强度等)的控制,根据电光效应可以做成各种光调制器件、光偏转器件和电光滤波器件等。

一、电光效应

光波在介质中的传播规律受介质的折射率分布的制约,而介质的折射率分布是由介质的介电常量决定的。通常认为材料的介电常量与外场无关,为一恒值,但理论与实验均证明,介电常量是随电场强度而变化的,只不过一般情况下外加电场较弱,可以做弱场近似,认为介电常量与电场强度无关;但当光介质的两端外加电场较强时,介质内的电子分布状态将发生变化,以致介质的极化强度及折射率也各向异性地发生变化,这种现象称为电光效应。利用电光效应能在天然双折射晶体(如KDP)中形成新的光轴,或者使各向异性的天然晶体(如GaAs)产生双折射。此外,这种效应弛豫时间很短,仅有10^{-11} s量级,外场的施加或撤消导致的折射变化或恢复瞬间即可完成,因而可用作高速调制器、高速开关等。

当光介质两端外加较强电场时,折射率成为外加电场E的函数,这时晶体折射率可用外加电场E的幂级数表示,即

$$n = n_0 + \gamma E + hE^2 + \cdots \tag{5-1}$$

或写成

$$\Delta n = n - n_0 = \gamma E + hE^2 + \cdots \tag{5-2}$$

式中:γ,h为常数;n_0为未加电场时的折射率。在式(5-2)中,γE是一次项,由该项引起的折射率变化,称为线性电光效应或泡克耳斯(Pockels)效应;由二次项hE^2引起的折射率变化,称为二次电光效应或克尔效应。对于大多数电光晶体材料,一次效应要比二次效应显著,可略去二次项(只有在具有对称中心的晶体中,因为不存在一次电光效应,所以二次电光效应才比较明显),故在此只讨论线性电光效应。

1. 电致折射率变化

当晶体未加外电场时,在主轴坐标系中,折射率椭球可描述为

$$\frac{x^2}{n_x^2} + \frac{y^2}{n_y^2} + \frac{z^2}{n_z^2} = 1 \tag{5-3}$$

式中:x,y,z为折射率椭球的主轴,即介质的主轴方向,也就是说,在晶体内沿着这些方向的电位移D和电场强度E是互相平行的;n_x,n_y,n_z为介质的3个主折射率。

当晶体施加电场后,折射率椭球方程的系数会发生改变,使得椭球发生"变形",相应的折射率椭球方程变为

$$(\frac{1}{n^2})_1 x^2 + (\frac{1}{n^2})_2 y^2 + (\frac{1}{n^2})_3 z^2 + 2(\frac{1}{n^2})_4 yz + 2(\frac{1}{n^2})_5 xz + 2(\frac{1}{n^2})_6 xy = 1 \quad (5-4)$$

比较式(5-3)和式(5-4)可知，由于外电场的作用，折射率椭球各系数($1/n^2$)随之发生线性变化，其变化量可定义为

$$\Delta(\frac{1}{n^2})_i = \sum_{j=1}^{3} \gamma_{ij} E_j \quad (5-5)$$

式中：γ_{ij} 称为线性电光系数，i 取值 1～6，j 取值 1～3。式(5-5)可以用张量的矩阵形式表示为

$$\begin{bmatrix} \Delta\left(\frac{1}{n^2}\right)_1 \\ \Delta\left(\frac{1}{n^2}\right)_2 \\ \Delta\left(\frac{1}{n^2}\right)_3 \\ \Delta\left(\frac{1}{n^2}\right)_4 \\ \Delta\left(\frac{1}{n^2}\right)_5 \\ \Delta\left(\frac{1}{n^2}\right)_6 \end{bmatrix} = \begin{bmatrix} \gamma_{11} & \gamma_{12} & \gamma_{13} \\ \gamma_{21} & \gamma_{22} & \gamma_{23} \\ \gamma_{31} & \gamma_{32} & \gamma_{33} \\ \gamma_{41} & \gamma_{42} & \gamma_{43} \\ \gamma_{51} & \gamma_{52} & \gamma_{53} \\ \gamma_{61} & \gamma_{62} & \gamma_{63} \end{bmatrix} \begin{bmatrix} E_x \\ E_y \\ E_z \end{bmatrix} \quad (5-6)$$

式中：E_x、E_y、E_z 是电场沿 x、y、z 方向的分量。具有 γ_{ij} 元素的 6×3 矩阵称为电光张量，每个元素的值由具体的晶体参数决定，它是表征感应极化强弱的量。下面以常用的 KDP 晶体为例进行分析。

KDP(KH_2PO_4)类晶体属于四方晶系，$\bar{4}2$ m 点群，是负单轴晶体，因此有 $n_x = n_y = n_o$，$n_z = n_e$，且 $n_o > n_e$，这类晶体的电光张量为

$$[\gamma_{ij}] = \begin{bmatrix} 0 & 0 & 0 \\ 0 & 0 & 0 \\ 0 & 0 & 0 \\ \gamma_{41} & 0 & 0 \\ 0 & \gamma_{52} & 0 \\ 0 & 0 & \gamma_{63} \end{bmatrix} \quad (5-7)$$

而且 $\gamma_{41} = \gamma_{52}$，因此，这类晶体独立的电光系数只有 γ_{41} 和 γ_{63} 两个。将式(5-7)代入式(5-6)，可得

$$\begin{aligned} &\Delta(\frac{1}{n^2})_1 = 0, \Delta(\frac{1}{n^2})_4 = \gamma_{41} E_x \\ &\Delta(\frac{1}{n^2})_2 = 0, \Delta(\frac{1}{n^2})_5 = \gamma_{41} E_y \\ &\Delta(\frac{1}{n^2})_3 = 0, \Delta(\frac{1}{n^2})_6 = \gamma_{63} E_z \end{aligned} \quad (5-8)$$

将式(5-8)代入式(5-4)，便得到晶体外加电场 E 后的新折射率椭球方程为

$$\frac{x^2}{n_o^2}+\frac{y^2}{n_o^2}+\frac{z^2}{n_e^2}+2\gamma_{41}yzE_x+2\gamma_{41}xzE_y+2\gamma_{63}xyE_z=1 \tag{5-9}$$

由式(5-9)可以看出,外加电场导致了折射率椭球方程中"交叉"项的出现,这说明加电场后,椭球的主轴不再与 x、y、z 轴平行。因此,必须找出一个新的坐标系,使式(5-9)在该坐标系中主轴化,这样才可能确定电场对光传播的影响。为了简单起见,使外加电场的方向平行于 z 轴,即 $E_z=E$,$E_x=E_y=0$,于是式(5-9)变为

$$\frac{x^2}{n_o^2}+\frac{y^2}{n_o^2}+\frac{z^2}{n_e^2}+2\gamma_{63}xyE_z=1 \tag{5-10}$$

为了寻找一个新的坐标系(x',y',z'),使椭球方程不含交叉项,即有

$$\frac{x'^2}{n_{x'}^2}+\frac{y'^2}{n_{y'}^2}+\frac{z'^2}{n_{z'}^2}=1 \tag{5-11}$$

式中:x',y',z' 为加电场后椭球主轴的方向;$n_{x'}$,$n_{y'}$,$n_{z'}$ 为新坐标系中的主折射率。由于式(5-10)中的 x、y 是对称的,故可将 x、y 坐标绕 z 轴旋转 α 角,于是从旧坐标系到新坐标系的变换关系为

$$\begin{aligned} x&=x'\cos\alpha-y'\sin\alpha \\ y&=x'\sin\alpha+y'\cos\alpha \end{aligned} \tag{5-12}$$

将式(5-12)代入式(5-10),可得

$$\left[\frac{1}{n_o^2}+\gamma_{63}E_z\sin(2\alpha)\right]x'^2+\left[\frac{1}{n_o^2}-\gamma_{63}E_z\sin(2\alpha)\right]y'^2+\frac{1}{n_e^2}z'^2+2\gamma_{63}E_z\cos(2\alpha)x'y'=1 \tag{5-13}$$

令交叉项为0,即 $\cos(2\alpha)=0$,可得 $\alpha=45°$,则方程式变为

$$\left(\frac{1}{n_o^2}+\gamma_{63}E_z\right)x'^2+\left(\frac{1}{n_o^2}-\gamma_{63}E_z\right)y'^2+\frac{1}{n_e^2}z'^2=1 \tag{5-14}$$

这就是KDP类晶体沿 z 轴加电场后的新椭球方程,折射率椭球的横截面(它与 xOy 平面的交线)由半径为 n_o 的圆变成了椭圆,如图5-1所示。

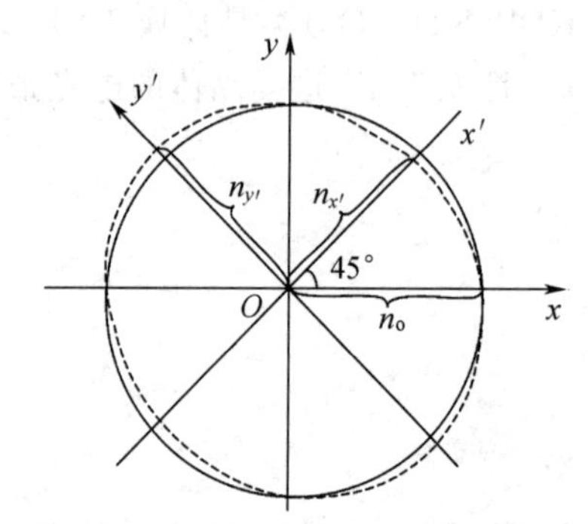

图5-1 加电场后椭球的形变

将式(5-14)与式(5-11)相比较,得到

$$\left.\begin{aligned} \frac{1}{n_{x'}^2}&=\frac{1}{n_o^2}+\gamma_{63}E_z \\ \frac{1}{n_{y'}^2}&=\frac{1}{n_o^2}-\gamma_{63}E_z \\ \frac{1}{n_{z'}^2}&=\frac{1}{n_e^2} \end{aligned}\right\} \tag{5-15}$$

由 γ_{63} 很小($\approx 10^{-10}$ m/V),一般有 $\gamma_{63}E_z \ll \frac{1}{n_o^2}$。利用 $d\left(\frac{1}{n^2}\right)=-\frac{2}{n^3}dn$,即 $dn=-\frac{n^3}{2}d\left(\frac{1}{n^2}\right)$,得

$$\left.\begin{aligned}\Delta n_x &= -\frac{1}{2}n_o^3\gamma_{63}E_z\\ \Delta n_y &= \frac{1}{2}n_o^3\gamma_{63}E_z\\ \Delta n_z &= 0\end{aligned}\right\}\tag{5-16}$$

故

$$\left.\begin{aligned}n_{x'} &= n_o - \frac{1}{2}n_o^3\gamma_{63}E_z\\ n_{y'} &= n_o + \frac{1}{2}n_o^3\gamma_{63}E_z\\ n_{z'} &= n_e\end{aligned}\right\}\tag{5-17}$$

由此可见，KDP 晶体沿 z 轴加电场时，由单轴晶体变成了双轴晶体，折射率椭球的主轴 x'，y'相对于原来的 x、y 轴（绕 z 轴）旋转了 45°，此转角与外加电场的大小无关，其折射率变化与电场成正比，式(5-16)中 Δn 的值称为电致折射率变化。这就是利用电光效应实现光调制、调 Q 和锁模等技术的物理基础。

2. 电光相位延迟

在实际应用中，电光晶体总是沿着相对于光轴的某些特殊方向切割而成的，而且外电场也是沿着某一主轴方向加到晶体上。通常有两种方式：一种是外加电场与入射光波矢方向一致，称为纵向电光效应；另一种是电场与波矢方向垂直，称为横向电光效应。

仍以 KDP 类晶体为例进行分析，沿晶体 z 轴加电场，光波沿 z 轴方向传播，则其双折射特性取决于椭球与垂直于 z 轴的平面相交所形成的椭圆。令式(5-14)中 $z'=0$，得到该椭圆的方程为

$$\left(\frac{1}{n_o^2}+\gamma_{63}E_z\right)x'^2+\left(\frac{1}{n_o^2}-\gamma_{63}E_z\right)y'^2=1\tag{5-18}$$

长、短半轴分别与 x'和 y'重合，x'和 y'也就是两个分量的偏振方向，相应的折射率为 $n_{x'}$ 和 $n_{y'}$。

当一束线偏振光沿着 z 轴方向入射晶体后，即分解为沿 x'和 y'方向的两个垂直偏振分量，由于二者的折射率不同，它们在晶体内传播长度为 L 的光程分别为 $n_{x'}L$ 和 $n_{y'}L$，这样，两偏振分量的相位延迟分别为

$$\varphi_{n_{x'}}=\frac{2\pi}{\lambda}n_{x'}L=\frac{2\pi L}{\lambda}\left(n_o-\frac{1}{2}n_o^3\gamma_{63}E_z\right)\tag{5-19}$$

$$\varphi_{n_{y'}}=\frac{2\pi}{\lambda}n_{y'}L=\frac{2\pi L}{\lambda}\left(n_o+\frac{1}{2}n_o^3\gamma_{63}E_z\right)\tag{5-20}$$

因此，当这两束偏振光通过晶体后将产生一相位差，即

$$\Delta\varphi=\varphi_{n_{y'}}-\varphi_{n_{x'}}=\frac{2\pi}{\lambda}(n_{y'}-n_{x'})L=\frac{2\pi}{\lambda}Ln_o^3\gamma_{63}E_z=\frac{2\pi}{\lambda}n_o^3\gamma_{63}U\tag{5-21}$$

由以上分析可知，相位延迟是由电光效应引起的双折射造成的，所以称为电光相位延迟。式中的 $U=E_zL$ 是沿晶体 z 轴所加的电压。当电光晶体和入射波长确定后，相位差的变化仅取决于外加电压，它与外加电压成比例地变化。

当光波的两个垂直分量 $E_{x'}$、$E_{y'}$的光程差$(n_{y'}-n_{x'})L$ 为半波长（相应的相位差为 π）时所

加的电压,称为“半波电压”,通常以 U_π 或 $U_{\lambda/2}$ 表示。由式(5-21)得到

$$U_{\lambda/2}=\frac{\lambda}{2n_o^3\gamma_{63}}=\frac{\pi c}{\omega n_o^3\gamma_{63}} \tag{5-22}$$

于是

$$\Delta\varphi=\pi\frac{U}{U_\pi} \tag{5-23}$$

半波电压是表征电光晶体性能优劣的一个重要参数,其值越小越好,特别是在宽频带高频率情况下,半波电压越小,需要的调制功率越小。半波电压通常可用静态法(加直流电压)测出,再利用式(5-22)就可计算出晶体的电光系数 γ_{63}。因此,精确地测定半波电压,对于研究电光晶体材料极为重要。用静态法测定的 KDP 类晶体的半波电压和计算出的 γ_{63} 值(对于 $\lambda=0.550\ \mu m$)列于表 5-1 中。

表 5-1 KDP 型($\bar{4}2$ m 晶类)晶体的半波电压和 γ_{63} 值(对应 $\lambda=0.550\ \mu m$)

晶体	化学式	n_o	$V\pi$/kV	$\gamma_{63}\times10^{-10}/(cm\cdot V^{-1})$
ADP	$NH_4H_2PO_4$	1.526	9.20	8.4
D-ADP	$NH_4D_2PO_4$	1.521	6.55	11.9
KDP	KH_2PO_4	1.512	7.45	10.6
D-KDP	KD_2PO_4	1.508	3.85	20.8
RbDP	RbH_2PO_4	1.510	5.15	15.5
ADA	$NH_4H_2AsO_4$	1.580	7.20	9.2
KDA	KH_2AsO_4	1.569	6.50	10.9
D-KDA	KD_2AsO_4	1.564	3.95	18.2
RbDA	RbD_2AsO_4	1.562	4.85	14.8
D-RbDA	RbD_2AsO_4	1.557	3.40	21.4
CsDA	CsH_2AsO_4	1.572	3.80	18.6
D-CsDA	CsD_2AsO_4	1.567	1.95	36.6

晶体的半波电压是波长的函数,图 5-2 所示为一些磷酸盐晶体的 $U_{\lambda/2}$ 与波长的关系。由图 5-2 可见,在所测定的范围(400~700 nm)内,这个关系是线性的。

3. 光偏振态的变化

根据上述分析可知,两个偏振分量间相速度的差异,会使一个分量相对于另一个分量有一个相位差,相位差的作用改变了出射光束的偏振态。利用“波片”可作为光波偏振态的变换器,它对入射光偏振态的改变是由其厚度决定的。一般情况下,出射光的合成振动是一个椭圆偏振光,其表达式为

$$\frac{E_{x'}^2}{A_1^2}+\frac{E_{y'}^2}{A_2^2}-\frac{2E_{x'}E_{y'}}{A_1A_2}\cos\Delta\varphi=\sin^2\Delta\varphi \tag{5-24}$$

因此,采用一个与外加电压成正比的“相位延迟”晶体(相当于一个可调的偏振态变换器),就可将入射光波的偏振态变换成所需的偏振态。

(1) 当晶体上未加电场时,$\Delta\varphi=2n\pi(n=0,1,2,\cdots)$,则式(5-24)可简化为

$$\left(\frac{E_{x'}}{A_1}-\frac{E_{y'}}{A_2}\right)^2=0 \tag{5-25}$$

即

$$E_{y'}=(A_2/A_1)\,E_{x'}=E_{x'}\tan\theta \tag{5-26}$$

这是一个直线方程,说明通过晶体后的合成光仍然是线偏振光,且与入射光的偏振方向一致,这种情况相当于一个“全波片”的作用。即,在 $z=0$ 处,相位差 $\Delta\varphi=0$,光场矢量是沿 x 方向的线偏振光。

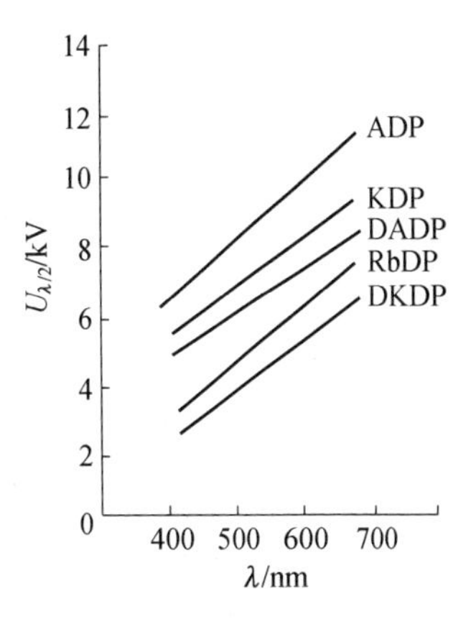

图 5-2　KDP 类晶体 $U_{\lambda/2}$ 与 λ 的关系

(2) 当晶体上加了电场($U_{\lambda/4}$)使 $\Delta\varphi=\left(n+\frac{1}{2}\right)\pi$ 时,式(5-24)可简化为

$$\frac{E_{x'}^2}{A_1^2}+\frac{E_{y'}^2}{A_2^2}=1 \tag{5-27}$$

若 $E_{x'}$ 与 $E_{y'}$ 两分量的振幅相等,即 $A_1=A_2$ 时,其合成光就变成一个圆偏振光,这种情况相当于一个“1/4 波片”的作用。即,$\Delta\varphi=\pi/2$,则合成光场矢量变为一顺时针旋转的圆偏振光。

(3) 当外加电场($V_{\lambda/2}$)使 $\Delta\varphi=(2n+1)\pi$ 时,式(5-24)可简化为

$$\left(\frac{E_{x'}}{A_1}+\frac{E_{y'}}{A_2}\right)^2=0 \tag{5-28}$$

即

$$E_{y'}=-(A_2/A_1)\,E_{x'}=E_{x'}\tan(-\theta) \tag{5-29}$$

式(5-29)说明合成光又变成线偏振光,但偏振方向相对于入射光旋转了 2θ(若 $\theta=45°$,即旋转了 90°),晶体起到一个“半波片”的作用。即,$\Delta\varphi=\pi$,则合成光矢量变为沿着 y 方向的线偏振光,相对于入射偏振光旋转了 90°。如果在晶体的输出端放置一个与入射光偏振方向垂直的偏振器作为检偏器,那么当晶体上所加的电压在 $0\sim U_{\lambda/2}$ 间变化时,从检偏器输出的光只是椭圆偏振光的 y 向分量,因而可以把偏振态的变化(偏振调制)变换成光强度的变化(强度调制)。

综上所述,设一束线偏振光垂直于 $x'-y'$ 平面入射,且沿 x 轴方向振动,它刚进入晶体($z=0$)即分解为相互垂直的 x'、y' 两个偏振分量,经过距离 L 后 x' 分量为

$$E_{x'}=A\mathrm{e}^{\mathrm{i}\left[\omega_c t-\frac{\omega_c}{c}\left(n_o-\frac{1}{2}n_o^3\gamma_{63}E_z\right)L\right]} \tag{5-30}$$

y' 分量为

$$E_{y'}=A\mathrm{e}^{\mathrm{i}\left[\omega_c t-\frac{\omega_c}{c}\left(n_o+\frac{1}{2}n_o^3\gamma_{63}E_z\right)L\right]} \tag{5-31}$$

在晶体的出射面($z=L$)处两个分量间的相位差为

$$\Delta\varphi=\frac{\omega_c n_o^3\gamma_{63}U}{c} \tag{5-32}$$

二、电光波导调制器的原理

平板波导是集成光路中结构最简单、最常用的波导,其结构如图 5-3 所示。它由夹在低折射率的衬底和覆盖层之间的高折射率的薄膜波导构成。n_f、n_s、n_c 分别为波导层、衬底和覆

盖层的折射率，$n_f > n_s \geqslant n_e$。如果覆盖层是空气，则 $n_e \approx 1$。薄膜波导层和衬底的折射率差一般在 $10^{-3} \sim 10^{-1}$ 范围内，波导层厚一般为微米量级(与光波长相比拟)。光波在薄膜上、下两界面上发生全反射，光被限制在薄膜层内，呈锯齿形向前传播。即被限制在横向尺寸仅为光波长量级的区域内。如果从外界输入信号对薄膜中传播的光波加以控制，就构成了具有各种不同功能的光波导器件。这种从外部控制导光的器件就称为光波导调制器。

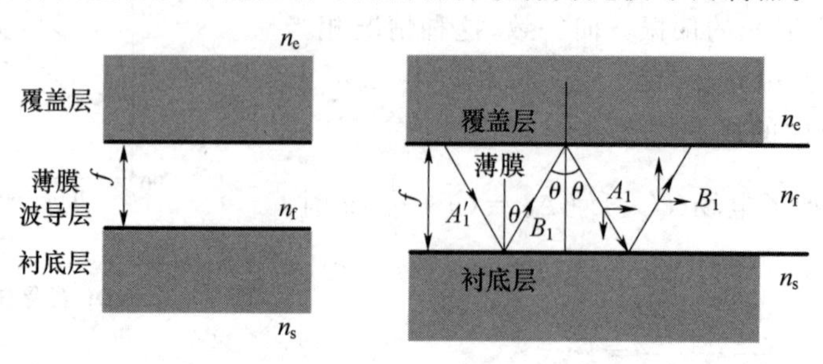

图 5-3 平板波导的横截面

电光波导调制器实现调制的物理基础是晶体介质的泡克耳斯效应。当波导加上电场时，产生介电张量 ε 的微小变化，将引起波导中本征模传播的变化或不同模式之间功率的耦合转换。在波导坐标系中，电场引起介电张量变化的各元素 $\Delta\varepsilon$ 与不同模之间的耦合具有一一对应的关系。例如，只含有对角线介电张量元素 $\Delta\varepsilon_{xx}$ 或 $\Delta\varepsilon_{yy}$ 则会引起 TE 模之间或 TM 模之间的自耦合，仅改变各自的相位，从而产生相对相位延迟，这种情况与体电光相位调制相似。但是，如果在波导坐标系中，介电张量的变化含有非对角线张量元素 $\Delta\varepsilon_{xy}$，则将引起 TE 模和 TM 模之间的互耦合，导致模式间功率的转换，即一个输入模 TE(或 TM)的功率会转换到输出模 TM(或 TE)上去。其相应耦合方程的简化形式为

$$\frac{dA_m^{TE}}{dz} = -i\kappa A_l^{TM} \exp[-i(\beta_m^{TE} - \beta_l^{TM})z] \tag{5-33}$$

$$\frac{dA_l^{TM}}{dz} = -i\kappa A_m^{TE} \exp[i(\beta_m^{TE} - \beta_l^{TM})z] \tag{5-34}$$

式中：A_m^{TE}、A_l^{TM} 分别为第 m 阶和第 l 阶模的振幅；β_m^{TE}、β_l^{TM} 分别为两个模的传播常数；κ 为模耦合系数，表示为

$$\kappa = \frac{\omega}{4}\int_{-\infty}^{\infty} \Delta\varepsilon_{xy}(x) E_y^{(m)}(x) E_y^{(l)}(x) dx \tag{5-35}$$

式(5-33)和式(5-34)描述了 TE 模和 TM 模间的同向耦合，它表明每个模的振幅变化是介电张量变化、模场分布及其他模振幅的函数。设波导中电光材料是均匀的，而且电场分布也是均匀的，TE 模和 TM 模完全限制在波导薄膜层中，且具有相同的阶次($m=l$)时，式(5-35)的积分取极大值，这时 TE 模和 TM 模的场分布几乎相同，仅其电矢量的方向不同，而且 $\beta_m^{TE} = \beta_l^{TM} = \beta = k_0 n_0$，则耦合系数 κ 近似为

$$\kappa = -\frac{1}{2} n_o^3 k_0 \gamma_{ij} E \tag{5-36}$$

在相位匹配条件下 $\beta_m^{TE} = \beta_l^{TM}$，而且光波以单一模式输入，$A_m = A_o$，$A_l = 0$，则式(5-33)和式(5-34)的解为

$$A_m^{TE}(z) = -iA_o \sin\kappa z \tag{5-37}$$

$$A_l^{TM}(z)=A_0\cos\kappa z \tag{5-38}$$

由式(5-38)可知，在长度为 $L(z=L)$ 的波导中要获得完全的 TE→TM 功率转换，必须满足 $\kappa L=\pi/2$。此时，光波导的长度为

$$L=\pi/(2\kappa) \tag{5-39}$$

而功率转换为 0 时，对应的波导长度为

$$L=n\pi/\kappa \quad n=0,1,2,\cdots \tag{5-40}$$

5.1.2　声光调制

一、声光效应

介质光学性质的变化，不仅可以通过外加电场的作用来实现，外力的作用也能引起折射率的改变。这种由于外力作用而引起介质光学性质变化的现象称为光弹效应。声波是一种弹性波(纵向应力波)，在介质中传播时，它使介质产生相应的弹性形变，从而激起介质中各质点沿声波传播方向的振动。引起介质的密度呈疏密相间的交替变化，使得介质的折射率也发生相应的周期性变化。由于声波的作用而引起介质光学性质变化的现象称为声光效应，声光效应是光弹效应的一种。对声光效应进一步研究表明，超声场所引起的介质折射率在声波矢方向上的周期性变化，实际上等效于一个光学的"相位光栅"，该光栅间距(光栅常数)等于超声波波长 λ_s。当光波通过这种光栅时，相对于入射光而言，衍射光的强度、频率、方向等随着超声场的变化而变化。

声波在介质中传播分为行波和驻波两种形式。图 5-4 所示为某一瞬间超声行波的情况，其中深色部分表示介质受到压缩，密度增大，相应的折射率也增大，而浅色部分表示介质密度减小，相应的折射率也减小。在行波声场作用下，介质折射率的增大或减小交替变化，并以声速 v_s(一般为 10^3 m/s 量级)向前推进。由于声速仅为光速的数十万分之一，所以对光波来说，运动的"声光栅"可看作是静止的。

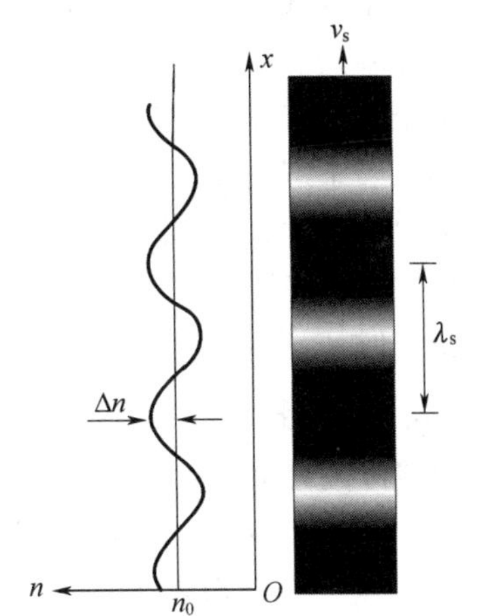

图 5-4　超声行波在介质中的传播

设声波的角频率为 ω_s，波矢为 $\boldsymbol{k}_s=2\pi/\lambda_s$，则沿 x 方向传播的声行波方程为

$$a(x,t)=A\cos(\omega_s t-\boldsymbol{k}_s x) \tag{5-41}$$

式中：$a(x,t)$为介质质点的瞬时位移；A 为质点位移的振幅。可近似地认为，介质折射率的变化正比于介质质点沿 x 方向位移的变化率，即

$$\Delta n(x,t)\propto\frac{\mathrm{d}a}{\mathrm{d}x}=\boldsymbol{k}_s A\sin(\omega_s t-\boldsymbol{k}_s x) \tag{5-42}$$

或

$$\Delta n(x,t)=\Delta n\sin(\omega_s t-\boldsymbol{k}_s x) \tag{5-43}$$

则声波为行波时的介质折射率为

$$n(x,t)=n_0+\Delta n\sin(\omega_s t-\boldsymbol{k}_s x)=n_0-\frac{1}{2}n_0^3 PS\sin(\omega_s t-\boldsymbol{k}_s x) \tag{5-44}$$

式中:S 为超声波引起介质产生的应变;P 为材料的弹光系数。

声驻波是由波长、振幅和相位相同,传播方向相反的两束声波叠加而成的,如图 5-5 所示。声驻波方程为

$$a(x,t)=2A\cos\left(2\pi\frac{x}{\lambda_s}\right)\sin\left(2\pi\frac{t}{T_s}\right) \tag{5-45}$$

式(5-45)表明,声驻波的振幅为 $2A\cos(2\pi x/\lambda_s)$,它在 x 轴上各点是周期性变化的,而相位为 $2\pi t/T_s$ 在各点均相同,不随空间位置而变化。在 $x=2n\lambda_s/4(n=0,1,2,\cdots)$ 各点上驻波的振幅为极大(等于 $2A$),这些点称为波腹,波腹间的距离为 $\lambda_s/2$。在 $x=(2n+1)\lambda_s/4$ 的各点上,驻波的振幅为 0,这些点称为波节,波节之间的距离也是 $\lambda_s/2$。由于声驻波的波腹和波节在介质中的位置是固定的,因此形成的光栅在空间上也是固定的。声驻波形成的折射率变化为

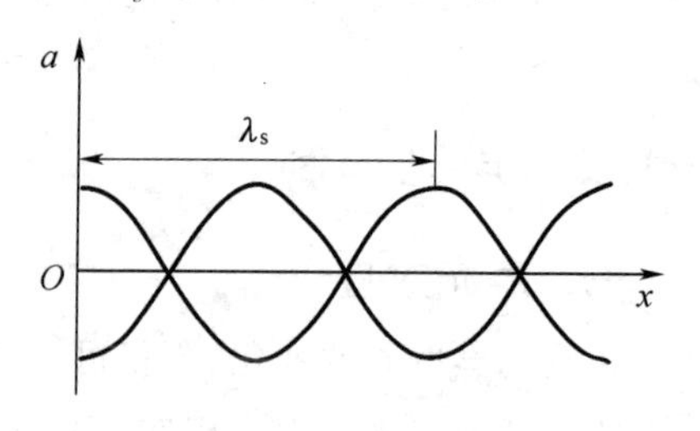

图 5-5 超声驻波

$$\Delta n(x,t)=2\Delta n\sin(\omega_s t)\sin(\boldsymbol{k}_s x) \tag{5-46}$$

声驻波在一个周期内,介质两次出现疏密层,且在波节处密度保持不变,因而折射率每隔半个周期($T_s/2$)就在波腹处变化一次,由极大(或极小)变为极小(或极大)。在两次变化的某一瞬间介质各部分的折射率相同,相当于一个没有声场作用的均匀介质。若超声频率为 f_s,那么光栅出现和消失的次数则为 $2f_s$,因而光波通过该介质后所得到的调制光的调制频率为超声波频率的 2 倍。

无论是声行波还是声驻波,介质折射率分布的特点都是疏密相间的。但声行波所形成最大周期值等于声波波长 λ_s,且在不断向前移动。声驻波所形成的波腹(或波节)之间的空间距离为 $\lambda_s/2$,且位置是固定不动的,这种疏密相间的结构导致了折射率的起伏。如果光以与声波传播方向有一定角度入射到介质上,在通过介质时就会与声波发生相互作用,类似于光波通过光栅。但是,实际上发生的声光相互作用远远要比此复杂得多。

二、声光相互作用的两种类型

按照声波频率的高低以及声波和光波作用长度的不同,声光相互作用分为拉曼-奈斯(Raman-Nath)衍射和布拉格衍射两种类型。

1. 拉曼—奈斯衍射

当超声波频率较低,光波平行于声波面入射(即垂直于声场传播方向),声光互作用长度 L 较短时,由于声速比光速小得多,故声光介质可视为一个静止的平面相位光栅。而且声波波长 λ_s 比光波波长 λ 大得多,当光波平行通过介质时,几乎不通过声波面,因此只受到相位调制。即通过光密部分的光波波阵面将延迟,而通过光疏部分的光波波阵面将超前,于是通过声光介质的平面波波阵面出现凹凸现象,变成一个折皱曲面,如图 5-6 所示。由出射波阵面上各子波源发出的次波将发生相干作用,形成与入射方向对称分布的多级衍射光,这就是拉曼—奈斯衍射。

设声光介质中的声波是一个宽度为 L、沿着 x 方向传播的平面纵波(声柱),波长为 λ_s(角频率为 ω_s),波矢量 $\boldsymbol{k}_s$ 指向 x;入射光波是一个宽度为 q、沿着 y 方向传播的平面波,其波长为 λ(角频率为 ω)波矢量 $\boldsymbol{k}_i$ 指向 y 轴方向,如图 5-7 所示。声波在介质中引起的弹性应变场为

$S_1 = S_0 \sin(\omega_s t - \boldsymbol{k}_s x)$。

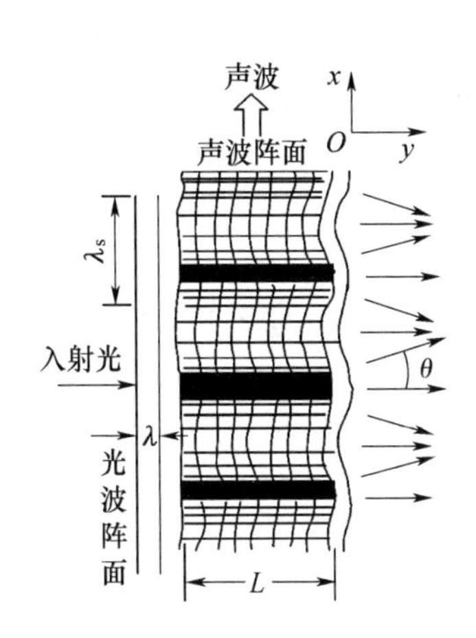

图 5-6　拉曼—奈斯衍射

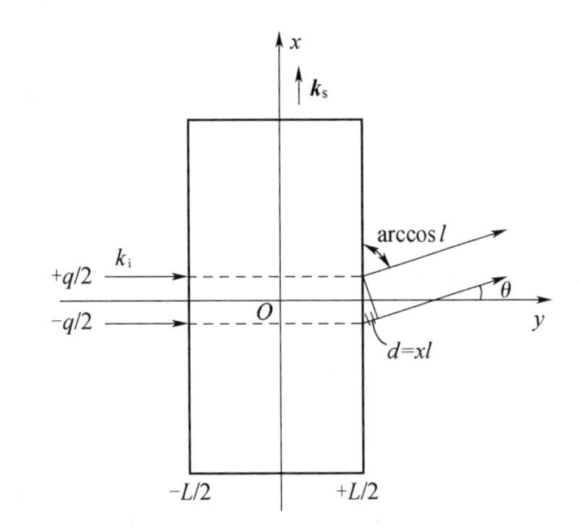

图 5-7　垂直入射情况

根据式(5-44),则有

$$n(x,t) = n_0 + \Delta n \sin(\omega_s t - \boldsymbol{k}_s x) \tag{5-47}$$

当把声行波近似视为不随时间变化的超声场时,可略去对时间的依赖关系,这样沿 x 方向的折射率分布可简化为

$$n(x) = n_0 + \Delta n \sin(\boldsymbol{k}_s x) \tag{5-48}$$

式中:n_0 为平均折射率;Δn 为声致折射率变化。由于介质折射率发生了周期性的变化,所以会对入射光波的相位进行调制。设平面光波在声光介质的入射面 $y=-L/2$ 处入射,入射光波为

$$E_{\text{in}} = A\exp(\text{i}\omega t) \tag{5-49}$$

经声光介质传输到出射面 $y=+L/2$ 处时,x 方向上不同位置引入了不同的附加相位,其光波方程变为

$$E_{\text{out}} = A\exp\{\text{i}[\omega(t - n(x)L/c)]\} \tag{5-50}$$

显然,出射光波不再是单色平面波,而是一个被调制了的光波,其等相面是由函数 $n(x)$决定的折皱曲面。该出射波阵面可分成若干个子波,则在与 y 轴夹角为 θ 方向上的声场外无限远处 P 点,总的衍射光场强是所有子波源贡献的和。表示为

$$E_P = \int_{-q/2}^{q/2} \exp\{\text{i}k_i[lx + L\Delta n \sin(\boldsymbol{k}_s x)]\}\text{d}x \tag{5-51}$$

式中:$l=\sin\theta$,表示衍射方向的正弦。对 E_P 进行积分的结果,得 E_P 的虚部为 0,实部为

$$\begin{aligned} E_P = {} & q\sum_{r=0}^{\infty} J_{2r}(\upsilon)\left\{\frac{\sin(l\boldsymbol{k}_i + 2r\boldsymbol{k}_s)q/2}{(l\boldsymbol{k}_i + 2r\boldsymbol{k}_S)q/2} + \frac{\sin(l\boldsymbol{k}_i - 2r\boldsymbol{k}_s)q/2}{(l\boldsymbol{k}_i - 2r\boldsymbol{k}_S)q/2}\right\} \\ & + q\sum_{r=0}^{\infty} J_{2r+1}(\upsilon)\left\{\frac{\sin[l\boldsymbol{k}_i + (2r+1)\boldsymbol{k}_s]q/2}{[l\boldsymbol{k}_i + (2r+1)\boldsymbol{k}_s]q/2} - \frac{\sin[l\boldsymbol{k}_i - (2r+1)\boldsymbol{k}_s]q/2}{[l\boldsymbol{k}_i - (2r+1)\boldsymbol{k}_s]q/2}\right\} \end{aligned} \tag{5-52}$$

式中:$J_r(\nu)$为 r 阶贝塞尔函数。$\nu = 2\pi\Delta nL/\lambda = \Delta n\boldsymbol{k}_i L$;分数部分属于 $\sin A/A$ 类型函数,在 $A=0$ 处取极大值。由式(5-52)可以求出衍射光场 E_P 取极大值的条件为

$$\boldsymbol{k}_{\mathrm{i}}\sin\theta \pm m\boldsymbol{k}_{\mathrm{s}}=0 \quad m=\text{整数}>0 \tag{5-53}$$

式中:m 为衍射级次。当 θ 角和超声波波矢 $\boldsymbol{k}_{\mathrm{s}}$ 确定后,其中某一项为极大时,其他项的贡献几乎等于0,因而当 m 取不同值时,不同 θ 角方向的衍射光取极大值。由式(5-53)可得各级衍射极值的方位角为

$$\sin\theta_m=\pm m\frac{\boldsymbol{k}_{\mathrm{s}}}{\boldsymbol{k}_{\mathrm{i}}}=\pm m\frac{\lambda}{\lambda_s} \quad m=0,\pm1,\pm2,\cdots \tag{5-54}$$

即对于一定的 λ、λ_{s},只有某些 θ 角满足上述条件。例如,$m=0$,对应 $\theta=0$ 为零级极值方向;$m=1$,对应 $\theta=\arcsin(\pm\lambda/\lambda_{\mathrm{s}})$ 为 ±1 级极值方向,依次类推。由此可见,在拉曼—奈斯衍射中其零级亮纹两边对称地分布着各高级亮纹。各级衍射光的光强为

$$I_m\propto J_m^2(\upsilon),\upsilon=\Delta n\boldsymbol{k}_{\mathrm{i}}L=\frac{2\pi}{\lambda}\Delta nL \tag{5-55}$$

式中:υ 为光波通过宽度为 L 的声场时所产生的附加相位延迟。当 υ 值确定后,各级光强数值可分别从贝塞尔函数表查得。

综合以上分析,拉曼—奈斯声光衍射的结果,使光波在远场分成一组衍射光,它们分别对应于确定的衍射角 θ_m(即传播方向)和衍射强度,其中,衍射角由式(5-54)决定,而衍射光强由式(5-55)决定,因此这一组衍射光是离散型的。由于 $J_m{}^2(\nu)=J_{-m}{}^2(\nu)$,故各级衍射光对称地分布在零级衍射光两侧,且同级次衍射光的强度相等。这是拉曼—奈斯衍射的主要特征之一。另外,在声光衍射过程中,光功率分布在零级条纹上最大,随着 $|m|$ 的增大,各衍射条纹的光强值递减。由于 $J_0^2(\upsilon)+2\sum_1^{\infty}J_m^2(\upsilon)=1$,表明无吸收时衍射光各级极值光强之和应等于入射光强,即光功率是守恒的。

以上分析忽略了时间因素,采用较简单的处理方法得到了拉曼—奈斯声光作用的结果。但是,由于光波与声波场的作用,各级衍射光波将会产生多普勒频移,根据能量守恒原理,应有

$$\omega=\omega_{\mathrm{i}}\pm m\omega_{\mathrm{s}} \tag{5-56}$$

而且各级衍射光强将会受到角频率 $2\omega_{\mathrm{s}}$ 的调制。但由于超声波频率为 10^8 Hz 量级,而光波频率高达 10^{14} Hz 量级,故频移的影响可忽略不计。

2. 布拉格衍射

当声波频率较高,声光作用长度 L 较大,而且光束与声波波面间以一定的角度斜入射时,光波在声光介质中要穿过多个声波面,入射光在声柱中不再沿直线传播,这时入射光既要受到相位调制,又要受到振幅调制,这样声波介质具有“体光栅”的特性。当入射光与声波面间夹角满足一定条件时,介质内各级衍射光会相互干涉,各高级次衍射光将互相抵消,仅出现0级和+1级(或−1级,视入射光的方向而定)衍射光,即产生布拉格衍射,如图5-8所示。若合理选择参数,且超声场足够强,那么可使入射光能几乎全部转移到+1级(或−1级)衍射极值上,光束能量可得到充分利用。因此,利用布拉格衍射效应制成的声光器件可以获得较高的效率。判别拉曼—奈斯衍射与布拉格衍射的经验公式为:声波束的宽度以 $L_0\approx n\lambda_{\mathrm{s}}^2/4\lambda_0$ 为界,当 $L<L_0$ 时为拉曼—奈斯衍射,$L>L_0$ 为布拉格衍射。

由于体光栅中的多光束干涉,布拉格衍射的精确分析须用麦克斯韦方程求解。这里仅借助简单的“镜面”反射模型作直观的分析。既然折射率的变化引起光的部分反射,就可将折射率周期性变化的介质用一系列相距为声波波长 λ_{s},并以声速 v_{s} 沿 x 方向移动的部分反射、部

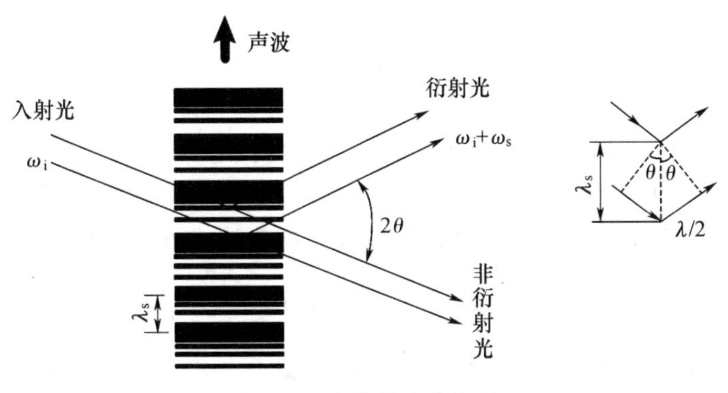

图 5-8　布拉格声光衍射

分透射的镜面来模拟。对于行波超声场，这些镜面将以速度 v_s 沿 x 方向移动。因为声频比光频低得多，所以在某一瞬间，超声场可近似看成是静止的，因而对衍射光的强度分布没有影响。对于驻波超声场，则完全是不动的，如图 5-9 所示。当平面波 1、2、3 以角度 θ_i 入射至声波场，在 B、C 和 E 各点处部分反射，产生衍射光 1′、2′、3′。各衍射光相干增强的条件是它们之间的光程差应为其波长的整倍数，或者说它们必须同相位。图 5-9(a)表示在同一镜面上的衍射情况，入射光 1、2 在 B、C 点反射的光 1′、2′具有同相位的条件是光程差 $AC-BD$ 等于光波波长 λ/n 的整倍数，即

$$l(\cos\theta_i-\cos\theta_d)=m\frac{\lambda}{n}\quad m=0,\pm1,\pm2,\cdots \tag{5-57}$$

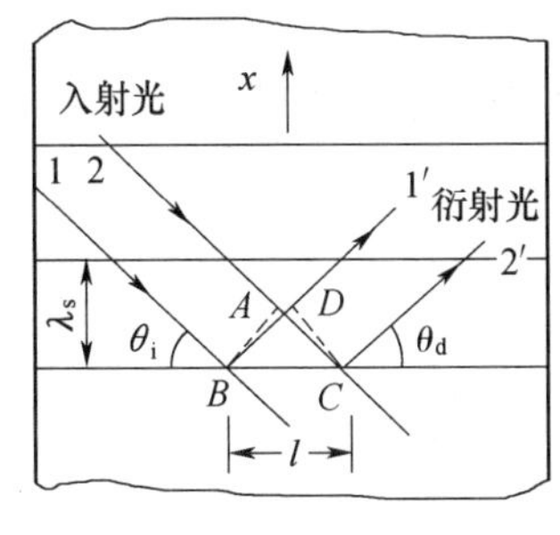

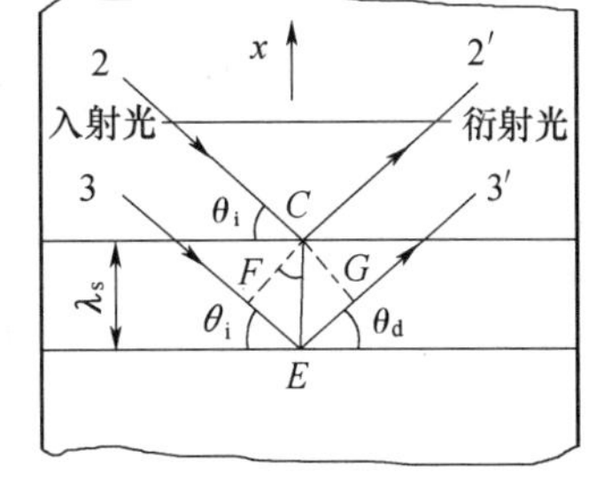

(a) 同一镜面上的衍射　　(b) 相距λ_s的两个不同镜面上的衍射

图 5-9　产生布拉格衍射条件的模型

显然，只有当 $m=0$ 时，同一镜面上的所有点才能同时满足这一条件，由此得

$$\theta_i=\theta_d \tag{5-58}$$

即入射角等于衍射角。对于相距 λ_s 的两个不同镜面上的衍射情况，如图 5-9(b)所示，由 C、E 点反射的光 2′、3′具有同相位的条件是其光程差 $FE+EG$ 等于光波波长的整数倍，即

$$\lambda_s(\sin\theta_i+\sin\theta_d)=m\frac{\lambda}{n}\quad m=0,\pm1,\pm2,\cdots \tag{5-59}$$

考虑到 $\theta_i=\theta_d$，取 $m=1$

$$2\lambda_s\sin\theta_B=\frac{\lambda}{n} \tag{5-60}$$

或

$$\sin\theta_B=\frac{\lambda}{2n\lambda_s}=\frac{\lambda}{2nv_s}f_s \tag{5-61}$$

式中:$\theta_i=\theta_d=\theta_B$,$\theta_B$ 称为布拉格角。可见,只有入射角 θ_i 等于布拉格角 θ_B 时,在声波面上衍射的光波才具有同相位,满足相干增强的条件,得到衍射极值,式(5-61)称为布拉格方程。

下面简要分析布拉格衍射光强度与声光材料特性和声场强度的关系。根据推证,当入射光强为 $\boldsymbol{I}_i$ 时,布拉格声光衍射的 0 级、1 级衍射光强的表达式可分别写为

$$I_0=I_i\cos^2\left(\frac{\upsilon}{2}\right),I_1=I_i\sin^2\left(\frac{\upsilon}{2}\right) \tag{5-62}$$

式中:ν 是光波通过长度为 L 的超声场所产生的附加相位延迟。ν 可用声致折射率变化 Δn 来表示,即 $\upsilon=\frac{2\pi}{\lambda}\Delta nL$,因此有

$$\frac{I_1}{I_i}=\sin^2\left[\frac{1}{2}\left(\frac{2\pi}{\lambda}\Delta nL\right)\right] \tag{5-63}$$

设介质是各向同性的,由晶体光学可知,当光波和声波沿某些对称方向传播时,Δn 由介质的弹光系数 P 和介质在声场作用下的弹性应变幅值 S 决定,即

$$\Delta n=-\frac{1}{2}n^3PS \tag{5-64}$$

式中:S 与超声驱动功率 P_s 有关,而超声功率 P_s 与换能器的面积 HL(H 为换能器的宽度,L 为换能器的长度)、声速 v_s 和能量密度 $\frac{1}{2}\rho v_s^2S^2$(ρ 是介质密度)有关,即

$$P_s=(HL)v_s(\frac{1}{2}\rho v_s^2S^2)=\frac{1}{2}\rho v_s^3S^2HL \tag{5-65}$$

因此

$$S=\sqrt{\frac{2P_S}{HL\rho v_s^3}} \tag{5-66}$$

于是

$$\Delta n=-\frac{1}{2}n^3P\sqrt{\frac{2P_s}{HL\rho v_s^3}}=-\frac{1}{2}n^3P\sqrt{\frac{2I_s}{\rho v_s^3}} \tag{5-67}$$

式中:$I_s=P_s/(HL)$,称为超声强度。将式(5-67)代入式(5-63),便可求得衍射效率

$$\eta_s=\frac{I_1}{I_i}=\sin^2\left[\frac{\pi L}{\sqrt{2}\lambda}\sqrt{\left(\frac{n^6P^2}{\rho v_s^3}\right)I_s}\right]=\sin^2\left[\frac{\pi L}{\sqrt{2}\lambda}\sqrt{M_2I_s}\right] \tag{5-68}$$

或

$$\eta_s=\frac{I_1}{I_i}=\sin^2\left[\frac{\pi}{\sqrt{2}\lambda}\sqrt{\left(\frac{L}{H}\right)M_2P_s}\right] \tag{5-69}$$

式中:$M_2=n^6P^{2/}(\rho v_s{}^3)$是声光介质的物理参数组合,是由介质本身性质决定的量,称为声光材料的品质因数(或声光优质指标),是选择声光介质的主要指标之一。由式(5-69)可知,①若在超声功率 P_s 一定的情况下,欲使衍射光强尽可能大,则要求选择 M_2 大的材料,并且把换能器做成长而窄(即 L 大,H 小)的形式;②当 P_s 足够大,使 $\frac{\pi}{\sqrt{2}\lambda}\sqrt{(\frac{L}{H})M_2P_s}$ 达到 $\frac{\pi}{2}$ 时,$I_1/$

$I_i=100\%$；③当 P_s 改变时，I_1/I_i 也随之改变，因而通过控制 P_s（即控制加在电声换能器上的电功率）就可以达到控制衍射光强的目的，实现声光调制。

三、声光体调制器

1. 声光体调制器的组成

声光体调制器是由声光介质、电—声换能器、吸声（或反射）装置和驱动电源等组成，如图5-10所示。

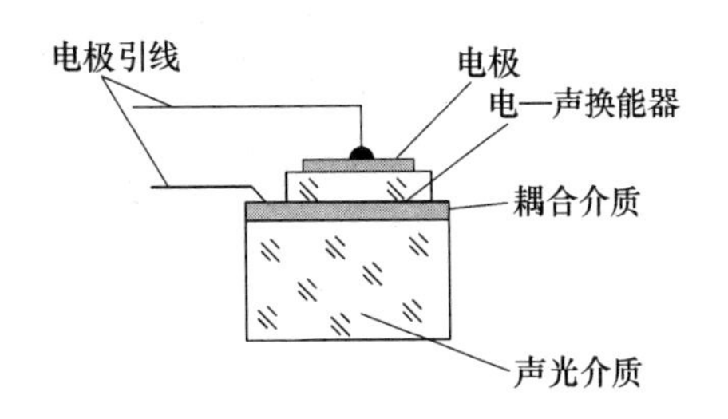

图5-10　声光调制器结构

声光介质是声光相互作用的场所。当一束光通过变化的超声场时，由于光和超声场的相互作用，其出射光变成随时间而变化的各级衍射光，利用衍射光的强度随超声波的强度变化而变化的性质就可制成光强度调制器。

电—声换能器（又称超声发生器），是利用某些压电晶体（石英、$LiNbO_3$ 等）或压电半导体（CdS、ZnO等）的逆压电效应，在外加电场作用下产生机械振动而形成超声波，将调制的电功率转换成声功率。

吸声（或反射）装置，设置在超声源的对面，用以吸收已通过介质的声波（工作于行波状态），以免返回介质产生干扰，但若要使超声场工作在驻波状态，则需要将吸声装置换成声反射装置。

驱动电源，用以产生调制电信号，施加于电—声换能器的两端电极上，驱动声光调制器（换能器）工作。

2. 声光调制的工作原理

声光调制是利用声光效应将信息加载于光频载波上的一种物理过程。调制信号是以电信号（幅值）形式作用于电—声换能器上产生射频超声波，耦合至声光介质，形成超声光栅。当光波通过声光介质时，由于声光作用，光载波受到调制而成为“携带”信息的强度调制波。

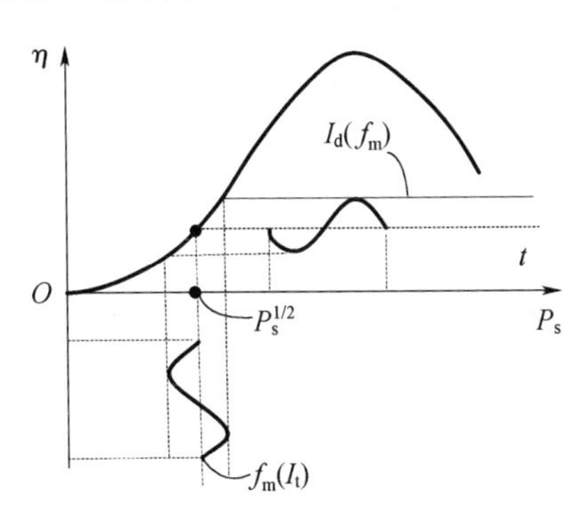

图5-11　声光调制特性曲线

由前面分析可知，无论是拉曼—奈斯衍射，还是布拉格衍射，其衍射效率均与附加相位延迟因子 $\upsilon=\dfrac{2\pi}{\lambda}\Delta nL$ 有关，其中，声致折射率差 Δn 正比于弹性应变幅值 S，而 S 又正比于声功率 P_s，故当声波场受到信号的调制使声波振幅随之变化时，衍射光强也将随之作相应的变化。布拉格声光调制特性曲线与电光强度调制相似，如图5-11所示。由图可以看出，衍射效率 η 与超声功率 P_s 是非线性调制曲线，为了使调制不产生失真，需加超声偏置，使其工作在线性较好的区域。

对于拉曼—奈斯型衍射，工作声频率低于10 MHz。图5-12(a)所示为这种调制器的工作原理，其各级衍射光强与 $J_n^2(\nu)$ 成比例，若取某一级衍射光作为输出，可利用光阑将其他级的衍射光遮挡，则从光阑孔出射的光束就是一个随 ν 变化的调制光。拉曼—奈斯型衍射效率很低，光能利用率也很低，当工作频率较高时，其最大允许声光相互作用长度 L 太小，则要求

的声功率很高。因此,拉曼—奈斯型声光调制器只限于低频工作,仅有有限的带宽。

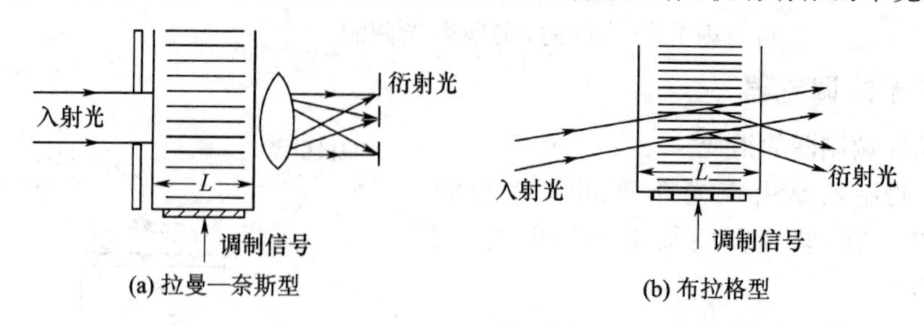

图 5-12 声光调制器

对于布拉格型衍射,其衍射效率可由式(5-70)得到,即

$$\eta_s = \frac{I_1}{I_i} = \sin^2\left(\frac{\upsilon}{2}\right) \tag{5-70}$$

布拉格型声光调制器的工作原理如图 5-12 (b)所示。在声功率 P_s(或声强 I_s)较小的情况下,衍射效率 η_s 随声强度 I_s 单调地增加(呈线性关系),即

$$\eta_s \approx \frac{\pi^2 L^2}{2\lambda^2 \cos^2\theta_B} M_2 I_s \tag{5-71}$$

式中:因子 $\cos\theta_B$ 反映了布拉格角对声光作用的影响。由式(5-71)可知,若对声强加以调制,衍射光强也就受到了调制。布拉格衍射应使入射光束以布拉格角 θ_B 入射,同时在相对于声波阵面对称方向接收衍射光束时,才能得到满意的结果。由于布拉格衍射效率高,且调制带宽较宽,故多被采用。

3. 调制带宽

调制带宽是声光调制器的一个重要参量,它是衡量信息有无失真传输的技术指标,它受到布拉格带宽的限制。对于布拉格型声光调制器而言,在理想平面光波和声波情况下,波矢是确定的,因此对于给定入射角和波长的光波,只能有一个确定频率和波矢的声波才能满足布拉格条件。当采用有限的发散光束和声波场时,波束的有限角将会扩展,所以只允许在一个有限的声频范围内才能产生布拉格衍射。根据布拉格衍射方程式(5-61),得到允许的声频带宽 Δf_s 与布拉格角的可能变化量 $\Delta\theta_B$ 之间的关系为

$$\Delta f_s = \frac{2nv_s\cos\theta_B}{\lambda}\Delta\theta_B \tag{5-72}$$

式中:$\Delta\theta_B$ 为光束和声束的发散引起的入射角和衍射角的变化量,也就是布拉格角允许的变化量。设入射光束的发散角为 $\delta\theta_i$,声波束的发散角为 $\delta\phi$,对于衍射受限的波束,这些波束发散角与波长、束宽的关系分别近似为

$$\delta\theta_i \approx \frac{2\lambda}{\pi N\omega_o}, \delta\phi \approx \frac{\lambda_s}{L} \tag{5-73}$$

式中:ω_o 为入射光束束腰半径;n 为介质的折射率;L 为声束宽度。显然,入射角(光波矢 $\boldsymbol{k}_i$ 与声波矢 $\boldsymbol{k}_s$ 之间的夹角)覆盖范围应为

$$\Delta\theta = \delta\theta_i + \delta\phi \tag{5-74}$$

若将 $\delta\theta_i$ 角内传播的入射(发散)光束分解为若干不同方向的平面波(即不同的波矢 $\boldsymbol{k}_i$),对于光束的每个特定方向的分量,在 $\delta\phi$ 范围内就有一个适当的频率和波矢的声波满足布拉

格条件。

考虑到入射光束和声波束存在小的发散角的情况下，其调制带宽的计算公式为

$$\Delta f_{m}=\frac{1}{2}\Delta f_{s}=\frac{2nv_{s}}{\pi\omega_{o}}\cos\theta_{B} \tag{5-75}$$

式(5-75)表明，声光调制器的带宽与声波穿过光束的渡越时间(ω_{o}/v_{s})成反比，即与光束直径成反比，用直径较小的光束可得到较大的调制带宽。但是光束发散角不宜太大，否则，0级和1级衍射光束将有部分重叠，会降低调制效果。因此，要求 $\delta\theta_{i}<\theta_{B}$。由此可得

$$\frac{\Delta f_{m}}{f_{s}}\approx\frac{\Delta f}{2f}<\frac{1}{2} \tag{5-76}$$

即最大的调制带宽 Δf_{m} 近似等于声波频率 f_{s} 的一半。因此，欲获得大的调制带宽就需采用高频布拉格衍射。

4. 声光调制器的衍射效率

声光调制器的另一个重要参量是衍射效率。根据式(5-68)，要得到100%的调制所需要的声强度为

$$I_{s}=\frac{\lambda^{2}\cos^{2}\theta_{B}}{2M_{2}L^{2}} \tag{5-77}$$

若表示为所需的声功率，则为

$$P_{s}=HLI_{s}=\frac{\lambda^{2}\cos^{2}\theta_{B}}{2M_{2}}\left(\frac{H}{L}\right) \tag{5-78}$$

可见，声光材料的品质因数 M_{2} 越大，获得100%的衍射效率所需的声功率越小，而且电—声换能器的截面应做得长(L 大)而窄(H 小)。然而，作用长度 L 的增大虽然对提高衍射效率有利，但会导致调制带宽的降低(因为声束发散角 $\delta\phi$ 与 L 成反比，小的 $\delta\phi$ 意味着小的调制带宽)。

令 $\delta\phi=\frac{\lambda_{s}}{2L}$，带宽可写成

$$\Delta f=\frac{2nv_{s}\lambda_{s}}{\lambda L}\cos\theta_{B} \tag{5-79}$$

由式(5-79)解出 L，代入式(5-68)，得

$$2\eta_{s}\Delta f f_{0}=\left(\frac{n^{7}P^{2}}{\rho v_{s}}\right)\frac{2\pi^{2}}{\lambda^{3}\cos\theta_{B}}\left(\frac{P_{s}}{H}\right) \tag{5-80}$$

式中：f_{0} 为声波中心频率($f_{0}=v_{s}/\lambda_{s}$)。引入因子

$$M_{1}=\frac{n^{7}P^{2}}{\rho v_{s}}=(\pi v_{s}^{2})M_{2} \tag{5-81}$$

式中：M_{1} 为表征声光材料调制带宽特性的品质因数。M_{1} 值越大的声光材料制成的调制器所允许的调制带宽越宽。

除 M_{1}、M_{2} 外，再引入一个品质因数 M_{3}，定义

$$M_{3}=\frac{M_{1}}{v_{s}}=\frac{1}{v_{s}}(nv_{s}^{2})M_{2}=\frac{n^{2}P^{2}}{\rho v_{s}^{2}} \tag{5-82}$$

M_{3} 大的声光材料不仅要求 M_{1} 大，而且要求声速 v_{s} 要小。所以要求声波通过被偏转光束截面的渡越时间($\tau=\omega_{0}/v_{s}$)要长。因而在一定调制带宽 Δf_{s} 下可获得更高的分辨点数

$N(\Delta ft)$。M_3 越大，$\eta_s f_0$ 越大，调制器的允许带宽也越宽。

5. 声束和光束的匹配

为了充分利用声能和光能，一般认为声光调制器较理想的情况是工作于光束和声束的发散角比 $\alpha \approx 1\left(\alpha = \dfrac{\Delta\theta_i(\text{光束发散角})}{\Delta\phi(\text{声束发散角})}\right)$。

对于声光调制器，为了提高衍射光的消光比，希望衍射光尽量与0级光分开，要求衍射光中心和0级光中心之间的夹角大于 2Δ，即大于 $8\lambda/\pi d_0$。由于衍射光和0级光之间的夹角(即偏转角)等于 $\lambda f_s/v_s$，因此可分离条件为

$$f_s \geqslant \frac{8v_s}{\pi d_0} = \frac{8}{\pi\tau} \approx \frac{2.55}{\tau} \tag{5-83}$$

5.1.3 磁光调制

1. 磁光效应

某些物质，如顺磁性、铁磁性和亚铁磁性材料等，其内部组成的原子或离子都有一定的磁矩，由此组成的化合物称为磁性物质。在磁性物质内部有很多小区，在每个小区域内，所有的原子或离子的磁矩都互相平行地排列着，把这种小区域称为磁畴；每个磁畴的磁矩方向不同，其作用互相抵消，宏观上并不显磁性。若沿物体的某一方向施加一外磁场，物体内各磁畴的磁矩就会向磁场方向偏转，对外呈现磁性，从而引起物质的光学各向异性，这种现象称为磁光效应。当光波通过磁化物质时，其传播特性将会发生变化。

磁光效应包括法拉第旋光效应、磁光克尔效应、磁致双折射(Cotton - Mouton)效应等，其中，最主要的是法拉第旋光效应。当一束线偏振光在外加磁场作用下的介质中传播时，其偏振方向发生旋转，其旋转角度 θ 的大小与沿光束方向的磁场强度 H 和光在介质中传播的长度 L 成正比，即

$$\theta = VHL \tag{5-84}$$

式中：V 为韦尔代(Verdet)常数，它表示在单位磁场强度下线偏振光通过单位长度的磁光介质后偏振方向旋转的角度。表5-2列出了一些磁光材料的韦尔代常数。

表5-2 不同材料的韦尔代常数 单位：$(')\cdot(\text{cm}\cdot\text{T})^{-1}\times10^{-4}$

材料名称	冕玻璃	火石玻璃	氯化钠	金刚石	水
V	0.015～0.025	0.03～0.05	0.036	0.012	0.013

对于旋光现象，可解释为外加磁场使介质分子的磁矩定向排列，当一束线偏振光通过介质时，分解为两个频率相同、初相位相同的两个圆偏振光，其中一个圆偏振光的电矢量是顺时针方向旋转的，称为右旋圆偏振光，而另一个圆偏振光是逆时针方向旋转的，称为左旋圆偏振光。这两个圆偏振光无相互作用地以两种微小速度差 $v_+ = c/n_R$ 和 $v_- = c/n_L$ 传播，它们通过厚度为 L 的介质之后产生的相位延迟分别为

$$\varphi_1 = \frac{2\pi}{\lambda} n_R L \tag{5-85}$$

$$\varphi_2 = \frac{2\pi}{\lambda} n_L L \tag{5-86}$$

所以，两圆偏振光间存在一相位差

$$\Delta\varphi=\varphi_1-\varphi_2=\frac{2\pi}{\lambda}(n_R-n_L)L \tag{5-87}$$

当它们通过介质之后，又合成为一线偏振光，其偏振方向相对于入射光旋转了一个角度。图 5-13 中 YZ 表示入射介质的线偏振光的振动方向，将振幅 A 分解为左旋和右旋两矢量 $\boldsymbol{A}_L$ 和 $\boldsymbol{A}_R$，假设介质的长度 L 使右旋矢量 $\boldsymbol{A}_R$ 恰好转到原来的位置，此时左旋矢量（由于 $v_L\neq v_R$）转到 $\boldsymbol{A}_{L'}$，于是合成的线偏振光 $\boldsymbol{A}'$ 相对于入射光的偏振方向转了一个角度 θ，此值等于 δ 的一半，即

$$\theta=\frac{\delta}{2}=\frac{\pi}{\lambda}(n_R-n_L)L \tag{5-88}$$

可以看出，$\boldsymbol{A}'$ 的偏振方向将随着光波的传播向右旋转，这称为右旋光效应。

磁致旋光效应的旋转方向仅与磁场方向有关，而与光传播方向的正逆无关，这是磁致旋光现象与晶体自然旋光现象的不同之处。光束往返通过自然旋光物质时，因旋转角相等、方向相反而相互抵消，但通过磁光介质时，只要磁场方向不变，旋转角都朝一个方向增加。此现象表明磁致旋光效应是一个不可逆的光学过程，因而可用于制成光学隔离器或单通光闸等器件。

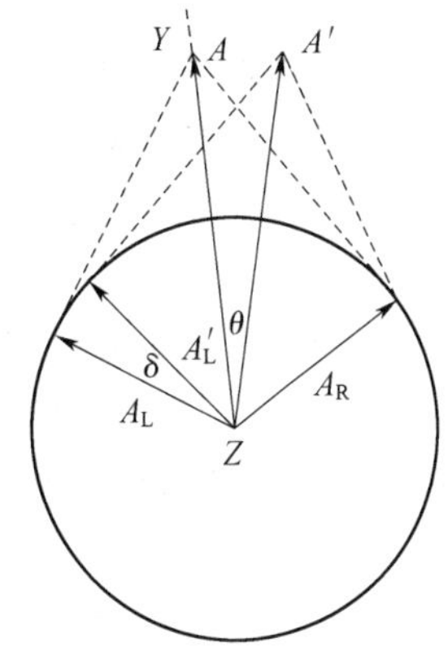

图 5-13　光通过介质时偏振方向发生了旋转

目前最常用的磁光材料主要是钇铁石榴石（YIG）晶体，它在波长 1.2～4.5 μm 之间的吸收系数很小（$\alpha\leqslant 0.03$/cm），而且有较大的法拉第旋转角。这个波长范围包括了光纤传输的最佳波段（1.1～1.5 μm）和某些固体激光器的频段范围，所以有可能制成调制器、隔离器、开关、环行器等磁光器件。磁光晶体的物理性能随温度变化较小，不易潮解，调制电压低，这是它优于电光和声光器件之处。但是，当工作波长超出上述范围时，其吸收系数急剧增大，致使器件不能工作。这表明它在可见光区域一般是不透明的，其应用仅限于近红外和中波红外波段。

2. 磁光体调制器

磁光调制是将电信号转换成与之相应的交变磁场，由磁光效应改变光波在介质中传输的偏振态，从而达到改变光强等参量的目的。磁光体调制器的组成如图 5-14 所示。工作物质（YIG 或掺 Ga 的 YIG 棒）放在沿轴线方向的光路上，两端设置起偏器、检偏器，受驱动电源控制的高频螺旋形线圈环绕在 YIG 棒上。为了获得线性调制，在垂直于光传播方向上加一恒定磁场 H_{dc}，其强度足以使晶体饱和磁化。工作时，高频电流信号通过线圈就会感生出平行于光传播方向的磁场；入射光通过 YIG 晶体时，由于法拉第旋光效应，其偏振面发生偏转，偏转角与磁场强度 H 成正比。因此，只要用调制信号控制磁场强度的变化，就会使光的偏振面发生相应变化。但这里因加有恒定磁场 H_{dc}，且与通光方向垂直，故旋转角与 H_{dc} 成反比，于是

$$\theta=\theta_s\frac{H_0\sin(\omega_H t)}{H_{dc}}L_0 \tag{5-89}$$

式中：θ_s 为单位长度饱和法拉第旋转角；$H_0\sin(\omega_H t)$ 为调制磁场。如果再通过检偏器，就可获得强度变化的调制光。

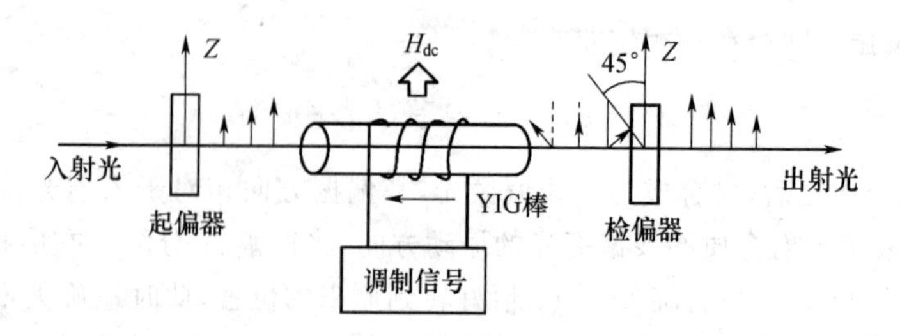

图 5-14　磁光调制示意图

3. 磁光波导调制器

图 5-15 所示为磁光波导模式转换调制器结构,圆盘形的钆镓石榴石($Gd_3Ga_5O_{12}$-GGO)衬底上,外延生长掺 Ga、Se 的钇铁石榴石(YIG)磁性薄膜作为波导层(厚度 $d=3.5$ μm,$n=2.12$),在磁性薄膜表面上用光刻技术制作一条金属蛇形线路,当电流通过蛇形线路时,蛇形线路中某一条通道中的电流沿 y 方向,则相邻通道中的电流就沿 $-y$ 方向,此电流可产生沿 z 轴方向周期变化的磁场,磁性薄膜内便可出现沿 z 轴方向交替饱和磁化的情况,通过磁光效应可实现模式转换。

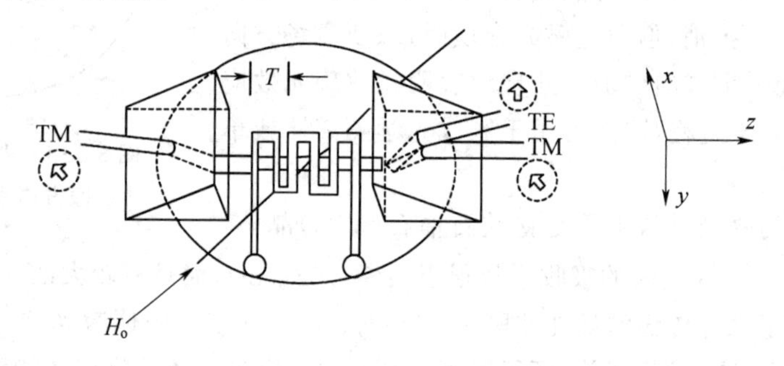

图 5-15　磁光波导模式转换调制器

设磁场变化的周期(即蛇形结构的周期)为

$$T=\frac{2\pi}{\Delta\beta} \tag{5-90}$$

式中:$\Delta\beta$ 为 TE 模和 TM 模传播常量之差。由于薄膜与衬底之间晶格常数和热膨胀的失配,易磁化方向位于薄膜平面内,薄膜平面内的退磁因子为 0,故用小的磁化场就可使磁化强度 M 在薄膜平面内自由转动。若激光($\lambda=1.152$ μm)由两个棱镜耦合器输入和输出,入射的是 TM 模,由于法拉第磁光旋转效应,随着光波在波导薄膜中沿 z 方向(磁化方向)传输,原来处于薄膜平面内的电场矢量(x 方向)就转向薄膜的法线方向(y 方向),即 TM 模转换成 TE 模。由于磁光效应与磁化强度 M 在传播方向 z 上的分量 M_z 成正比,故在 z 轴和 y 轴间 45°方向上加一直流磁场 H_{dc} 后,改变输入蛇形线路中的电流,就可改变 M_z,从而改变其转换效率。当输入的电流大到使 M 沿 z 方向饱和时,则转换效率达到最大。若器件的 $T=2.5$ μm,蛇形线路中输入 0.5 A 直流电流,磁光互作用长度 $L=6$ mm,则可将输入的 TM 模($\lambda=1.152$ μm)52%的功率转换到 TE 模。磁光波导模式转换调制器的输出耦合器是一个具有高双折射的金红石棱镜。使输出的 TE 和 TM 模分成 20°11′张角的两条光束,输入蛇形线路的电流频率为 0~80 MHz,均可观察到两个模式的光强度被调制的情况。

5.1.4　直接调制

直接调制是将要传递的信息转变为电流信号注入半导体光源(半导体激光器 LD 或半导体二极管 LED),从而使输出光携带信息。由于它是在光源内部进行的,所以又称为内调制。直接调制具有简便、高效和高速的特点,是目前光纤通信系统普遍采用的实用化调制方法。根据调制信号的类型,直接调制又可分为模拟调制和数字调制两种,前者是用连续的模拟信号(如电视、语音等信号)直接对光源进行光强度调制,后者是用脉冲编码调制(PCM)的数字信号对光源进行强度调制。

1. 半导体激光器直接调制的原理

半导体激光器(LD)是电子与光子相互作用并进行能量直接转换的器件。图 5－16 所示为 AsGaAl 双异质结注入式半导体激光器的输出光功率与驱动电流的关系曲线。半导体激光器有一个阈值电流 I_t,当驱动电流密度小于 I_t 时,激光器基本上不发光或只发很弱的、谱线宽度很宽、方向性较差的荧光;当驱动电流密度大于 I_t 时,则开始发射激光,此时谱线宽度、辐射方向明显变窄,强度显著增大,而且随着电流的增加呈线性增长,如图 5－17 所示。由图 5－16 可以看出,发射激光的强弱与驱动电流的大小有关。若把调制信号加到激光器驱动电源上,就可直接改变(调制)激光器输出光信号的强度。由于这种调制方式简单,能在高频工作,且有良好的线性工作区和带宽,因此在光纤通信、光盘存储等方面得到了广泛应用。

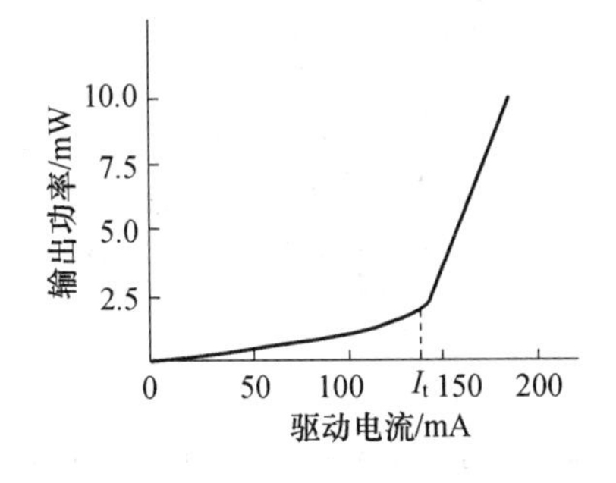

图 5－16　半导体激光器的输出特性

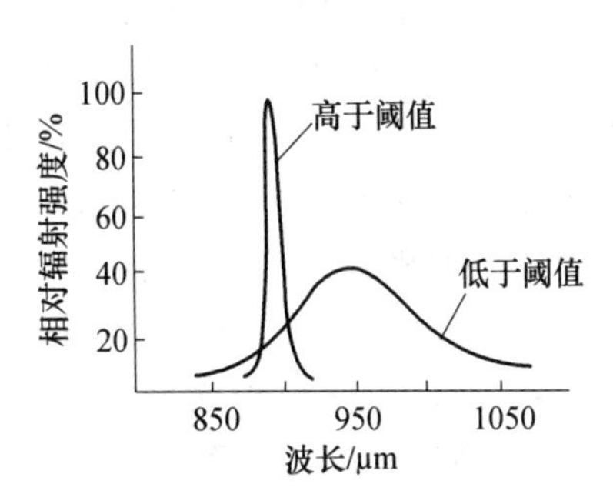

图 5－17　半导体激光器的光谱特性

图 5－18 所示为半导体激光器调制原理以及输出光功率与调制信号的关系曲线。为了获得线性调制,使工作点位于输出特性曲线的直线部分,必须在加调制信号电流的同时加一适当的偏置电流 I_b,这样就可以使输出的光信号不失真。但是,应把直流偏置源与调制信号源相隔离,避免直流偏置源对调制信号源产生影响。当频率较低时,可用电容和电感线圈串接来实现;当频率较高(大于 50 MHz)时,则应采用高通滤波电路。另外,偏置电流直接影响 LD 的调制性能,通常应选择 I_b 在阈值电流附近且略低于 I_t,以使 LD 获得较高的调制速率。但若 I_b 选得太大,又会使激光器的消光比变差,所以在选择偏置电流时,要综合考虑其影响。

半导体激光器处于连续调制工作状态时,无论有无调制信号,由于有直流偏置 I_b,所以功耗较大,从而引起温升,会影响或损坏器件,使其无法正常工作。双异质结激光器的出现,使激光器的阈值电流密度比同质结大为降低,可在室温下以连续调制方式工作。

要使半导体激光器在高频调制下不产生调制失真,最基本的要求是:输出功率应与阈值以上的电流呈良好的线性关系;另外,为了克服弛豫振荡,应采用条宽较窄的激光器结构。直接

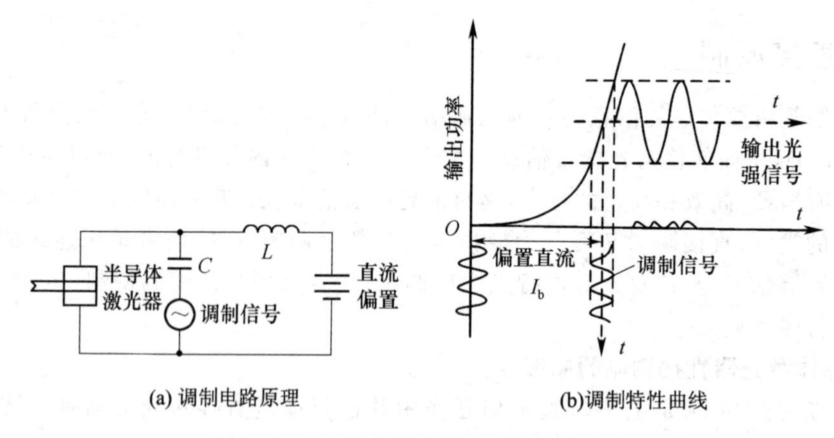

图 5-18 半导体激光器调制原理示意图

调制会使激光器主模强度下降,而次模强度相对增大,从而使激光器谱线加宽;而调制所产生的脉冲宽度 Δt 与谱线宽度 $\Delta\nu$ 之间相互制约。因此,直接调制半导体激光器的调制能力受到 $\Delta t\Delta\nu$ 乘积的限制。故在高频调制下宜采用量子阱结构或其他外调制器。

2. 半导体发光二极管的调制特性

由于半导体发光二极管(LED)不是阈值器件,其输出光功率不像半导体激光器那样会随注入电流的变化而发生突变,因此,LED 的 $P_{out}-I$ 特性曲线的线性较好。图 5-19 所示为 LED 与 LD 的 $P_{out}-I$ 特性曲线的比较。其中,LED_1 和 LED_2 是正面发光型发光二极管的 $P_{out}-I$ 特性曲线,LED_3 和 LED_4 是端面发光型发光二极管的 $P_{out}-I$ 特性曲线。由图可知,发光二极管的 $P_{out}-I$ 特性曲线明显优于半导体激光器,所以它在模拟光纤通信系统中得到广泛应用;但在数字光纤通信系统中,由于不能获得很高的调制速率(最高只能达到 100 Mb/s)而受到限制。

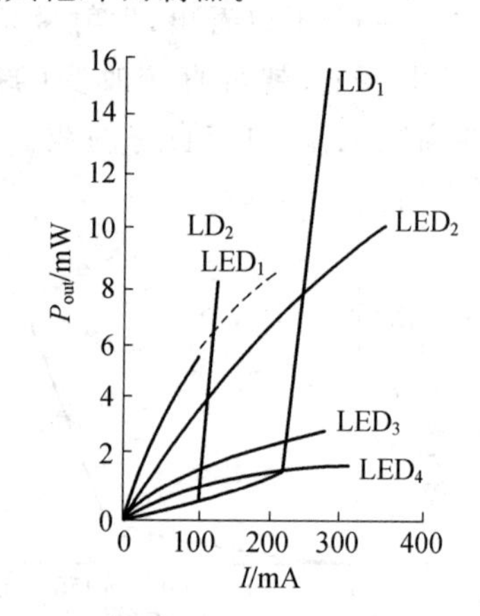

图 5-19 LED 与 LD 的 $P_{out}-I$ 曲线比较

3. 半导体光源的模拟调制

无论采用 LD 还是 LED 作为光源,都要施加偏置电流 I_b,使其工作点位于 LD 或 LED 的 $P_{out}-I$ 特性曲线的直线段,如图 5-18(b)和图 5-20(b)所示。其调制线性度的优劣与调制深度 m 有关。

$$\text{LD}:m=\frac{\text{调制电流幅度}}{\text{偏置电流}-\text{阈值电流}} \tag{5-91}$$

$$\text{LED}:m=\frac{\text{调制电流幅度}}{\text{偏置电流}} \tag{5-92}$$

由图可知,当 m 大时,调制信号幅度大,则线性较差;当 m 小时,虽然线性较好,但调制信号幅度小。因此,应选择合适的 m 值。另外,在模拟调制中,光源器件本身的线性特性是决定模拟调制优劣的主要因素。所以在线性度要求较高的应用中,需要进行非线性补偿,即用电子

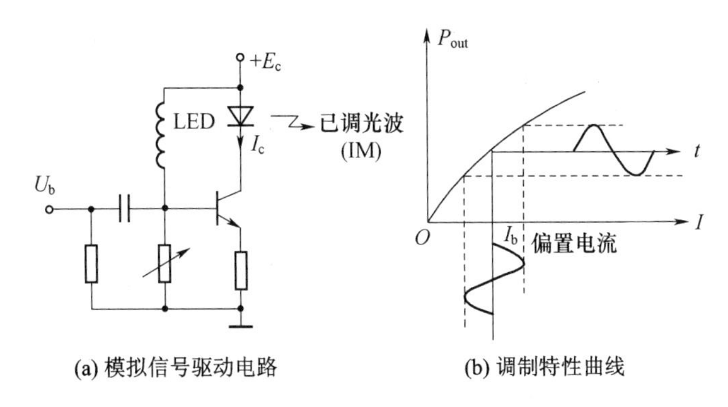

图 5-20　模拟信号驱动电路及光强度调制

技术校正光源引起的非线性失真。

4. 半导体光源的 PCM 数字调制

数字调制是用二进制数字信号“1”码和“0”码对光源发出的光载波进行调制。数字信号大都采用脉冲编码调制(PCM)，即先将连续的模拟信号通过“抽样”变换成一组调幅的脉冲序列，再通过“量化”和“编码”过程，形成一组等幅度、等宽度的矩形脉冲作为“码元”，如用“有脉冲”和“无脉冲”的不同组合(有一定位数脉冲码元)代表抽样值的幅度。将连续的模拟信号变换成 PCM 数字信号，称为“模/数”(或 A/D)变换。然后，再用 PCM 数字信号对光源进行强度调制。

数字调制方法具有抗干扰能力强，对系统的线性要求较低，可以充分利用光源的发光功率；另外，这种调制方法与现有的数字化设备相兼容，具有很好的应用前景。

5.2　KDP 光调制器

KDP(KH_2PO_4)晶体是 20 世纪 40 年代发展起来的一类性能优良的非线性光学晶体材料。KDP 晶体是一种水溶性晶体，在 123K 温度以上属于四方晶系，点群为 D-42m，空间群为 D-I42d。由于 KDP 家族晶体(特别是 KDP、DKDP 晶体)具有较大的非线性光学系数和较高的激光损伤阈值，从紫外到近红外波段都有较高的透过率，因而，KDP 家族晶体作为一种多功能晶体材料，特别是作为性能优良的电光晶体材料和激光倍频材料，在光通信系统和光电子系统中得到了广泛应用。

5.2.1　电光强度调制

KDP(KH_2PO_4)类晶体是负单轴晶体，因此有 $n_x=n_y=n_o$，$n_z=n_e$，且 $n_o>n_e$。当在 KDP 晶体上施加一电场 E，该电场在空间上呈均匀分布，而在时间上是连续变化的，当一束光通过晶体后，将会使随时间变化的电场信号转换成光信号，由光波的强度或相位变化来反映要传递的信息，这就是利用电光效应实现光调制的原理。它主要应用于光通信和光开关等领域。

1. 纵向电光调制

图 5-21 所示为利用 KDP 晶体作为纵向电光强度调制器的典型结构。KDP 晶体置于两个成正交的偏振器之间，其中起偏器 P_1 的偏振方向平行于电光晶体的 x 轴，检偏器 P_2 的偏

振方向平行于 y 轴,当沿晶体 z 轴方向加电场后,主轴 x、y 将旋转 45°变为感应主轴 x'、y'。因此,沿 z 轴入射的光束(可以是自然光)经起偏器变为平行于 x 轴的线偏振光,进入晶体后($z=0$)分解为沿 x'、y'方向振动的两个偏振分量,其振幅(等于入射光强度的 $1/\sqrt{2}$)和相位都相等,分别为

$$E_{x'}=A\cos(\omega_c t) \tag{5-93}$$

$$E_{y'}=A\cos(\omega_c t) \tag{5-94}$$

其振幅为

$$E_{x'}(0)=A \tag{5-95}$$

$$E_{y'}(0)=A \tag{5-96}$$

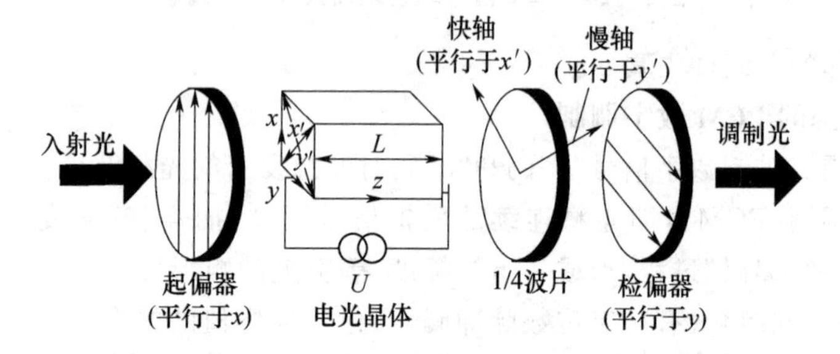

图 5-21 纵向电光强度调制器结构

由于光强正比于电场的平方,因此入射光强度为

$$I_i \propto E\cdot E^* = |E_{x'}(0)|^2+|E_{y'}(0)|^2=2A^2 \tag{5-97}$$

当通过长度为 L 的晶体后,由于电光效应引起了双折射,$E_{x'}$ 和 $E_{y'}$ 两分量间就产生了相位差 $\Delta\varphi$,则

$$E_{x'}(L)=A \tag{5-98}$$

$$E_{y'}(L)=A\exp(-i\Delta\varphi) \tag{5-99}$$

通过检偏器后的总电场强度是 $E_{x'}(L)$和 $E_{y'}(L)$在 y 方向上的分量之和,即

$$(E_y)_0=\frac{A}{\sqrt{2}}[\exp(-i\Delta\varphi)-1] \tag{5-100}$$

与之相应的输出光强为

$$I\propto (E_y)_o\cdot(E_y^*)_o=\frac{A^2}{2}\{[\exp(-i\Delta\varphi)-1][\exp(i\Delta\varphi)-1]\}=2A^2\sin^2\left(\frac{\Delta\varphi}{2}\right) \tag{5-101}$$

由此可得到调制器的透过率为

$$T=\frac{I}{I_i}=\sin^2(\frac{\Delta\varphi}{2})=\sin^2\left(\frac{\pi}{2}\frac{U}{U_\pi}\right) \tag{5-102}$$

根据上述关系作出光强调制特性曲线,如图 5-22 所示。

由图可知,一般情况下,调制器的输出特性与外加电压是非线性关系。为了获得线性调制,可以通过引入一个固定的 $\pi/2$ 相位延迟,使调制器的电压偏置在 $T=50\%$的工作点上。通常采用两种方法:①在调制晶体上附加一个 $U_{\lambda/4}$ 的固定偏压,但此法增加了电路的复杂性,且工作点不够稳定;②在调制器的光路上插入 1/4 波片,其快、慢轴与晶体主轴 x 成 45°,从而使

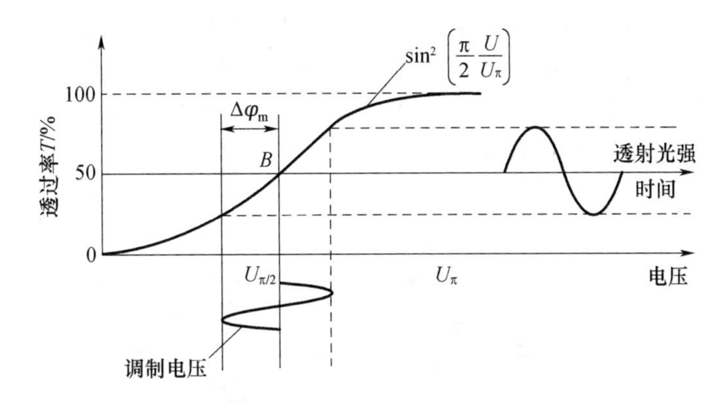

图 5－22　电光调制特性曲线

$E_{x'}$ 和 $E_{y'}$ 两分量间产生 π/2 的固定相位差。于是，式(5－102)中的总相位差为

$$\Delta\varphi=\frac{\pi}{2}+\pi\frac{U_{\mathrm{m}}}{U_{\pi}}\sin(\omega_{\mathrm{m}}t)=\frac{\pi}{2}+\Delta\varphi_{\mathrm{m}}\sin(\omega_{\mathrm{m}}t) \tag{5－103}$$

式中：$\Delta\varphi_{\mathrm{m}}=\pi U_{\mathrm{m}}/U_{\pi}$，是相应于外加调制信号电压 U_{m} 的相位差。因此，调制器的透过率可表示为

$$T=\frac{I}{I_{\mathrm{i}}}=\sin^2\left(\frac{\pi}{4}+\frac{\Delta\varphi_{\mathrm{m}}}{2}\sin\omega_{\mathrm{m}}t\right)=\frac{1}{2}[1+\sin(\Delta\varphi_{\mathrm{m}}\sin\omega_{\mathrm{m}}t)] \tag{5－104}$$

利用贝塞尔函数恒等式，将式(5－104)中 $\sin(\Delta\varphi_{\mathrm{m}}\sin\omega_{\mathrm{m}}t)$ 展开后，得

$$T=\frac{I}{I_{\mathrm{i}}}=\frac{1}{2}+\sum_{n=0}^{\infty}J_{2n+1}(\Delta\varphi_{\mathrm{m}})\sin[(2n+1)\omega_{\mathrm{m}}t] \tag{5－105}$$

由此可见，输出的调制光中含有高次谐波分量，使调制光发生了失真。为了获得线性调制，必须将高次谐波控制在允许的范围内。设基波和高次谐波的幅值分别为 I_1 和 I_{2n+1}，则高次谐波与基波成分的比值为

$$\frac{I_{2n+1}}{I_1}=\frac{J_{2n+1}(\Delta\varphi_{\mathrm{m}})}{J_1(\Delta\varphi_{\mathrm{m}})}\quad n=0,1,2,\cdots \tag{5－106}$$

若取 $\Delta\varphi_{\mathrm{m}}=1\mathrm{rad}$，则 $J_1(1)=0.44$，$J_3(1)=0.02$，$I_3/I_1=0.045$，即 3 次谐波为基波的 5%，在这个范围内可以获得近似的线性调制，因而取

$$\Delta\varphi_{\mathrm{m}}=\pi\frac{U_{\mathrm{m}}}{U_{\pi}}\leqslant 1\mathrm{rad} \tag{5－107}$$

作为线性调制的判据。此时 $J_1(\Delta\varphi_{\mathrm{m}})\approx\frac{1}{2}\Delta\varphi_{\mathrm{m}}$，代入式(5－105)得

$$T=\frac{I}{I_{\mathrm{i}}}\approx\frac{1}{2}[1+\Delta\varphi_{\mathrm{m}}\sin(\omega_{\mathrm{m}}t)] \tag{5－108}$$

因此，当调制信号为小信号($\Delta\varphi_{\mathrm{m}}<1\mathrm{rad}$)时，输出的光强调制波就是调制信号 $U=V_{\mathrm{m}}\sin(\omega_{\mathrm{m}}t)$的线性复现。

纵向电光调制器具有结构简单、工作稳定，不存在自然双折射的影响等优点。其缺点是半波电压高，特别是在调制频率较高时，功耗较大。

2. 横向电光调制

横向电光调制器的典型结构如图 5－23 所示。在 45°－Z 切型晶体上沿 z 轴方向外加电压

U，$E_z=U/d$，晶体的主轴为x、y，旋转45°至x'，y'，相应的3个主折射率如式(5-17)所示。沿着y'方向传播(入射光偏振方向与z轴成45°)，进入晶体后将分解为沿x'和z方向振动的两个分量，其折射率分别为$n_{x'}$和n_z。若通光方向的晶体长度为L，厚度(两电极间距离)为d，则从晶体出射的两分量间的相位差为

$$\Delta\varphi=\frac{2\pi}{\lambda}(n_{x'}-n_z)L=\frac{2\pi}{\lambda}\left[(n_o-n_e)L-\frac{1}{2}n_o^3\gamma_{63}\left(\frac{L}{d}\right)U\right] \tag{5-109}$$

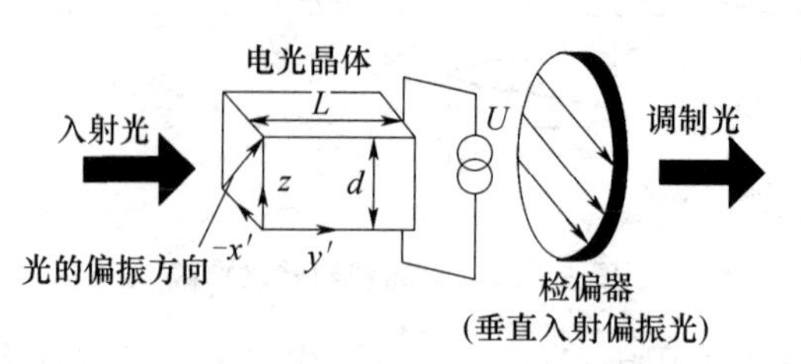

图5-23 横向电光强度调制器的典型结构

由此可知，KDP晶体的横向电光效应使光波通过晶体后的相位差包括两项：第一项是与外加电场无关的晶体本身的自然双折射引起的相位差，这一项对调制器的工作没有贡献，而且当晶体温度变化时，还会带来不利的影响，因此应设法消除(补偿)；第二项是外加电场作用产生的相位差，它与外加电压U和晶体的尺寸L/d有关，若适当地选择晶体尺寸，则可以降低其半波电压。

KDP晶体横向电光调制的主要缺点是存在着自然双折射引起的相位差，这意味着在没有外加电场时，进入晶体的线偏振光分解的两偏振分量有相位差存在。当晶体的温度变化时，由于折射率n_o和n_e随温度的变化率不同，因而两分量的相位差会发生漂移。实验证明，KDP晶体的两折射率之差随温度的变化率为$\Delta(n_o-n_e)/\Delta T\approx 1.1\times10^{-5}/℃$。如果长度$L=30$ mm的KDP晶体制成调制器，当波长为632.8 nm的激光通过时，则由温度所引起的相位差变化为

$$\Delta\varphi=\frac{2\pi}{\lambda}\Delta nL=\frac{2\pi}{0.6328\times10^{-6}}\times1.1\times10^{-5}\times0.03\approx1.1\pi \tag{5-110}$$

如果要求相位变化不超过20 mrad，则要求晶体的恒温精度保持在0.005 ℃以内，这显然是不可能的。所以在实际应用中，除了尽量采取一些措施(如散热、恒温等)以减小晶体温度漂移之外，采用一种“组合调制器”的结构予以补偿。常用的补偿方法有两种：①将两块几何尺寸几乎完全相同的晶体的光轴互成90°串接排列，即一块晶体的y'轴和z轴分别与另一块晶体的z轴和y'轴平行[见图5-24(a)]；②两块晶体的z轴和y'轴相互反向平行排列，中间放置一块1/2波片[见图5-24(b)]。这两种方法的补偿原理是相同的。外电场沿z轴(光轴)方向，但在两块晶体中电场相对于光轴反向，当线偏振光沿x'轴方向入射第一块晶体时，电矢量分解为沿z轴方向的e_1光和沿y'轴方向的o_1光，当它们经过第一块晶体之后，两束光的相位差为

$$\Delta\varphi_1=\varphi_{y'}-\varphi_z=\frac{2\pi}{\lambda}\left(n_o-n_e+\frac{1}{2}n_o^3\gamma_{63}E_z\right)L \tag{5-111}$$

经过1/2波片后，两束光的偏振方向各自旋转90°，经过第二块晶体后，原来的e_1光变成了o_2光，o_1光变成e_2光，则它们经过第二块晶体后，其相位差为

$$\Delta\varphi_2=\varphi_z-\varphi_{y'}=\frac{2\pi}{\lambda}\left(n_e-n_o+\frac{1}{2}n_o^3\gamma_{63}E_z\right)L \tag{5-112}$$

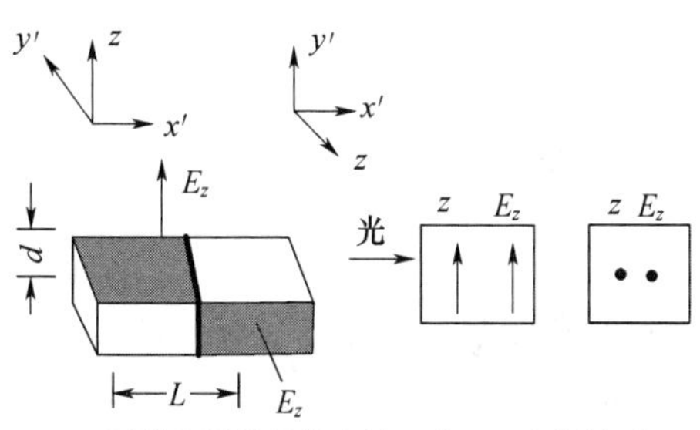

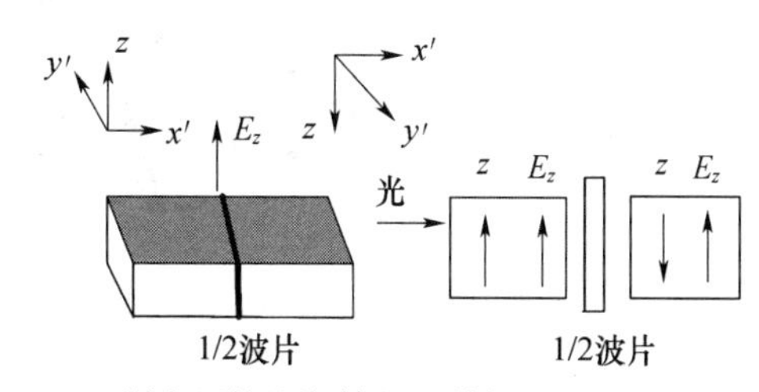

图 5-24　横向电光效应的两种补偿方式

于是，通过两块晶体之后的总相位差为

$$\Delta\varphi=\Delta\varphi_1+\Delta\varphi_2=\frac{2\pi}{\lambda}n_o^3\gamma_{63}U\left(\frac{L}{d}\right) \tag{5-113}$$

因此，若两块晶体的尺寸、性能及受外界的影响完全相同，则自然双折射的影响即可得到补偿。根据式(5-113)，当 $\Delta\varphi=\pi$ 时，半波电压为 $U_{\frac{\lambda}{2}}=\left(\frac{\lambda}{2n_o^3\gamma_{63}}\right)\frac{d}{L}$，其中括号内正好是纵向电光效应的半波电压，所以

$$(U_{\lambda/2})_{横}=(U_{\lambda/2})_{纵}\frac{d}{L} \tag{5-114}$$

可见，横向半波电压是纵向半波电压的 d/L 倍，减小 d 增加 L 可降低半波电压。但是，这种方法必须用两块晶体，所以结构复杂，而且其尺寸加工精度要求很高。对 KDP 晶体而言，若长度差 0.1 mm，当温度变化 1℃时，相位变化为 0.6°(对于 632.8 nm 波长)，所以对于 KDP 类晶体一般不采用横向调制方式。

在实际应用中，由于 $\bar{4}3$ m 族 GaAs 晶体($n_o=n_e$)和 3m 族 $LiNbO_3$ 晶体(x 方向加电场，z 方向通光)均无自然双折射的影响，故多采用横向电光调制。

5.2.2　电光相位调制

图 5-25 所示为电光相位调制原理，它由起偏器和 KDP 电光晶体组成。起偏器的偏振轴平行于晶体的感应主轴 x'(或 y')，电场沿 z 轴方向加到晶体上，此时入射到晶体的线偏振光不再分解成沿 x'、y'两个分量，而是沿着 x'(或 y')轴一个方向偏振，故外加电场不改变出射光的偏振状态，仅改变其相位，其相位的变化为

$$\Delta\varphi_{x'}=-\frac{\omega_c}{c}\Delta n_{x'}L \tag{5-115}$$

因为光波只沿 x'方向偏振，相应的折射率为 $n_{x'}=n_o-\frac{1}{2}n_o^3\gamma_{63}E_z$，所以，若外加电场为 $E_{in}=A_c\cos\omega_c t$，则输出光场($z=L$ 处)为

$$E_{out}=A_c\cos\left[\omega_c t-\frac{\omega_c}{c}\left(n_o-\frac{1}{2}n_o^3\gamma_{63}E_m\sin\omega_m t\right)L\right] \tag{5-116}$$

略去式中相角的常数项(它对调制结果没有影响)，则式(5-116)可写为

$$E_{out}=A_c\cos(\omega_c t+m_\varphi\sin\omega_m t) \tag{5-117}$$

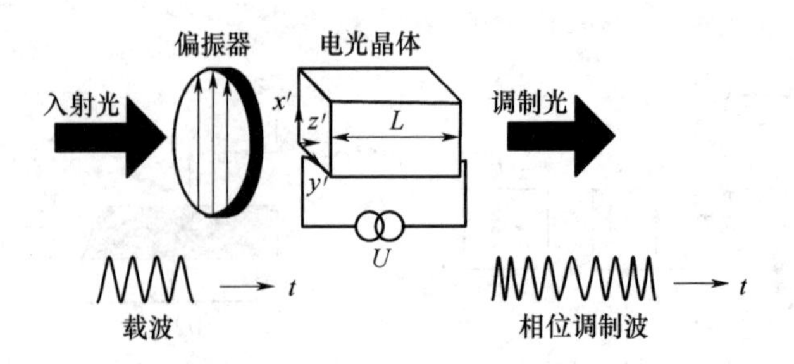

图 5-25　电光相位调制原理

式中：$m_{\varphi}=\dfrac{\omega_c n_o^3 \gamma_{63} E_m L}{2c}=\dfrac{\pi n_o^3 \gamma_{63} E_m L}{\lambda}$，称为相位调制系数。

5.2.3　电光调制器的电学性能

对于电光调制器，总是希望能获得高的调制效率并有较宽的调制带宽。下面分析电光调制器在不同调制频率情况下的工作特性。

1. 外电路对调制带宽的限制

调制带宽是光调制器的一个重要参量，对于电光调制器，晶体的电光效应本身不会限制调制器的频率特性，因为晶格的谐振频率可以达到 10^{12} Hz，因此，调制器的调制带宽主要是受其外电路参数的限制。

电光调制器的等效电路如图 5-26 所示。其中，U_s 和 R_s 分别表示调制电压和调制电源内阻，C_0 为调制器的等效电容，R_e 和 R 分别为导线电阻和晶体的直流电阻。由图 5-26 可知，作用到晶体上的电压为

$$U=\frac{U_s\left(\dfrac{1}{(1/R)+\mathrm{i}\omega C_0}\right)}{R_s+R_e+\dfrac{1}{(1/R)+\mathrm{i}\omega C_0}}=\frac{U_sR}{R_s+R_e+R+\mathrm{i}\omega C_0(R_sR+R_eR)} \tag{5-118}$$

在低频调制时，一般有 $R\gg R_s+R_e$，且 $\mathrm{i}\omega C_0$ 也较小，因此信号电压可以有效地加到晶体上。但是当调制频率增大时，调制晶体的阻抗变小，当 $R_s>(\omega C_0)^{-1}$ 时，大部分调制电压就加到 R_s 上，表示调制电源与晶体负载电路之间阻抗不匹配。这时调制效率就要大大降低，甚至不能工作。实现阻抗匹配的办法是在晶体两端并联一电感 L，构成一个并联谐振回路，其谐振频率为 $\omega_0{}^2>(LC_0)^{-1}$，另外再并联一个分流电阻 R_L，其等效电路如图 5-27 所示。

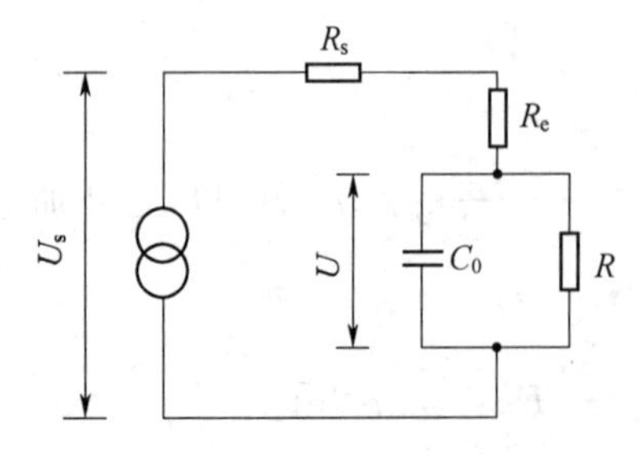

图 5-26　电光调制器的等效电路

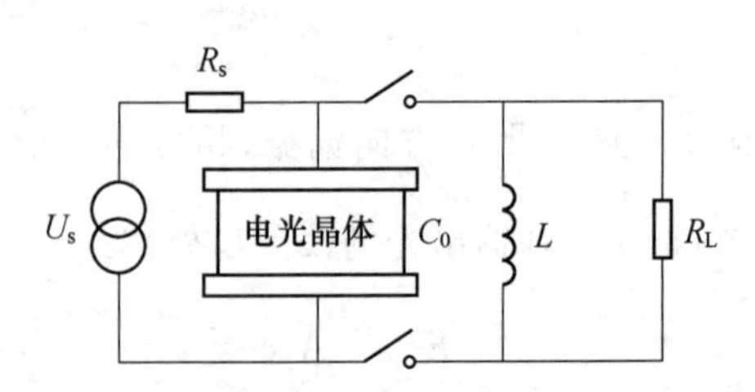

图 5-27　调制器的并联谐振回路

当调制信号频率 $\omega_m=\omega_0$ 时，此电路的阻抗就等于 R_L，若选择 $R_L>>R_s$，就可使调制电

压大部分加到晶体上。这种方法虽然能提高调制效率，但谐振回路的带宽是有限的。它的阻抗只在频率间隔 $\Delta\omega \approx (R_L C_0)^{-1}$ 的范围内较高。因此，欲使调制波不发生失真，其最大调制带宽（即调制信号占据的频带宽度）应小于

$$\Delta f_m = \frac{\Delta\omega}{2\pi} \approx \frac{1}{2\pi R_L C_0} \tag{5-119}$$

实际上，调制带宽 Δf_m 取决于具体的应用要求。此外，还要求有一定的峰值相位延迟 $\Delta\varphi_m$，与之相应的驱动峰值调制电压为

$$U_m = \frac{\lambda}{2\pi n_o^3 \gamma_{63}} \Delta\varphi_m \tag{5-120}$$

对于 KDP 晶体，为得到最大相位延迟所需要的驱动功率为

$$P = \frac{U_m^2}{2R_L} \tag{5-121}$$

结合式(5-119)和式(5-120)，得

$$P = U_m^2 \pi C_0 \Delta f_m = U_m^2 \pi (\varepsilon A / L) \Delta f_m = \frac{\lambda^2 \varepsilon A \Delta\varphi_m^2}{4\pi L n_o^6 \gamma_{63}^2} \Delta f_m \tag{5-122}$$

式中：L 为晶体长度；A 为垂直于 L 的截面积；ε 为介电常数。

当调制晶体的类型、尺寸、波长和相位延迟确定后，其调制功率与调制带宽成正比关系。

2. 高频调制时渡越时间的影响

当调制频率极高时，在光波通过晶体的渡越时间内，电场可能发生较大的变化，即晶体中不同部位的调制电压不同，特别是当调制周期($2\pi/\omega_m$)与渡越时间 $\tau_d (= nL/c)$ 相比拟时，光波在晶体中各部位受到的调制电场将是不同的。

分析表明，只有当光波在晶体内的渡越时间远小于调制信号的周期时，才能使调制效果不受影响。对于电光调制器，存在一个最高调制频率的限制。例如，若取 $|\gamma| = 0.9$ 处为调制限度（对应的 $\omega_m \tau_d = \pi/2$），则调制频率的上限为

$$f_m = \frac{\omega_m}{2\pi} = \frac{1}{4\tau_d} = \frac{c}{4nL} \tag{5-123}$$

对于 KDP 晶体，若取 $n = 1.5$，长度 $L = 1$ cm，则 $f_m = 5 \times 10^9$ Hz。

3. 行波调制器

为了使调制器工作在更高的调制频率，且能克服渡越时间的影响，可采用行波调制器的结构，如图 5-28 所示。其工作原理是将调制信号以行波的形式加到晶体上，使高频调制场以行波形式与光波场相互作用，并使光波与调制信号在晶体内具有相同的相速度。这样，光波波前通过整个晶体时，由于调制电压是相同的，故可消除渡越时间的影响。由于在大多数传输线中高频电场主要是横向分布，所以行波调制器通常采用横向调制。

调制频率上限为

$$f_{man} = \frac{c}{4nL[1 - c/(nc_m)]} \tag{5-124}$$

式中：c_m 为调制场的相速度。

由式(5-124)可知，行波调制的频率上限是一般调制频率上限的 $[1 - c/(nc_m)]^{-1}$ 倍。目前这种类型调制器的调制带宽已达到数十 GHz 量级。

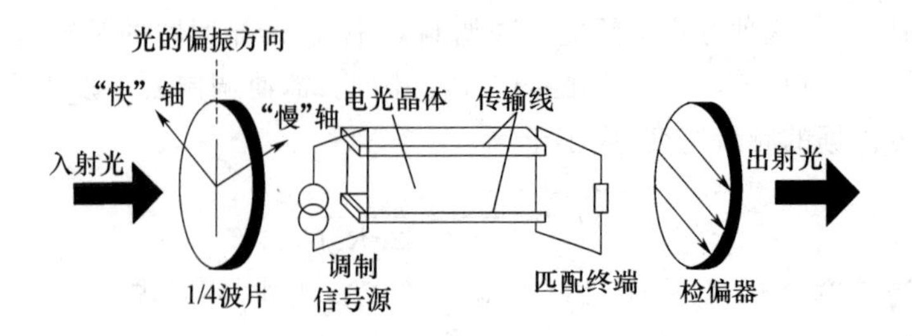

图 5-28　行波电光调制器

5.2.4　设计电光调制器应考虑的问题

一个高质量的电光调制器应满足以下几个方面的要求:①调制器应有足够宽的调制带宽,以满足高效率无失真地传输信息;②调制器消耗的功率小;③调制特性曲线的线性范围大;④工作稳定性好。

1. 电光晶体材料的选择

调制晶体材料对调制效果起着关键的作用,所以在选择晶体材料时,应着重考虑以下几个方面的因素。首先要求光学性能优良,对调制光波透射率高,吸收和散射损耗小,并且晶体的折射率分布均匀,其折射率的变化应满足 $\Delta n \leqslant 10^{-4}/\mathrm{cm}$;其次要求电光系数要大,因为调制器的半波电压及所耗功率分别与 $1/\gamma_{63}$ 和 $1/\gamma_{63}^2$ 成正比;此外,调制晶体还要有较好的物理、化学性能(主要指硬度、光损伤阈值、温度影响和潮解等)。表 5-3 给出了一些常用电光晶体材料的物理性能。

2. 降低调制器功率损耗的方法

KDP 类电光晶体的半波电压较高,为了降低其功率损耗,可采用 n 级晶体串联的方式(即光路上串联,电路上并联)。图 5-29 所示为一个 4 块 KD*P 晶体串联的纵向调制晶体,把相同极性的电极连接在一起,为使 4 块晶体对入射偏振光的两个分量的相位延迟皆有相同的符号,把晶体的 x 轴和 y 轴逐块旋转 90°放置(如第二块晶体的 x、y 轴相对于第一、三块的 x、y 轴旋转 90°),其结果使相位延迟相加,这相当于降低了半波电压。但串接晶体块数亦不宜过多,以免造成透过率太低或电容太大。

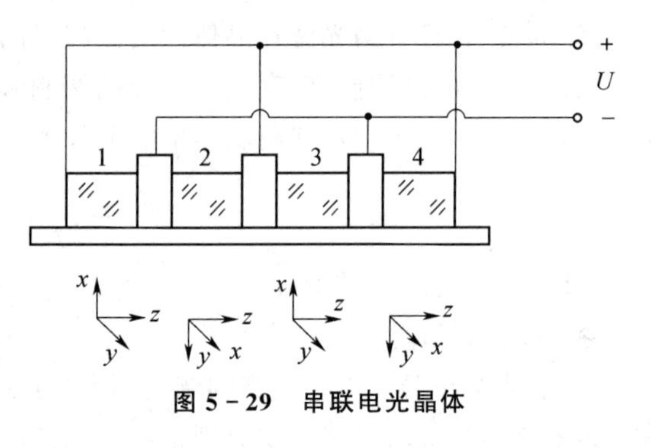

图 5-29　串联电光晶体

表 5-3　常用电光晶体材料的物理性能

材料名称	点群对称性	电光系数 $\gamma_{ij}(10^{-12}\mathrm{m/V})$	折射率 n_e	折射率 n_o	相对介电常数 $\varepsilon/\varepsilon_0$
KDP(0.633 μm)	$\bar{4}2m$	$\gamma_{41}=8.6,\gamma_{63}=10.6$	1.47	1.51	$\varepsilon//c=20,\varepsilon\perp c=45$
KD*P(0.633 μm)	$\bar{4}2m$	$\gamma_{63}=23.6$	1.47	1.51	$\varepsilon//c\sim50$(24 ℃)
ADP(0.633 μm)	$\bar{4}2m$	$\gamma_{41}=28,\gamma_{63}=8.5$	1.48	1.52	$\varepsilon//c=12$

续表 5-3

材料名称	点群对称性	电光系数 $\gamma_{ij}(10^{-12}\mathrm{m/V})$	折射率		相对介电常数 $\varepsilon/\varepsilon_0$
			n_e	n_o	
石英(0.633 μm)	32m	$\gamma_{41}=0.2, \gamma_{63}=0.47$	1.55	1.54	$\varepsilon//c\sim4.3, \varepsilon\perp c\sim4.3$
CuCl	$\bar{4}3$m	$\gamma_{41}=6.1$		1.97	7.5
ZnS	$\bar{4}3$m	$\gamma_{41}=2.0$		2.37	～10
GaAs(10.6 μm)	$\bar{4}3$m	$\gamma_{41}=1.6$		3.34	11.5
GdTe(10.6 μm)	$\bar{4}3$m	$\gamma_{41}=6.8$		2.60	7.3
$LiNbO_3$(0.633 μm)	3m	$\gamma_{33}=30.8, \gamma_{51}=28$ $\gamma_{13}=8.6, \gamma_{22}=3.4$	2.16	2.26	$\varepsilon//c=50$
$LiTaO_3$(30 ℃)	3m	$\gamma_{33}=30.3, \gamma_{13}=7.5$	2.18	2.175	$\varepsilon//c=43$
$BaTiO_3$(30 ℃)	4m	$\gamma_{33}=23, \gamma_{13}=8.0$ $\gamma_{51}=820$	2.365	2.437	$\varepsilon\perp c=4300$ $\varepsilon//c=106$

3. 调制电压的选择

从图 5-22 所示的调制特性曲线可以看出，调制器已工作在 B 点，但是当调制信号电压值太大时，仍会到达非线性部分，从而使调制光发生失真。为使失真尽可能小，必须把高次谐波的幅值控制在允许的范围内，当 $\eta=100\%$，$I_{3\omega}/I_{\omega}\approx0.05$ 时，调制电压幅值 $u_m\approx0.383u_{\lambda/2}$，调制光几乎不发生失真。

4. 电光晶体尺寸的选择

电光晶体尺寸是指其长度和横截面的大小。在 KDP 类晶体纵向运用中，虽然半波电压与晶体长度无关，但增加长度却会减小调制器的电容(因为 $C_0=\varepsilon A/L$)，使频带展宽，且长度越长对加工及装调精度要求越高，容易引起调制器相位延迟的不稳定，故 L 不宜过长。横向截面的大小主要是根据通光孔径的要求确定。

5.3　$LiNbO_3$ 光调制器

5.3.1　电光波导调制器

前面介绍的 KDP 晶体电光调制器是分离器件，体积较大，一般称为“体调制器”。它存在着一定的局限性，几乎整个晶体材料都要受到外加电场的作用。一般需要对器件施加强电场，通过改变整个晶体的光学特性，从而使通过的光波受到调制。

而由介质构成的光波导调制器基本上是在含有光能的很小一部分波导区域才受到外电场的作用，把场限制在波导薄膜附近，因此，它所需要的驱动功率比体调制器要减小 1～2 个数量级。

光波导调制器与体调制器的相同之处在于它们都是由电光、声光等物理效应来实现对光参数的控制，能使介质的介电张量产生微小的变化(即折射率变化)，从而使两传播模之间有一相位差；但由于外场的作用会导致波导中本征模(如 TE 模和 TM 模)传播特性的变化以及两种不同模式之间的耦合转换(称为模耦合调制)，所以光波导调制器的基本特性常用介质光波导耦合模理论来描述。

1. 电光波导相位调制

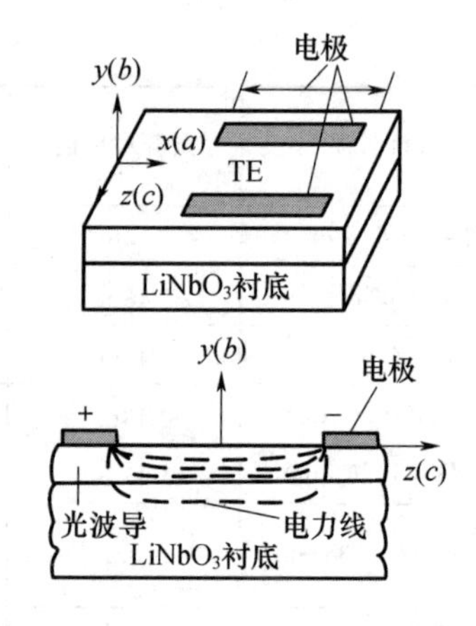

图 5-30 $LiNbO_3$ 电光波导相位调制器结构

图5-30所示为一电光波导相位调制器的结构,以 $LiNbO_3$ 为衬底,Ti扩散形成平面波导,用溅射法沉积上一对薄膜电极。图5-30中,x、y、z 为波导坐标系,a、b、c 为 $LiNbO_3$ 晶体的晶轴取向。当电极上施加调制电压时,如果波导中传输的是TM模,电场矢量沿 z 轴(对应晶体的 c 轴),主要电场分量是 E_z。由于波导折射率因电光效应发生变化,所以导波光通过电极区后其相位随调制电压而变化,即

$$\Delta\varphi = \pi n_o^{\ 3}\gamma_{33}E_z l/\lambda \tag{5-125}$$

式中:E_z 是平面电极在缝隙中产生的沿 c 轴方向的电场分量;l 为电极的长度;γ_{33} 为电光系数。

对于电光波导相位调制器,不涉及不同模间的互耦合,其模式的振幅方程为

$$\frac{\mathrm{d}A_{\mathrm{m}}(x)}{\mathrm{d}x} = -\mathrm{i}\kappa_{\mathrm{mm}}A_{\mathrm{m}}(x) \tag{5-126}$$

其解为 $A_{\mathrm{m}}(x)=A_{\mathrm{m}}(0)\exp(-\mathrm{i}\kappa_{\mathrm{mm}}x)$。如果入射波 E_y 对应于TM模,那么其模场可表示为

$$E_y(x,y,z) = A_y(0)\ E_y(y,z)\exp\{\mathrm{i}[\omega t-(\kappa_{yy}+\beta_y)x]\} \tag{5-127}$$

自耦合系数为

$$\kappa_{yy} = \frac{\omega}{4}\iint \Delta\varepsilon_{\mathrm{TM\text{-}TM}}E_y E_y^* \,\mathrm{d}y\,\mathrm{d}z \tag{5-128}$$

式中:$\Delta\varepsilon_{\mathrm{TM\text{-}TM}}$ 为 $\Delta\varepsilon_{22}$(TM模之间的自耦合介电增量元)。另外,引入平面波导TM模功率归一化表达式为

$$\frac{\varepsilon_0\omega n^2}{2\beta}\int_{-\infty}^{\infty}E_y E_y^* \,\mathrm{d}y = 1 \tag{5-129}$$

代入式(5-128),即可确定自耦合系数 κ_{yy}。

2. 电光波导强度调制

这种调制器类似于Mach-Zehnder(MZ)干涉仪,MZ干涉仪型波导调制器如图5-31所示。它是在 $LiNbO_3$ 晶体作为波导基片的衬底上,用射频溅射刻蚀法制造的Ti扩散分叉条状波导构成的,条状波导中间和两侧制作表面电极。两个分路的光在电光效应区受到相位调制,它们再相遇时,两个线偏振光相干合成,从而实现强度调制。例如,在波导的输入端激励一TE模,在外加电场的作用下,在分叉波导中传输的导波模受到大小相等、符号相反的电场 E_c 的作用(因为两分支波导结构完全对称),分别产生 $\Delta\varphi$ 和 $-\Delta\varphi$ 的相位变化。设电极长度为 l,两电极间距离为 d,则两导波模的相位差为 $2\Delta\varphi = 2\pi n_e^{\ 3}\gamma_{33}E_c l/\lambda$。在输出端的第二个分叉汇合处两束光相干合成的光强将随相位差的不同而异,从而得到强度调制。

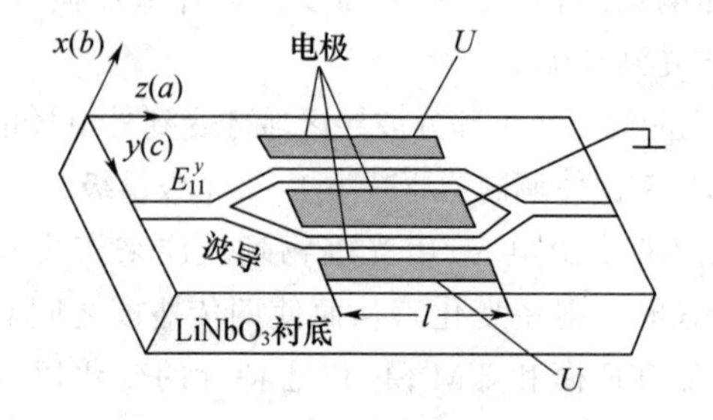

图 5-31 MZ干涉仪型波导调制器示意图

在MZ干涉仪型强度调制器中,为了提高其调制深度并降低插入损耗,必须采取以下措施:①

分支张角不宜太大(一般为 1°左右),因为张角越大,辐射损耗越大;②波导必须设计成单模,防止高阶模被激励;③波导和电极在结构上应严格对称,使两个调相波的固定相位差等于零。

用 Ti 扩散 $LiNbO_3$ 波导制成的 MZ 干涉型调制器,其调制深度可达 80%,半波电压约为 3.6 V,功耗约为 35 μW/MHz,调制带宽达到 17 GHz。

此外,电光波导强度调制器还有定向耦合(PC)型调制器、电吸收(EA)型调制器、电光光栅调制器等形式。

5.3.2　声光波导调制器

声光布拉格衍射型波导调制器结构如图 5-32 所示,它由平面波导和交叉电极换能器组成。为了在波导内有效地激起表面弹性波,波导材料采用压电材料(如 ZnO 等),其衬底可以是压电材料,也可以是非压电材料。图 5-32 中的衬底是 y 切割的 $LiNbO_3$ 压电晶体材料,扩散的 Ti 波导。用光刻法在表面做成交叉电极的电声换能器。整个器件可绕 y 轴旋转,以使导波光与电极板条间的夹角调节到布拉格角。此时,入射光经输入棱镜通过波导,换能器产生的超声波会引起波导及衬底内折射率的周期性变化,因而相对于声波波前以 θ_B 角入射到波导的光波通过输出棱镜后,得到与主光束成 $2\theta_B$ 角方向的 1 级衍射光,其光强为

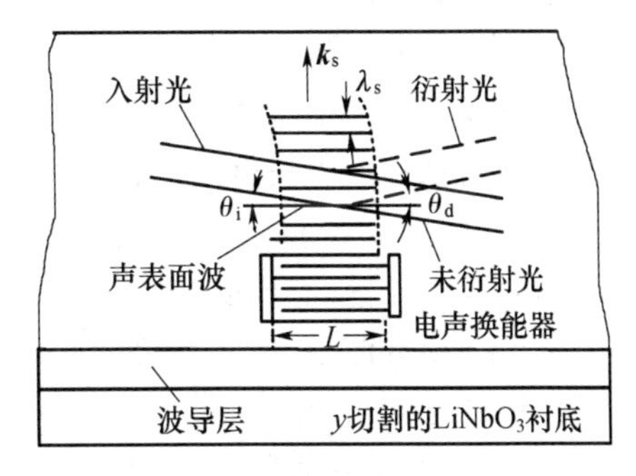

图 5-32　声光布拉格波导调制器

$$I_1 = I_i \sin^2\left(\frac{\Delta\varphi}{2}\right) = I_i \sin(B \cdot U) \tag{5-130}$$

式中:$\Delta\varphi$ 为在电场的作用下,导波光通过长度 L 后的相位延迟;B 是一个比例系数,它取决于波导有效折射率 n_{eff} 等因素。

式(5-130)表明,衍射光强 I_1 随电压 U 的变化而变化,从而实现对导波光的强度调制。例如,当 $\lambda=0.6328$ μm,$U=9$ V 时,可得到 100%的强度调制。测得的电容 $C=20$ pF。由此算得单位带宽所需的驱动功率为 27 mW/MHz。当频带足够宽时,因输出衍射光的空间位置分布不同,所以可以作为光偏转器件,也可作为光开关。

布拉格调制带宽同声波孔径 L 近似成反比,同时还受声波中心频率 f_s 的限制。由于 L 不宜取得太小,否则会降低衍射效率,所以实际器件的带宽受到这一因素的限制。因此,需折中考虑上述因素。另外,为了获得一定的衍射效率,又能增加调制器的带宽,在实际应用中,采用改变换能器结构的方法,即把等周期叉指形换能器改为变周期叉指形式(即其间隔沿声波传输方向渐变)。由于叉指间隔等于声波半波长时,电声换能器的效率最高,所以变周期换能器在不同指条位置上产生不同波长的声波,从而扩展了换能器的带宽。

5.4　半导体光调制器

半导体材料,特别是 III-V 族化合物半导体和 Si 基材料既是重要的电子材料,也是光电子器件和光电子集成的理想材料。采用半导体材料制作光调制器可以解决半导体激光器与光调制器的单片集成问题,使制作成本大幅降低;另外,半导体光调制器是产生超短光脉冲和光

孤子的有效途径。

半导体光调制器基本上是采用电吸收的原理制成的，它利用半导体材料中的 Frank - Keldysh 效应或量子阱中的量子限制 Stark 效应，实现对光信号进行调制。

5.4.1 Ⅲ-V 族化合物半导体光调制器

Ⅲ-V 族化合物半导体光调制器的种类较多，主要包括垂直腔反射式光调制器、短腔调制器、电子耗尽控制吸收的光调制器和 GaAs/AlGaAs 行波电极电光调制器。

1. 垂直腔反射式光调制器

垂直腔反射式光调制器亦称非对称 F - P 腔光调制器。器件的结构是在 n^+ - GaAs 衬底上用分子束外延方法逐次生长出以下各层：500 nm 厚的 GaAs 缓冲层，20 个周期 DBR(Distributed Bragg Reflection 分布式布拉格反射)层，该层由 75.1 nm 的 $Al_{0.95}Ga_{0.05}As$ 和 67.1 nm 的 $Al_{0.33}Ga_{0.67}As$ 交替组成，总厚度为 14 个光波长；不掺杂的 27 个周期的 MQW(multiple quantum well -多层量子阱)有源层，势阱和势垒的厚度均为 10.25 nm；上 DBR 层是掺 P 的 6 个周期的 QW。DBR 顶层是 14 个光波长的 p - GaAs，厚 60.942 nm。生长后用化学腐蚀法刻出 250 μm 的台面。上 DBR 层的反射率为 83%，下 DBR 层的反射率为 97%，F - R 腔的谐振波长稍低于激子吸收边。当偏压增大时，激子峰红移且吸收增加，最终达到临界值，这时反射最小。测试结果表明，对于波长为 863.0 nm 的光，当偏压从 0V 变到 -12 V 时，反射率从 0.1 降至 0.001。调制度达到 20 dB/V，插入损耗 10 dB。由于该器件的工作电压很低，适宜与 Si 基电路集成。

2. 短腔调制器

由于不对称 F - P 腔反射式调制器的调制带宽受限于 MQW 腔的光学厚度(这是因为受到吸收总量的限制，通常取厚度为 1 μm)。为了增加调制带宽，采用 λ/2 AlGaAs 短腔和一个具有 MQW 的有源反射镜做成调制器，如图 5 - 33 所示。从电子学的角度看，这种器件结构实质上是一个 PIN 二极管，本征区是几十个周期的 GaAs/AlAs MQW。从光学角度看，顶层是 λ/2/的高折射率的 $A1_{0.3}Ga_{0.7}As$ 层，分别用它和 13 个 λ/4 光学厚度的 MQW 作 F - P 腔的前、后反射镜。该器件的工作原理类似于一般的非对称 F - P 腔调制器。不同之处是该器件的后反射镜反射率的大小是通过改变 MQW 层吸收来控制(这是由量子 Stark 效应引起的)的。这种短腔 F - P 腔调制器具有较大的调制带宽。

3. 电子耗尽控制吸收的光调制器

图 5 - 34 所示为一种基于电子耗尽控制吸收原理制成的半导体光调制器。这种光调制器的工作机理是建立在载流子耗尽引起光吸收的变化。

当外加电场变化时，吸收区的耗尽层宽度随之变化，引起光吸收的变化。而引起光吸收变化的主要原因在于：①导带(或价带)内电子(或空穴)数减少使得带与带之间或带与杂质能级之间的跃迁概率增加；②离化杂质屏蔽效应的减弱导致杂质能级移动；③耗尽层内电场引起 Frang - Keldysh 效应。吸收区是 n^- - GaAs 层，随着所加电场的变化，可得到耗尽层范围较大的变化，从而获得较宽的调制带宽。

4. GaAs/AlGaAs 行波电极电光调制器

这是一种高速调制的半导体光调制器，图 5 - 35 是行波电极和器件截面图。器件采用 MBE 生长技术在半绝缘 GaAs(Si - GaAs)衬底上生长出如 5 - 4 所示的异质结外延层。为了实现低损耗和有效调制，所有层的掺杂浓度都低于 $5\times10^{14}/cm^3$。为了克服较高的衬底载流子浓度引起微

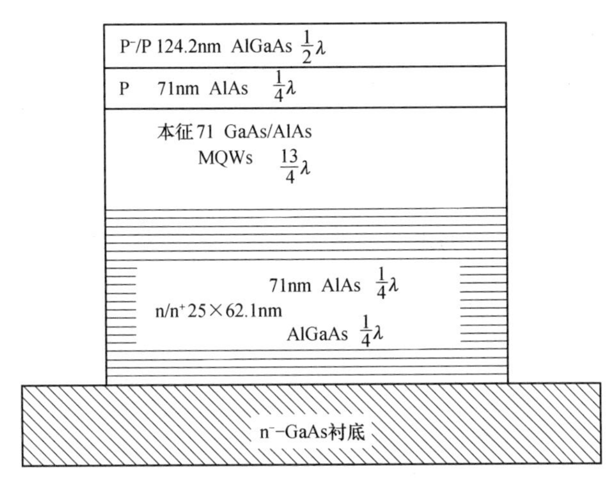

图 5-33　短腔调制器各层结构示意图

波损耗急剧增加、调制带宽降低的问题，宜采用半绝缘衬底。采用反应离子腐蚀（RIE）技术可在［100］衬底上的［011］方向形成 3 μm 宽的脊形光波导。为了实现单模传输，腐蚀深度取 0.9 μm。为了减小光导模和金属电极附近的光损耗，淀积厚度为 0.2 μm 的 SiO_2 层。脊形波导的有效折射率为 3.322 9。

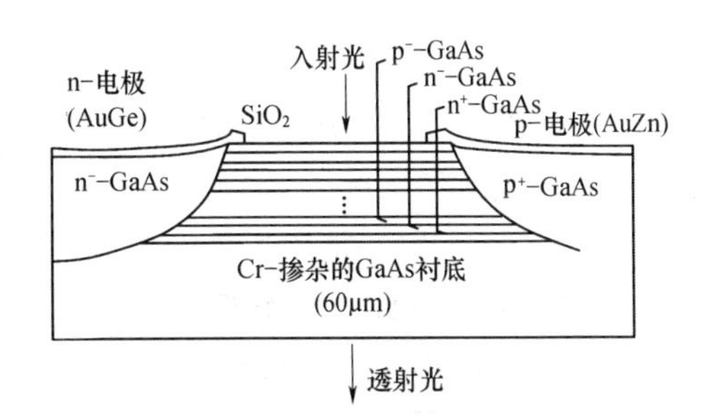

图 5-34　电子耗尽控制吸收型光调制器

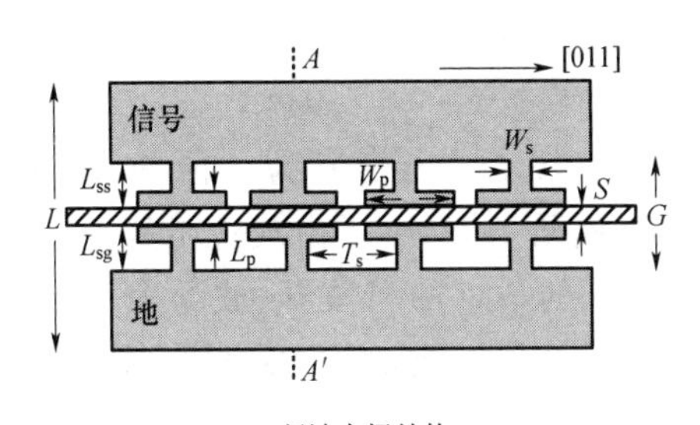

(a) 行波电极结构

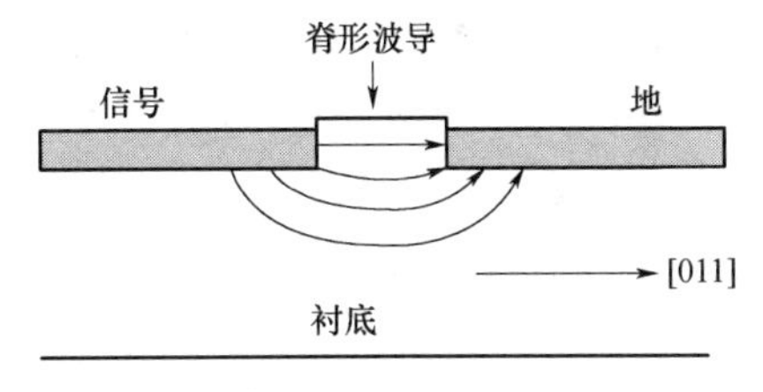

(b) 器件截面图

图 5-35　行波电极电光调制器

表 5-4　GaAs/AlGaAs 行波电极电光调制器的异质结外延层结构

层号	组分	A1 浓度/(%)	厚度/μm
1	GaAs	0	0.1
2	AlGaAs	13	1.0
3	AlGaAs	8	1.8
4	AlGaAs	13	4.0
5	Si-GaAs	—	500

行波电光调制器的电极制作直接关系到调制器的相速匹配问题。对于制作在半导体衬底上的调制器来说，应降低微波信号的相速以便与光信号相速相匹配。方法是周期性地将电容元件加到均匀共面条形（CPS）和共面波导（CPW）上；可采用低损耗的慢波 CPS 或 CPW 电极

实现调制器的相速匹配。

当差分电压加在信号和接地电极间时,就会在电极间的光波导中产生较大的电场,这样便可获得微波信号和光导模之间的最大重叠积分。

5.4.2 Si 基光调制器

Si 基光调制器是通过 Si 晶体的电光效应实现的。对于 Si 材料来说,由于晶体呈现对称性,在未应变的纯 Si 中会产生非线性电光效应。例如,在 $E=100$ V/cm 时,二阶电光 Kerr 效应引起的折射率差 $\Delta n\approx 10^{-4}$。通常在半导体材料中,采用热光效应和载流子注入两种方式来影响折射率和光吸收系数,并有以下关系,即

$$\Delta n=-\frac{e^2\lambda^2}{8\pi^2c^2n\varepsilon_0}\left[\frac{N_e}{m_e^*}-\frac{N_h}{m_h^*}\right] \tag{5-131}$$

$$\Delta\alpha=-\frac{e^3\lambda^2}{4\pi^2c^3n\varepsilon_0}\left[\frac{N_e}{m_e^{*2}\mu_e}+\frac{N_h}{m_h^{*2}\mu_h}\right] \tag{5-132}$$

式中:e 为电荷;ε_0 为真空中的介电常数;n 为 Si 的折射率;m_e^* 和 m_h^* 分别为电子和空穴的有效质量;μ_e 和 μ_h 分别为电子和空穴的迁移率;N_e 和 N_h 分别为电子和空穴的浓度。

在自由载流子浓度 $N=10^{17}/\text{cm}^3$ 时,可获得 10^{-4} 的 Δn 和 1 dB/cm 的 $\Delta\alpha$。改变折射率差通常两种有途径:一是热光效应;二是载流子注入。

1. 热光效应导致折射率变化

Si 基光调制器和其他调制器不同,Si 材料对温度变化较敏感,可利用热效应来改变折射率。其温度变化率($\partial n/\partial T$)在 2×10^{-4}/K 数量级。目前已将这种方法应用于 Mach - Zehnder 干涉仪(MZI),它是通过在 MZI 的一个臂上淀积 NiCr 薄膜加热器实现光波导折射率的变化。用这种方法制成的调制器已达到数十 kHz 的调制带宽。

2. 载流子注入导致折射率和光吸收的变化

人们利用载流子注入法制成了 Si 基吸收型调制器,图 5 - 36 所示为一种 SOI (Silicon - on—Insulator)光强度调制器,这是一种基于大截面单模凸条波导、自由载流子等离子体弥散和波导消失效应的光强度调制器。调制器由宽度为 W 的单模凸条波导、波导表面下的 p^+n 结及波导两侧的 n^+ 区组成。凸条波导由 SOI 上的 Si 导波层组成,为了将载流子注入波导中,在凸条波导的顶表面下形成陡峭的 p^+n 结。

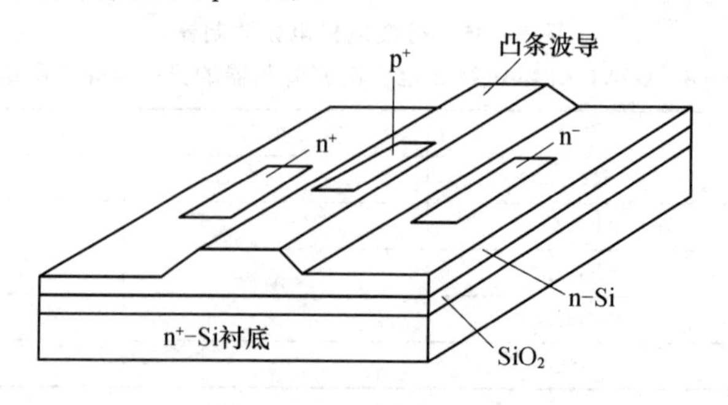

图 5 - 36　SOI 光强度调制器示意图

当光信号由端口耦合进凸条波导时,如果对波导的 p^+n 结施加正向偏置,大量的载流子将被注入到波导层,由于等离子体弥散效应,波导的折射率逐渐减小。这样就使波导模转换为

衬底辐射模，导致光吸收系数增大。造成了大量导波模的能量损失并在凸条波导中被吸收，使凸条波导截止，即引起所谓的导波消失。结果在波导中没有光输出，从而实现光的调制。

SOI 光强度调制器的制作分为 3 步。第一步是制作 SOI，首先通过 SiO_2 晶片，形成厚度为 400～500 nm 的 SiO_2 层，接着在其上生长 n－Si 层并抛光，使其厚度达到 6 μm，不平度小于 0.5 μm。第二步是制作 SOI 凸条波导，采用氧化、光刻、腐蚀和各向异性腐蚀等工艺制作出凸条波导，各向异性腐蚀后凸条波导具有 54.74°的边壁倾斜角。为了使在载流子注入中单模工作的导波消失(即使凸条波导工作在接近截止区)，要求被腐蚀 Si 膜厚度大于 3 μm，即凸条波导有 3 μm 的凸起高度和 6 μm 的宽度。第三步是制作光波导强度调制器。为了在波导两侧形成 n^+ 收集极和在凸条波导上形成 p^+n 结构，应分别进行掩模的磷扩散和硼扩散。n^+ 区和凸条波导的间隔为 12 μm，p^+n 结为 6 μm×200 μm。为了改善调制器的响应速度，将样品在 14 meV 电子能量下照射。最后将晶片切割成 6 mm 长，并抛光芯片端面。目前已制成的器件在 1.3 μm 工作波长下的插入损耗为 3.65 dB，调制深度为 96%(注入电流为 45mA)，响应时间约 160 ns。

对于未来的光网络来讲，要求具有更小的器件芯片尺寸，然而过小的尺寸又会导致电光效应的减弱。对于基于自由载流子注入的调制器来说，允许流入器件的最高电流密度(约 5 kA/cm^2)制约着器件的小型化。通常是依据器件的用途在尺寸和驱功电流之间作折中。图 5－37 所示为一种基于级联 F－P 谐振腔的 Si 光调制器，这种 Si 基载流子注入的光调制器在小于 200 μm 长度时可实现深度调制，并可实现两个或多个 F－P 谐振腔调制器的耦合。

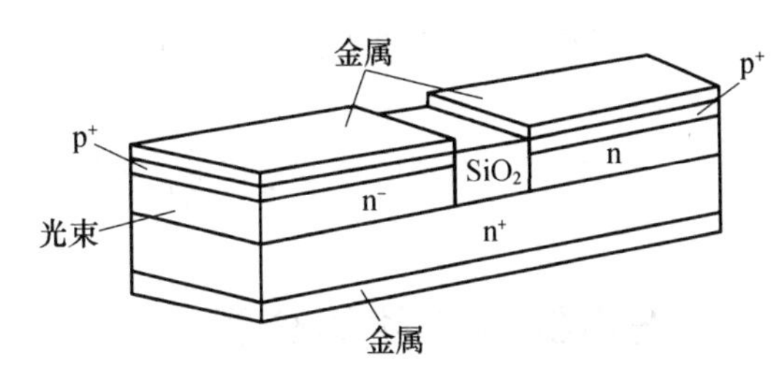

图 5－37　Si 级联 F－P 谐振腔调制器

习题与思考题

1. 对光进行外调制有哪些典型方式？
2. 简述电光效应引起的典型物理现象。
3. 何为声光效应？分析超声行波和超声驻波在介质中传播时引起介质折射率的变化。
4. 分析声光拉曼—奈斯衍射和声光布拉格衍射的特点与区别。
5. 简述声光调制器的工作原理。
6. 用镜面反射模型分析形成声光布拉格衍射的条件。
7. 分析磁光偏转与天然旋光之间的区别。
8. 简述半导体激光器(LD)直接调制的原理。
9. 简述纵向电光调制的原理，为了获得线性调制，应采取什么措施？
10. 设计电光调制器应考虑哪些因素？
11. 电光波导调制器与普通电光调制器的主要区别是什么？
12. 半导体光调制器分为哪几类？

第6章 光电探测材料及器件

光电探测材料与器件用于实现光信号的转换和检测，是光电信息系统的关键环节和技术。光电探测与其他的探测方法相比具有非接触、响应快、灵敏度高等优点，广泛应用在通信、检测及控制等领域。

本章主要介绍半导体类的光电探测器件及其材料，包括光敏电阻、光电二极管、光电池等。光敏电阻的特点是结构简单、无 pn 结、无极性、使用方便。光电二极管是目前频响最高的光电探测器件，如 PIN 和 APD 结构的光电二极管的截止频率可以达到几十吉赫数量级，在光纤通信中能满足通信带宽的要求。光电池的光敏面大，具有较高的灵敏度，不仅用以探测，还用以光伏发电。目前，提高薄膜太阳能电池的光电转换效率及寿命是光伏产业的研究热点。

6.1 光电探测器件的基本特性

6.1.1 光电探测器件的分类

能把光辐射量转换成电量(电压或者电流)的器件都是光电探测器件。光源、信道和探测器是光电信息系统的三大组成部分。

光电探测器的物理效应通常分为光子效应和光热效应两大类。光子效应是指单个光子能直接产生光生载流子的一类光电效应。探测器吸收光子后，直接引起原子或分子内部电子的状态发生改变。光热效应和光子效应完全不同，探测元件吸收光辐射能量后，并不直接引起内部电子状态的改变，而是把其转化为晶格的热动能，引起探测元件温度上升，由此引起探测元件的电学性质或其他物理性质发生变化。常见的光子效应有光电发射效应、光电导效应、光生伏特效应、光电磁效应等，常见的光热效应有温差电效应、热释电效应等。

光电探测器的分类如图 6-1 所示。

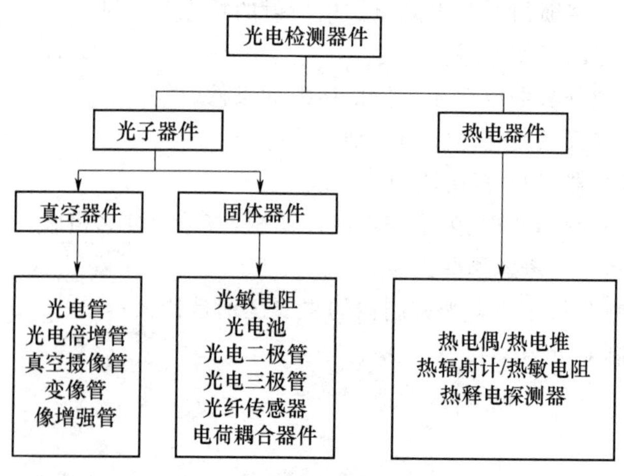

图 6-1 光电探测器的分类

光子器件和热电器件的区别主要有以下几点：

(1) 光子器件的响应和入射光的波长有关系，一般具有截止波长，入射光的波长超出截止波长时器件无响应。而热电器件的响应和入射光的波长无关，热电器件对各种波长的光都能响应。

(2) 光子器件响应快，从吸收辐射到产生信号需要的时间短，频率响应快。热电器件响应慢，响应时间最快为数毫秒，频率响应慢。

6.1.2　光电探测器的主要性能参数

1. 响应度

探测器的输出信号 u_s 与入射到器件上的平均辐射功率 P 之比，称为探测器的响应度，即

$$R=\frac{u_s}{P} \tag{6-1}$$

2. 光谱响应率 R_λ 与相对光谱响应率 $R(\lambda)$

光电探测器在波长为 λ 的单色辐射功率 P_λ 的作用下，输出的电压信号为 u_λ，则光谱响应率为

$$R_\lambda=\frac{u_\lambda}{P_\lambda} \tag{6-2}$$

对 R_λ 进行归一化，得到相对光谱响应率为

$$R(\lambda)=\frac{R_\lambda}{R_m} \tag{6-3}$$

式中：R_m 为光谱响应率的最大值，光谱响应率随波长的分布曲线就是光谱响应曲线。

3. 归一化探测率

光辐射在探测器上产生的输出电压等于探测器本身的噪声电压时，辐射功率称为"噪声等效功率"。设入射辐射功率为 P 时测得的输出电压为 u_s，探测器的噪声电压为 u_n，则噪声等效功率为

$$\text{NEP}=P\Big/\frac{u_s}{u_n} \tag{6-4}$$

NEP 越小，器件的探测能力越强。理论分析表明，探测器的 NEP 与接收面面积的平方根成正比，与带宽的平方根成正比，因而引入一个与面积 A 和带宽 Δf 无关的量来描述探测器的探测能力，得到归一化探测率 D^*，即

$$D^*=\sqrt{\frac{A\Delta f}{\text{NEP}}} \tag{6-5}$$

归一化探测率 D^* 的单位为 $\text{cm}\cdot\text{Hz}^{\frac{1}{2}}\cdot\text{W}^{-1}$，$D^*$ 表示探测器的接收面积为 1 cm^2、工作带宽为 1Hz 时单位功率的辐射所获得的信噪比。

6.2　光敏电阻

6.2.1　光敏电阻的原理和结构

光敏电阻是光电导型器件，其工作原理为光电导效应，即半导体受光照后，内部产生光生载流子，半导体中载流子数显著增加而电阻减小。

当光照射到光敏电阻的光敏面时,如果入射光子的能量 $h\nu$ 大于半导体材料的禁带宽度 E_g,则禁带中的电子吸收光子的能量跃迁到导带,从而在导带中增加一个电子,同时在价带中留下一个空穴。随着载流子浓度的增大,半导体的电阻率减小。光强越强,单位时间内产生的光生载流子越多,载流子浓度越大,光敏电阻的阻值越小。当光照停止后,光生载流子逐渐复合,电阻又恢复到原值。

光敏电阻的材料主要是金属硫化物、硒化物和碲化物,这些材料的禁带宽度较大,使得在室温下能获得较大的暗电阻(无光照时的电阻)。

光敏电阻的结构一般由管芯和管壳组成,管芯是一片安装在绝缘衬底上的半导体薄膜,薄膜两端引出电极,电极与薄膜间为欧姆接触。为了获得高的灵敏度,薄膜一般采用梳状图案。

管芯外是带有窗口的金属或塑料管壳,入射窗口装有透明的保户窗,能起到滤光作用。光敏电阻的结构示意图和符号如图 6-2 所示。

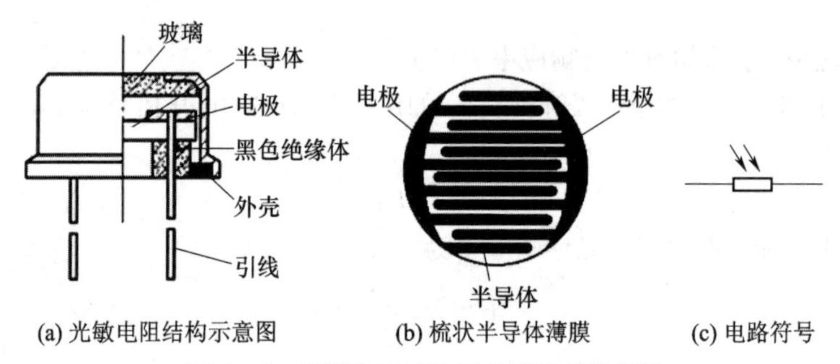

图 6-2 光敏电阻结构示意图及电路符号

6.2.2 光敏电阻的特性

1. 暗电阻

光敏电阻在一定的外加电压下,当没有光照射的时候,流过的电流称为暗电流。外加电压与暗电流之比称为暗电阻。而当光敏电阻接受外来光照时的电阻称为亮电阻,亮电阻和光照的波长、强度有关,一般可减小到数千欧姆数量级。

2. 响应波长

响应波长随材料的不同而不同,硫化镉、硒化镉材料的光敏电阻可以实现对紫外光的探测;硫化铊光敏电阻可对可见光进行探测;硫化铅光敏电阻能对红外光进行探测。

硫化镉、硫化铊、硫化铅 3 种材料的光敏电阻的响应光谱如图 6-3 所示。

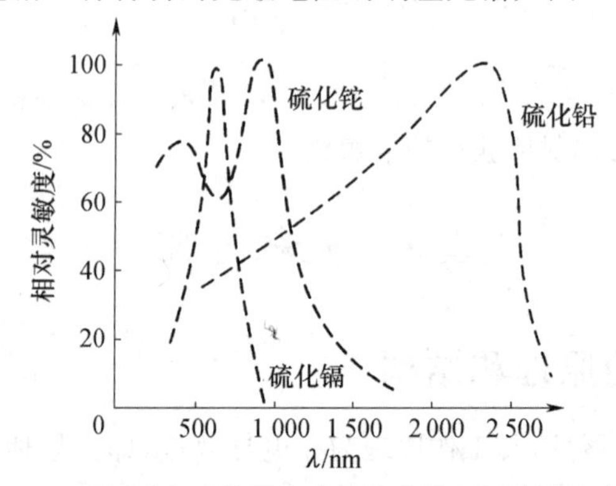

图 6-3 硫化镉、硫化铊和硫化铅光敏电阻的响应光谱

常用光电导材料的禁带宽度、光谱响应范围及峰值波长见表 6－1。

表 6－1　常用光电导材料的光谱特性

光电导器件材料	禁带宽度/eV	光谱响应范围/nm	峰值波长/ nm
硫化镉(CdS)	2.45	400～800	515～550
硒化镉(CdSe)	1.74	680～750	720～730
硫化铅(PbS)	0.40	500～3 000	2 000
碲化铅(PbTe)	0.31	600～4 500	2 200
硒化铅(PbSe)	0.25	700～5 800	4 000
硅(Si)	1.12	450～1 100	850
锗(Ge)	0.66	550～1 800	1540
锑化铟(InSb)	0.16	600～7 000	5 500
砷化铟(InAs)	0.33	1 000～4 000	3 500

3. 响应时间与响应频率

光敏电阻的时间常数较大，一般为几毫秒到几十毫秒，所以频率上限较低，只适合对缓变的光信号进行探测。光敏电阻中只有 PbS 的频响稍高一些，可达到数千赫兹。图 6－4 所示为 PbS 和 CdS 光敏电阻的频响特性曲线。

4. 光照特性

光照特性是指在一定外加电压下，光敏电阻的光电流和光通量之间的关系。光照增强的同时，载流子浓度不断增加，同时光敏电阻的温度也在升高，从而导致载流子运动加剧，因此复合概率也增大，光电流呈饱和趋势。如图 6－5 所示，光敏电阻的光照特性曲线均呈非线性，因此它不宜作定量检测元件。

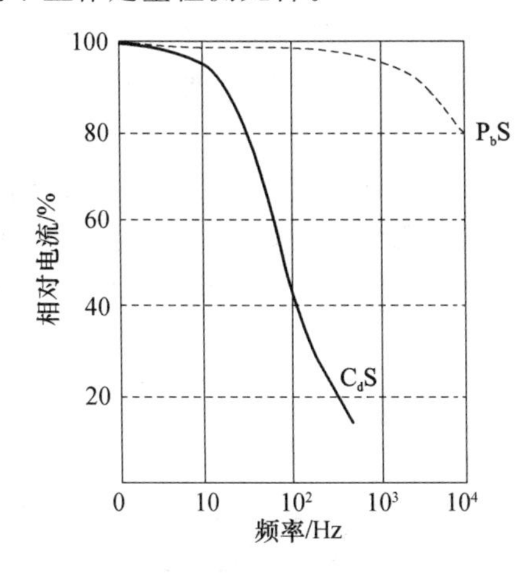

图 6－4　PbS 和 CdS 光敏电阻的频响特性曲线

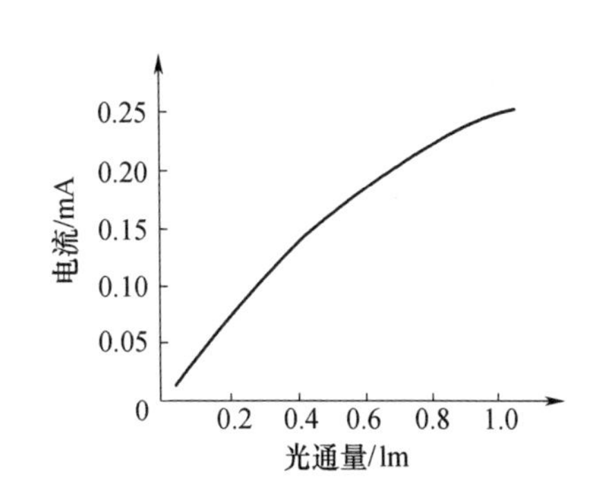

图 6－5　CdS 光敏电阻的光照特性曲线

5. 温度特性

光敏电阻是多数载流子导电，温度特性较复杂。随着温度的升高，光敏电阻的暗电阻和灵敏度都会下降，温度的变化也会影响光谱特性曲线。例如，硫化铅光敏电阻，随着温度的升高，光谱响应的峰值将向短波方向移动。红外光敏电阻在工作时要采取制冷措施。

综上所述,光敏电阻的优点是工作电流大、无极性、使用方便,缺点是响应时间长、频率响应特性差、线性度差及受温度影响严重。

6.3 光电二极管

在半导体光探测器中,由于光电二极管具有体积小、灵敏度高、响应速度快等特点,在光纤通信等系统中得到了广泛应用。常用的光电二极管有3种类型,即pn结型光电二极管、PIN光电二极管和雪崩光电二极管(APD)。

6.3.1 光电二极管的原理和特性

一、光电二极管的原理及结构

光电二极管的原理为光生伏特效应,光生伏特效应就是半导体吸收光能后在pn结上产生光生电动势的效应。光生伏特效应涉及以下3个主要的物理过程:第一,半导体材料吸收光能,能量不小于带隙能量 E_g 的光子将激励价带上的电子吸收光子的能量而跃迁到导带上,产生自由电子—空穴对(称为光生载流子);第二,非平衡电子和空穴从产生处向非均匀势场区运动,这种运动可以是扩散运动,也可以是漂移运动;第三,非平衡电子和空穴在非均匀势场作用下向相反方向运动而分离,其中自由电子移动到n区,空穴移动到p区,从而在pn结两端建立起自建场。这种非均匀势场可以是pn结的空间电荷区、金属—半导体的肖特基势垒或异质结势垒等。

当给pn结加上反偏电压时,外电场和pn结的自建场同相相加,加快了非平衡载流子的漂移速度,并能在外电路中形成电流(光电流)。光电二极管的工作原理示意图如图6-6所示。

pn结上的反偏电压加宽了耗尽层宽度,增强了pn结耗尽层上的电场,可以显著提高光电效率,并加快了载流子定向移动的速度,改善频率特性。所以,光电二极管通常工作于反偏模式(光电导)。

在n型半导体衬底上扩散重掺杂的p型半导体,在扩散层(p型层)上制作较小的顶电极。光电二极管的受光面为扩散层,为了减小暗电流及光线的反射,在扩散层上用透明的 SiO_2 做绝缘和增透。在n型半导体底部热沉,得到底电极。光电二极管的管芯结构示意图如图6-7所示。

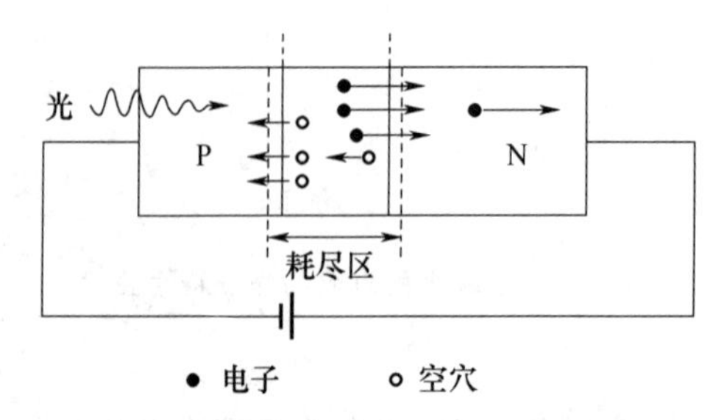

图6-6 光电二极管工作原理示意图

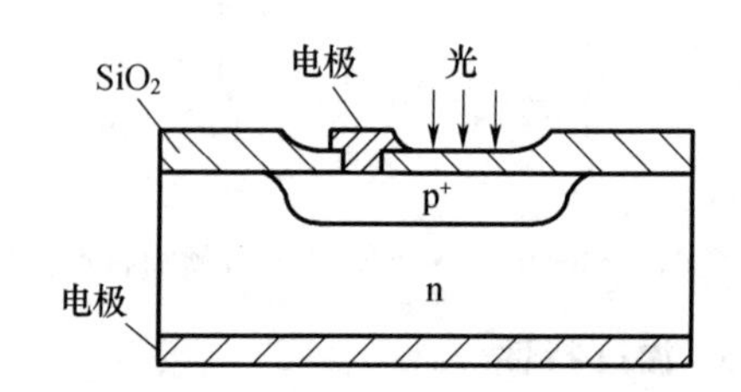

图6-7 光电二极管管芯结构示意图

光电二极管的封装有多种形式,常见的为带管壳及玻璃窗口的形式,另一种封装为可插拔的光纤连接器封装,该封装可以和光纤法兰连接,在基于光纤的通信和探测领域应用很广泛。

这两种常用的封装如图 6-8 所示。

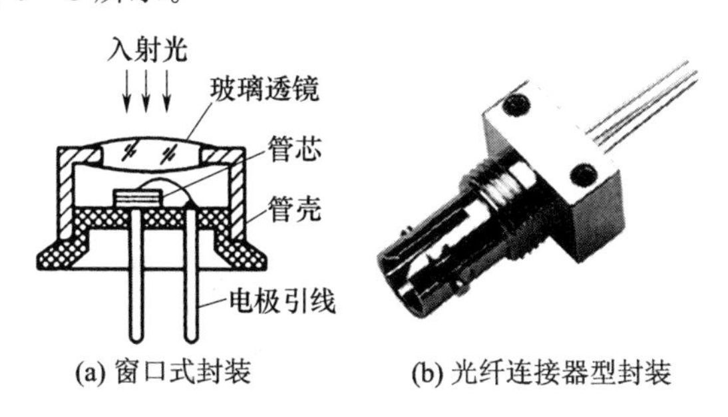

图 6-8　光电二极管的常用封装形式

二、光电二极管的特性参数

1. 光谱响应特性

pn 型光电二极管是最简单的光电二极管，使用的材料主要有硅、锗和硒等。硒管在可见光谱范围内有较高的灵敏度，峰值波长在 500 nm 附近，适合于可见光波段的探测。硅管波长响应范围为 400～1 200 nm，峰值波长在 800 nm 附近。锗管响应范围更宽，峰值波长在 1.4 μm 左右。这 3 种光电二极管的光谱响应曲线如图 6-9 所示。

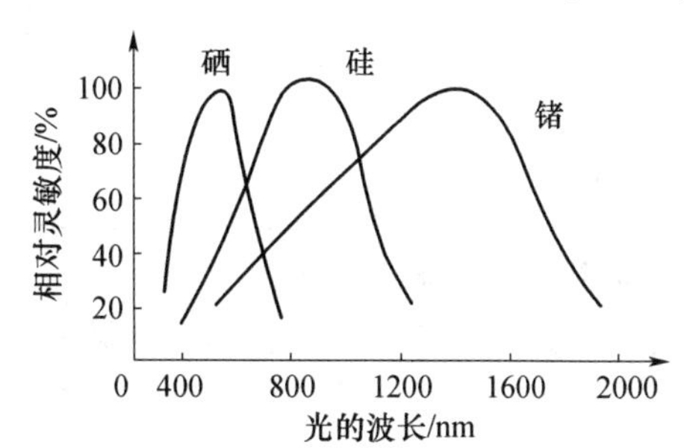

图 6-9　硅、锗、硒光电二极管的光谱响应特性曲线

在光电二极管中，入射光的吸收伴随着导带和价带之间的电子跃迁。如果入射光子的能量小于禁带宽度，价带上的电子吸收的能量不足以使其跃迁到导带上去，不能产生电子—空穴对。因此，无论入射光有多强，光电效应也不会发生。也就是说，产生光电效应必须满足下列条件，即

$$h\nu > E_g \tag{6-6}$$

式中：ν 为入射光的频率；h 为普朗克常量；E_g 为材料禁带宽度。

由式(6-6)可以得到光电二极管的上截止波长为

$$\lambda_c = \frac{hc}{E_g} = \frac{1.24}{E_g} \tag{6-7}$$

式中：λ_c 的单位为 μm；E_g 的单位为 eV。

由于不同的材料有不同的禁带宽度，所以不同材料制作的光电探测器具有不同的截止波长。Si 光电二极管，λ_c=1.06 μm，Ge 光电二极管，λ_c=1.6 μm。在短波段，材料的吸收随着光子频率的增加急剧增大，因此光子在材料的表面几乎被全部吸收。短波长光子激发产生的自由电子—空穴对的寿命极短，在扩散到耗尽层之前就基本上全部复合了，因此不会产生光电流，从而使得光电探测器具有下截止波长。图 6-10 给出了常见的几种半导体材料的光吸收系数与入射光波长的关系。

2. 频率响应特性

光电二极管的频率响应特性是半导体光电器件中最好，特别适合于快速变化的光信号探

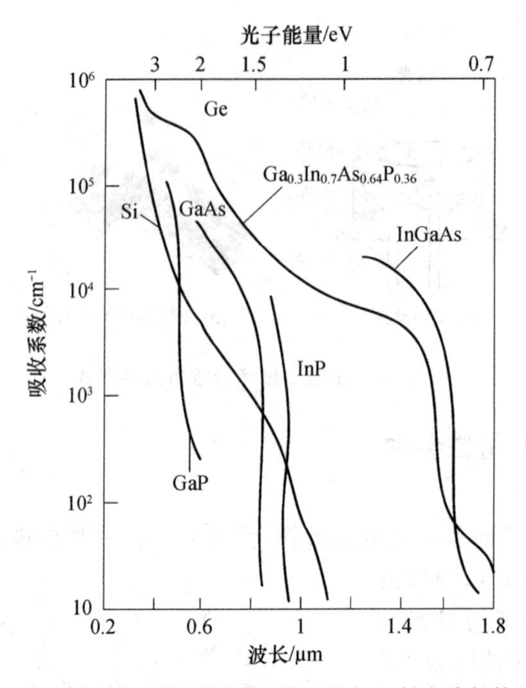

图 6-10　常见半导体材料的吸收系数与入射光波长的关系

测。光电二极管的频率响应特性取决于以下 3 个方面：

(1) 耗尽区的光生载流子的渡越(漂移)时间。

(2) 耗尽区外产生的光生载流子向耗尽层运动的扩散时间。

(3) 光电二极管以及与其相关电路的 RC 时间常数。

影响这 3 个因素的参数有耗尽区宽度 w、吸收系数 a_s、等效电容 C、等效电阻 R 等。耗尽区外产生的光生载流子需要先扩散到耗尽层，然后在耗尽区内电场的作用下发生漂移。载流子扩散的速度远小于在耗尽区的漂移速度，所以，为了提高光电二极管的频率响应特性，需要增大耗尽层宽度，使光生载流子主要产生在耗尽层。

耗尽层光生载流子的渡越时间为

$$\tau_d = \frac{\text{耗尽区宽度}}{\text{载流子漂移速度}} = \frac{w}{v_d} \tag{6-8}$$

例 6-1　耗尽层为 10 μm 的 Si 光电二极管，耗尽层内的电场强度为 20 000 V/cm，电子漂移速度为 8.4×10^6 cm/s，空穴最大速度为 4.4×10^6 cm/s，则载流子在耗尽层的渡越时间约为 2ps。

光电二极管的高频等效电路可视为 RC 电路，如图 6-11 所示。RC 电路的截止频率为

$$w_c = \frac{1}{RC} \tag{6-9}$$

式中：R 为负载电阻；C 为二极管的结电容。从式(6-9)可以看出，为了提高光电二极管的频率响应特性，需要降低结电容及负载电阻。

pn 型光电二极管的结电容一般为数十个皮法，增加反偏电压可以增加耗尽层宽度，减小结电容，但是耗尽层的增加会导致载流子的渡越时间增大，所以反偏电压不宜过高。

3. 暗电流

光电二极管在一定的反向电压下，没有光照时，流过二极管的电流称为暗电流。Si 光电

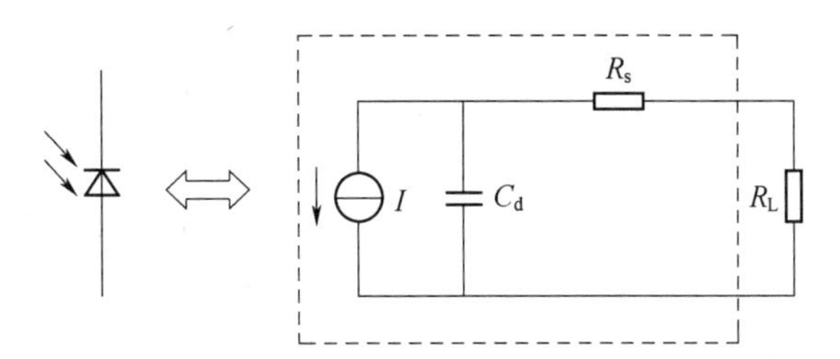

图 6－11　光电二极管的高频等效电路

二极管的暗电流可小到 1nA，Ge 光电二极管的暗电流通常是几百纳安。

4. 光照特性

光电二极管的光电流与光照度的关系称为光电二极管的光照特性。光电二极管的线性较好，饱和阈值高，适用于光度量。光电二极管的光照特性曲线如图 6－12 所示。

5. 伏安特性

在一定光照度下，光电二极管的光电流与反偏电压的关系称为光电二极管的伏安特性。光电二极管的伏安特性如图 6－13 所示，在较低的反向电压下，随着反向电压的增大，耗尽层加宽、耗尽层内电场增加，提高了光吸收效率及对载流子的收集系数，光电流也随之增大。当反向电压进一步增大时，光电流趋于饱和。

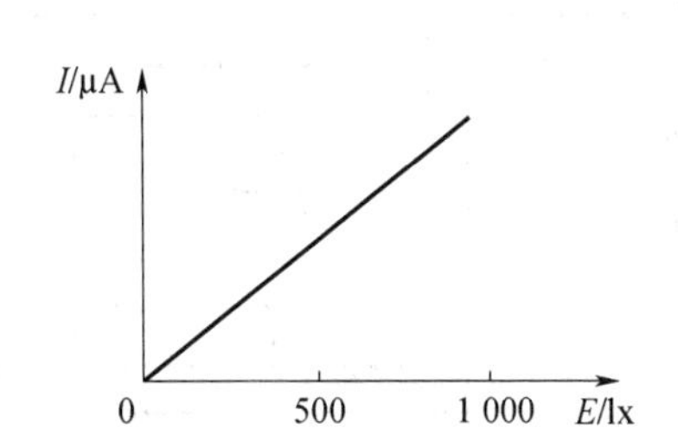

图 6－12　光电二极管的光照特性曲线

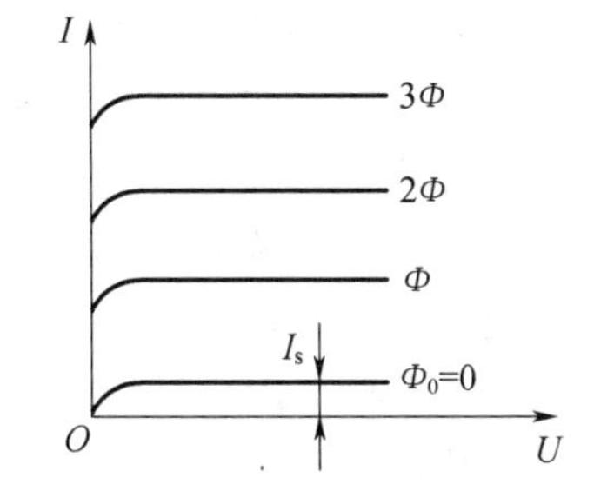

图 6－13　光电二极管的伏安特性

6. 温度特性

随着温度的升高，光电二极管的光电流和暗电流都会增大。在外加电压不变、入射照度保持不变的条件下，光电二极管光电流随工作温度 T 的变化曲线 $I=f(T)$ 如图 6－14 所示。

7. 光电效率

常用响应度和量子效率来衡量光电检测器件的光电转换效率。在一定波长的光照射下，光电探测器的平均输出电流与入射平均光功率之比，称为响应度（或响应率）。响应度表示为

$$\rho=\frac{I_p}{P} \tag{6-10}$$

式中：I_p 为光生电流的平均值（A）；P 为平均入射光功率值（W）。

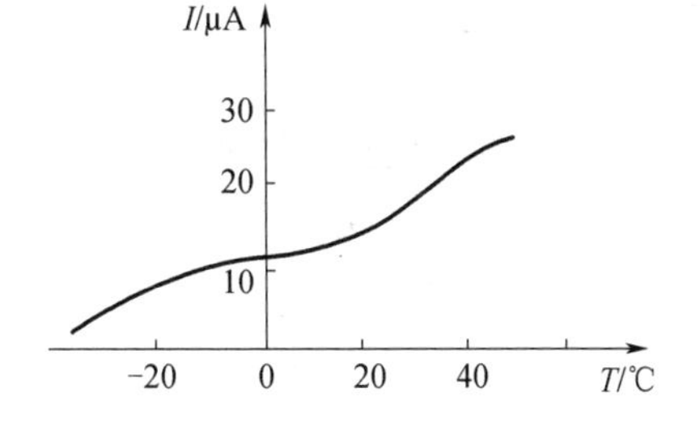

图 6－14　光电二极管的温度特性

响应度是器件在外部电路中呈现的宏观敏感特性，而量子效率是器件在内部呈现的微观敏感特性。量子效率定义为通过结区的载流子数与入射的光子数之比，常用符号 η 表示，即

$$\eta = \frac{\text{通过结区的光生载流子数}}{\text{入射光子数}} = \frac{I_p/e}{P/h\nu} \tag{6-11}$$

式中:e 为电子电荷,ν 为光的频率。

例 6-2 有一个 InGaAs 材料的光电二极管,在 100 ns 的脉冲时段内共入射波长为 1300 nm 的光子数为 6×10^6 个,产生了 5.4×10^6 个电子空穴对,则其量子效率为

$$\eta = \frac{5.4\times10^6}{6\times10^6} = 0.9 \tag{6-12}$$

6.3.2 PIN 光电二极管

1. PIN 光电二极管的原理和结构

前述的 pn 结型光电二极管在使用中存在以下问题:

(1) pn 结耗尽层一般只有几微米,大部分入射光被耗尽层外的中性区吸收。中性区产生的非平衡载流子向耗尽层扩散的过程中,一部分复合,降低了光电转换的量子效率。

(2) 耗尽层较窄,导致结电容较大。同时在中性层上产生的光生载流子会产生扩散电流,扩散电流速度慢,又被称为慢电流。pn 结型光电二极管的结电容大、慢电流大,所以频率响应不高。

光电二极管的结构中,耗尽层的厚度影响到光电二极管的量子效率和频率响应特性,耗尽层的范围越宽,量子效率越高,频率响应越快。耗尽层的宽度与 p 型和 n 型半导体中的掺杂浓度有关,在相同的反向偏压下,掺杂浓度越低,耗尽层就越宽。因此,在 p 型和 n 型半导体之间,通过插入 i(本征)型半导体,使耗尽层厚度增大,这就形成了 PIN 结构的光电二极管。PIN 光电二极管的结构如图 6-15 所示。

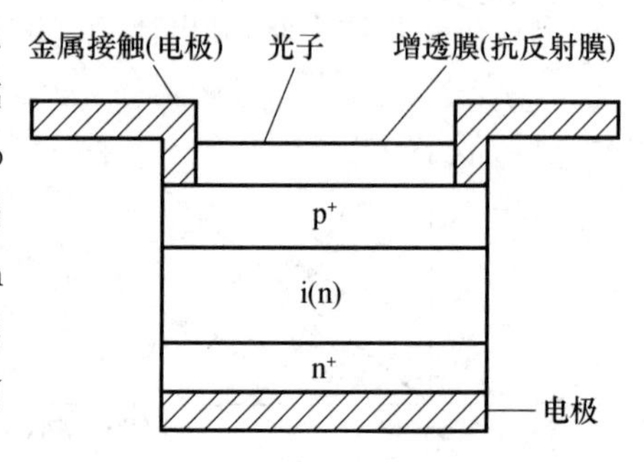

图 6-15 PIN 光电二极管结构示意图

通过在 p^+ 区和 n^+ 区加入 i 区,PIN 光电二极管具有以下优点:

(1) i 区是一层接近本征的掺杂很低的 n 区,在这种结构中,零电场区(p^+ 区和 n^+ 区)非常薄,而低掺杂的 i 区很厚,耗尽层几乎占据了整个 pn 结,从而使光子在耗尽区被充分吸收。有效地减少了光生载流子在扩散过程中的复合,提高了量子效率。同时减小了慢电流,提高了频响特性。

(2) 本征层的掺杂浓度低,电阻率很高,反偏电场主要集中在这一区域。高电阻使暗电流明显减少。同时光生电子—空穴对被 i 区的强电场分离,并做快速漂移运动,有利于提高光电二极管的频率响应特性。PIN 光电二极管中电场分布特性如图 6-16 所示。

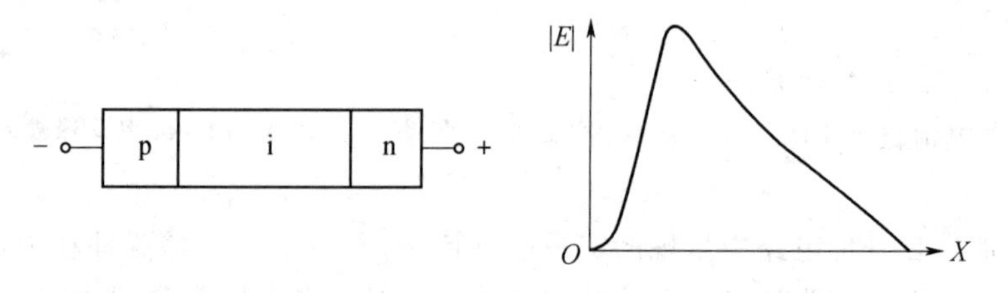

图 6-16 PIN 光电二极管中电场分布示意图

(3) i 区的引入显著加大了耗尽层厚度，减小了结电容。

2. PIN 光电二极管的特点

(1) 由于结电容较小，有效改善了频率响应特性。PIN 光电二极管的结电容一般为数皮法，频率上限达数吉赫。

(2) 本征层的电阻率极高，有效地减小了暗电流，如 Si－PIN 的暗电流小于 1nA。

(3) 耗尽层显著加宽，量子效率提高，PIN 光电二极管的响应光谱展宽，长波的光谱特性得到了改善。

3. 异质结 PIN 光电二极管

为了进一步提高 PIN 光电二极管的频率响应特性，减小耗尽层外(中性层)的光生载流子，减小速度慢的扩散电流是一种有效的方法。双异质结结构的 PIN 光电二极管使用窄带隙的材料作为本征层，宽带隙的材料作为本征层两端的 p^+ 和 n^+ 层，得到异质结 PIN 光电二极管。

常见的异质结 PIN 光电二极管采用 InP 和 InGaAs 两种材料，结构如图 6－17 所示。

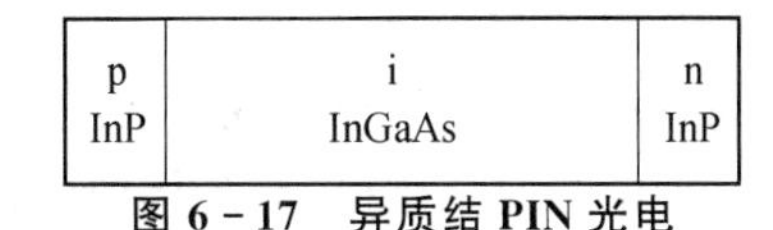

图 6－17　异质结 PIN 光电二极管结构示意图

InP 和 InGaAs 两种材料的禁带宽度及对应的截止波长见表 6－2。

表 6－2　InP 和 InGaAs 的禁带宽度及截止波长

材料	禁带宽度/eV	截止波长/μm
InP	1.35	0.92
InGaAs	0.75	1.65

InP/InGaAs 异质结 PIN 光电二极管广泛应用于光纤通信的接收机中，适合对波长为 1 310 nm 和 1 550 nm 的光进行探测。当这一波段的光照射到 InP/InGaAs 异质结 PIN 光电二极管表面时，光子在中性层几乎不被吸收(InP 的截止波长小于入射光的波长)，光的吸收和光生载流子的激发全部发生在本征层，此时光电流中只有速度快的漂移电流，彻底消除了速度慢的扩散电流，显著提高了光电二极管的响应速度，使 InP/InGaAs 异质结 PIN 光电二极管的频率响应达到数百吉赫兹量级。

常用 PIN 光电二极管的工作特性参数见表 6－3。

表 6－3　Si、Ge、InGaAs PIN 光电二极管的通用工作特性参数

参数	符号	Si	Ge	InGaAs
波长范围/nm	λ	400～1 000	800～1 650	1 100～1 700
响应度/(A/W)	R	0.4～0.6	0.4～0.5	0.75～0.95
暗电流/nA	I_n	1～10	50～500	0.5～2.0
上升时间/ns	τ	0.5～1.0	0.1～0.5	0.05～0.5
带宽/GHz	B	0.3～0.7	0.5～3.0	1.0～2.0
偏压/V	u_B	5	5～10	5

6.3.3 雪崩光电二极管

1. 雪崩光电二极管的原理

PIN光电二极管即使在最大的响应度下,一个光子最多也只能产生一对电子—空穴对,是一种无内部增益的器件。基于载流子雪崩光电效应,从而提供电流内增益的光电二极管称为雪崩光电二极管(APD)。

在长距离光纤通信系统中仅有毫瓦级的光功率从光发射机输出,经过几十千米光纤的传输衰减,到达光接收机处的光信号将变得十分微弱。为了能使光纤接收机的判决电路正常工作,就需要采用多级放大。放大无疑将引入噪声,使光接收机的信噪比降低、灵敏度降低。如果能在光电二极管内部先对信号进行放大,就能克服PIN管的上述缺点。雪崩光电二极管就具有这种放大功能,其机理和光电倍增管类似。

与其他种类的光电二极管不同,雪崩光电二极管能承受高的反向偏压,在pn结内部形成一个高电场区。光生电子或空穴经过高场区时被加速,从而获得足够的能量。电子和空穴在高速运动中与晶格碰撞,使晶体中的原子电离,从而激发新的电子—空穴对,这个过程称为碰撞电离。

通过碰撞电离产生的电子—空穴对称为二次电子—空穴对。二次电子—空穴对在高场区内再被加速,又可能碰撞新的原子,这样多次碰撞电离的结果是载流子浓度增加,反向电流增大,称为雪崩增益。雪崩增益的示意图如图6-18所示。

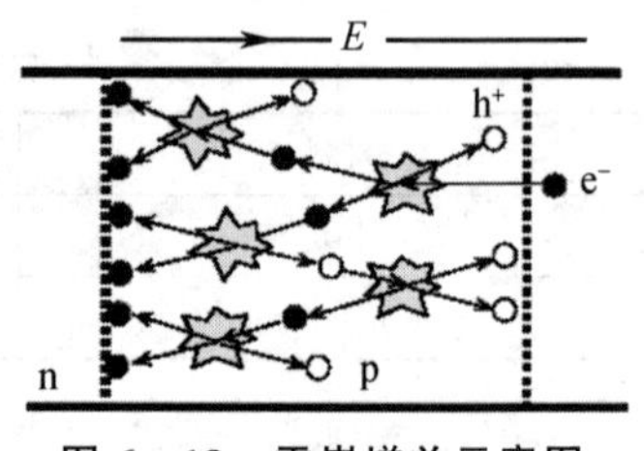

图6-18 雪崩增益示意图

2. APD的平均雪崩增益

雪崩过程是一个复杂的随机过程,APD的平均雪崩增益为

$$G=\frac{1}{[1-(U-IR_s)/U_b]^m} \tag{6-13}$$

式中:U为反向偏压;U_b为反向击穿电压;I为输出电流的平均值;R_s为光电二极管的内阻;m为APD结构和材料决定的参量。

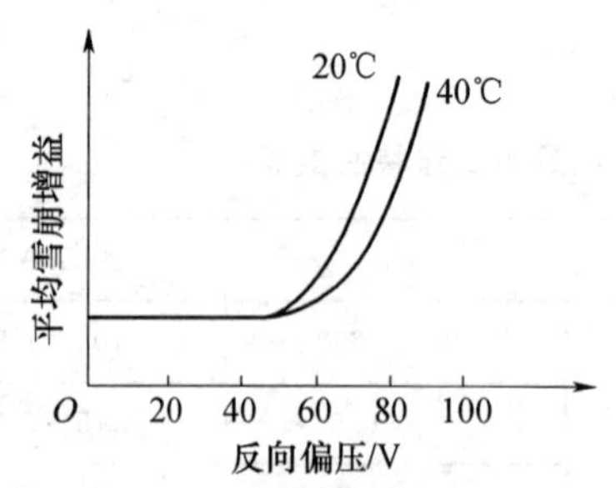

图6-19 反向偏压与雪崩增益的关系

从式(6-13)可以看出,雪崩增益随反向偏压变化的非线性十分突出,反向偏压越高,雪崩增益越大,如图6-19所示。要得到足够的增益,必须在接近击穿电压下工作,而击穿电压对温度很敏感。

3. 雪崩光电二极管的结构

光纤通信在0.85 μm波段常用的APD有拉通型(RAPD)和保护环型(GAPD)两种。这两种APD的结构及内部的电场分布示意图如图6-20所示。

GAPD灵敏度高,但它的雪崩增益随偏压变化的非线性十分突出。要想获得足够的增

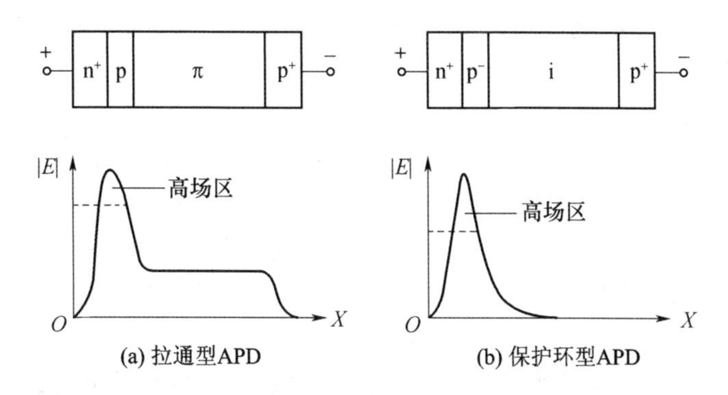

图 6-20　两种 APD 的结构及电场分布示意图

益，必须在接近击穿电压下使用，而击穿电压对温度变化很敏感，当温度变化时，雪崩增益也随之发生较大变化。

RAPD 在一定程度上克服了这一缺点。RAPD 具有 $n^+p\pi p^+$ 层结构。当偏压加大到某一值后，耗尽层拉通到 p^+ 区，一直抵达接触层。在这以后若电压继续增加，电场增量就在 p 区和 π 区分布，使高场区电场随偏压发生缓慢变化，RAPD 的倍增因子随偏压的变化也相对缓慢。同时，由于耗尽区占据了整个区，RAPD 也具有高效、快速、低噪声的优点。

另一种在长波长波段使用的 APD 的结构称为 SAM(Seperated Absorption and Multiplexing)结构。这是一种异质结构，高场区是由 InP 材料构成，InP 材料是一种宽带隙材料，截止波长为 0.96 μm，它对 1.3～1.6 μm 波段的光信号不吸收。吸收区是用 InGaAs 材料构成的，若光信号从 p 区入射，将透明地经过高场区，在 InGaAs 材料构成的耗尽区被充分吸收，从而形成吸收区和倍增区分开的结构。在耗尽区形成的电子向 n 区运动，空穴向 p 区运动，从而形成纯空穴电流注入高场区的情况。InP 材料的电离系数比大于 1，纯空穴电流注入高场区不仅使 APD 获得较高的增益，而且可以减少过剩噪声。

SAM 的结构及电场分布示意图如图 6-21 所示。SAM 由 4 层组成，分别为：

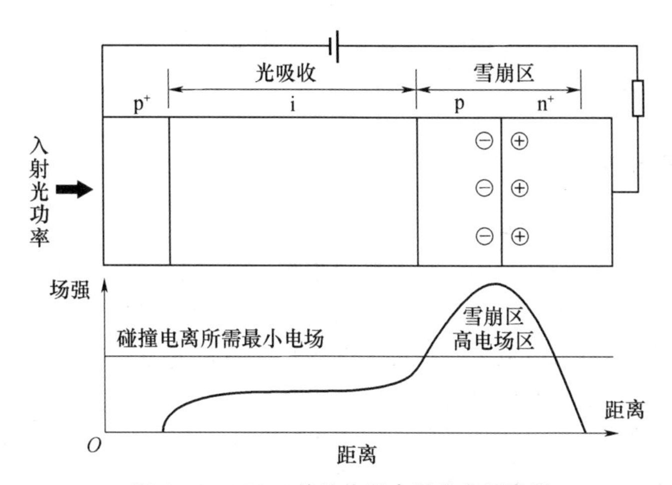

图 6-21　SAM 的结构及电场分布示意图

(1) 高掺杂的 n^+ 型半导体，为接触层。

(2) p 型半导体，为倍增层(或称雪崩区)。

(3) 轻掺杂半导体 i 层,为漂移区(光吸收区),使用低禁带宽度的材料 InGaAs。

(4) 高掺杂的 p^+ 型半导体,为接触层。

4. APD 的过剩噪声

过剩噪声是 APD 的主要噪声。雪崩倍增过程是一个复杂的随机过程,必将引入随机噪声。过剩噪声的产生主要与两个过程有关,即光子被吸收产生初级电子—空穴对的随机性和在雪崩区产生二次电子—空穴对的随机性。这两个过程是不能准确测定的,因此产生了过剩噪声。

在工程上,为了简化计算,常用过剩噪声指数来表示过剩噪声系数,即

$$F(G)=G^x \tag{6-14}$$

式中:F 为由于雪崩效应的随机性引起噪声增加的倍数;x 为过剩噪声指数。过剩噪声指数与器件所用的材料和制造工艺有关。Si - APD 的过剩噪声指数在 0.3~0.5 之间;Ge - APD 的过剩噪声指数在 0.8~1.0 之间;InGaAs - APD 的过剩噪声指数在 0.5~0.7 之间。

5. 雪崩光电二极管的特点

雪崩光电二极管具有以下特点:

(1) 反向偏压高,一般为 200V,接近(小于)反向击穿电压。

(2) 灵敏度高,电流增益可达 1 000 倍数量级。

(3) 噪声高,材料的禁带宽度越小噪声越大,放大倍数越高噪声越大。

(4) 响应速度快,响应频率可达到 100 GHz 以上。

常用 APD 的参数见表 6 - 4。

表 6 - 4　常用 APD 的参数

参数	符号	Si	Ge	InGaAs
波长范围/nm	λ	400~1 000	800~1 650	1 100~1 700
雪崩增益	G	20~400	50~200	10~40
暗电流/nA	I_D	0.1~1	50~500	10~50
上升时间/ns	τ	0.1~2	0.5~0.8	0.1~0.5
增益带宽积/GHz	G_B	100~400	2~10	20~250
偏压/V	u_B	150~400	20~40	20~30

6.3.4 光电三极管

1. 光电三极管的原理和结构

光电二极管的输出电流较小,为了提高输出电流,增大灵敏度,出现了光电三极管。光电三极管有 PNP 型和 NPN 型两种,其结构与一般三极管相似。光照射发射极产生的电流相当于三极管的基极电流,集电极电流是基极电流的 β 倍。所以光电三极管比光电二极管具有更高的灵敏度。NPN 型光电三极管的结构示意图如图 6 - 22 所示,衬底材料为 n/n^+ 外延片,作为光电管的集电极。然后,在 n 型外延层上用硼离子注入形成 p 型基区,在基区的一小部分区域进行磷离子注入形成 n^+ 发射区和发射极引线孔。

NPN 型光电三极管的等效电路及符号如图 6 - 23 所示。

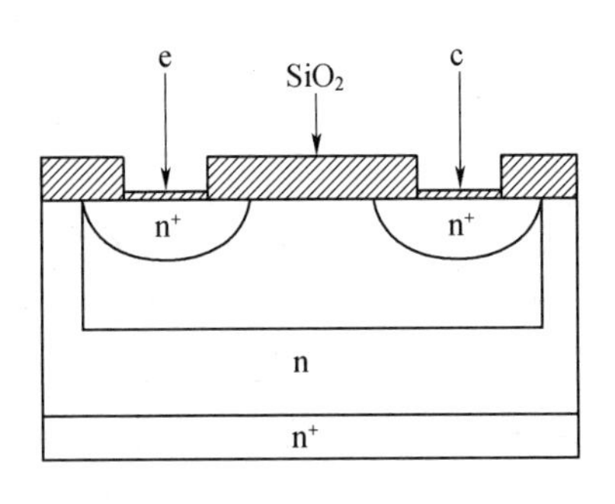

图 6 - 22　NPN 型光电三极管结构示意图

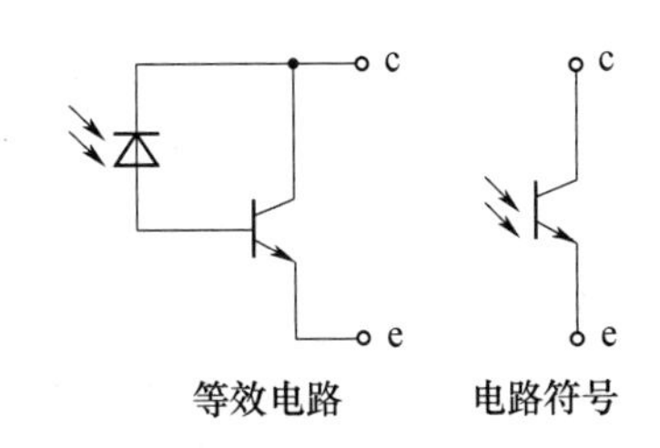

图 6 - 23　NPN 型光电三极管的等效电路及符号

光电三极管不受光照时，基极电流等于 0，因而集电极电流很小，称为光电三极管的暗电流。当光子入射到集电结时，产生电子—空穴对，在电场的作用下形成基极电流，光电流等于基极电流与集电极电流之和，即

$$I=(1+\beta)I_b \tag{6-15}$$

2. 光电三极管的特性

(1) 输出电流较大。能达到毫安数量级。

(2) 线性差。原因主要是由于电流放大倍数的非线性导致的。

(3) 频响低。截止频率和集电极的电阻有关。硅管的截止频率约为 10 kHz，锗管的截止频率约为 5 kHz。图 6 - 24 所示中硅光电三极管在不同负载电阻下的频率响应特性曲线。

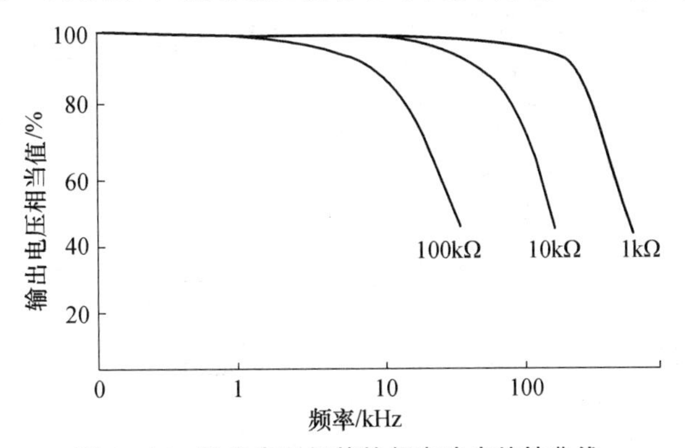

图 6 - 24　硅光电三极管的频率响应特性曲线

(4) 温度系数差。温度升高时，暗电流增大，光电流也增大，温度系数比光电二极管差。

光电三极管的输出电流大，灵敏度高，但是线性度差、频响低，所以一般用于开关控制的场合，不适合用于对光信号的定量检测。

6.4　光电池

6.4.1　光电池的原理、结构和特点

一、光电池的原理、分类和结构

光电池的原理为光生伏特效应：光入射到 pn 结时，如果光子能量 $h\nu > E_g$，则产生光生载流子。光生载流子在 pn 结内电场的作用下分离，电子和空穴分别积累在 n 区和 p 区，在 p 区

和n区形成电势差。

光电池的应用目前主要有两个领域，分别是光电检测和光伏发电。光电池从材料和结构上分为4类。

(1) 单晶硅光电池。目前单晶硅太阳能电池的光电转换效率为15%左右，最高达到24%。单晶硅光电池的缺点是制作成本高，所以不能被大量使用。由于单晶硅一般采用钢化玻璃及防水树脂进行封装，因此其坚固耐用，使用寿命一般可达15年，最高可达25年。

(2) 非晶硅薄膜光电池。非晶硅薄膜太阳能电池与单晶硅和多晶硅太阳能电池的制作方法完全不同，工艺过程大大简化，硅材料消耗很少，电耗更低，成本低、重量轻，便于大规模生产。但非晶硅太阳能电池存在的主要问题是光电转换效率偏低，目前国际先进水平为10%左右，且不够稳定，随着时间的延长，其转换效率会降低，直接影响了它的实际应用。

(3) 化合物电池。多元化合物薄膜太阳能电池材料为无机盐，其主要包括砷化镓III-V族化合物、硫化镉、碲化镉及铜铟硒薄膜电池等。硫化镉、碲化镉多晶薄膜电池的效率较非晶硅薄膜太阳能电池效率高，成本较单晶硅电池低，并且也易于大规模生产，但镉有剧毒，会对环境造成严重的污染。砷化镓电池的转换效率可达28%，GaAs化合物材料具有十分理想的光学带隙及较高的吸收效率，抗辐照能力强，对热不敏感，适合于制造高效单结电池。但是GaAs材料成本较高，因此应用的领域局限在航天探测器等场合。

(4) 多晶硅薄膜。多晶硅太阳能电池的制作工艺与单晶硅光电池相似，光电转换效率约12%。从制作成本上来讲，比单晶硅太阳能电池便宜，材料易于制造，节约电耗，总的生产成本较低，因此得到大量发展。此外，多晶硅太阳能电池的使用寿命也比单晶硅太阳能电池短。

单晶硅光电池的结构示意图如图6-25所示。

单晶硅光电池的分层结构从上到下依次为减反射膜、金属上电极、顶区层(p型半导体)、体区层(n型衬底)和金属底电极。其中，金属上电极为了能够收集电流一般做成栅状，分为主栅和细栅，其结构示意图如图6-26所示。

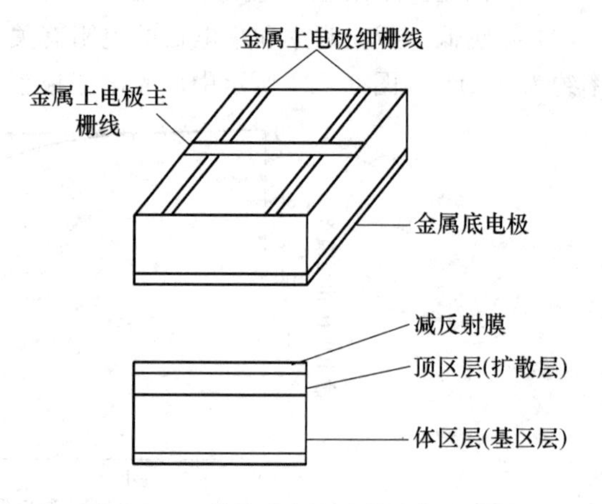

图6-25 单晶硅光电池的结构示意图

二、光电池的特性

1. 光谱响应特性

光电池的相对灵敏度与光波长的关系称为光电池的光谱响应特性，光电池的光谱响应特性由材料决定。硒光电池的光谱响应接近人眼，峰值波长为580 nm左右，适合对可见光的探测，常用于光度量。硅光电池的峰值波长为800 nm，可探测的波长范围为400～1 200 nm。硅光电池、硒光电池和人眼的相对光谱灵敏度如图6-27所示。

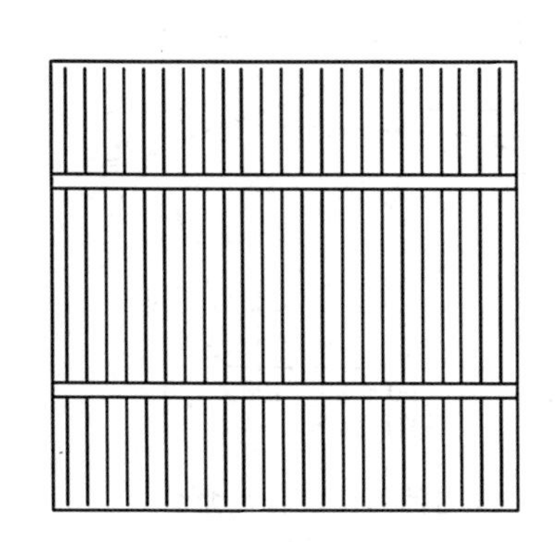

图 6-26　金属上电极结构示意图

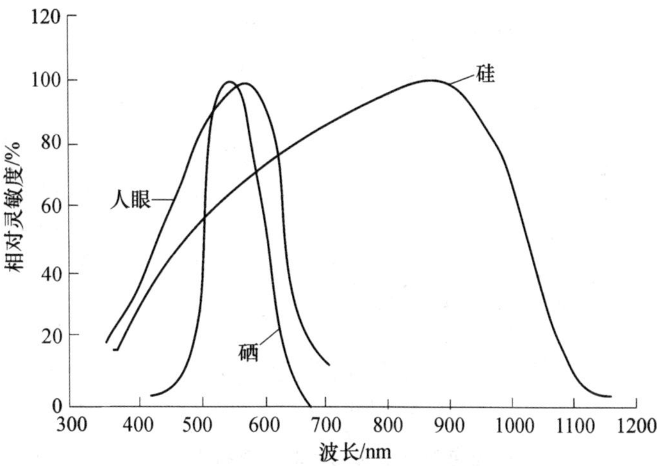

图 6-27　硅光电池、硒光电池和人眼的相对光谱灵敏度

2. 光照特性

光照特性指输出电流及电压与照度的特性，其中光电池的输出电流可以表示为

$$I = I_p - I_s[e^{(\frac{eu}{kT})} - 1] \tag{6-16}$$

式中：I_s 为反向饱和电流；u 为 pn 结两端电压；T 为工作绝对温度；I_p 为产生的反向光电流，它和照度成正比。

当光电池短路时，$u=0$，由此可以得到光电池的短路电流为

$$I_{sc} = I_p = KE \tag{6-17}$$

当光电池开路时，光电池输出电流 $I=0$，由此可得到光电池的开路电压为

$$U_{oc} = \frac{kT}{q}\ln(\frac{I_{sc}}{I_s} + 1) \tag{6-18}$$

从式(6-17)和式(6-18)可以看出，光电池的短路电流和照度成正比，开路电压与照度之间的关系是非线性的。光电池的短路电流、开路电压与照度的关系曲线如图 6-28 所示。

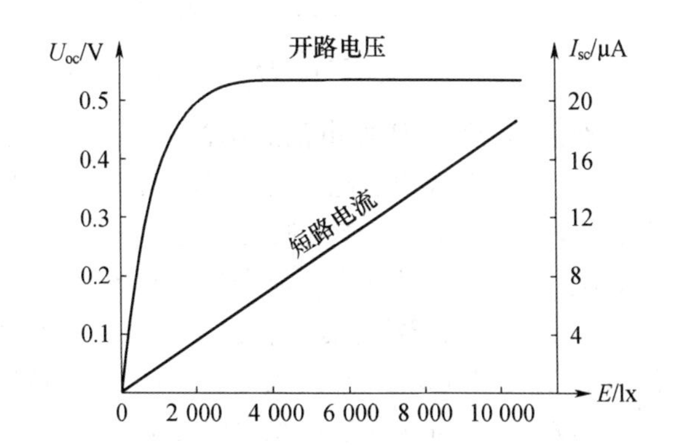

图 6-28　光电池的短路电流、开路电压与照度的关系

3. 频率特性

光电池的输出电流与调制频率的关系称为光电池的频率特性。光电池的结面积和光电二极管相比较大，所以灵敏度高，但是 pn 结的等效电容较大，因此频响较低。硅光电池与硒光电池的频率特性曲线如图 6-29 所示。

4. 温度特性

光电池的开路电压随温度升高而下降的速度较快，而短路电流随温度升高而缓慢增加，如图 6-30 所示。

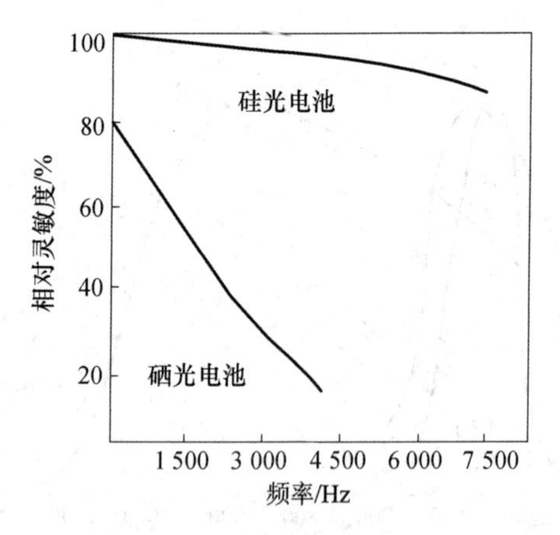

图 6-29　硅光电池与硒光电池的频率特性

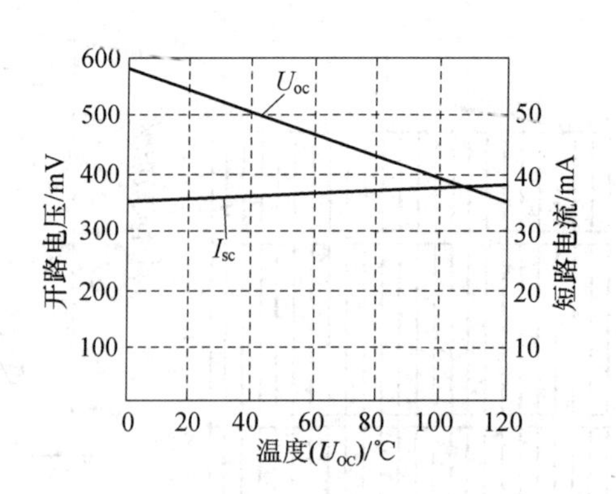

图 6-30　光电池的温度特性曲线

6.4.2　非晶硅薄膜太阳能电池

1. 非晶硅薄膜太阳能电池的结构

非晶硅薄膜太阳能电池是在玻璃衬底上沉积透明导电膜(Transparent Conductive Oxide,TCO),TCO的材料一般为铟锡氧化物(ITO)、二氧化锡(SnO_2)和氧化锌(ZnO)等。然后依次用等离子体反应沉积p型、i型、n型3层非晶硅(a-Si),接着再蒸镀金属电极铝(Al)。光从玻璃面入射,电池电流从透明导电膜和铝电极引出,其结构可表示为glass/TCO/pin/Al。非晶硅薄膜太阳能电池的结构如图6-31所示。

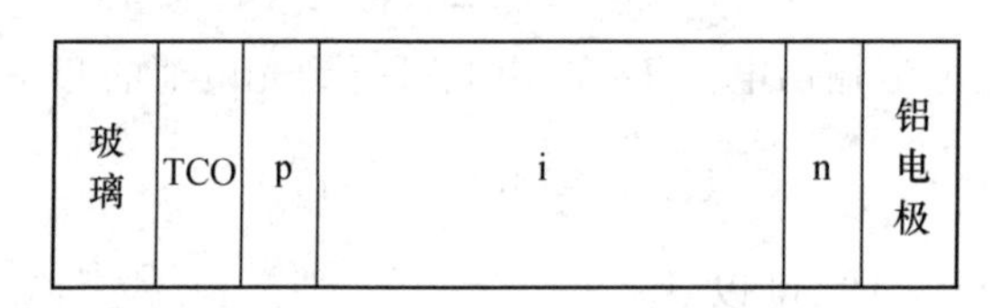

图 6-31　非晶硅薄膜太阳能电池的结构示意图

2. 非晶硅薄膜太阳能电池的制备

硅材料是目前太阳能电池的主导材料,在成品单晶硅太阳能电池成本份额中,硅材料占了将近40%,而非晶硅太阳能电池的厚度不到1 μm,不足单晶硅太阳能电池厚度的1%,降低了制造成本。又由于非晶硅太阳能电池的制造温度很低(约为200 ℃)、易于实现大面积制造等优点,使其在薄膜太阳能电池中占据主导地位。非晶硅太阳能电池的制造方法有电子回旋共振法、光化学气相沉积法、辉光放电法、溅射法和热丝法等。

辉光放电法制备非晶硅薄膜太阳能电池的流程是:把硅烷(SiH_4)等原料气体导入真空反应室内,用等离子辉光放电加以分解,即 $SiH_4 \rightarrow Si + 2H_2$,分解形成的硅在衬底材料上沉积就可以形成非晶硅膜。如果在原料气体中加入硼烷(B_2H_6),即能生成p型非晶硅,如果在原料气体中加入磷烷(PH_3),即能生长n型非晶硅。这样,通过变换原料气体,就可制备出p-i-n非晶硅薄膜太阳能电池。

3. 非晶硅薄膜太能能电池的特点

(1) 非晶硅的本征层光吸收系数很大,大约为10^{14}/cm。非晶硅太阳能电池的厚度不到

1 μm，约为晶体硅太阳能电池厚度的 1%。

(2) 光生载流子只有漂移运动，无扩散运动(非晶硅结构上的长程无序，散射很强烈，扩散长度很短)。

(3) PIN 的结构使光注入的整个范围充满电场，有利于光电流的收集。

(4) 光学带隙为 1.7 eV，对太阳辐射光谱的长波区域不敏感，限制了转换效率。

(5) 光电效率会随着光照时间的延续而衰减，这个效应称为光致衰退效应。非晶硅光电池的光电效率逐年递减 15%，稳定性不高。

4. 非晶硅/多晶硅叠层薄膜太阳能电池

为了提高非晶硅薄膜太阳能电池的光电效率，同时提高电池的稳定性，出现了非晶硅/多晶硅叠层薄膜太阳能电池，又称为双结硅基太阳能薄膜电池。叠层薄膜电池是以宽带隙(1.7 eV)的非晶硅为顶电池，窄带隙(1.12 eV)的多晶硅为底电池构成的双层电池。其中顶电池的本征薄层只有传统非晶硅薄膜电池本征层厚度的一半，所以本征层的光吸收减弱，有效地抑制了光致衰退效应，显著提高了电池的稳定性。底电池的禁带宽度窄，增加了太阳光长波段辐射的吸收，光电效率显著提高。

非晶硅/多晶硅叠层薄膜太阳能电池的特点如下：

(1) 光谱响应的长波由 700 nm 扩展到 1 100 nm，大大提高了转换效率，光电效率最高达到 21%。

(2) 非晶硅薄膜的光致衰减程度与薄膜的本征层厚度有关，当本征层厚度小于 0.3 μm 时，太阳能电池的性能相对稳定。双结结构可以减小顶层电池的本征层厚度，克服了光致衰退效应。

习题与思考题

1. 光电效应分为哪几种？分别列举各种光电效应对应的光电探测器。

2. Si 光电探测器的峰值响应波长和波长响应范围各为多少？

3. 在光敏电阻中，哪种材料的光敏电阻和人眼的光谱响应特性接近，适合对可见光进行探测？

4. 简述 APD 电流放大的原理。

5. 某 APD 光电二极管工作波长为 1 550 nm 时，响应度为 0.75 A/W，加反向偏压时倍增因子为 G=30，则对于波长为 1 550 nm，辐通量为 20 μW 的光信号，APD 的输出电流为多少？

6. 简述非晶硅/多晶硅叠层薄膜太阳能电池的优点。

第7章 光电显示材料及器件

光电显示材料及器件主要包括阴极射线管、液晶、等离子体显示、电致发光显示等，其中液晶、等离子体显示、电致发光显示属于平板显示，它们代表着显示技术的发展方向。

液晶显示的原理是液晶材料在电场的作用下对外界光进行调制，从而实现显示。液晶显示发展最成熟、应用最广泛。等离子体显示的原理是利用惰性气体放电形成等离子体，等离子体直接发光，或者发射紫外线激发荧光粉发光。等离子体显示屏是一种主动发光的平板显示器件，其特点是容易实现大屏幕，具有厚度薄、视角宽、亮度高的特点。电致发光显示可直接把电能转换为光能，发光效率高，通常作为一种平面冷光源使用。

7.1 液晶显示材料及器件

7.1.1 液晶的概念

液态晶体是一种既具有液体的流动性，又具有晶体的各向异性特征的物质，简称液晶。1888年，奥地利植物学家莱尼茨尔在测定一种从植物中分离出的胆固醇脂的熔点时发现，该有机化合物晶体加热至145.5 ℃时固体会熔化，呈现一种介于固相和液相之间的半熔融白浊状熔体，当温度升高到178.5 ℃时呈现为透明的液态。1889年，德国物理学家莱曼发现许多有机物都具有介于固态和液态的状态，在这种状态下，物质的力学性能与各向同性液体相似，但它们的光学特性却与晶体相似，呈现出各向异性，莱曼称之为液晶(liquid crystal)。

7.1.2 液晶的结构类型

热致液晶是当液晶物质在一定温度范围内呈现各向异性的熔体，用于显示的液晶材料都是可工作于室温的热致液晶。热致液晶分子的形状多为细长形，长为几十埃，宽为几个埃。分子的正电中心和负电中心不重合，分子具有极性，所以分子间互相吸引，并按照一定的规律排列。按照液晶分子排列的不同，液晶分为3种结构类型，其结构示意图如图7-1所示。

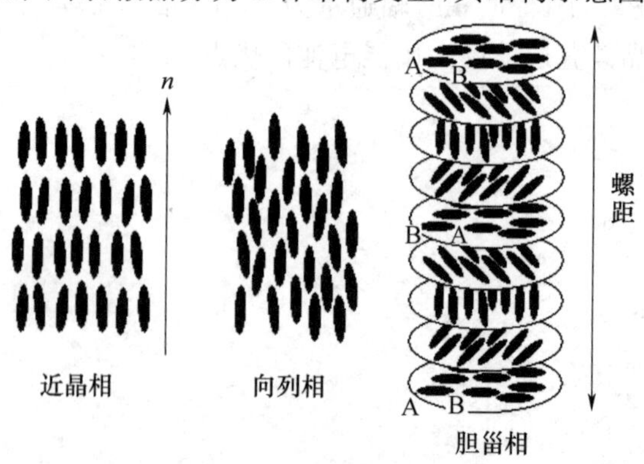

图7-1 液晶结构示意图

1. 近晶相

近晶相又称为层状液晶，近晶相液晶的分子成层状分布，排列整齐，层内分子的长轴互相平行。这种排列是由于分子侧面间的作用力大于分子末端间的作用力，使液晶形成一个侧面紧贴的液晶层。分子质心位置在层内无序，分子可以在层内转动或者滑动。

2. 向列相

向列相又称为丝状液晶，一般由长径比较大的棒状液晶分子组成，分子不排列成层，只在长轴方向上保持相互平行或近于平行（热扰动引起），分子可转动，左右、上下滑动。向列相液晶的长轴指向一个方向，具有单轴晶体的光学特性，但是在电学上具有明显的介电各向异性。

3. 胆甾相

胆甾相又称为螺旋状液晶，该相的液晶主要来源于胆甾醇衍生物，所以称为胆甾相液晶。分子分层排列，层内分子的长轴平行，层与层之间分子的取向旋转一定角度。当不同层的分子长轴排列沿螺旋方向经历 360°的旋转后，又回到初始取向，这个周期性的层间距称为螺距。向列相液晶和胆甾相液晶可以互相转换，在向列相液晶中加入旋光物质，则形成胆甾相；在胆甾相液晶中加入消旋光物质，就成为向列相液晶。胆甾相液晶的螺距一般为数百纳米，与可见光的波长处于同一数量级，螺旋的方向有左旋的，也有右旋的。胆甾相液晶具有极强的旋光性，旋光强度可以达到每毫米几万度，远高于石英晶体。

胆甾相液晶有其独特的性质：

（1）胆甾相液晶材料具有负性的单轴光学特性，光轴与分子层垂直，沿该轴向的折射率很小。

（2）具有极强的旋光性，可达每毫米几万度。

（3）螺距易受外力改变，可以使用调节螺距的方法对光进行调制。

（4）当入射光与光轴成 θ 角度时，根据布拉格干涉方程，有

$$n\lambda = P\sin\theta \qquad n = 0,\ 1,\ 2,\cdots \tag{7-1}$$

式中：λ 为入射光波长；P 为液晶的螺距。

只有满足式(7-1)的入射光才能产生强干涉，成为反射光。

（5）由于胆甾相液晶分子的螺旋排列，还使其在特定波长范围内具有圆偏振二向色性，即对旋转方向与液晶的旋光方向相反的圆偏振光可以全部通过，而对旋转方向与液晶的旋光方向相同的圆偏振光则完全被反射。

胆甾相液晶的用途主要有以下几个：

（1）利用胆甾相液晶的选择性光反射，制作感温变色的测温元件。

（2）用于向列液晶的添加剂，使向列液晶形成焦锥结构排列，用于相变显示。

（3）可以引导液晶在液晶盒内形成沿面 180°、270°等扭曲排列，制成超扭曲显示液晶。

7.1.3 胆甾相液晶的旋光性

线偏振光在胆甾相的液晶中传播时，胆甾相的螺旋结构使光的偏振方向发生扭转，这种特性称为胆甾相液晶的旋光性。胆甾相结构能使光的偏振面旋转 18 000°/mm(50r/mm)，是已知的旋光性最强的物质。

旋光性的解释：线偏振光可分解为频率、振幅都相等的右旋和左旋圆偏振光，胆甾相的螺旋形结构使旋转方向相反的一对圆偏振光具有不同的速度和折射率，从而使两个圆偏振光的

合矢量的方向发生偏转。

如图7-2(a)所示,一束线偏振光E进入旋光介质时分解为左旋圆偏振光和右旋圆偏振光,且电场强度矢量E_L和E_R平行,左旋圆偏振光和右旋圆偏振光在旋光介质中传输的折射率分别为n_L和n_R,经过厚度为d的旋光介质后,由于二者光程不同,因此相位变化量不同,如图7-2(b)所示,相位变化量分别为

$$\varphi_L=\frac{2\pi}{\lambda}n_L d \tag{7-2}$$

$$\varphi_R=\frac{2\pi}{\lambda}n_R d \tag{7-3}$$

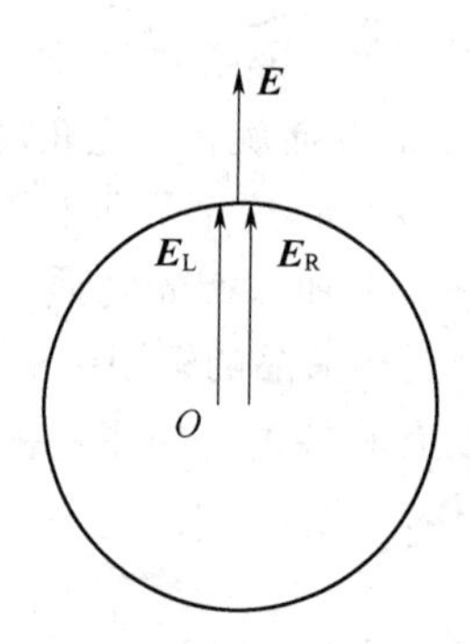

(a) 线偏振光进入旋光介质中的电场矢量分解

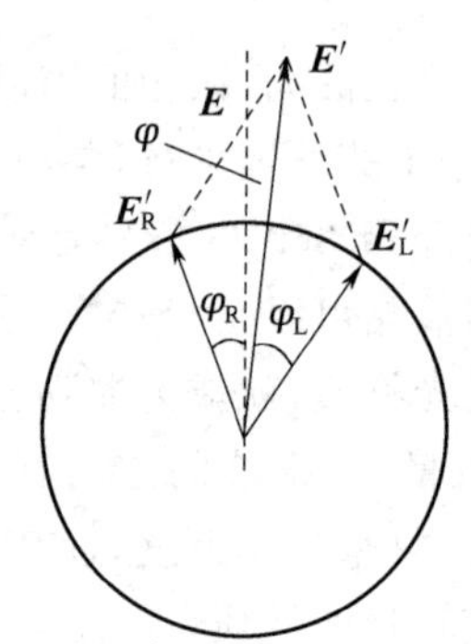

(b) 圆偏振光在旋光介质中的电场矢量与合成

图7-2　旋光效应原理示意图

左旋圆偏振光电场强度矢量为E'_L,右旋圆偏振光电场强度矢量为E'_R,则左旋圆偏振光和右旋圆偏振光合成为线偏振光,线偏振光电场强度矢量为

$$E'=E'_L+E'_R \tag{7-4}$$

偏振方向转过的角度为

$$\varphi=\frac{\varphi_l-\varphi_r}{2}=\frac{\pi}{\lambda}(n_l-n_r)d \tag{7-5}$$

7.1.4　扭曲向列型液晶

扭曲向列型液晶TN-LCD(Twist Nematic-Liquid Crystal Display)是目前仍在使用的结构最简单的液晶显示器件。TN-LCD的结构是在涂覆透明电极(transparent conducting oxide)的两片玻璃基板之间,夹有向列相液晶薄层,四周使用环氧树脂密封。玻璃基板之间的间距一般为10 μm左右。

玻璃基板内侧覆盖着一层定向层,定向层的作用是使靠近定向层的棒状液晶分子长轴沿定向处理的方向排列。定向层的处理方法主要有两种,第一种是在玻璃基板内壁上涂覆具有垂直取向或者平行取向能力的取向剂,依靠取向剂的吸附能力实现垂直或者平行取向。第二种为表面变形处理法,一般是在玻璃基板内壁上经定向摩擦处理,使玻璃表面具有某个方向的凹槽,从而约束液晶分子的排列方向。

上、下表面的定向层定向方向相互垂直,导致盒内液晶分子的取向逐渐扭曲,从上玻璃片到下玻璃片扭曲了90°。

当入射光波长远小于液晶盒的扭曲螺距与液晶折射率各向异性的乘积时，光通过液晶盒时偏振面的扭转与波长无关，并且扭转的角度等于液晶盒扭转的角度。该条件可以表示为

$$d\Delta n \gg \frac{\lambda}{2} \tag{7-6}$$

式中：d 为玻璃基片的间距，为螺距的 1/4；λ 为入射光的波长；Δn 为液晶材料折射率的各向异性。一般 $d=10\ \mu\text{m}$，$\Delta n=0.2\sim0.4$，$d\Delta n=2\sim4\ \mu\text{m}$，远大于可见光的半波长。

液晶盒上、下表面各附一片偏振片，其偏振方向与液晶盒表面分子取向相同。液晶盒的结构如图 7-3 所示。

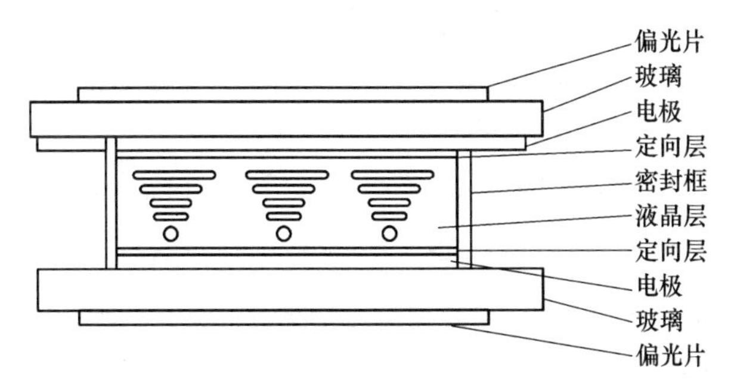

图 7-3　液晶盒结构示意图

液晶盒的显示方式主要有反射式和透射式两种。

1. 反射式

反射式可以利用外来光，从而减小功耗，特点是在强光下清晰度高，但是在暗环境下清晰度差，因此一般需要配备外部照明光源。反射式液晶主要用于手机、手表等小尺寸显示领域。

2. 透射式

透射式的液晶盒是最常见的显示方式，液晶电视、计算机液晶屏等都工作在透视方式下。正型透射式液晶的显示原理是：当液晶盒的两个透明电极上不加电压时，如图 7-4(a)所示，液晶盒内的液晶材料在定向层的作用下，长轴方向从液晶盒上表面到液晶盒下表面旋转 90°。垂直入射到液晶盒上表面的光经偏振片成为线偏振光，线偏振光在液晶中传输时偏振方向随液晶分子的长轴方向逐渐旋转 90°。在液晶盒下表面，线偏振光的偏振方向平行于下偏振片(检偏器)的光轴方向，从而能透过液晶盒。

当在液晶盒的透明电极上施加电压时，如图 7-4(b)，由于液晶分子正负电中心不重合，电偶极矩的方向为液晶分子的长轴方向，因此液晶分子长轴会沿电场方向倾斜。当电压增加到一定的幅值时，除附着在液晶盒上、下表面的液晶分子外，其他液晶分子长轴都按电场方向进行重新排列，液晶材料由胆甾相变为向列相，不再具有旋光效应。此时，由于液晶盒上、下表面的起偏器的方向互相垂直，所以光线不能透过液晶盒传输。

负型透射式液晶盒下表面检偏器的方向与上表面起偏器的方向平行，当电极上不加电时，光不能透过液晶盒，加电时光可透过液晶盒。

TN-LCD 的主要特性如下：

1) 电光特性

液晶在电场作用下透射率发生改变，液晶的透射率与加载在电极上的电压关系称为液晶的电光特性。对于正型显示的液晶盒，当外加电压较小时(小于阈值电压)，透射率不变，当外

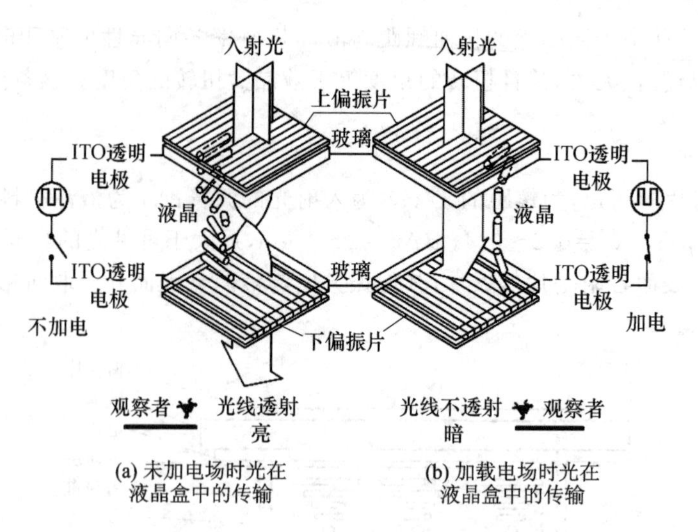

图 7-4　正型透射式显示原理示意图

加电压继续增加时,透射率逐渐减小,当外加电压增加到一定值(饱和电压)后透射率达到最小值。正型电光特性曲线如图 7-5 所示。

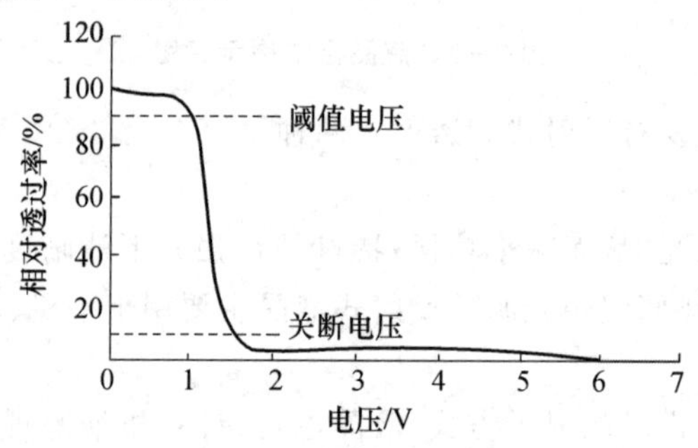

图 7-5　正型电光特性曲线

2) 阈值电压 U_{th}

对正型显示的液晶,光的透射率为最大透射率的 90%时的外加电压称为液晶的阈值电压,而对负型显示的液晶,光的透射率为最大透射率的 10%时的外加电压称为液晶的阈值电压。阈值电压和材料有关,一般为 1～2 V。

3) 饱和电压 U_s

对正型显示的液晶,光的透射率为最大透射率的 10%时的外加电压,对负型显示的液晶,光的透射率为最大透射率的 90%时的外加电压称为液晶的饱和电压。U_s 的大小反映了获得最大对比度所需的外加电压的数值,U_s 小则容易获得良好的显示效果,且降低显示功耗,有利于延长显示器的寿命。

4) 对比度

对比度的定义为

$$\text{对比度} = \frac{T_{max}}{T_{min}} \tag{7-7}$$

式中:T_{max} 为透过的最大光强;T_{min} 为透过的最小光强。TN-LCD 的对比度随视角而变化,

最佳对比度一般为 5∶1～20∶1。

5）视　角

目前 TN－LCD 的视角可以和阴极射线管（CRT）相当，在垂直和水平方向都能达到 160°。

6）响应时间

对于正型电光曲线，上升时间 τ_r 为透光强度由 90%降到 10%所需的时间；下降时间 τ_d 为透光强度由 10%上升到 90%所需的时间。τ_r 和 τ_d 与液晶材料、黏滞系数、弹性系数 k、液晶盒厚度、螺距 P、外加电压及不同的表面处理等有关。目前普通 TN－LCD 的响应速度为 100 ms 左右，并且在低温下液晶变得黏稠，响应速度明显变低。

7）陡　度

陡度定义为

$$\Delta = \frac{U_{th}}{U_s - U_{th}} \tag{7-8}$$

在无源液晶显示中，陡度决定了液晶器件驱动的路数，陡度越高，行与行之间的对比度越高。

8）温度特性

当温度过高时，液晶态会消失，不能显示。而温度过低时，响应速度会明显变慢，直至结晶，致使液晶显示器件损坏。

常用 TN－LCD 的基本参数如表 7－1 所示。

表 7－1　常用 TN－LCD 的基本参数

项目	符号	最小	典型	最大
工作电压/V	U_{op}	2		5
工作电流/(μA·cm^{-2})	I_{op}		<0.1	
工作频率/Hz	f_o	32		128
阈值电压/V	U_{th}	1.8		3
上升时间/ms	τ_r	50	100	200
下降时间/ms	τ_d	50	100	150
视角/(°)	θ		±45°	
对比度		5∶1		20∶1
工作温度/℃			0～40	

TN－LCD 的缺点如下：

（1）TN－LCD 的电光特性不陡，所以工作在矩阵显示方式下交叉效应严重。最多只能实现 8～16 路驱动。

（2）电光响应慢。TN－LCD 的响应速度为 100 ms 左右，所以只适用于显示静止或变化较慢的画面。

（3）光透过和关闭都不彻底，对比度不理想。

7.1.5　超扭曲向列型液晶

TN－LCD 的扭曲角为 90°，试验发现，当扭曲角增大到 180°～240°时可以显著提高液晶电光特性的陡度,这样的液晶称为超扭曲向列型液晶(STN-LCD)。超扭曲向列型液晶的多路驱动能力增强,最大驱动的行数可达480行。

STN-LCD与TN-LCD的差别在于:

(1) TN-LCD的扭曲角为90°,STN-LCD的扭曲角为270°左右。

(2) 在TN-LCD中,起偏镜的偏光轴与上基片表面液晶分子长轴平行,检偏镜的偏光轴与下基片表面液晶分子长轴平行;在STN-LCD中,上、下偏光轴与上、下基片分子长轴都不互相平行,而成一个角度。

(3) TN-LCD利用液晶分子旋光特性工作,而STN-LCD液晶盒利用液晶双折射特性工作。

(4) TN-LCD液晶盒工作于黑白模式;STN-LCD液晶盒一般工作于光程差为0.8 μm的情况下,干涉色为黄色。当外加电压大于U_{th}时,液晶盒呈黑色,称为黑/黄模式。如果检偏镜光轴相对于出射光侧液晶分子长轴方位左旋30°,则为白/蓝模式。

7.1.6 薄膜晶体管型液晶

TN-LCD和STN-LCD的驱动称为无源矩阵驱动,电极分为相互垂直的两层,分别是行电极和列电极。当驱动多行时,行电极顺序选通。这种驱动方式导致当驱动多行时加载在每个像素上的电压信号的占空比很小,对比度不高。薄膜晶体管型液晶(TFT-LCD)的驱动在每个像素上串联一个有源器件(一般由电容构成),依靠有源器件的电荷存储特性,使液晶像素两端的电压在一帧时间内基本保持不变,占空比接近1,在多行显示时对比度也不会降低。

TFT-LCD驱动单元的等效电路如图7-6所示。MOSFET的栅极G接扫描(行)电压,漏极接信号(列)电压,源极S接ITO像素电极,与液晶像素串联。液晶像素等效为一个电阻和一个电容并联。当扫描脉冲加载到栅极G时,晶体管导通,信号电压加载到源极S。当信号电压为高电平时,信号电压产生大的电流对电容充电,并很快充到信号电压值。当电容上的电压大于阈值电压时,液晶像素显示。当扫描电压移到下一行时,晶体管关断,电容通过电阻缓慢放电。选择电阻率高的液晶材料,可以保证在一帧时间内电容上电压的稳定性。

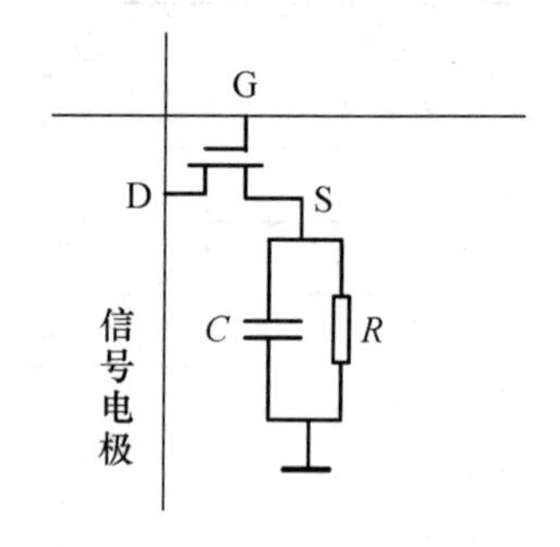

图7-6 TFT-LCD驱动电路原理

7.1.7 彩色滤色器和彩色液晶

典型的彩色液晶是在LCD上加一层彩色滤色膜,并在LCD背面加背光源。彩色滤色膜的R、G、B三基色滤光镜按照一定的方式排列,并和TFT阵列一一对应。背光源发出白光,经过LCD后透射率发生改变,再经过滤色膜后成为R、G、B三基色光。三基色光混色后得到各种不同颜色、不同强度的光。加载在TFT阵列上的电信号控制液晶每一个像素的透过率,从而控制三基色分量的大小,实现彩色显示。

彩色滤色器是由红、绿、蓝3种颜色构成的滤光片,有规律地制作在一块透明玻璃基板上,每一个像素是由3种颜色的单元(或称为子像素)组成。一般把彩色滤色器作为彩色液晶的前基板。

三基色排列的方式有很多种,图7-7所示为常用的拜耳(Bayer)滤光镜三基色的排列方

式。拜耳滤光镜的排列方式:奇数行为绿、蓝的交叉排列,偶数行为红、绿的交叉排列。拜耳滤光镜中绿色分量是红色和蓝色分量的 2 倍,这与人眼的视觉规律是相符合的,人眼对绿光更为敏感。

G	B	G	B	G	B
R	G	R	G	R	G
G	B	G	B	G	B
R	G	R	G	R	G
G	B	G	B	G	B
R	G	R	G	R	G

图 7-7　拜耳滤色器

7.1.8　液晶显示器的应用

随着科技的发展,液晶显示器的应用日益广阔,目前已经广泛应用于各种仪表、计算器、液晶电视、计算机、掌上电子玩具、手机等许多方面。

从应用的角度进行分类,液晶可以分为笔段型、字符型及点阵图形型 3 类。

(1) 笔段型液晶主要用于数字的显示,也可以显示其他符号,简称段型液晶。从段的数目上分,段型液晶可以分为 6 段、7 段、8 段、9 段、14 段和 16 段显示,其中 8 段显示最常用,可以显示数字及小数点。目前水电气表的显示主要使用段型液晶。

(2) 字符型液晶专门用于显示字母、数字及其他 ASCII 码对应的字符。这类液晶模块内部集成了 ASCII 码字模,因此可以很方便地进行字符的显示。一部分字符液晶模块内部还集成了汉字字库,能显示汉字。

(3) 点阵图形型液晶可以单独控制每一个像素,因此适合显示曲线、图形等信息,实现灵活复杂的画面。

7.2　等离子体显示器

等离子体显示是一种主动发光型平板显示技术,它利用惰性气体放电产生紫外线,紫外线再激励平板内的红、绿、蓝荧光粉发光而产生彩色影像。1966 年,美国伊利诺大学的两位教授发明了交流等离子体显示板。最早的等离子体显示板只能显示单色,通常是橙色或绿色。20 世纪 80 年代,等离子显示器曾被用作计算机屏幕。直到薄膜晶体管液晶显示器(TFT-LCD)的出现,等离子体显示器才渐渐退出了计算机屏幕市场。进入 90 年代,数字高清电视的需求推动了彩色等离子体显示器(PDP)的迅猛发展,PDP 在技术上取得了重大突破,目前彩色 PDP 已经成为发展最快的大屏幕显示产品。

PDP 是继 CRT、LCD 后的新一代显示器,目前,PDP 主要用于平板电视及公共场所的信息显示。

PDP 的优点主要有以下几个:

(1) 主动发光,亮度高。

(2) 可实现全彩显示。

(3) 具有固有的存储特性,行驱动能力强,可实现大幅面显示。

(4) 视角大,与CRT相当。

(5) 响应速度快,达微秒数量级,可流畅地显示视频图像。

(6) 寿命长,可达数万小时。

7.2.1 气体放电与等离子体

在一密闭的气体容器两端加上一定的电压,在电场作用下,由外界电离作用产生的离子加速向两极运动。当离子动能大于气体分子的电离能时,离子撞击中性气体原子,使其电离,产生新的离子。带电离子不断增加,并在电场作用下定向运动形成电流,称为气体放电。

气体放电后产生等离子体,等离子体是一种电离的气体,它是由等量的自由电子、带正电的离子和中性粒子组成的混合气体。等离子体的特点是具有很高的电导率,与电磁场存在极强的耦合作用。

根据施加电压及放电电流的不同,气体放电有多种形式,主要包括暗放电、辉光放电、电弧放电等。

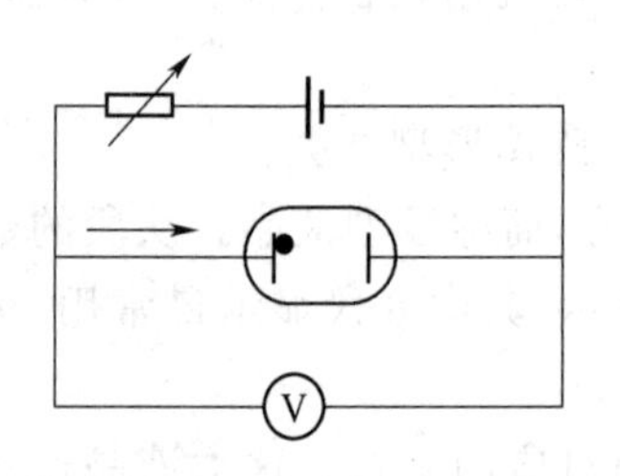

图7-8 气体放电电路装置示意图

如图7-8所示,在一个装有平行电极的玻璃管内充入氖和氩的混合气体,氩气占0.1%。把玻璃管接入电路,从零开始增大电源电压,然后减小限流电阻,就得到如图7-9所示的伏安特性曲线。

曲线AC段属于非自持放电,在非自持放电时,参加导电的电子主要是由外界催离作用(如宇宙射线、放射线及光、热作用)造成的,当电压增加时,电流也随之增加并趋于饱和,C点之前称为暗放电区,放电气体不发光。随着电压增加,到达C点后,放电变为自持放电,气体被击穿,气体两端的电压迅速下降,变成稳定的自持放电(见图7-9中EF段),EF段被称为正常辉光放电区。放电在C点开始发光,不稳定的CD段是欠正常的辉光放电区,C点电压U_f,称为击穿电压或着火电压、起辉电压。EF段对应的电压U_s称为放电维持电压,阴极电流密度为常数是正常辉光放电的特点。当进一步升高电压时,进入异常辉光放电FG段,这时放电单元阻抗增加。当电流进一步增大时,放电进入弧光放电GH段。实际的显示器件都工作在正常辉光放电区,这个区域放电稳定、功耗小。

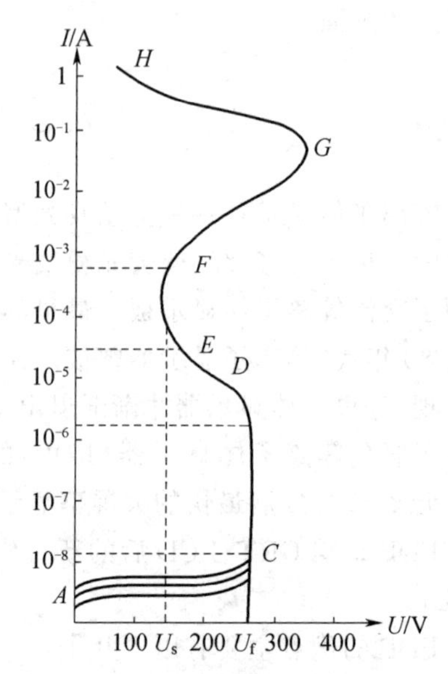

图7-9 平板充气玻璃管气体放电的伏安特性

气体的发光过程是处于激发态的气体分子的电子跃迁回到基态时产生的辐射。对于氖氩混合气体,氖原子从$2P_1$能级向$1S_2$能级跃迁,产生的可见光波长范围为400~700 nm,峰值波长为582 nm。氩原子从激发态跃迁回基态发射147 nm的真空紫外线。所以氖氩混合气体放电时发橙红色光。

辉光放电是一种稳定的自持放电,放电稳定、功

耗小。正常辉光放电的发光强度随空间的分布如图 7－10 所示，放电的区域分为以下几个区：

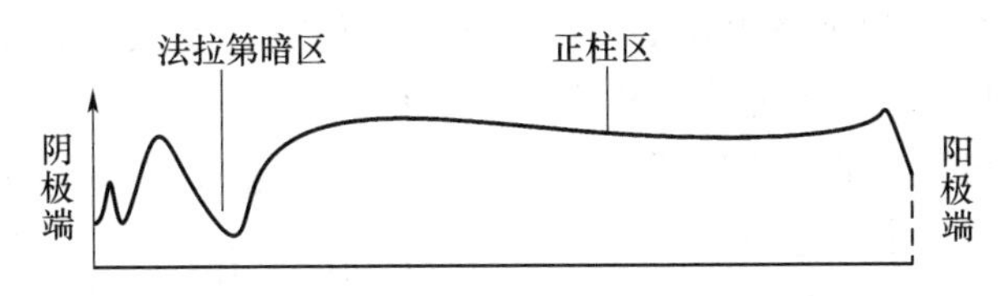

图 7－10　正常辉光放电光强分布

(1) 负辉区。靠近阴极，发光强度最强。负辉区发光强度最高的原因在于阴极溢出的电子经阴极暗区发生多次非弹性碰撞，使电子能量变小。同时大量电子进入负辉区，负辉区空间电荷大量堆积，电子运动速度减慢，激发概率增加。在负辉区电子浓度较大，运动速度较慢，易与正离子复合，从而在负辉区形成最强的发光区。

(2) 法拉第暗区。电子受到弱电场的加速，能量增加，由于频繁的弹性碰撞，电子不断改变运动方向。

(3) 正光柱区。若极间间距很大，则电子经过法拉第暗区后进入正柱区。由于一部分快速电子先碰到管壁，使管壁带负电并吸引正离子，而发生复合，结果使管壁上的电子及离子浓度小于管轴上的浓度，这样在径向会出现电位梯度，使为数不多的电子重新被加速，引起气体原子的激发和电离，形成明亮的正光柱区。

在辉光放电管中，主要利用负辉区或正柱区的光。

7.2.2　单色 PDP

单色 PDP 使用 Ne－Ar 混合气体辉光放电，产生 583 nm 的橙红色光。按照工作方式可以分为直流和交流两种。其单元结构如图 7－11 所示。DC－PDP 无固有的存储特性，靠刷新或者脉冲存储的方式工作，亮度低，目前基本上已被淘汰。AC－PDP 有固有的存储特性，亮度很高，是等离子体显示技术的主要发展方向。

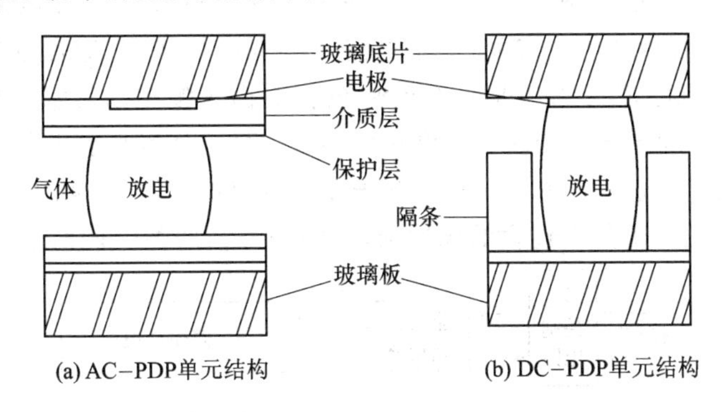

图 7－11　PDP 单元结构

实际的 AC－PDP 由上、下两片平板玻璃封接而成。基板内表面分别用溅射法制作金属电极，经刻蚀后得到一组平行金属电极。再在电极上覆盖一层透明介质层（玻璃或者氧化硅膜），然后在表面制作一层很薄的 MgO 保护层。该层具有较高的 2 次发射系数，可降低器件工作电压，又耐离子轰击。前、后两片基板的电极正交相对，中间填以隔子形成 100 μm 的均匀间隙，四周密封，隔子内充入数百帕的 Ne－Ar 混合气体。

AC-PDP工作时,行列电极加上交变的电压脉冲,时序如图7-12所示。当放电单元的电极加上比着火电压U_f低的维持电压U_s时,单元中气体不会着火。如在维持电压间隙加上幅度高于U_f的书写电压U_{wr},单元将放电发光,放电形成的电子、离子在电场作用下分别向正电极和负电极移动。由于电极表面是介质,电子、离子不能直接进入电极而在介质表面累积起来,形成壁电荷。在外电路中,壁电荷形成与外加电压极性相反的壁电压,这时,放电空腔上的电压为外加电压和壁电压之和。随着壁电压的增大,空腔上的电压小于维持电压,放电空间电场减弱,致使放电单元在2~6 μs内逐渐停止放电。因介质电阻很高,壁电荷会不衰减地保持下去,从而能可靠地抑制气体放电。当反向的下一个维持电压脉冲到来时,上一次放电形成的壁电压与此时的外加电压同极性,叠加电压峰值大于U_f,单元再次着火发光,并在放电腔的两壁形成与前半周期极性相反的壁电荷,并再次使放电熄灭直到下一个相反极性的脉冲到来。因此,单元一旦由书写脉冲电压引燃,只需要维持电压脉冲就可维持脉冲放电,这个特性称为AC-PDP单元的存储特性。要使已放电的单元熄灭,只要在下一个维持电压脉冲到来前给单元加一窄幅(脉宽约1 μs)的放电脉冲,使单元产生一次微弱放电,将储留的壁电荷中和,又不形成新的反向壁电荷,单元将中止放电发光。AC-PDP单元虽是脉冲放电,但在一个周期内它发光两次,维持电压脉冲宽度通常为5~10 μs,幅度为90~100 V,主要工作频率范围为30~50 kHz,因此光脉冲重复频率在数万次以上,人眼不会感到闪烁。

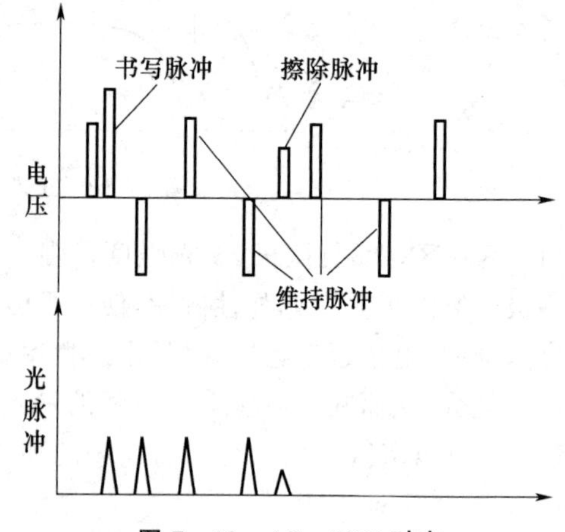

图7-12 AC-PDP时序

AC-PDP的驱动框图如图7-13所示,由驱动控制电路、显示控制电路和电源等构成。

辉光放电的发光强度和电流有关,但是电流不容易控制,PDP通过改变发光时间的长短来实现灰度等级的控制。PDP发光时间(灰度)的控制由子帧驱动技术实现。如图7-14所示,每帧周期被分为8个子帧或更多。在常用的寻址—显示分离驱动法中,每个子场又分为启动期、寻址期和维持期。启动期和寻址期在各子场中时间长短相同,期间全屏不发光。维持期的长短则各不相同,正比于其中包含的脉冲数,期间被激活的像元同时点亮。例如,实现256

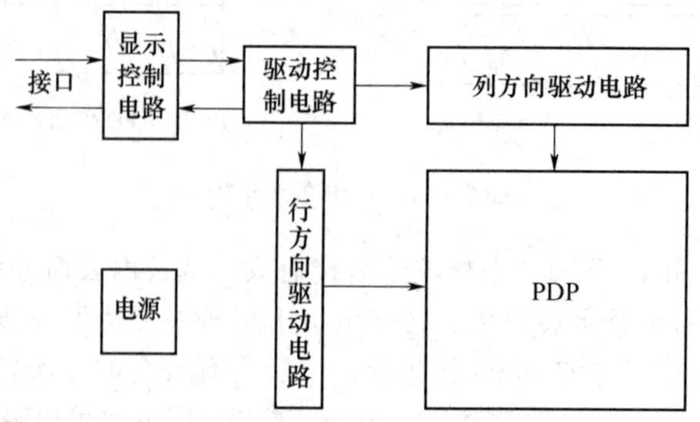

图7-13 AC-PDP的驱动

个灰度级时，则把一帧分为 8 个子帧，8 个子帧所持续的时间比例为 1∶2∶4∶8∶…∶128。某像元的灰度等级由一帧期间加在其上的总的放电脉冲数决定，当采用 8 子场驱动时，一共可以获得 256 个灰度等级。

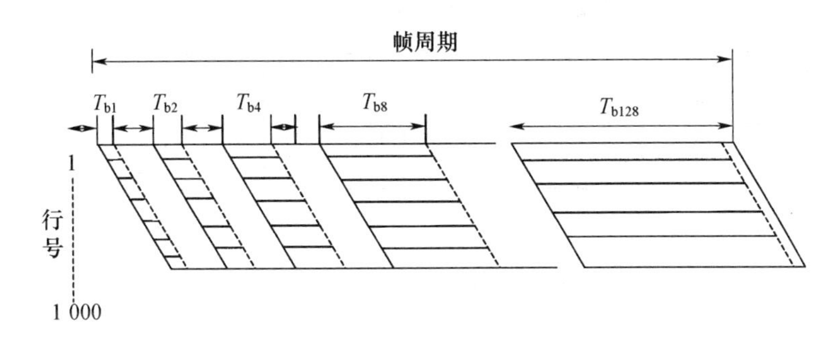

图 7-14　子帧驱动

7.2.3　彩色 PDP

彩色 PDP 使用 Ne-Xe 混合气体，Xe 放电时产生不可见的 147 nm 真空紫外线。真空紫外线再激发相应的 3 基色光致发光荧光粉，发出各种颜色的光。彩色 PDP 的发光效率主要取决于真空紫外线的发光效率、荧光粉转换效率及其耦合比。

目前，彩色 PDP 有 3 种主要类型，分别是对向放电式、表面放电式、脉冲存储式。对向放电式和表面放电式的结构如图 7-15 所示。

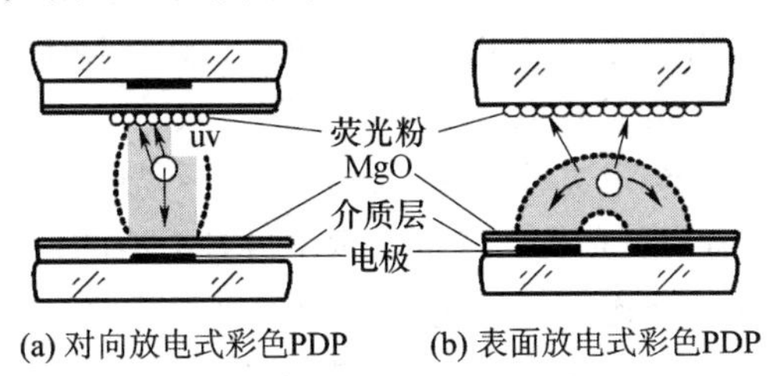

图 7-15　两种实用的彩色 PDP 单元结构示意图

对向放电式 PDP 的两电极分别制作在前、后玻璃板上，等离子体放电在整个放电室中进行，优点是放电空间利用充分且电极少；缺点是荧光粉直接暴露在放电等离子体中，容易退化，须采用特别的保护措施。目前的主流彩色 PDP 为三电极表面交流放电型。

表面放电式的扫描电极 Y 和维持电极 Z 位于放电介质的同一侧，使放电在前表面进行，减少了带电粒子对荧光粉的轰击。放电电极与放电介质间由绝缘介质层隔开，使得壁电荷可以在电极表面聚集。壁电荷形成的电场与电极电场反向，随壁电荷的积累空间电场逐步减弱，当空间电场减小到低于维持电压 U_s 时，直流放电终止，但该放电单元处于交流放电的激活态。当 Z、Y 电极的电压反向后，电极电场与壁电荷形成的电场同向，即使所加电压不到击穿电压，只要电极电压与壁电荷电压之和大于 U_f，就能再次起辉，如此反复，交流放电得以维持。

表面放电反射式结构的发光效率比对向放电式高，因此亮度大。同时，荧光粉相对远离放电区域，避免了离子的轰击而老化，寿命显著延长。

彩色 PDP 中使用的是光致发光荧光粉，这与 CRT 中的荧光粉不同。CRT 中电子的能量大于几万电子伏特，而真空紫外线的能量只有几个电子伏特，这就要求光致发光荧光粉有较高的转换效率。彩色 PDP 常用的荧光材料见表 7-2。

表 7-2　彩色 PDP 常用荧光粉

颜　色	材　料	相对效率
红	$(Y,Gd)BO_3:Eu$	1.2
绿	$Zn_2SiO_4:Mn$	1.0
蓝	$BaMgAl_4O_3:Eu$	1.6

7.3　电致发光显示

7.3.1　电致发光的概念和分类

电致发光(Electro Luminescence,EL)是将电能直接转换为光能的发光形式。可分为电流注入型电致发光和高场型电致发光两种。其中，电流注入型电致发光是在 pn 结上注入少数载流子，少数载流子复合发光。高场型电致发光是一种高电场非结型的发光器件，荧光粉中的电子或由电极注入的电子在外加电场的作用下使晶体内部电子加速，碰撞发光中心并使其激发或离化，电子在回复到基态时辐射发光。

电致发光现象是在 1936 年首次发现的，1947 年，美国学者麦克马斯发明了导电玻璃，利用这种玻璃做电极制成了平面光源。20 世纪 60 年代，出现了 LED 和 LD，其基本结构都是用半导体材料制成的 pn 结。当 pn 结正向偏置时，电子(空穴)注入到 P(N)型材料区，这样注入的少数载流子与多数载流子复合发光。20 世纪 70 年代后，场致发光在寿命、效率、亮度上的技术有了较大的提高，使得场致发光成为显示技术中最有前途的发展方向之一。

高场型电致发光从器件的结构上可分为交流粉末电致发光(ACEL)、直流粉末电致发光(DCEL)、交流薄膜电致发光(ACTFEL)、直流薄膜电致发光(DCTFEL)。

7.3.2　交流粉末电致发光

交流粉末电致发光器件的结构如图 7-16 所示。将电致发光粉 ZnS:CuCl 混合在透明的环氧树脂介质中，厚度为 10～100 μm。两端夹有电极，其中一个为透明电极，另一个是铝或银电极。

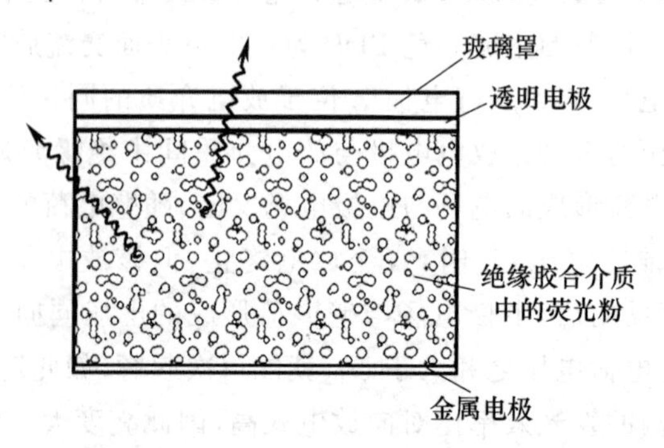

图 7-16　交流粉末电致发光的结构原理

交流粉末电致发光的发光原理是：导带电子和电极上由于隧穿效应进入材料中的电子在高电场作用下加速，碰撞 ZnS，使 ZnS 离化产生电子—空穴对，当电子和空穴复合时，产生复合发光。ACEL 是由大量几微米到几十微米的发光粉状晶体悬浮在绝缘介质中的发光现象，也称德斯垂效应。

7.3.3　交流薄膜电致发光

交流薄膜电致发光(ACTFEL)的结构如图 7－17 所示。

ACTFEL 多采用双绝缘层 ZnS∶Mn 薄膜结构。器件由 3 层组成，发光层夹在两绝缘层之间，起消除漏电流、避免击穿的作用。掺不同杂质则发不同的光，其中掺 Mn 的发光效率最高，加 200 V、5 000 Hz 电压时，亮度高达 5 000 cd/m^2。

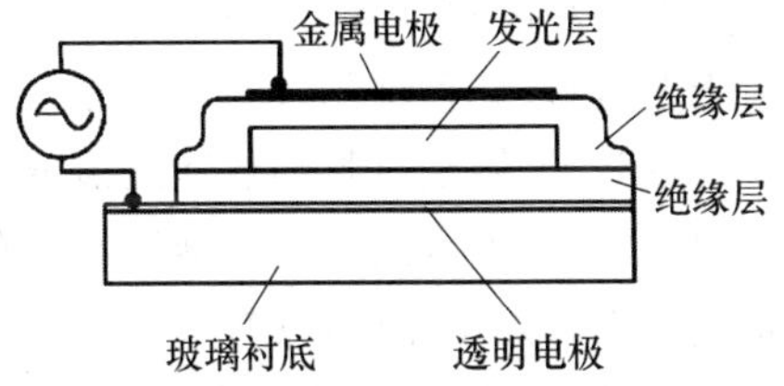

图 7－17　ACTFEL 的结构示意图

ACTFEL 具有记忆效应，通常室内光照度下，记忆可维持几分钟，在黑暗中可保持十几个小时。记忆效应可以解释为：脉冲电压产生强电场，使发光层中电子加速。在这些电子穿过发光层时，激发 Mn 发光中心。已穿过发光层的电子便在发光层与绝缘层的界面上积累起来，这些电子在电场移去后仍将留在界面处，于是在发光层两边形成极化电荷。如果下一个脉冲与上一个脉冲同方向，则极化电场将抵消脉冲电压产生的电场的大部分，所以发光亮度变小。反过来，如果下一脉冲方向反向，则极化电场与脉冲电压产生的电场叠加，总电场增强，所以发光亮度增加。利用记忆效应可以制成具有灰度级的记忆板，作为视频显示板用的记忆板能够具有帧存储的能力。

ACTFEL 的优点是寿命长(大于 2 万小时)，亮度高，工作温度范围宽(－55～＋125 ℃)。缺点是只有掺 Mn 的发光效率高，且为橙黄色。EL 器件目前已被应用在背光源照明上，在汽车、飞机及其他设备、仪器、仪表、手机、手表、电子钟、LCD 模块、笔记本电脑显示器等方面也得到应用。

习题与思考题

1. 液晶从结构上分为哪几种类型？哪种类型的液晶具有旋光性？
2. 液晶的旋光效应和磁致旋光效应有何不同？
3. 简述 TN－LCD 和 STN－LCD 的区别？
4. TFT－LCD 与 TN－LCD 和 STN－LCD 相比有哪些优点？
5. 简述 PDP 自主发光的原理。
6. 简述彩色 PDP 的原理。

第8章 微纳光电材料及器件

光电子器件的功能及性能受到材料的极大限制，这种限制来源于材料本身的物理及化学性质，人类所期望的很多特定功能及性能因此无法实现。不过，通过在材料中引入微纳结构，或者将材料的尺寸降低至微米、纳米量级，材料的物理及化学性质会发生极大变化，因而可以用于新材料、新器件的开发及制备。

近年来，微纳材料的快速发展便得益于此，尤其是微纳光电材料发展较为迅速。例如，包括纳米颗粒、纳米线及纳米薄膜在内的纳米光电材料，通过介电常数的周期性分布而具有特殊光学性质的光子晶体，具有负折射或者电磁隐身性能的超材料等，都是极其新颖并且具有极大应用前景的领域。由于微纳光电材料的迅速发展，微纳光电器件的研究也颇为活跃。一方面，是用新的光电材料制备传统的光电器件，以期器件表现更佳、性能更为优越；另一方面，是基于新材料开发新型光电器件，实现传统光电材料无法实现的功能。本章将对纳米光电材料、光子晶体、超材料、等离子体激元这些领域内材料及器件的发展做简要概述。因为其中任何一个领域都具有广泛的内涵和应用，并随着人们的深入研究快速变化着，限于本书篇幅及编者的能力，这里的描述会显得较为粗略，感兴趣的读者可参阅国内外最新的文献专著进一步深入研读。

8.1 纳米光电材料及器件

8.1.1 纳米光电材料

随着人们对物质的基本结构和规律研究的日益深入，人类已经可以在原子及分子的尺度上对物质进行操作。依赖人类所掌握的这种能力，近年来发展起来一种新兴学科，即纳米科学与技术，它在纳米尺度上研究物质的基本结构、性质及工程应用。三维空间内至少有一维在0.1～100 nm尺寸范围内的材料，称为纳米材料。材料的尺度降低至纳米量级后，会表现出很多奇异的特性，这正是纳米材料研究的动力所在。按照维度，纳米材料有纳米颗粒、纳米线及纳米薄膜之分。

纳米尺度的光电材料，即具有特殊光电性能的纳米材料，称为纳米光电材料。纳米光电材料主要在光学及电学性质上表现出异于宏观光电材料的特征。这主要来源于：

(1) 小尺寸效应。由于纳米颗粒尺寸与光波波长、电子德布罗意波长等物理特征尺寸接近，材料的声、光、电、磁、热力学性质均发生改变。

(2) 表面效应。纳米颗粒尺寸变小，表面面积大，增加了表面态密度，不但引起材料表面原子输运和构型的变化，同时也改变了表面电子自旋构像和电子能谱。

(3) 量子尺寸效应。由于电子在三维方向上均受到限制，电子能级表现出类似于原子的离散能级结构，这使得材料的吸收特性和光发射特性均不同于宏观材料。

纳米光电材料具有极为广泛的应用价值。纳米光电材料基本性质的研究、纳米光电材料

的制备，以及基于纳米光电材料的器件开发、设计与制作是目前国际上的研究热点。纳米光电材料种类很多，主要有纳米发光材料、纳米光电转换材料及纳米光催化材料等。

1. 纳米发光材料

1994 年，R. N. Bharagava 等首次报道了过渡金属离子掺杂纳米半导体微粒 ZnS:Mn 后，它的发光寿命缩短了 5 个数量级，外量子效率仍高达 18%。尽管实验结果存在一定争议，但引起了人们对纳米发光材料的极大兴趣。

纳米发光材料主要采用尺寸在 1～100 nm 之间的纳米颗粒作为发光基质，包括纯的及掺杂的纳米半导体发光材料，稀土离子及过渡金属离子掺杂的纳米氧化物、硫化物、复合氧化物及各种纳米无机盐发光材料等。纳米发光材料主要用于发光器件的设计及制备，它可以实现宏观块状材料所不具备的发光性能。

2. 纳米光电转换材料

纳米光电转换材料是一种可以直接将光能转化为电能的纳米材料。纳米光电转换材料主要用于太阳能电池，可提高太阳能电池的转换效率，实现对绿色能源太阳能的高效利用。

3. 纳米光催化材料

纳米光催化材料是一种可以将光能转化为化学能的纳米材料。纳米颗粒由于具有较高的比表面积和较高的表面缺陷密度等特点，因此，相对而言可以比宏观材料具有更高的反应活性，可以作为高效的催化材料。纳米催化材料作为一种高活性、高选择性的催化剂已经引起了人们的普遍关注。其中纳米光催化材料也是其中的研究重点，它利用纳米材料在光照条件下加速化学反应过程。纳米 TiO_2 是一种非常典型的纳米光催化剂，由于可以高效处理很多有毒化合物，因此在空气净化机水处理中有重要应用。

对纳米光电材料的研究，人们给予了高度的重视。目前已有很多方法被用于制备纳米光电材料，如化学沉淀法、溶胶—凝胶法、水热合成法、激光诱导气相沉积法等。随着研究的深入，人们也在纳米光电材料的基础上研究纳米光电器件，如量子点发光二极管、量子点激光器、量子点单光子探测器、纳米线发光二极管、纳米线光波导、纳米线激光器、纳米线光电传感器等。事实上，已经成功商业化的量子阱半导体激光器也应属于纳米光电器件的范畴。

8.1.2　纳米光电器件

在纳米光电材料基础上发展起来的纳米光电器件多种多样，包括：纳米发光器件，如量子点激光器、量子点发光二极管、纳米线激光器、纳米线发光二极管、量子阱激光器、量子阱发光二极管、量子级联激光器等；纳米探测及传感器件，如量子点光探测器、量子点单光子探测器、纳米线传感器等；纳米光存储器件，如量子点光存储器；纳米光传输器件，如纳米光纤；纳米光电转换器件，如量子点太阳能电池；另外还有纳米光开关、光调制器等。这些器件涵盖了光电子器件的方方面面，随着研究的进展无疑会极大地改变光电子学的面貌。我们无法面面俱到地对纳米光电器件的研究成果进行介绍，只简单介绍一些典型的纳米光电器件。

1. 量子点光电器件

量子点是由少量原子组成的在三维方向上对电子运动进行约束的纳米材料。量子点具有很多与孤立原子相似的特征，因此也被称为“人造原子”。利用量子点可以设计制备很多性能优良的光电器件，如量子点太阳能电池、量子点发光二极管、量子点激光器等。

1) 量子点太阳能电池

太阳能电池是一种直接把光能转化为电能的光电转换器件,对人类社会具有重要应用价值。但是由于在半导体中只有大于半导体能隙的光能才能被吸收,以及一个光子只能激发一个电子—空穴对的原因,普通太阳能电池转换效率较低。量子点太阳能电池理论上可以实现最高65%的转换效率,高于普通太阳能电池最高转换效率的2倍。量子点太阳能电池主要有3种不同的类型:PIN结构量子点太阳能电池、量子点敏化太阳能电池及基于多激子产生效应的量子点太阳能电池。目前量子点太阳能电池尚处于研究阶段,一旦高转换效率的量子点太阳能电池研制成功并投入使用,必然对人类使用能源的方式产生深远影响。

2) 量子点发光二极管

量子点发光二极管的结构与有机发光二极管(OLED)类似,由量子点材料构成的发光层夹于有机材料构成的电子输运层和空穴输运层之间。在外加电场作用下,电子和空穴被注入量子点层,被量子点捕获并发生复合产生光辐射。由于半导体能带结构的限制,普通发光二极管通常只能发出一定波长的单色光。而通过改变量子点的尺寸及组分,量子点发光二极管发出的光可以覆盖近红外及可见光。量子点发光二极管在显示技术中有重要的应用前景。另外,还可以作为荧光探针,用于生物分子及细胞成像。

3) 量子点激光器

量子点激光器与普通半导体激光器的结构并无差别,只是在有源区使用了量子点材料。由于量子点具有类似孤立原子的电子能级结构,量子点激光器的激光特性接近于气体激光器,并能克服普通半导体激光器及量子阱激光器的一些缺点。量子点激光器,相比于普通半导体激光器及量子阱激光器,可以具有更低的阈值电流密度、更高的发光效率和微分增益、更窄的光谱线宽及更好的温度稳定性。

2. 纳米线光电器件

纳米线是一种准一维的纳米材料,同样可以设计制备各种纳米光电器件。例如,纳米光纤、纳米线发光二极管、纳米线激光器、纳米线光电池、纳米线光电二极管等。同量子点光电器件相比,各种纳米线光电器件表现出其自己特有的特征,并有其独特应用。这里简单介绍纳米光纤。

纳米光纤是直径在几十纳米到几百纳米之间的光导纤维(见图8-1)。由于光纤直径小于波长,因此也称为亚波长光纤。

目前有多种不同的方法可以用于制备纳米光纤。最典型的制备方法是将普通光纤在火焰上加热并拉长。浙江大学童利民教授于2003年成功使用该方法制备了直径为50 nm的纳米光纤。这种光纤具有结构简单、均匀度高、传输损耗低和机械强度高等特点,并且可以方便地与现有光纤系统耦合和集成。

纳米光纤具有特殊的光学性质,并具有特殊的研究及应用价值。例如,由于在纳米光纤中光波电磁场被限定在极小的范围内,具有很高的功率密度,利用纳米光纤可以产生超连续谱;纳米光纤具有很高的机械强度,可以被弯曲到微米量级,因此使用纳米光纤可以制作各种非常微小的环形谐振腔,用于各种微型滤波器和激光器的制作;由于在光纤外围存在有较强的倏逝波场,纳米光纤可以用于制作化学及生物传感器。

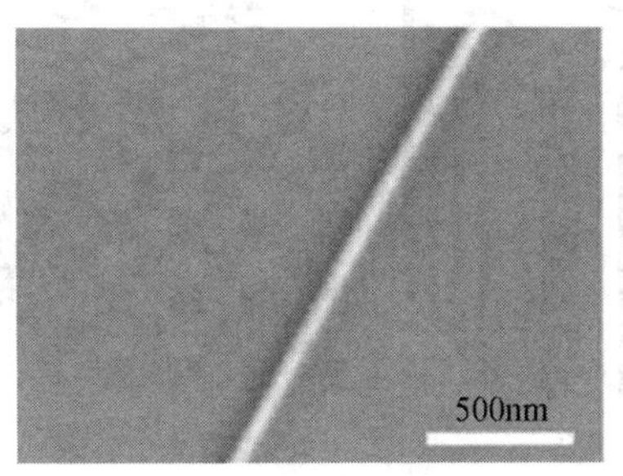

(a) 直径约为50 nm的二氧化硅纳米光纤

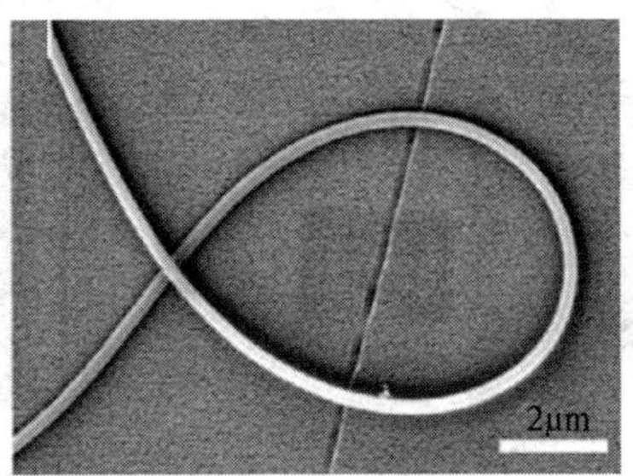

(b) 弯曲的直径为280 nm的纳米光纤，弯曲半径约为2.7 μm

图 8-1　纳米光纤

8.2　光子晶体及光子晶体器件

光子晶体(photonic crystals)是一种折射率在空间中呈周期性分布的物质结构，通常由两种或者两种以上具有不同折射率的材料构成。这种周期性结构会对沿特定方向传播的电磁波产生布拉格散射(Bragg scattering)，如果构成光子晶体的材料高、低折射率差足够大，部分频段的电磁波沿任意方向都不能传播，光子晶体相当于光的“绝缘体”，如此便形成了光子禁带(Photonic Band Gap，PBG)。在光子禁带以外，电磁波以布洛赫波(Bloch wave)的形式在光子晶体中传播。尽管光子晶体的微观结构对电磁波具有强烈的散射作用，这种布洛赫波却有确定的方向性。

光子晶体可以灵活、有效地控制光的辐射与传播，因此具有广泛而重要的应用价值。自 1987 年 Yablonovitch 和 John 分别独立提出光子晶体的概念以来，光子晶体受到各国研究者的强烈关注，成为电磁学和光子学领域的一大研究热点，在理论、实验及应用方面均有重要突破，部分研究成果已成功商业化。

8.2.1　光子晶体的结构

按照维数，光子晶体有一维、二维和三维之分，如图 8-2 所示。一维光子晶体仅在一个方向表现出周期性，而在其他两个正交方向具有平移不变性。例如，布拉格反射镜(Bragg mirror)就可以被视为一维光子晶体。对一维光子晶体的研究可以追溯到光子晶体概念提出之前的 1887 年，当时，L. Rayleigh 首先研究了这种周期性层状介质结构的电磁性质。二维光子晶体的折射率在二维方向上均表现出周期性，而在该二维的垂直方向上满足平移不变性。利用半导体材料加工制造技术，T. Krauss 于 1996 年第一次成功制作了近红外二维光子晶体。三维光子晶体在 3 个方向均呈现出周期性。这种光子晶体可以用自组装、激光全息、电子束曝光等方法制备，不过要制备复杂的三维光子晶体结构并能够在实际中应用，就目前的技术水平而言还困难重重。事实上，自然界早于人类发明并利用了光子晶体，如天然蛋白质(opal)以及蝴蝶、甲壳虫等生物体通常都会呈现出绚丽的颜色，这些都与其内部的光子晶体结构有关。

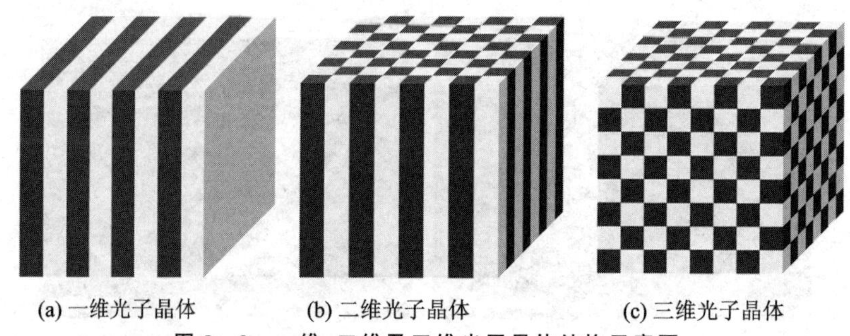

图 8-2　一维、二维及三维光子晶体结构示意图

8.2.2　光子晶体的基本特性

1. 光子晶体禁带

在光子晶体中,折射率(或者介电常数)呈周期性分布(见图 8-3)。当这种周期性与光波长相比拟,并且折射率变化足够大时,光子晶体中出现禁带。禁带频率对应的光,不存在任何电磁波传播模式,因此光被严格禁止传播。例如,一束频率在光子晶体禁带范围内的光,入射至光子晶体表面,那么这束光将因无法在光子晶体中传播而被完全反射。通过打破光子晶体内局部区域的周期性,在光子晶体中引入点缺陷或者线缺陷,可以将光约束在该点缺陷或者线缺陷内,从而形成光子晶体微腔或者光子晶体波导型器件。利用光子晶体禁带实现的光子晶体波导对其中传输的光频电磁场具有非常良好的约束作用,并且可以在非常小的尺度内实现光波的直角甚至更大角度拐弯传输,因此非常有利于减小集成光电器件的尺寸。

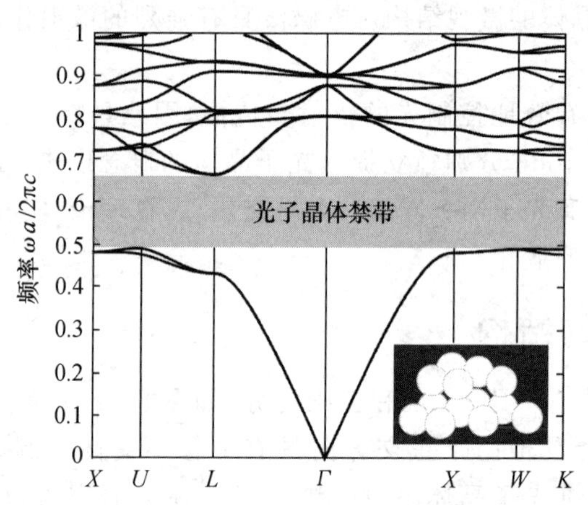

图 8-3　光子晶体禁带(三维金刚石结构)

2. 异常色散

由于折射率的周期性分布,当光在光子晶体中传播(非禁带频率)时,频率 ω 与传播矢量 $\boldsymbol{k}$ 之间满足特殊的色散关系,即 $\omega=\omega(\boldsymbol{k})$,该关系可以通过计算光子晶体能带结构得到。由于光子晶体特殊的色散特性,光子晶体表现出一些新的效应及现象,如超棱镜、负折射、自准直等。根据光子晶体的能带结构,还可以进一步得到群速 $v_g=\mathrm{d}\omega/\mathrm{d}\boldsymbol{k}$。群速受到光子晶体的强烈影响,可以远远低于真空光速甚至等于零。由于群速代表了光能量的传播速度,因此光子晶体可以用来控制光的传播速度,实现慢光。

3. 自发辐射抑制及增强

光子晶体可以实现对自发辐射的控制。原子的自发辐射概率为

$$W=\frac{2\pi}{\hbar}|V|^{2}\rho(E) \tag{8-1}$$

式中：$|V|$为零点 Rabi 矩阵元；$\rho(E)$为光场态密度。显然，自发辐射概率与光场态密度成正比。通过光场态密度可以实现对自发辐射的控制。在光子晶体中，光场态密度受到光子晶体的调制。在光子晶体禁带频率范围内，光场态密度为零。假定原子位于光子晶体内，如果其自发辐射频率落在禁带内，则自发辐射概率为零，自发辐射被完全抑制。如果光子晶体内存在缺陷，缺陷在光子晶体禁带内引入高品质因子的缺陷态，该缺陷态具有很高的光场态密度，则对应频率的自发辐射得到增强。

8.2.3 光子晶体器件

利用光子晶体的特殊性质，可以制作多种光子晶体器件。例如，通过在光子晶体中引入点缺陷，形成光子晶体微谐振腔，并用于光子晶体激光器。在光子晶体中引入线缺陷形成光子晶体光纤及光子晶体波导。利用光子晶体的禁带效应还可以制备高效率的光子晶体发光二极管。利用光子晶体在非禁带区域表现出的奇异色散特性，可以设计制备开放式谐振腔、偏振分束器、紧凑型波分复用器等。由于可以以光子晶体为平台制备并集成各种光电子器件，光子晶体为光集成、光子芯片及光计算开辟了广阔的应用前景。

1. 光子晶体光纤

光子晶体光纤(Photonic Crystal Fiber，PCF)，也叫微结构光纤(microstructure fiber)或多孔光纤(holey fiber)，是另一种二维光子晶体波导，与平面二维光子晶体波导不同的是，在光子晶体光纤中用于约束和传导光波的线缺陷与介质柱(或空气孔)同方向，光沿着垂直于光子晶体周期平面的方向传播。自 1996 年英国南安普顿大学的 J. C. Knight 及其合作者制作出世界上第一根光子晶体光纤(见图 8-4)以来，由于性能独特、设计灵活，光子晶体光纤的研究受到广泛关注，各种类型和特殊功能的光子晶体光纤被相继提出并制作出来，有一部分研究成果已经获得商业应用。现在，光子晶体光纤已成为光子晶体研究中较成熟的一个领域。

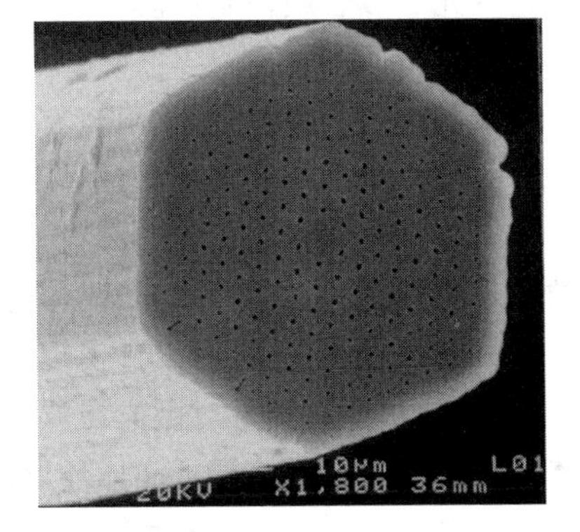

图 8-4 世界上第一根光子晶体光纤，该光纤具备无截止单模特性

按照导波机理的不同，光子晶体光纤可以分为两类，一类是折射率引导型光子晶体光纤(index-guiding PCF)，一类是光子带隙光纤(PBG-guiding PCF)。前者利用了全内反射效应，由于包层中引入了空气微孔，其平均折射率降低，如果纤芯为实芯，则包层平均折射率低于纤芯折射率，因此光波以类似于传统光纤的方式被约束在纤芯中传播。而后者则利用了光子禁带效应。二维光子晶体可以产生光子带隙，这种带隙阻止光在二维光子晶体平面内任何方向的传播，如果在二维光子晶体中沿垂直于光子晶体平面的方向引入一个缺陷，则光可以被约束在缺陷中沿着缺陷传播。由于光子带隙的约束效应，纤芯折射率可以低于包层平均折射率，甚至可以为空气，形

成空心光子晶体光纤。

相比于传统光纤,光子晶体光纤在很多性能上有明显提升,并且具备某些传统光纤所不具备的优越性质,诸如无截止单模、大模场面积、高双折射等。另外,光子晶体光纤的色散在一定程度上可通过结构设计得到控制,因此可以设计各种色散补偿光纤,以及色散平坦的光子晶体光纤。光子晶体光纤还可以增强光学非线性,用于提高各种非线性光学效应的效率。其中,利用光子晶体光纤产生超连续谱已经成熟,并非已经实现商业化。

总之,光子晶体光纤设计灵活,可以具备传统光纤所不具备的各种卓越性能,在通信、传感、激光及非线性光学等领域有广泛的应用价值,其研究已经对这些领域产生重大影响。可以说,光子晶体光纤技术是近年来光纤领域的一次重要进展。

2. 光子晶体发光二极管

人们使用的发光二极管虽然具有极高的内量子效率,可以达到90 %以上,但外量子效率通常只有3 %~20 %,其大部分能量被限制在材料内部被再吸收或转化为热能,大部分能量被浪费。利用光子晶体制备的光子晶体发光二极管可以极大地提高出光率,有望在发光效率上比传统发光二极管有极大提高,并可对发光方向进行控制。

光子晶体发光二极管是在薄片发光二极管上制作出二维光子晶体微腔结构,由于发光区域被二维光子晶体包围,发光区域发出的光受到光子晶体禁带的约束作用不能在薄片内传播,最终只能耦合到垂直方向并向外部空间发射,因此极大地提高了出光率。2009年Philips Lumileds公司的科学家设计制备的InGaN光子晶体发光二极管实现了高达73%的出光率。日本松下公司也在积极研究光子晶体发光二极管,他们以蓝宝石晶体为基板,制作出的光子晶体发光二极管,发光效率比普通发光二极管提高了50%,而理论值应为普通发光二极管的3倍。

通过工艺及器件结构的改进,光子晶体发光二极管的特性仍有很大的提升空间,并会极大地改进发光二极管(包括发光效率在内)的基本特性。

3. 光子晶体激光器

光子晶体用于激光技术,可以有效突破传统激光技术面临的技术瓶颈,实现传统方法所无法实现的激光性能。利用光子晶体可以形成高品质因数(Q值)的微谐振腔,降低激光阈值,实现低阈值激光器。用光子晶体设计微谐振腔,由于大大降低了腔模式数,因此可显著改善激光的噪声特性。另外,利用光子晶体能带结构对态密度的剪裁作用,以及光子晶体能带一些特殊位置的低群速特性,可以设计实现无几何边界的光子晶体激光器。通过调节光子晶体结构及折射率参数,还可实现对激光器波长的精细调谐。就结构而言,光子晶体激光器主要有光子晶体缺陷微腔激光器及光子晶体环形波导激光器两种。本书介绍前一种。

1999年,美国加州理工大学和美国南加州大学的研究人员首次成功制备了一种点缺陷二维光子晶体激光器,实现了室温脉冲激光辐射,激光器结构如图8-5所示。通过复杂的刻蚀技术在InGaAsP平板上制作出光子晶体微腔结构,其中光子晶体中心位置去掉了一个空气孔。光子晶体微腔通过垂直方向的全内反射及平板平面内的光子晶体带隙两种机制实现光的三维约束。激光器的有源层为InGaAsP/InP应变量子阱结构,设计输出波长为1.55 μm。光子晶体晶格周期$a=515$ nm,空气孔半径$r=180$ nm,缺陷左右两个大空气孔半径$r'=240$ nm。仿真表明,该谐振腔品质因数可以达到250。使用830 nm半导体激光器泵浦,实现了室温下中心波长为1 504 nm的脉冲式激光输出,如图8-6所示。

在近红外波段,人们主要以InGaAsP及InGaAs量子阱为有源区进行光子晶体激光器的

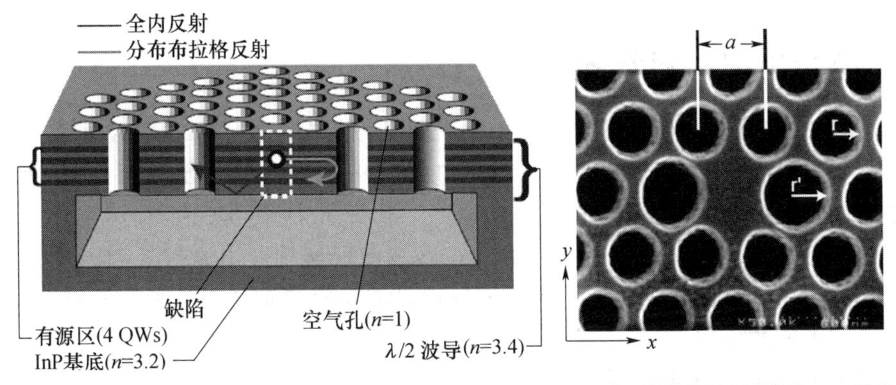

(a) 光子晶体激光器微腔结构剖面图　　(b) 光子晶体激光器结构的SEM照片

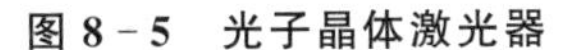

图 8-5　光子晶体激光器

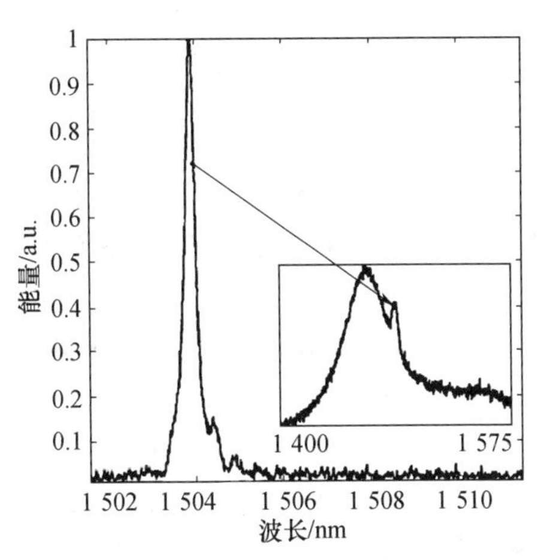

图 8-6　脉冲激光输出(中心波长 1504 nm)

(小图为阈值以下的自发辐射谱)

研究。2003 年 Monat 等在硅晶片上成功制作了 InP 基光子晶体微腔激光器,微腔宽度为 5 μm,品质因子为 1 000,发射波长为 1 465 nm,激光阈值为 10 mW。之后有不同工艺的光子晶体微腔激光器相继被研制出来。在短波长,蓝紫光激光器的发射则采用宽带隙的 GaN 及 ZnO 材料。S. Noda 研究小组使用 GaN/InGaN 量子阱实现了 406.5 nm 的表面发射型光子晶体激光器。Scharrer 等制备了 ZnO 三维光子晶体并实现了 330～383 nm 紫外波长激光。另外,还有硅基混合光子晶体微腔激光器。

8.3　超材料及相关器件

8.3.1　超材料

超材料(metamaterial)或称特异材料,是一种人工电磁材料,它具备天然材料所不具备的超常电磁(光学)性质。这些性质来源于人工设计的特殊微观结构。目前,对超材料的研究主要集中在负折射率材料(negative index materials)和隐身斗篷(invisibility cloaking)两个方面,它们都是近年来的热点研究课题。

8.3.2 负折射率材料及器件

负折射率材料,是指介电常数 ε 和磁导率 μ 同时为负的介质。前苏联科学家 Veselago 最早于 1967 年提出了负折射率的概念,但人类在自然界中一直未能找到这种材料,因此负折射率的概念一直未能引起人们的重视。1996—1999 年,Pendry 等提出了利用金属线和金属开口谐振环(Split - Ring Resonator,SRR)可以在微波波段实现介电常数 ε 和磁导率 μ 同时为负。2001 年,Shelby 等首次在试验上证实了负折射率材料的负折射性质。至此,负折射率材料才重新得到人们的重视。

1. 负折射率材料的物理性质

电磁波在均匀、各向同性、无损耗的介质中传播,满足麦克斯韦方程组:

$$\begin{cases} \nabla \times \boldsymbol{E} = -\dfrac{\partial \boldsymbol{B}}{\partial t} \\ \nabla \times \boldsymbol{H} = \dfrac{\partial \boldsymbol{D}}{\partial t} \\ \nabla \cdot \boldsymbol{B} = 0 \\ \nabla \cdot \boldsymbol{D} = 0 \end{cases} \tag{8-2}$$

其中,$\boldsymbol{D} = \varepsilon \boldsymbol{E} = \varepsilon_0 \varepsilon_r \boldsymbol{E}$,$\boldsymbol{B} = \mu \boldsymbol{H} = \mu_0 \mu_r \boldsymbol{H}$。电磁波的传播性质由介质的介电常数 ε 和磁导率 μ 决定。

假定电磁波为单色均匀平面波,有电场矢量 $\boldsymbol{E}$、磁场矢量 $\boldsymbol{H}$ 及波矢 $\boldsymbol{k}$ 满足关系

$$\begin{cases} \boldsymbol{k} \times \boldsymbol{E} = \omega \mu_r \mu_0 \boldsymbol{H} \\ \boldsymbol{k} \times \boldsymbol{H} = -\omega \varepsilon_r \varepsilon_0 \boldsymbol{E} \end{cases} \tag{8-3}$$

对于介电常数 ε 和磁导率 μ 为正的普通介质材料而言,电场矢量、磁场矢量及波矢满足右手关系。而对于介电常数 ε 和磁导率 μ 同时为负的介质材料则有

$$\begin{cases} \boldsymbol{k} \times \boldsymbol{E} = -\omega |\mu_r| \mu_0 \boldsymbol{H} \\ \boldsymbol{k} \times \boldsymbol{H} = \omega |\varepsilon_r| \varepsilon_0 \boldsymbol{E} \end{cases} \tag{8-4}$$

电场矢量 $\boldsymbol{E}$、磁场矢量 $\boldsymbol{H}$ 及波矢 $\boldsymbol{k}$ 满足左手关系。因此负折射率材料也称为左手材料(left - handed materials)。坡印廷矢量 $\boldsymbol{s} = \boldsymbol{E} \times \boldsymbol{H}$,波矢 $\boldsymbol{k}$ 代表电磁波的传播方向(相速方向),坡印廷矢量 $\boldsymbol{s}$ 则代表了能流方向。显然,在负折射率材料中,电磁波与能流的传播方向相反。可以得到 $k = -\sqrt{\varepsilon_r \mu_r}\,\omega / c$,因此有折射率 $n = -\sqrt{\varepsilon_r \mu_r}$,折射率取负值,这也是负折射率材料名称的来源。

光在负折射率材料中传播,会表现出很多奇异的现象,典型的有:

(1) 负折射。当光从普通正折射率材料入射到负折射率材料中,或者反之,光线位于界面法线的同侧,如图 8 - 7(b)所示。

(2) 逆多普勒效应。假定有一对光源和探测器在负折射率材料中相对运动,当探测器相对靠近光源时,测得光波频率降低,发生红移,当探测器相对远离光源时,测得光波频率升高,发生蓝移。这与通常的多普勒效应正好相反。

(3) 反常切伦科夫辐射。研究发现,当带电粒子以超过光速的速度在介质中运动时就会产生电磁辐射,这种电磁辐射即为切伦科夫辐射(Cherenkov)。在真空中不可能出现超光速

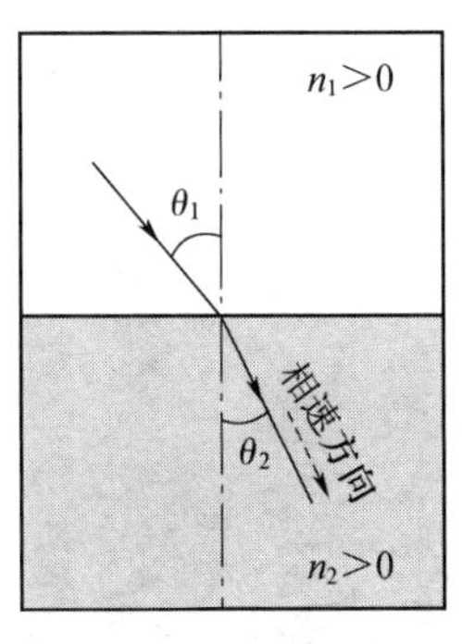

(a) 普通材料中的折射

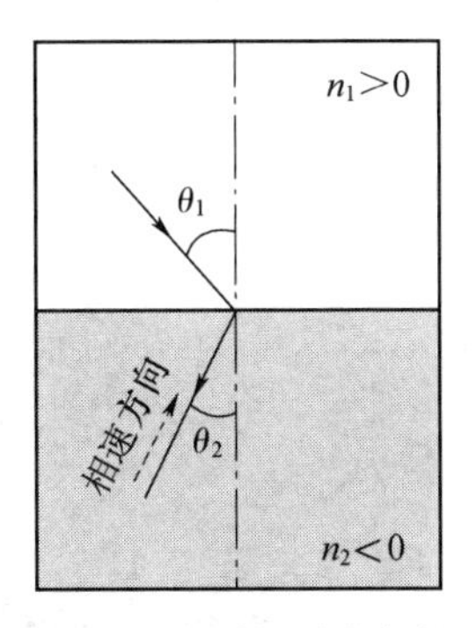

(b) 负折射率材料中的折射

图 8－7　材料中的折射率

现象。不过在介质中，由于光速为 $v=c/n$，则带电粒子速度可以超越光速。切伦科夫辐射的光波等相位面为锥面，辐射光能流与带电粒子运动方向的夹角 θ 满足 $\cos\theta=c/nv$。对于正折射材料，夹角 θ 为锐角，光波辐射为向前的正向辐射。而在负折射率材料中，夹角 θ 为钝角，辐射光波的能流背向带电粒子运动方向。

(4) 反常光压。任何光波都可以被视为一组以离散能量形式传播的光子组成的光子流。波矢为 $\boldsymbol{k}$ 的光子携带动量为 $\boldsymbol{p}=\hbar\boldsymbol{k}$。如图 8－8 所示，当一束光在正折射率材料中垂直入射到某物体表面被反射，则传递给该物体 $2\hbar\boldsymbol{k}$ 的冲量。容易推得，光强为 I 的光垂直入射到物体表面，对物体产生压强为 $2I/c$ 的排斥力。如果是在负折射率材料中，由于波矢 $\boldsymbol{k}$ 与能流方向相反，光子从入射到反射，会传递 $-2\hbar\boldsymbol{k}$，光压由排斥力变为吸引力。

右手介质　反射体　$2k$　k　光源

左手介质　反射体　$2k$　k　光源

图 8－8　左手及右手材料中的光压

2. 负折射率材料的典型结构

自然界中尚未发现负折射率材料，所有的负折射率材料都是在实验室中人工制备而成。周期性排列的金属导线可以模拟等离子体对电磁波的响应特性，在一定频段内产生负的介电常数，金属开环谐振腔组成的周期阵列则可以产生负的磁导率。结合两种人工物质结构，可制备得到负折射率材料，如图 8－9 所示。这种材料主要用于微波及太赫兹波段。

而要实现光频段的负折射率则会面临一定的困难。2008 年，J. Valentine 等在某基片上交替沉积银及氟化镁层，后刻蚀出纳米尺度的渔网结构，该材料在近红外波段具有负折射率，见图 8－10。另外，光子晶体虽然没有负的介电常数和磁导率，但也可在一定频段内表现出类似于负折射率材料的性质，产生负折射现象。

3. 负折射率器件——超透镜

由于衍射极限的限制，透镜及传统光学成像器件的分辨率被限定在光的波长量级。负折射率材料具有放大倏逝波的能力，这使得负折射率材料有可能打破衍射极限，实现亚波长量级的超高分辨率。这种用负折射率材料制备的可以打破衍射极限的器件，称为超透镜，或者叫完美透镜。

光或者电磁波在普通正折射率材料与负折射率材料界面发生负折射，即入射光线与折射

图8-9 负折射率材料的典型结构(由金属导线及金属隙环周期性排布构成)

光线位于界面法线的同一侧,这使得利用负折射率材料平行平板,而不必借助曲面就可以实现光的聚焦,见图8-11,因此负折射率材料平行平板可以发挥普通透镜的功能。2000年,J. B. Pendry在理论上证明了负折射率构成的平行平板结构具有突破衍射极限的能力,并用于实现亚波长成像。2004年,A. Grbic及G. V. Eleftheriades最早在微波波段实现了达到衍射极限1/3的超透镜。由于光频段的负折射率材料尚不成熟,制作基于负折射率材料的光频段的超透镜还存在一定困难,但随着材料加工技术的成熟,相信该领域会有突破性进展。

图8-10 渔网结构的负折射率材料

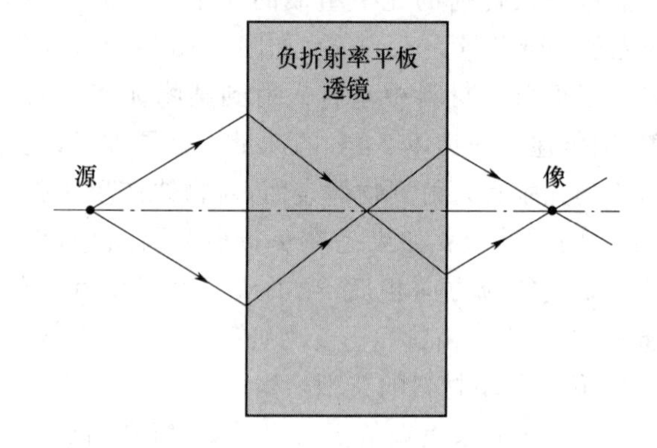

图8-11 负折射率平板透镜原理

8.3.3 隐身斗篷

隐身遁形常常出现在各种神话、传说、科幻小说及电影中,是人类长久以来的梦想。所谓隐身,从光学的角度意味着光照射在物体上不发生反射、折射及吸收,从而不改变光的传播状态,使得物体变得不可见。隐身斗篷(invisibility cloak),借助变换光学(transformation optics)原理,合理设计超材料的光学或者电磁参数,可以使光或者电磁波像流体一样绕过物体而不改变传播状态,从而达到使物体"隐身"的目的。

2006年,D. Schurig等首次用超材料成功制备了一个微波频段的二维电磁隐身斗篷,其结构如图8-12所示,它使用了10层周期性的SRR结构,通过仔细设计每一层上SRR单元的结构尺寸,使得材料的有效介电常数及磁导率满足

$$\varepsilon_z=\left(\frac{b}{b-a}\right)^2, \mu_r=\left(\frac{r-a}{r}\right)^2, \mu_\theta=1 \tag{8-5}$$

式中：a 和 b 分别为内径和外径。

在几何光学极限条件下，光线按照变换光学原理所给出的电磁参数相同的路径传播。图 8-12(b)和图 8-12(c)分别给出了理论和实验中实际测量得到的以 12 GHz 电磁波入射得到的瞬态电场分布，它表明该结构成功保持了电磁波的传播状态，从而可以隐藏结构内部物体的功能，实现电磁隐身。虽然该结构的反射率并不为零，但它成功地验证了变换光学理论，证实了电磁隐身的可行性。

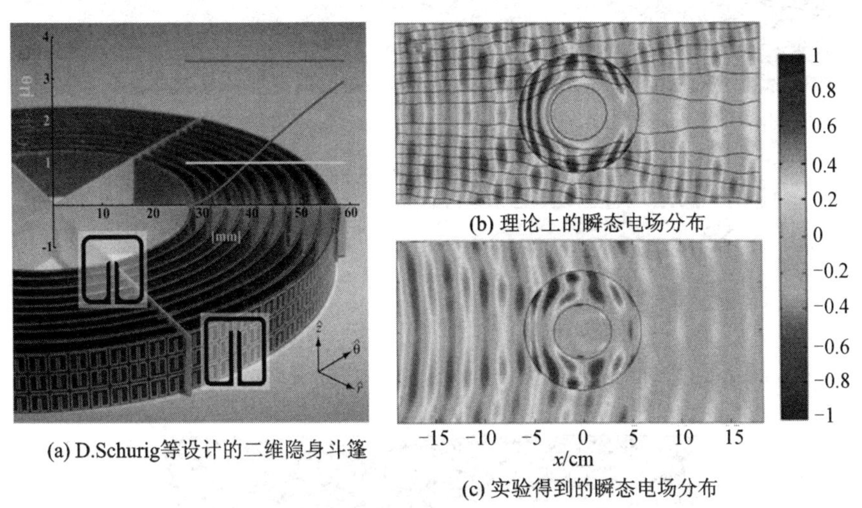

(a) D.Schurig等设计的二维隐身斗篷

(b) 理论上的瞬态电场分布

(c) 实验得到的瞬态电场分布

图 8-12　隐身斗篷结构及电场分布

由于材料的限制，实现可见光波段的隐身斗篷相对困难一些。不过 2011 年 6 月，美国加州大学伯克利分校的研究人员成功制备了首个可见光波段的隐身斗篷，使得隐身斗篷下 300 nm 高、6 μm 宽的物体成功“消失”。结构如图 8-13 所示，它是通过在纳米多孔 SiO_2 上制备的氮化硅波导上实现的。其中，氮化硅层的厚度为 300 nm。在 SiO_2 表面有一个小的凸起，其形状满足函数 $y=h\cos^2(\pi x/w)$，其中 $h=300$ nm，$w=6$ μm。按照 QCM(Quasi Comfomal Mapping)的设计方法使得凸起部分的折射率按照特定规律变化，中心的折射率最低，底部折射率最高。在氮化硅上制备六角晶格周期为 130 nm 的周期性空气孔阵列，通过调整空气孔的尺寸，实现所需的折射率分布。

图 8-14(a)、(b)分别给出了在有和没有隐身斗篷的条件下光频电磁场瞬时分布的仿真结果，图 8-14(a)表明表面凸起对入射光有强烈的散射作用，而图 8-14(b)表明在隐身斗篷存在条件下，入射光波按照没有凸起的条件下光的传播方式传播，因此达到了隐身的目的。图 8-14(c)给出了 480 nm、530 nm 及 700 nm 光照射平面结构、凸起结构及附有隐身斗篷的凸起结构下得到的光强分布。凸起结构显著地改变了光强分布，而在附有隐身斗篷的条件下，光腔分布与没有凸起的条件下得到的结果相同或者非常接近，因此实验结果表明了该隐身斗篷的有效性。

尽管隐身斗篷的研究仍处于实验阶段，可以实际应用的隐身斗篷仍然距离我们非常遥远。但是，对隐身斗篷的研究并没有间断，随着研究人员的努力，或者在某一天，人类幻想中的隐身斗篷可以进入我们的生活。

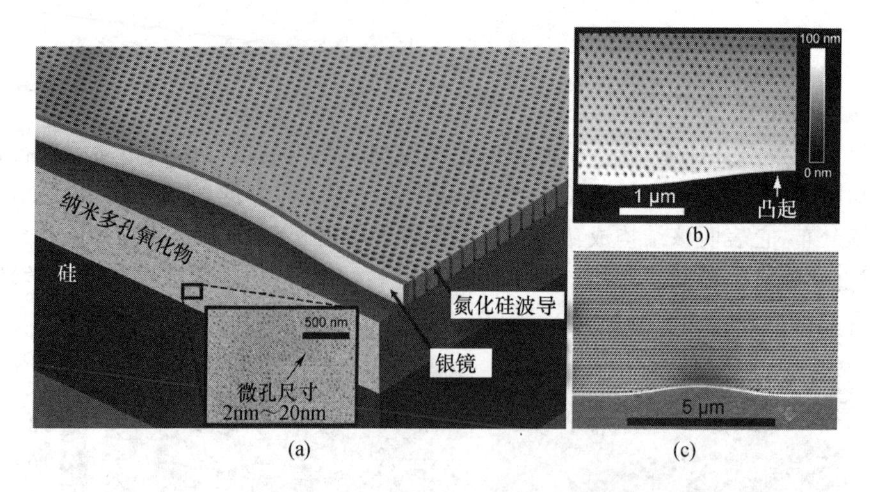

(a) (b) (c)

图 8-13 可见光频段的隐身斗篷

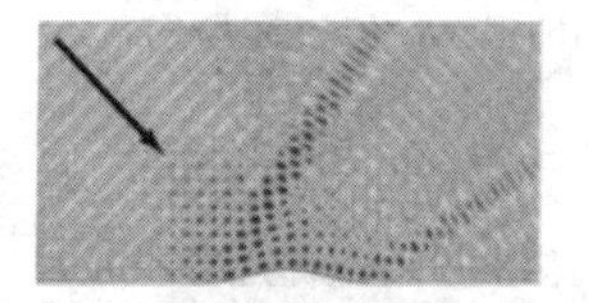

(a) 关闭条件下凸起对光频电磁波氏反射

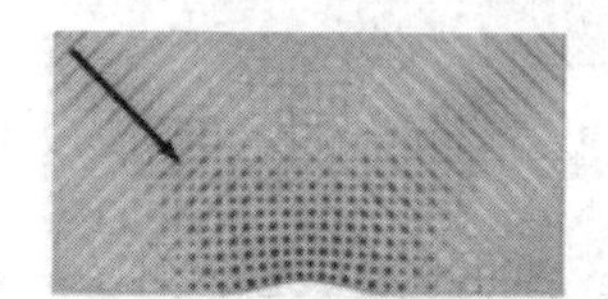

(b) 开启条件下凸起对光频电磁波的反射

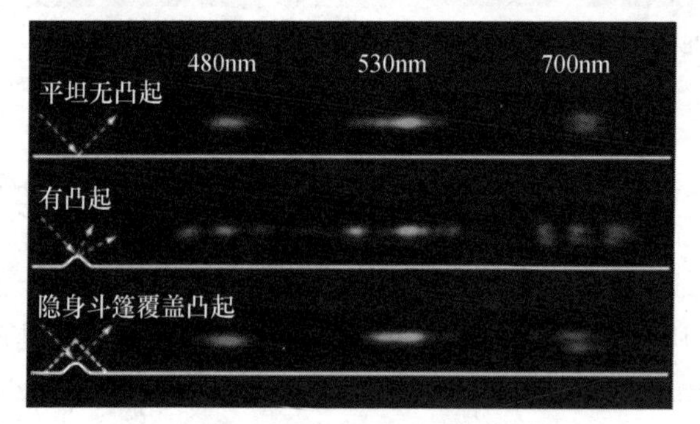

(c) 实验得到的平面、凸起、覆有隐身斗篷的凸起对480 nm、530 nm、700 nm光照得到的反射光斑

图 8-14 理论仿真得到的在电磁隐身斗篷

8.4 表面等离子体激元及器件

8.4.1 基本原理及性质

表面等离子体激元(Surface Plasmon Polaritons,SPPs)是光和金属表面附近的自由电子相互作用引起的一种电磁波的传播模式,是局域在金属表面的一种光子和电子相互作用形成的混合激发态。表面等离子体激元可以沿着金属/介质界面传播,而在垂直于界面方向则迅速以指数形式衰减,这使得光被约束在远小于自由空间光波长的空间尺寸内(图 8-15),因此利用表面等离子体激元,可在亚波长尺度上控制光的行为,从而满足一些特定的应用需求。

对于 TE 极化波而言,根据边界条件,电场必须在金属及介质界面连续,因此无法在表面

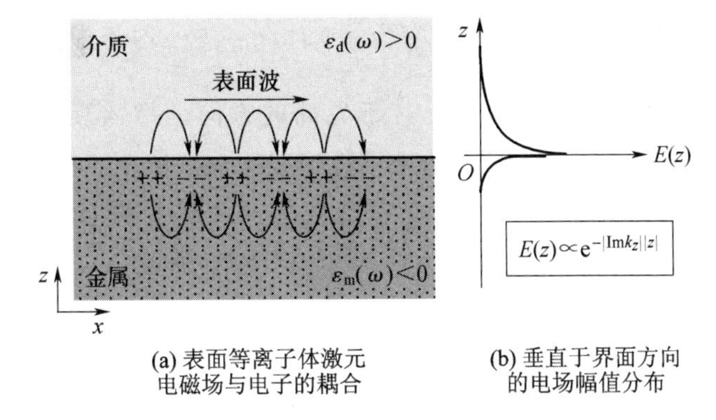

(a) 表面等离子体激元电磁场与电子的耦合　　(b) 垂直于界面方向的电场幅值分布

图 8-15　表面等离子体激元结构及电场分布

附近形成感应电荷，没有感应电荷就无法形成表面等离子体激元。表面等离子体激元均是对于 TM 极化波而言。

在 xz 平面内传输的电磁波可以表示为

$$E=E_0 e^{i(k_x x+k_z z-\omega t)} \tag{8-6}$$

介质介电常数设为 ε_d，在忽略损耗的条件下，金属介电常数设为 ε_m，根据 Drude 模型有 $\varepsilon_m=1-\frac{\omega_p^2}{\omega^2}$。根据电磁场的边界条件，求解麦克斯方程，对于在金属及介质界面上传输的等离子体激元有

$$\frac{k_{dz}}{\varepsilon_d}+\frac{k_{mz}}{\varepsilon_m}=0 \tag{8-7}$$

$$k_x^2+k_{mz}^2=\varepsilon_m\left(\frac{\omega}{c}\right)^2 \tag{8-8}$$

$$k_x^2+k_{dz}^2=\varepsilon_d\left(\frac{\omega}{c}\right)^2 \tag{8-9}$$

可以得到表面等离子体激元电磁场在介质及金属中波矢量各分量的表达式，即

$$k_x=\frac{\omega}{c}\left(\frac{\varepsilon_m\varepsilon_d}{\varepsilon_m+\varepsilon_d}\right)^{1/2}=\frac{\omega}{c}\left(\frac{\left(1-\frac{\omega_p^2}{\omega^2}\right)\varepsilon_d}{1+\varepsilon_d-\frac{\omega_p^2}{\omega^2}}\right)^{1/2} \tag{8-10}$$

$$k_{dz}=\frac{\omega}{c}\left(\frac{\varepsilon_d^2}{1+\varepsilon_d-\frac{\omega_p^2}{\omega^2}}\right)^{1/2} \tag{8-11}$$

$$k_{mz}=\frac{\omega}{c}\left(\frac{\left(1-\frac{\omega_p^2}{\omega^2}\right)^2}{1+\varepsilon_d-\frac{\omega_p^2}{\omega^2}}\right)^{1/2} \tag{8-12}$$

在要求 k_x 为实数的前提条件下，从式(8-11)及式(8-12)可以看出，表面等离子体激元可分为辐射性和非辐射性表面等离子体激元两种类型。当激发的表面等离子体激元频

率小于$\frac{\omega_p}{\sqrt{1+\varepsilon_d}}$(如果介质为空气，则该频率为$\frac{\omega_p}{\sqrt{2}}$)时，$k_{dz}$、$k_{mz}$均为虚数，这样产生的表面等离子体激元的电磁场沿界面传播，而在垂直于界面的方向呈指数衰减，此时等离子体激元是非辐射性的。当表面等离子体激元的电磁波频率大于ω_p时，k_{dz}、k_{mz}也为实数，此时电磁波会辐射到介质界面之外的空间中，因此是辐射性的。我们主要考虑非辐射性的表面等离子体激元。表面等离子体激元的色散关系曲线如图8-16所示。

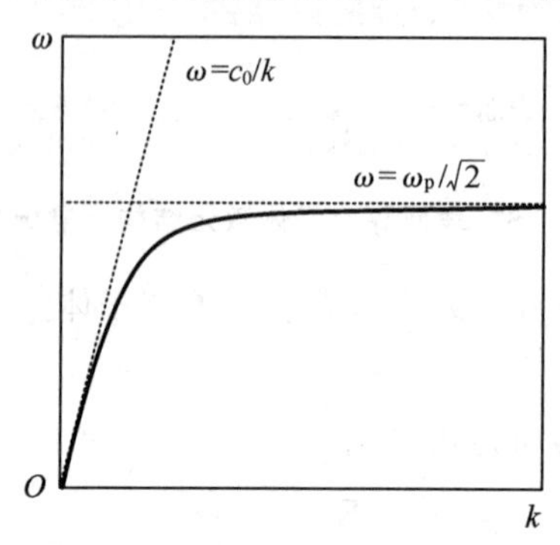

图8-16　表面等离子体激元的色散关系曲线

表面等离子体激元在很多领域内有着重要的应用前景，如光集成、光存储、光传感、超分辨率成像等。

8.4.2　表面等离子体光波导

鉴于表面等离子体激元的电磁场被约束在金属及介质界面附近并沿着界面传输的性质，这种金属介质界面结构可以用作光波导，即表面等离子体光波导。由于表面等离子体激元只是被约束在二维平面内，而在金属介质界面内任意方向均可自由传播，因此表面等离子体光波导只相当于二维的波导结构。需要附加一定的限制条件，才能使表面等离子体激元的光频电磁场沿特定方向传输，实现对表面等离子体激元传播行为的进一步控制。

为了在平面内限定电磁波沿特定方向传播，需要引入另外一维的限定。例如，介质加载型表面等离子体光波导，其结构如图8-17(a)所示。在金属空气平面结构内引入一个介质条，这样由于介质条的折射率高于空气，表面等离子体激元被约束在介质中传输。还可以在金属表面刻蚀出一定形状的沟槽，也可实现对表面等离子体激元传播的约束，图8-17(b)和图8-17(c)分别给出了金属矩形槽表面等离子体光波导和金属V形槽表面等离子体光波导横截面结构。

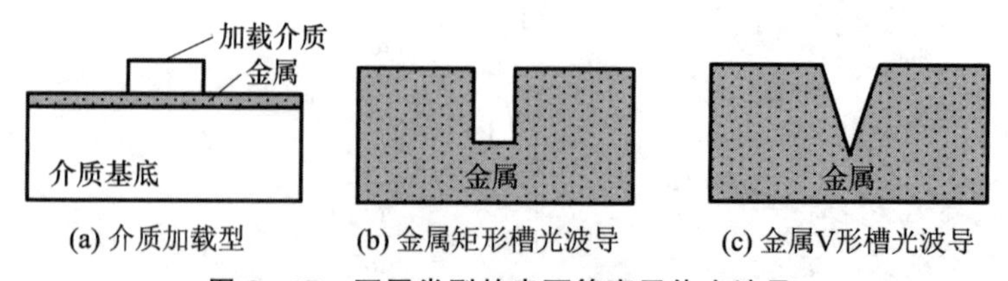

图8-17　不同类型的表面等离子体光波导

用金属纳米球排成线阵列(链)，也可以形成表面等离子体光波导，如图8-18所示。在外

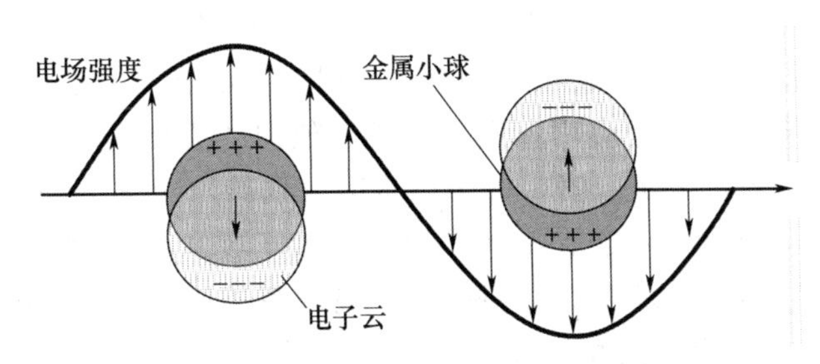

图 8-18　纳米球链中表面等离子体激元的传播

部光的照射下，金属纳米球中的电子发生群体移动，电子密度重新排布，光频电磁场与金属纳米球中的电子相互作用，形成表面等离子体激元，并且相邻纳米球之间的表面等离子体激元会相互耦合，因此可以实现光频电磁波沿着金属纳米球链的传播。1998 年，M. Quinten 等首次报道了表面等离子体激元在两个纳米球之间的耦合。2003 年，Stefan Maier 等首次在实验中直接观测到了表面等离子体激元沿着银纳米球链传输的现象。这些结果表明了使用金属纳米球链作为表面等离子体光波导传输光频电磁场的可行性。

表面等离子体激元光波导是构成很多表面等离子体光集成器件的最为基本的无源器件。

8.4.3　表面等离子体共振传感器

表面等离子体激元由于其局域电场增强效应，可用于实现高灵敏度的传感检测，尤其在生物及化学传感中具有极大的优势。其中最典型的是表面等离子体共振传感技术。表面等离子体共振传感器已经发展成熟，并在很多科学领域内得到应用。自 1982 年 Nylander 等首次将 SPR 技术用于免疫传感器领域以来，表面等离子体生物传感器得到了深入的研究和广泛的应用，已成为研究生物分子相互作用的主要手段。

光在玻璃等介质材料内表面发生全内反射产生的倏逝波，可以用于在金属薄膜表面激发等离子体激元，电磁波局域在金属薄膜表面并沿金属薄膜表面传播。在入射角及波长满足一定条件的情况下，表面等离子体激元与倏逝波频率及波数相等，从而发生共振。入射光被强烈吸收，使反射光能量急剧下降，在反射光谱上出现共振峰即反射光强度最低的位置，如图 8-19(a)所示。共振峰的位置是入射波长及入射角的函数，共振峰对应的角度称为共振角，共振峰对应的波长称为共振波长。共振峰的位置还会受到金属薄膜表面介质折射率的影响，并对表面附近折射率的变化异常敏感，如图 8-19(b)所示。因此可以利用该效应实现生物及化学传感探测，构成异常灵敏的表面等离子体共振传感器。

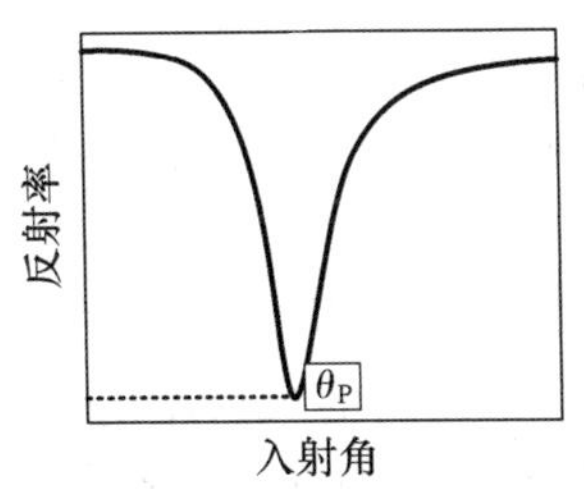

(a) 入射角与反射率的关系曲线（在共振位置，反射率最低）

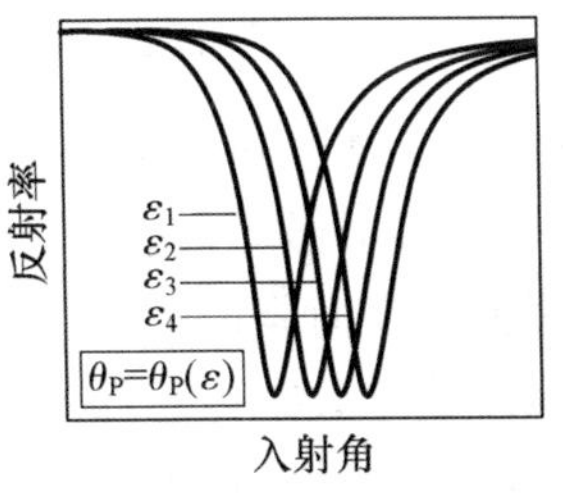

(b) 不同样品介电常数下入射角与反射率的关系曲线

图 8-19　表面等离子体共振传感器

如何激发产生表面等离子体激元,形成表面等离子体共振是表面等离子体传感技术的关键。20世纪60年代末期,Kretschmann和Otto采用棱镜耦合的方法,实现了光波的表面等离子体共振,为SPR技术的广泛应用奠定了基础。他们的方法简单巧妙,并且仍然是目前SPR传感中应用最为广泛的方法。图8-20(a)、(b)分别给出了Kretschmann棱镜耦合法及Otto棱镜耦合法的基本结构。对于前者,金属薄膜蒸镀于棱镜底部,光照射在棱镜上,在棱镜底部由全内反射产生的倏逝波穿透金属薄膜,在金属薄膜外层形成表面等离子体激元。对于后者,金属薄膜位于非常靠近棱镜底部的位置,全内反射产生的倏逝波与金属薄膜上表面的等离子体相互作用,在金属薄膜上表面形成表面等离子体激元。

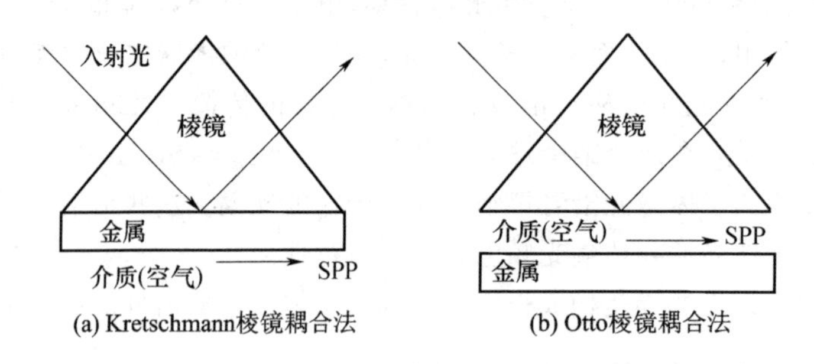

图8-20　棱镜耦合实现共振原理

图8-21给出了一套典型的表面等离子体共振传感器的结构简图,一套表面等离子体共振传感器一般包括光学系统、敏感元件、数据采集和处理单元4个部分。

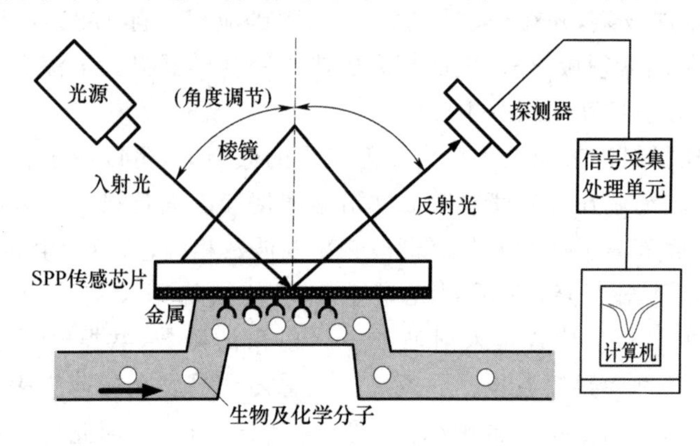

图8-21　典型的表面等离子体共振传感器原理

其中光学系统部分包括光源、光学耦合器件、角度调节部件及光检测器件,用于产生表面等离子体共振,并检测表面等离子体共振谱的变化。光源根据实际需要可以选择复色光源,也可以选择单色光源,如He-Ne激光器。

敏感元件为金属薄膜及表面修饰的敏感物质,用于将待测对象的化学及生物信息转化为折射率的变化。表面等离子体共振传感器主要依赖样品的折射率的变化引起的SPR光谱的变化对样品的特定性质进行测量。在未经表面修饰的条件下,SPR传感器只能进行一些简单的测定。通过特定的表面修饰,SPR传感器可以获得对被测对象的选择性识别,从而满足特定的需要。

数据采集及处理单元用于对光学系统中光检测器件得到的信息进行采集和后处理。

表面等离子体共振传感器有4种不同的检测模式：①角度调制模式，固定入射波长，改变入射角度；②波长调制模式，固定入射角度，改变入射波长；③强度调制模式，固定入射波长及入射角度，改变入射光强；④相位调制模式，固定入射波长及入射角度，测量相位变化。

与传统生物及化学传感检测技术相比，表面等离子体共振传感器具有样品无需标记、无需预处理，可对样品进行实时在线检测，抗干扰能力强，检测过程方便快捷，并且对试剂及样品的用量很少等优点。随着表面等离子体领域的研究及技术发展的不断成熟，SPR传感器的灵敏度还在逐步提高，应用领域逐渐扩大，并且向着微型化、集成化的方向发展。

习题与思考题

1. 什么是光子晶体？光子晶体在结构上有什么特点？光子晶体的基本特性有哪些？
2. 简述光子晶体光纤的两种导光机制。
3. 如何能够实现负折射率材料？负折射率材料中会出现哪些独特现象？
4. 什么是表面等离子体激元？如何实现表面等离子体激元波导？

参 考 文 献

[1] 方志烈. 半导体发光材料和器件. 上海：复旦大学出版社，1992.

[2] Fox M. Optical Properties of Solids. New York ：Oxford University Press，2001.

[3] 黄德修，刘雪峰. 半导体激光器及其应用. 北京：国防工业出版社，1999.

[4] 江剑平. 半导体激光器.北京：电子工业出版社，2000.

[5] Gerd Keiser. 光纤通信.3 版. 北京：电子工业出版社，2002.

[6] 滨川圭弘，西野种夫. 光电子学[日]. 北京：科学出版社，2002.

[7] Kasap S O. Optoelectronics and Photonics：Principes and Practices. 北京：电子工业出版社，2003.

[8] 刘蓉. LD 泵浦 Nd:GdVO4 全固态蓝绿激光器的研究. 陕西：西北大学光子学与光子技术研究所,2007.

[9] 张庆礼，殷绍唐，王爱华，等. Nd:GdVO4 的晶体生长和光谱特性. 量子电子学报，2002，9:310-313.

[10] FanT Y. Heat generation in Nd:YAG and Nb:YAG. IEEE Journal of Quantum Electronics，1993,29:1457-1459.

[11] 孙文，江泽文，程国祥. 固体激光工程(Solid-State Laser Engineering). 5 版. 北京：科学出版社，1999.

[12] 史彭，李隆，甘安生，等. 全固态激光器中掺 Nd3＋离子激光晶体热效应的研究. 激光技术，2004,28:177-180.

[13] Taira N P a T. Room-temperature，continuous-wave 1-W green power by single-pass frequency doubling in a bulk periodically poled MgO:LiNbO3 crystal. OPTICS LETTERS，2004,29:830-832.

[14] Taira N P a T. High-Power Continuous-Wave Intracavity Frequency-Doubled Nd:GdVO4-LBO Laser Under Diode Pumping Into the Emitting Level. Quantum Electronics，IEEE Journal of，2005,11:631-637.

[15] Junhai L，Zongshu S，Huaijin Z，et al. Diode-laser-array end-pumped intracavity frequency-doubled 3. 6 W CW Nd:GdVO4/KTP green laser. Optics Communications，2000,173:311-314.

[16] 张光寅，郭曙光. 光学谐振腔的图解分析与设计方法. 北京：国防工业出版社，2003.

[17] Jia F，Xue Q，Zheng Q，et al. 5. 3 W deep-blue light generation by intra-cavity frequency doubling of Nd:GdVO4. Applied Physics B：Lasers and Optics，2006，83：245-247.

[18] 朱建国，孙小松，李卫. 电子与光电子材料. 北京：国防工业出版社，2007.

[19] 梅随生，王瑞. 光电子技术. 2 版.北京：国防工业出版社，2008.

[20] Gerd Keiser. Optical Fiber Communication，Third Edition. The McGran-Hill Companies，Ins，2000.

[21] 李玉权，崔敏，蒲涛，等译. 光纤通信. 3 版. 北京：电子工业出版社，2002.

[22] 黄章勇. 光纤通信用光电子器件和组件. 北京：北京邮电大学出版社，2001.

[23] 廖延彪. 光纤光学. 北京：清华大学出版社，2000.

[24] 朱京平. 光电子技术基础. 2 版. 北京:科学出版社,2009.

[25] 刘蓉，李锋，白晋涛. 光腔衰荡法测量高反射率的实验研究. 光学与光电技术，2008，6(1):11.

[26] 蓝信钜. 激光技术. 武汉:华中科技大学出版社，1995.

[27] 李斌成，龚元. 光腔衰荡高反射率测量技术综述. 中国激光，2010，47:021203-1.

[28] O'Keefe A, Deacon D A G. Cavity Ring-Down Optical Spectrometer for Absorption Measurements Using Pulsed Laser Sources. Review of Scientific Instruments, 1988, 59(12):2544.

[29] 石顺祥，陈国夫，赵卫，等. 非线性光学. 西安:西安电子科技大学出版社，2003.

[30] 郭培元,梁丽. 光电子技术基础. 北京:北京航空航天大学出版社,2005

[31] LM Tong, RR Gattass, JB Ashcom, SL He, JY Lou, MY Shen, I. Maxwell, and E. Mazur. Subwavelength-diameter silica wires for low-loss optical wave guiding. (2003) Nature 426, 816-819.

[32] John S. Strong localization of photons in certain disordered dielectric superlattices. Phys. Rev. Lett. 58, 2486-2489 (1987).

[33] Yablonovitch E. Inhibited spontaneous emission in solid-state physics and electronics. Phys. Rev. Lett. 58, 2059-2062 (1987).

[34] Krauss T, De La Rue R, Brand S. Two-dimensional photonic-bandgap structures operating at near-infrared wavelengths. Nature 383, 699-702 (1996).

[35] Joannopoulos D, Meade RD, Winn JN. Photonic Crystals . Princeton Univ. Press, Princeton, NJ, 1995.

[36] Notomi M. Theory of light propagation in strongly modulated photonic crystals: Refractionlike behavior in the vicinity of the photonic band gap. Phys. Rev. B 62, 10696-10705 (2000).

[37] Luo C, Johnson S, Joannopoulos J, Pendry J. All-angle negative refraction without negative effective index. Phys. Rev. B 65, 201104 (2002).

[38] Kosaka H, Kawashima T, Tomita A, et al. Self-collimating phenomena in photonic crystals. Appl. Phys. Lett. 74, 1212-1214 (1999).

[39] Kosaka H, Kawashima T, Tomita A ,et al. Superprism phenomena in photonic crystals: toward microscale lightwave circuits. J. Lightwave Technol. 17, 2032-2038 (1999).

[40] Knight J, Birks T, Russell P, et al. All-silica single-mode optical fiber with photonic crystal cladding. Opt. Lett. 21, 1547-1549 (1996).

[41] Wierer J J, David A, M. M. Megens. III-nitride photonic-crystal light-emitting diodes with high extraction efficiency. Nat. Photonics 3(3), 163 - 169 (2009).

[42] Painter O, Lee R K, Scherer A, et al. Two-Dimensional Photonic Band-Gap Defect Mode Laser. Science 284, 1819-1821 (1999).

[43] Monat C ,et. al. InP based photonic crystal microlasers on silicon wafer. Physica E 17,

475-476 (2003).

[44] Matsubara H, Yoshimoto S, Saito H, et al. GaN photonic-crystal surface-emitting laser at blue-violet wavelengths. Science 319(5862), 445-447 (2008).

[45] Scharrer M, Yamilov A, Wu X, et al. Ultraviolet lasing in high-order bands of three-dimensional ZnO photonic crystals. Appl. Phys. Lett. 88, 201103-201105 (2006).

[46] Veselago G. The electrodynamics of substances with simultaneously negative values of ε and μ. Sov. Phys. Usp. 10 (4): 509-514, 1968. (Russian text 1967).

[47] Shelby R A, Smith D R, Shultz S. Experimental Verification of a Negative Index of Refraction. Science 292 (5514): 77 - 79 (2001).

[48] Valentine J. et al. Three-dimensional opticalmetamaterial with a negative refractive index. Nature 455, 376 - 379 (2008).

[49] Pendry JB. Negative Refraction Makes a Perfect Lens. Phys. Rev. Lett. 85, 3966 (2000).

[50] Grbic A, Eleftheriades G V. Overcoming the Diffraction Limit with a Planar Left-handed Transmission-line Lens. Phys. Rev. Lett. 92, 117403 (2004).

[51] Schurig D, Mock J J, Justice B J ,et al. Metamaterial Electromagnetic Cloak at Microwave Frequencies. Science, 314, 977-980 (2006).

[52] Gharghi M, Gladden C, Zentgraf T, et al. A Carpet Cloak for Visible Light . Nano Letter 11, 2825 (2011).

[53] Quinten M, Leituer A, Krenn JR, et al. Eleetromagnetic energy transport via linear chains of silver nanopartieles. Opt. Lett,23(17) , 1331-1333 (1998).

[54] Maier A, Kik P G, Atwater H A, et al. Local detection of electromagnetic energy transport below the diffraction limit in metal nano particle plasmon waveguides. Nat. Mater. 2, 229-232 (2003).